南部陽一郎
素粒子論の発展

南部陽一郎博士(1991年東京・駒場にて)

南部陽一郎
Development of Particle Physics
素粒子論の発展

江沢 洋……編

岩波書店

目　次

I　素粒子論の展望

私のたどった道――対称性の自発的破れまで …………………… 2
日本物理学の青春時代 ………………………………………………… 5
東京グループに関する個人的回想 …………………………………… 22
湯川と朝永の遺産 ……………………………………………………… 29
素粒子物理の青春時代を回顧する …………………………………… 41
三つの段階，三つのモード，そしてその彼方 ……………………… 60
科学・二つの文化・戦後日本 ………………………………………… 78
［書評］スピンはめぐる ……………………………………………… 86
素　粒　子 ……………………………………………………………… 90
ゲージ原理，ベクトル中間子の支配，対称性の自発的な破れ ……104
"素粒子"は粒子か？ …………………………………………………110
素粒子物理学の方向 …………………………………………………144
アイディアの輪廻転生――素粒子論の歴史と展望 ………………154
戦後の素粒子論の発展と今後の展望 ………………………………165

II　発展の経路

新素粒子対話 …………………………………………………………198
素粒子論の話 …………………………………………………………206
量子電磁力学と場の理論 ……………………………………………220
素粒子物理学の展望 …………………………………………………223
対称性の破れと質量の小さいボソン ………………………………243

新粒子について ……………………………………………… 256
素粒子論研究 ………………………………………………… 261
高エネルギー物理の現状と展望 …………………………… 272
素粒子物理学，その現状と展望 …………………………… 292
超伝導と素粒子物理 ………………………………………… 331
乱流するエーテル …………………………………………… 346
対称性の力学的な破れ ……………………………………… 355
質量公式と対称性の破れ …………………………………… 370
超伝導から Higgs ボソンまで ……………………………… 383
基礎物理学——過去と未来 ………………………………… 400

III　日本の物理を創った人々

湯川博士と日本の物理学 …………………………………… 430
朝永先生の足跡 ……………………………………………… 431
木庭二郎の生涯と業績 ……………………………………… 437
桜井 純のこと ……………………………………………… 442
私の知っている久保亮五さん ……………………………… 444
研究者の養成についての雑感 ……………………………… 448
アメリカの大学と素粒子論——在米10年の研究生活から ……… 453

解説に代えて——年表と注記 ……………………………… 465
索　　引 ……………………………………………………… 485

凡　例

1. 本書は，南部陽一郎氏の講演，あるいは雑誌等に発表された解説記事などを収録して，1冊にまとめたものである．出典については本文のそれぞれの冒頭の脚注に示した．
2. 収録にあたって，原則は原文の表記に従った．ただし，人名表記や術語の表記などは原文のなかでもゆれがあり，編者の判断で改めた箇所もある．
3. 巻末には編者の解説に代えて年表と，それへの多少の注記を加えた．年表に*を付した項は本書に収録した南部の論文である．長年月にわたって書かれたものを集めたので，その間の素粒子物理の進展は著しい．年表と対照しながら読んでいただきたい．同一年のなかの順序は不同である．
4. 年表には南部の主要な学術論文も表題を和訳して載せた．
5. 第I部に挿入した人物写真は，本書のために編集部で加えたものである．
6. その他，必要な注記はそれぞれ該当箇所に附した．

写真クレジット

南部陽一郎博士（扉）：片山宏海氏
南部陽一郎博士（p.3）：仁科記念財団
仁科芳雄博士（p.6, p.30）：仁科記念財団
朝永振一郎（p.9）：菊池俊吉氏
湯川秀樹博士（p.9, 10）：菊池俊吉氏
J. Schwinger（p.18）：Harvard University, courtesy AIP Emilio Segre Visual Archives, Weber Collection
Bardeen, Cooper, Schrieffer（p.51）：Department of Physics, University of Illinois at Urbana-Champaign, courtesy AIP Emilio Segre Visual Archives

I

素粒子論の展望

私のたどった道──対称性の自発的破れまで

　私はストックホルムに行けなかったことを残念に思います．この大きな式典を私のために開いていただき，たいへん光栄に思い，深く感謝いたします．
　2日前，私の共同研究者であったローマのGianni Jona-Lsinioが私の代わりにストックホルムでノーベル講演をいたしました．また，ただいまはLars Brink教授が私の研究の意義について優れた講演をして下さいました．私の履歴の概略は招待状に書かれております．
　ですから，私は，賞をいただくことになった研究にどのようにして導かれたかを簡単にお話することにいたしましょう．
　物理学は一つの統一された学問です．しかし，それはいろいろな分野をもっております．その一つは物質の基本的な構成要素とそれらを支配する法則を研究します．素粒子物理学は，その最も基本のレヴェルにあります．
　もう一つの分野は物質の集合の性質に関わり，われわれにより近しいものです．物性物理は，その代表です．
　物性物理には，要素がたくさん集まったときの特別な法則があります．対称性の自発的な破れ(Spontaneous Symmetry Breaking)はその一つであります．これを手短にSSBとよびましょう．
　SSBは，いわば要素のあいだの群集心理からおこります．12月7日の記者会見のとき一つの喩えを思いつきました．それをもう一度お話します．
　広場に大勢の人が集まったとします．どちらの向きにも特に面白いものはありません．一人ひとりは，勝手な向きを向いてよいのです．しかし，一人がある特別な向きに何かを見つけ，他の人々はそれぞれ隣の人の向いている方に向くということも，おこり得るわけです．そんな場合には，特別な向きはないとは言えません．好奇心に充ちた人がいて，頭の向きを少し変えると，隣の人も

● シカゴ大学におけるノーベル賞受賞講演(2008年12月10日)(編者訳)

南部陽一郎

つられて頭を回し,これは波となって広がるでしょう.物理では,あらゆる向きが同等であることを対称性とよびます.実際の世界は対称性が自発的に破れた状態にあります.好奇心の波はNG波(南部－Goldstone波)とよばれます.原子よりもっと小さい世界でおこるときにはNG粒子ともよばれます.

　私は物理学を東京大学で1940年代の初期に学びました.そして,素粒子物理学の基礎の解明に寄与した二人の偉大な物理学者の名声によって素粒子物理学に惹きつけられました.その一人は湯川秀樹です.彼は,陽子と中性子をくっつけて種々の原子核をつくる糊の役をする新粒子の存在を予言しました.もう一人は朝永振一郎です.彼は,これも素粒子物理学の礎石となる理論を展開しました.二人は後にノーベル賞を授けられました.

　これらの教授たちは,私の大学にいたのではありません.しかし,やがて私は彼らのサークルに入ることができました.他方,私の大学は物性物理学に強かったのです.後になって考えますと,初期に物性物理を学んだことは有益だったと思います.

　私は1952年に朝永教授の御推薦を得てアメリカにまいり,結局シカゴ大学に落ち着きました.幸いなことに,ここにはEnrico Fermi, Gregor Wentzel,

Maria Goeppert Mayer, Harold Urey など偉大な人々がいて，諸分野の話し合いのためにすばらしい環境がありました．

　SSB についての私の考えは，1957 年にわれわれの隣のイリノイ大学で展開された超伝導の BCS 理論を理解しようとする努力の中から生まれました．その理論には物理の法則が要求するある種の対称性が欠けており，その欠落を理解するのに 2 年かかりました．その答えが今でいう SSB だったのです．私は，すぐ気づいたのですが，これには多くの身近な例が昔から知られていました．結晶とか磁石とかです．しかし，SSB は一般的な原理とは思われていませんでした．私は，素粒子物理への応用に思い当たりました．

　素粒子物理学の神秘な謎の一つは，なぜいろいろの素粒子がそれぞれちがった質量をもっているのか，です．素粒子物理学によれば，質量はカイラリティという対称性を破ります．もしもカイラリティが自然界の真の対称性であったら，すべての素粒子の質量は 0 になります．私は，陽子とか中性子の質量は現実の世界でカイラリティの SSB がおこっていることによると提案したのです．SSB は NG 波が存在するからおこっているのですが，この NG 波こそ湯川が提案した粒子なのです．

　今日では，SSB の原理は，物理の基本法則は多くの対称性をもっているのに現実世界は何故これほど複雑なのか，を理解するための鍵となっています．基本法則は単純ですが，世界は退屈でない．なんと理想的な組み合わせではありませんか．

日本物理学の青春時代

　1935年から1955年にかけて，日本にも未解決の理論物理学上の問題に没頭する人たちがいた．彼らは量子力学を独学で習得して量子電磁力学を構築し，さらに新しい粒子の存在を予測した．

　この時代の彼らの生活は波乱に満ちていた．戦災で家を失い，いつも空腹に悩まされていた．しかし苦難の連続だったこの時期こそ，日本の科学にとっては最も輝かしい時期だったといえる．戦争に負けて人々は打ちひしがれ，自信を失っていたが，そんな中でノーベル賞受賞者が出たことは計り知れないほど大きな希望となった．

　そもそも日本人が近代的な科学的手法を知ったのは，その当時からすれば，ほんの数十年前のことだった．それを考えれば，このノーベル賞受賞は大変な快挙だったと言えるだろう．ペリー提督の乗った黒船に開国を迫られた江戸幕府が，200年間の長い鎖国を解いたのは1854年のことだった．その時，日本の指導者たちは，近代的技術なしでは軍事力を強化できないことをはっきりと悟った．少数の武士集団が1866年に将軍に退位を促し，それまでは飾りに過ぎなかった天皇の地位を復活させた．明治新政府はドイツやフランス，英国，米国などに若い学生を送り込み，外国語や，科学，工学技術，医学などを学ばせた．そして東京と京都をはじめとする諸都市に，西洋風の大学を創設した．

　長岡半太郎は，日本の物理学者としては草分けのひとりである．長岡の父親は武士階級の人間で，息子にはもっぱら書道や漢文を教えていた．ところがこの父親が，外遊したおりに大量の英語で書かれた教科書を買い込んできた．そして半太郎に対し「今まで誤った学問を教えてきた」と言って詫びたのである．

　しかし大学に入学した当時の長岡は，物理学を専攻することにあまり乗り気ではなかった．彼には「果たして東洋人に科学が習得できるのだろうか」とい

● Laurie Brownとの共著．日経サイエンス，**29**，1999年3月号，56–66．原文は，Scientific American, December 1998．日経サイエンス編集部訳．

仁科芳雄(1890-1951)

う疑念があったからだ．しかし中国の科学史を研究するにつれ，中国にも輝かしい科学の歴史があることを知って，ようやく長岡にも「日本人にもできるかも知れない」という確信が生まれた．

1903年に，長岡は「土星型原子模型」と呼ばれる原子モデルを考え出した．これは小さな原子核の周りを，ちょうど土星の輪のように電子がリング上に囲んでいるものだが，こうしたモデルを発表したのは長岡が世界最初だった．この後1911年になって，英国のケンブリッジ大学キャベンディッシュ研究所のErnest Rutherfordが原子核を発見する．

日清戦争(1894～1895年)，日露戦争(1904～1905年)，そして第一次世界大戦(1914～1918年)での勝利によって，日本が近代科学技術の習得に成功したことが証明された．大企業はこぞって研究機関を設立し，1917年には東京に，理化学研究所(理研)が半官半民の財団法人として設立された．元来，理研は産業界への技術的援助を目的として設立された機関だったが，基礎科学の分野でも大きな業績を上げた．

当時理研の若手研究員のひとりだった仁科芳雄が海外派遣されたのは1921年のことだった．英国やドイツを6カ月にわたって旅行し，コペンハーゲンのNiels Bohrのもとに6年間滞在した．ここで仁科は，Oskar Kleinと協力して光子(光の量子)に関する公式を発表した．これは光子と電子が衝突する際の散

Dirac(1902-1984)とHeisenberg(1901-1976)(1929年東京大学にて)

Heisenbergの講義風景(1929年9月,東京大学にて)

乱微分断面積を与えるものである．この反応は，現在量子電磁力学と呼ばれる電磁場の量子論を作るために基本的な問題だった．

　1928年に帰国した仁科は，Bohrのもとで身につけた「コペンハーゲン精神」を日本でも積極的に実践する．コペンハーゲン精神というのは，近代的な問題や方法に関する知識を得るだけではない．古い枠組みにとらわれず，誰もがのびのびと自分の考えを述べることができるという，それまでの日本の大学で非常に強かった権威主義とは好対照をなす研究環境をも意味した．

　Werner K. HeisenbergやPaul A. M. Diracといった大物科学者たちも1929

年に日本を訪れ，畏敬の念にあふれた学生や教職員たちを前に連続講演をした．
　Heisenberg の講義を熱心に聴いている学生たちの中に，朝永振一郎の姿もあった．当時この大研究者 Heisenberg の講義を理解することのできた学生は，朝永を含めてほんの数人だったろう．そのころの朝永は，大学を卒業して1年半たらずだったが，すでに量子力学の論文を原文で読みこなしながら独学していた．
　Heisenberg の最後の講義があった日，長岡半太郎は日本の学生たちに対して「Heisenberg 博士や Dirac 博士は 20 代ですでに新しい理論を発見していたというのに，それに比べて日本の学生は，情けないことに講義内容をノートに一生懸命書き写しているだけではないか」といって叱責した．後になって朝永はこの時のことを，「長岡先生にあれほど叱咤激励されても，当時の私にはどうする術もありませんでした」と述べている．

武士の子息たち

　しかし結局は朝永も，高校，大学と同級だった湯川秀樹と同じ道を歩むことになる．朝永と湯川は，「父親が外遊経験をもつ学者」という共通点をもつ．朝永の父親は西洋哲学の教授で，湯川の父親は地質学者だった．また両家とも武士階級の出という点も同じだ．湯川は，小学校に入学する前からすでに武士である母方の祖父から儒教の古典を学んでいた．
　後になって湯川が老荘哲学の書物に触れる機会があったとき，聖賢たちの物事を探究する姿勢が，近代科学の研究精神と似通っていることに気づく．一方，朝永は，Albert Einstein が 1922 年に来日したことで物理学に興味をもち始め，そのころから一般向けの科学書などを読むようになった．
　朝永と湯川とは，1929 年に京都大学から学位を受けた．しかし世界はすでに大恐慌に突入していて，就職先もなく，2人はそのまま京都大学に無給の副手として残った．ここで2人は新しい物理学をお互いに教え合いながら各々独立した研究課題に取り組んでいくことになる．後に湯川が当時を振り返って，「不景気が学者を作った」と語っている．
　1932 年に朝永は，仁科芳雄が率いる理研の研究グループに入る．一方，湯

朝永振一郎(1906-1979) (菊池俊吉撮影)

川は，大阪大学に移り，そこで当時最も難しいと思われていた問題に取り組み始めた(小学校1年生のころの湯川を教えていた教師は，湯川を評して「非常に自尊心が強く意志が強固である」と書いている).

その難問の1つは，有名な「無限大の自己エネルギー問題」である．電子はたえず光子を放出したり再吸収したりして自分自身に電磁力を及ぼすために，それによる電磁的なエネルギーが余分な質量となって現れる．しかし計算の結果ではこれが無限大になってしまい，実際の電子が一定の有限な質量をもっていることと矛盾する，というのがその問題である．

湯川は当時，この問題に関してほとんど成果をあげることができなかったが，その後約20年の間，何人かの世界中の優秀な学者たちがこの問題に取り組むことになる．後に湯川は当時を振り返って，「毎日，新しいアイデアを考え出しては，それをその日のうちに自分で壊していた．夕方家に帰るときにはいつも，絶望的な気持ちになった」と述べている．

10 ── 素粒子論の展望

湯川秀樹(1907-1981)(菊池俊吉撮影)

　そのあげく湯川は，これよりやや易しいと思われる問題に取り組むことにした．陽子と中性子の間に働く核力の問題である．Heisenbergは，この力は陽子と中性子の間で電子を交換し，電荷が入れ替わることによって生ずると提唱していた．しかし電子は1/2の固有角運動量，つまりスピンをもつので，Heisenbergのこの考えは量子力学の基礎原理である角運動量保存の法則に反していた．

　電子と光子に関する古典的な法則を書き換えたばかりで勢いに乗っていたHeisenbergやBohrなどの科学者たちは，量子力学の考え方もまた，捨てるのにやぶさかではなかった．そして陽子と中性子がまったく新しい独自の規則に従っていると考えた．しかし不幸にしてHeisenbergのモデルによる予測でも，核力の及ぶ範囲は200倍も長すぎた．

　湯川は，力の範囲がそれを運ぶ素粒子の質量に逆比例して変化することに気がついた．例えば電磁力の作用する範囲は無限大だが，それは電磁場で力を媒介する量子が質量のない光子だからだ．その一方で核力は，その作用範囲が原子核の内部に限られており，それを媒介するのも電子の200倍もの質量をもつ素粒子なのだ．また湯川は，この素粒子には角運動を保存するために「0」あるいは「1」のスピンが必要なことも発見した．

1935年に湯川は独自のものとしては初めての論文の中でこの考えを発表した．日本数学物理学会の学会誌に載せられたこの論文は英語で発表されたにもかかわらず，その後2年あまりの間ほとんど評価されなかった．新しい粒子の存在を予測する湯川の理論は非常に大胆なもので，「物事を説明するのに，不必要に仮定を積み重ねてはならない」という原則に反するものだった．

1937年になって，米国のカリフォルニア工科大学のCarl D. AndersonとSeth H. Neddermeyerが，湯川が彼の理論の中で予言した粒子にほぼ適合する質量をもつ，電荷を帯びた素粒子を宇宙線の軌跡の中で発見した．しかしその宇宙線はずっと上空の大気中で吸収されてしまわず，海面の高さで出現した．つまり湯川が予言したよりも100倍も寿命が長かった．

そのころ朝永は，仁科と共同で量子電磁気学の研究を進めていた．1937年にはライプチヒ大学にHeisenbergのもとを訪ね，そこで2年間核力の研究をした．ちょうど湯川も有名なベルギーのソルベイ会議に出席する途中だった．しかし残念ながらこの会議は中止となり，2人とも慌ててヨーロッパを離れることになる．2人が出会ったのは，日本に引き揚げる船の上だった．

第二次世界大戦の勃発により，量子力学の黄金時代は突然終局を迎えた．それまでドイツのゲッチンゲン大学などヨーロッパに集中していた新しい物理学の創始者たちも，世界中に散り散りになり，米国に落ち着く者もかなり多かった．そうした中で，Heisenbergはドイツに残ることになった数少ない学者のひとりだった．そして少なくとも戦争勃発当初は，量子力学の一般化理論である「場の量子論」についての研究を続けており，朝永とも手紙のやりとりをしていた．

前代未聞の大戦争

日本が参戦した1941年までに，湯川は京都大学の教授になっていたが，彼の教え子や共同研究者の中にも過激な思想をもつ者がいた．坂田昌一と武谷三男である．当時の知識人の間では，マルクス主義思想が大きな影響力をもっており，彼らはこの思想を帝国政府の軍国主義に対抗する唯一の道だと信じていた．

運の悪いことに，マルクス主義の雑誌「世界文化」に書いた武谷の一文が官憲の目に触れて，彼は検挙された．武谷は 1938 年に 6 カ月間拘置されたが，仁科の取りなしもあって，湯川の監督下におくことを条件に釈放された．こうした時勢ではあったが，湯川自身は物理学だけに関心を示しており，政治的な意見を述べることはほとんどなかったようだ．しかし政治に急進的な人たちを自分の研究室で世話することも決して拒まなかった．

そうした中で坂田や武谷らは，「三段階論」と呼ばれるマルクス哲学的な科学論を発展させていった．ある研究者が，まったく新しい説明不能な現象を発見したとする．その研究者は，まずその現象の詳細を研究して一定の法則性を見つけだそうとするだろう．次に研究者は，定性的なモデルを考え出して，そのパターンを説明しようとする．そして最後にそうしたモデルを組み込んだ精密な数学的理論を構築するに至る．しかし，そのうちにまた新しい発見が発生するので，上記のような過程が再び繰り返されることになる．つまり結果的には，科学の歴史はらせん状に迂回しながらも，常に発展していくことになるというのがこの理論の趣旨である．この考え方は，筆者を含めて，当時の若い物理学者たちに大きな影響を与えた．

太平洋戦争の最中にも，研究者たちは物理学の研究を続けていた．1942 年に，坂田昌一と井上健は，Anderson と Neddermeyer は湯川の発見した素粒子を見たのではなく，それよりも軽い粒子，現在では μ（ミュー）中間子と呼ばれている粒子を見たに違いないと示唆した．

これは，湯川の提唱した粒子，つまり π（パイ）中間子が崩壊した結果発生するものだというのだ．2 人はこの理論を，物理学の問題を議論するために定期的に集まっていた非公式のメソン・クラブ（中間子討論会）で発表し，日本語の科学雑誌でも公表した．

こうした状況の中，湯川は 1 週間に 1 日の割合で軍需関連の仕事をしていた．しかし具体的な研究内容については一切他言せず，ただ軍事関連の研究所への行き帰りに『源氏物語』を読んでいると，もらしたことがあるのみだった．

一方，当時東京文理科大学（現在の筑波大学）の教授になっていた朝永は，湯川よりもずっと深く軍需産業にかかわっていた．朝永は東京大学の小谷正雄と共に，強力マグネトロン発振機構の理論にも着手していた．マグネトロンはレ

ーダーシステムに使用される電磁波発生装置だった.

　Heisenbergも，知り合いの潜水艦艦長に託して，自分が新しく考案した量子の相互反応を記述する方法に関する論文を朝永に送っていた．これは波動の伝播に関する一般論でもあり，朝永はただちにこれをレーダー波の導波管に応用した．

　それと同時に朝永は，以前湯川が投げ出していた「自己エネルギー」の問題にも取り組んでいた．その手段として彼は，素粒子がどんな高速度で相互作用している場合にも使えるような記述法をあみ出した．これはDiracの「多時間理論」と言われるものの拡張で，個々の粒子にその位置と時間の両方を指定して，完全に相対論的な記述をするものである．彼はこれを「超多時間理論」と呼んだ．この理論は1943年に理研の学会誌上で発表され，後に量子電磁力学の枠組みとして威力を発揮することになる．

　このころになると，ほとんどの学生たちは学徒動員されていた．わたしは，陸軍のレーダー部門の研究員として配属された．当時陸軍と海軍は互いに激しく競い合っていて，多くの部門において両者は重複して研究を行っていた．研究材料は乏しく，使用している技術もかなり前時代的なものだった．

　陸軍では移動式レーダーシステムをまだ開発できないでいた．一度などわたしは，7〜8 cm角のパーマロイ磁石(ニッケル-鉄合金の磁性材料)を1つ手渡され，「これで何とか空中から潜水艦を探知する方法を考えてくれ」と言われたことさえあった．また，海軍で研究していた朝永の導波管に関する秘密論文を盗んでくるように指示されたこともあった．わたしはこんなことに無頓着なある教授を訪問して任務を達成した．

　ここで興味深いのは，過去における日本の技術的功績には，岡部金次郎の設計した非常に優秀なマグネトロンや，八木秀次と宇田新太郎が1925年に発明した「八木アンテナ」(屋上のテレビアンテナ)などのように，現在でも役に立っているものが多い点である．日本の軍部がこの八木アンテナの重要性を知ったのは，押収した英国のマニュアルからだった．

　東京近郊にいた若い物理学者たちは，戦時中もできる限り研究を続けていた．非常勤講師をしていた朝永も含め東京大学の教授たちは，日曜日ごとに彼らのために特別講義をした．1944年に，学生のうち何人か(この中には，早川幸男

も含まれている)が戦争のための研究から解放されて大学に戻った．しかし生活は苦しかった．学生の中には家が戦災で焼けた者もおり，また徴兵された者もいた．中には，召集されるちょうど前日に家が焼けてしまった者もいたらしい．会合の場所は幾度となく変更を余儀なくされた．もともと体の弱かった朝永は，寝床の中から学生にいろいろと指図をすることもあった．

そのころ仁科は，「原子爆弾の製造が可能かどうか」を調査するよう陸軍から命令を受けており，1943年には「時間と資金さえあれば原子爆弾の製造は可能である」という結論に到達している．また仁科は，竹内柾という若い宇宙線物理学者に，原子爆弾の製造に必要なウラン235を分離する装置を作るよう依頼している．

こうした計画は，戦争が終わったときに物理学研究を続行させるための助けになると仁科は考えたようだ．また再度投獄された武谷もこの問題に取り組むよう強要された．成功する見込みがまったくないことをすでに知っていた武谷は，これに協力することもさほど苦にならなかったようだ．

海の向こうの米国では，原爆製造のための「マンハッタン計画」が着々と進んでいた．この計画に動員された男女は総計15万人に上り，優秀な頭脳を集めることはもちろん，投資した資金も20億ドルに上っていた．一方そのころの日本は，何とも惨めな状況だった．学生たちは，ウラン235の分離に使用する6フッ化ウランを作るには砂糖が必要と知り，配給で受け取ったなけなしの砂糖を使っていたという．

またこれとは別に海軍でも，1943年に原子爆弾の研究を開始したが，その規模も小さくまた時期も遅すぎた．戦争が終わるまでにこうした日本の原子爆弾計画が製造し得たのは，ほんの小さな，切手ほどの大きさのウランの一片だけであった．しかもその一片のウランも濃縮された状態ではなかった．

そして遂に，広島と長崎に原爆が投下された．カリフォルニア大学バークレー校のLuis W. Alvarezは，2個目の原爆を長崎に投下した爆撃機に搭乗していた．爆撃機には，爆弾といっしょに爆発の激しさを計測するためのマイクロフォンを3台投下したが，これらの計測装置に，Alvarezは1枚の手紙と2枚の複写を1枚ずつ巻き付けていた．この手紙は，Alvarezがバークレー校の同僚であるPhilip MorrisonやRobert Serberと一緒に書いたもので，宛名は長

岡の息子で，仁科の研究グループの一員である嵯峨根遼吉となっていた．

　嵯峨根は，実験家として2年間カリフォルニア大学バークレー校に滞在して量子物理学の研究に使用する巨大なサイクロトロンについて学んだことがある．そこで嵯峨根はこの3人の米国人と知り合った．彼らは，この新型爆弾の性質に関する情報を嵯峨根に知らせようと手紙に託したのだ．この手紙は憲兵隊によって回収されたが，嵯峨根がそれを知ったのは戦後のことだった．

平和と空腹

　1945年8月に降伏してから，日本は7年間米国の占領下におかれた．Douglas MacArthur元帥の率いる占領軍政権の下，政府は大学改革にも着手し，教育システムの民主化とその規模の拡大をはかった．しかし原子力や核実験に関係のある分野の研究は基本的に全面禁止となった．当時日本にあったサイクロトロンは，すべて解体され海中投棄されてしまった．占領軍が日本の原子爆弾開発を恐れたからである．

　しかしそんな心配をするまでもなく，日本は経済的に実験や研究を支援する余裕などなかった．朝永は，家族とともに研究所住まいをしていたが，その研究所でさえ空襲のため半壊状態だった．またわたしは，東京大学の研究助手として着任したあと，3年の間研究室に寝泊まりしていた．寝るときには，自分の研究机の上にござを敷いて横になり，着るものは，洋服が何もなかったのでいつも軍服を着ていた．わたしの周りの部屋もみな同じような状態で，その1つには，ある教授がなんと一家全員で住み込んでいた．

　誰もが食料を調達するのに必死だった．わたしは時には東京の魚市場まで出かけて，イワシを見つけてくることもあった．しかし冷蔵庫がないので，魚はすぐに悪臭を放った．そして週末には郊外まで足を延ばす．そこで農家を歩き回って，もらえるものは何でももらってくるのである．

　わたしの研究室には，他にも何人か物理学者仲間がいた．木庭二郎は，東京文理科大学の朝永の研究グループで自己エネルギーの問題と取り組んでいた．また仲間の中には，小谷と彼の助手である久保亮五の指導の下で，固体や液体の研究(現在では物性物理学と呼ばれている)を専門にしている者もいた．久保

朝永振一郎と学生たち（菊池俊吉撮影）

亮五は，後に統計力学の分野で多くの業績を上げて有名になる．若い研究者たちは互いに知識を交換し合い，また占領軍の設立した図書館に通って，海外から到着した雑誌を読みながら熱心に研究を続けた．

坂田は当時名古屋大学の理学部にいたが，戦災のため彼の学部は郊外の小学校に仮住まいをしていた．その坂田が，1946年の学会で電子の無限大の自己エネルギーの問題を解決するのに，電子の中で電磁気力と未知の力とが釣り合っているという考えを提案した．

ちょうどこのころ，プリンストン高級研究所の Abraham Pais も同じような方法を提案していた．その手法自体には欠陥もあったが，これがきっかけとなって朝永の研究グループは無限大の自己エネルギーの問題を処理する方法を発見した．現在「くりこみ理論」として知られているものだ．

これは一口で言えば，電磁力による自己エネルギーが何であっても，もとからある質量にくりこんだ全体が実際の有限な質量として観測されると考えて差し支えないということである．この結果は湯川自身が1946年に創刊した英語

湯川秀樹　　　　　　　坂田昌一(1911-1970)

の論文誌 *Progress of Theoretical Physics* で発表された．1947年の9月に朝永は，*Newsweek* 誌で驚くべき実験結果を知ることになる．

この実験はコロンビア大学の Willis E. Lamb と Robert C. Retherford が行ったものだ．水素原子中の電子は，いくつかの量子状態をとり得るが，そのうち2つの状態は従来からまったく同じエネルギーをもっていると考えられていた．ところが実際には，ほんのわずかではあるがもっているエネルギーに差があることがわかったのである．

この発見が報告されるとすぐに，コーネル大学の Hans A. Bethe がこのエネルギーのずれ，いわゆる「Lamb シフト」の非相対論的な計算を発表した．「Lamb シフト」の原因は，電子が原子内を運動する際に，無限の自己エネルギーが有限だけ変化するからである．朝永は，学生らと協力してすぐに自己エネルギーのくりこみを正しく考慮することによって相対論的に厳密な結果を得ることができた．

朝永らの研究は，ほぼ同じころにハーバード大学の Julian S. Schwinger の行った研究結果と酷似していた．後に朝永と Schwinger は個人的な経歴の上でも互いに非常によく似ていることに気付く．この2人はともにレーダーを研究した経験があり，また戦時中は波動とマグネトロンの研究で軍に協力していた．そして両名とも，この問題を解くのに Heisenberg の理論を使った．

J. S. Schwinger (1918 – 1994)　　　　R. P. Feynman (1918 – 1988)

さらに朝永と Schwinger の名前にも共通点があった．「振一郎」の「振」と，「Schwinger」の「schwing」が，物理学の基本概念のひとつである（実験には欠かすことのできない）「振動」を意味するからだ．

1965 年には，朝永と Schwinger に Richard P. Feynman を加えた 3 人が，量子電磁力学を発展させた功績でノーベル物理学賞を受けた．なおこの時 Feynman は，時間が逆向きな電子などという独特な概念を用いていたが，プリンストン高級研究所の Freeman J. Dyson が，この方法も朝永や Schwinger の手法と同等であることを示した．

Lamb シフトが報告されたのとほぼ同じころ，英国のある研究グループが，高い山の上で宇宙線に曝した写真乾板で π 中間子が崩壊して μ 中間子になるのを発見した．この発見によって，井上，坂田，湯川らの理論が正しいことが見事に証明された．

大発見のあとの騒ぎがおさまると，この湯川の発見が，自然界の力に関する非常に深遠な原理を示すものであることが，次第に明らかになってきた．つまり力は一般に，整数のスピンをもち，またその質量が到達距離を決定するような粒子によって伝達されるものである．その上さらに，必要に応じて新しい粒子の存在を仮定するという湯川の方法が，その後も驚くほどの成功をもたらすことになる．こうして 20 世紀半ばで人類は，それまでにもその存在は予言さ

れていたものの誰も発見できなかった粒子，つまり原子より小さい素粒子を多数発見するに至った．

1947年になると，「ストレンジ(奇妙な)」と呼ばれるほどの，不思議な粒子が発見された．ごくまれにしか見られないものであるが，現れるときには2つ1組で現れ，そのうえ寿命が異常に長いのである．そのうちに，カリフォルニア工科大学の Murray Gell-Mann と大阪市立大学の西島和彦と中野董夫がそれぞれ独立にこれらの粒子がもつ特性の規則性を発見した．これは「ストレンジネス」と呼ばれるさまざまな量子の性質だ(このパターンに気付くことが，上に述べた三段階論の第1段階である)．

その後，坂田とその弟子たちは，こうして発見されたさまざまな粒子を分類する研究を活発に行い，Gell-Mann のクォーク・モデルの先駆けとなる3つ組の基本粒子の仮説を立てた(この坂田モデルやクォーク・モデルが第2段階であり，現在の高エネルギー物理学は，粒子と力のより精密な理論，いわゆる「標準モデル」によって，第3段階といってよいところにまで到達している)．

和　解

この間日本の物理学者らは，あの忌まわしい原子爆弾を製造した米国の物理学者たちとの関係を次第に改善しつつあった．もちろん米国人に対する感情には複雑なものがあった．東京のじゅうたん爆撃や広島と長崎での大量殺戮は，戦争反対を唱えていた日本人たちにも大きな衝撃を与えていたのだ．その一方で米国の占領政策は，その自由民主化政策も手伝って比較的好意的に受けとめられていた．しかし何といっても，両国の物理学者同士を近づけたのは，彼らが共通にもっていた科学に対するつきない興味だったろう．

Dyson の述懐によると，Bethe が初めて茶色の粗末な紙に印刷された雑誌 *Progress of Theoretical Physics* の創刊号を受け取ったのは，1948年のことだった．第2号には朝永の書いた論文があり，そこに Schwinger 理論の中心概念が含まれていた．

Dyson は，「戦後の廃墟と混乱の中で，朝永はどうにかこうにか日本の理論物理学研究の伝統を維持していた．しかもある意味では，当時世界でも最も先

進的なことをやっていた．朝永は黙々と研究を続け，新しい量子電磁気学の基礎を築いた．しかも Schwinger より5年も前に，コロンビア大学の実験からの助けも受けずに．これは私たちにとってなんとも言いようのないほど不思議なことに思えた」と述べている．

当時プリンストン高級研究所の所長だった J. Robert Oppenheimer は，湯川を自分の研究所に招待した．湯川はそこで1年を過ごし，コロンビア大学でもう1年過ごし，1949年にはノーベル賞を受賞している．朝永もプリンストンを訪れたが，その環境を非常に研究意欲をそそるものだと感じたようだ．

しかし朝永の場合はホームシックにかかり，学生のひとりに「何だか天国に島流しにされているような気分です」と書き送っている．1年後に朝永は帰国したが，ここで朝永は1次元的な運動をする粒子の理論を発表した．これは現在ストリング（ひもまたは弦）理論の研究者たちに，大いに役立っているものだ．

1950年代の初めからは，日本の若い研究者たちも米国を訪れるようになり，その中にはわたしのように長期滞在する者もいた．こうした頭脳流出の傾向をできるだけ緩和しようと，彼らは国内の同僚たちとのつながりを保つことに努めた．そうした方策の1つは，非公式の会報『素粒子論研究』に最近の消息を送ることだった．そのようなニュースは中間子討論会の後を継いで共同研究の場となったいろいろな研究会の席上で読み上げられたものである．

1953年には，湯川が京都に新しくできた研究所の所長となった．これは現在の「湯川基礎物理学研究所」である．またその年には東京と京都で，湯川と朝永が主催者となって国際理論物理学会議が開かれた．この会議には，諸外国から55人もの物理学者が参加した．その中には Oppenheimer の姿はなかった．

Oppenheimer は1960年9月になって初めて日本にやってきた．彼は美しい瀬戸内海を観光したいと希望したらしいが，湯川がやめておくよう勧めたらしい．というのは，瀬戸内の観光ルートには当然広島の街が含まれることになり，それは Oppenheimer にとってかなりのショックだろうと気を使ったのである．湯川と朝永は，その人生のほとんどを抽象的な理論に没頭することで過ごしてきた．しかしこの当時から反核運動の分野でも活動するようになり，いくつか核廃絶の嘆願書に署名している．

1959年には，当時まだ東京大学博士課程の学生だった江崎玲於奈は，半導体の量子行動について卒論を書いていた．これは後になってトランジスタの開発に結びつくことになる．この業績によって江崎は，1973年に日本で3人目のノーベル物理学賞受賞者となった．なお，Ivar Giaever および Brian D. Josephson も江崎と同時にこの賞を受けた．

　「日本にとって最悪の時期に，なぜ理論物理学の分野では最も創造的な仕事が続出したのか」といった疑問は当然出てくるだろう．戦争の恐怖から逃れるために，不安を抱えた頭脳が純粋な理論の世界に自己を没入したのかもしれない．それとも，戦争によって外界との接触が少なくなり，かえって独自性が刺激されたのかもしれない．

　確かに戦争によって，教師や上司に対する忠誠といった伝統的な封建主義スタイルは一時的に壊れたようだ．それで物理学者たちは，自由に自分の考えを発展させることができたのかもしれない．それともこの時期は，一切の説明を受け付けないような，日本にとって非常に特殊な時期だったのかもしれない．

東京グループに関する個人的回想

　東京大学のグループは，私の時代まで素粒子物理学の主流からはずれていました．主流は湯川の京都，仁科の理研，朝永の東京教育大学にあったのです．東京大学の教員で素粒子物理に関係をもっていた人は少数でした．私のついた落合麒一郎教授は Heisenberg の下で原子核物理学を学びましたが，素粒子物理は学びませんでした．中村誠太郎は湯川の弟子で京都からきました．彼は，私が卒業した直後にきたのです．彼は助手で，ベータ崩壊の分析をしていました．

　東京大学の卒業生には重要な仕事をした人がたくさんおります．卒業の順に申しましょう．宮島龍興は 1939 年に卒業し，朝永のところで働きました．続いて 1941 年に卒業した高林武彦は，いまは科学史家で哲学者でもありますが，非局所場について多くの仕事をしました．同じ年に卒業した久保亮五は統計力学で有名です．加藤敏夫には微分方程式の固有値スペクトルの業績がありますが，電子－陽電子の対創成の仕事もあります．彼はいまバークレーの数学の教授です．私と同じ 1942 年の卒業生には，天体物理学で有名な林忠四郎がいます．彼は京都大学を定年退職しました．木庭二郎も同じ年に大学に入りましたが，すぐ病気で休んでしまいましたので，顔をあわせたのは戦後になってからです．卒業生は戦争のため途絶えます．1945 年に早川幸男，宮本米二が卒業し，次いで 1946 年に福田博，武田暁，谷純男が卒業しました．次の年が木下東一郎，須浦寛，藤本陽一，山口嘉夫，その次が西島和彦，1 年おいて 1950 年が宮沢弘成です．実験物理で有名な小柴昌俊も同じ年の卒業になるはずでしたが，途中で Bob Marshak のプログラムにのってロチェスター大学に転校しました．

● Elementary Particle Theory in Japan, 1930 – 1960, Proceedings of the Japan – USA Collabotative Workshop, *Prog. Theor. Phys. Suppl.* no. 105 (1991), 111 – 115. Fermi 研究所における研究会(1985年 5 月 6 日)における講演をもとに．（編者訳）

私の時代には，大学院はありましたが，ほとんど誰も進みませんでした．卒業したときには修士のレヴェルだったと思います．平均して21歳でした．この学制は戦後1949年に変わりました．

これから，戦争前から始めて戦後の数年間におよぶお話をしましょう．私は東京大学で学生として2年半すごしたところで戦争が始まって兵隊にとられました．戦前の学生時代，何人かは素粒子物理を研究したいと思いましたが，この分野の教授はいませんでした．多少とも関係のあった唯一の人は落合教授でしたが，この分野に進めるのは天才だけだと教授は言われました．私たちは仲間同士で研究し論文を読むことにしました．

私たちは，形式上は落合教授の指導の下で毎週セミナーをし論文や本を読みました．すでに戦争が始まっていたので，本のフォトコピーは自由にできました．目利きの同級生がこれを仕事にしました．私たちには無料でくれましたが，東京の外の人たちからはお金をとったのです．彼は共産主義者で，戦後すぐに亡くなりました．私たちはBetheの有名な *Reviews of Modern Physics* の原子核物理の論文から始めて，Heitlerの『輻射の量子論』やFowlerの『統計力学』などを読みました．

おぼえていますが，渡辺慧がきて連続講義をしてくれました．戦争前にフランスとドイツに行き，de BroglieとHeisenbergの下で学び，フランスにいたとき熱力学の第二法則について論文を書いた人です．私は，特に彼がCartanのスピノル理論の本の講義をしたことを思い出します．また彼は得意な5次元波動方程式の講義もしました．戦後，彼はアメリカで教えました．カイラリティという言葉をつくったのは彼です．彼は仕事を正当に認められることなく，情報理論に移りました．I.B.M.で働き，後にはハワイで教授になりました．

戦前には，東京大学には素粒子物理で活動する研究者がいなかったので，林など何人かは理研に朝永－仁科セミナーを聴きに行きました．私は宇宙線物理についてかなり学びました．朝永と仁科は同じセミナーで意見を交換し，朝永は受け取った手紙を議論にかけるのでした．たとえば，名古屋の坂田からの手紙．その二つを思い出すのですが，一つはπ^0の崩壊についてでした．問題は，たしかパイオンはアイソスピン三重項をなしているのか，荷電パイオンだけな

渡辺慧(1910 – 1993)

のかということ．アイソスピン対称性を信じるなら π^0 も存在するわけです．もし，そうなら，π^0 をどうして検出するか？ 坂田は，π^0 のスピンによって 2γ に壊れるか，3γ に壊れるかがきまることを指摘したのです．もし π がベクトル中間子であれば 2γ には壊れられない，もしギスカラーなら壊れられる．夏のセミナーでは朝永は坂田の二中間子論についての手紙を報告しました．その次のセミナーは 1942 年の秋で私の入隊の直前でした．

　その後三年間，私の研究は戦争のため中断され，素粒子物理は何もできませんでした．幸い，私は東京で研究助手に任ぜられ，戦争が終わればその職に戻れることになりました．1943 年に私たちは普通より半年早く大学から出され，私は徴兵されて東京の陸軍技術本部に配属になりました．私は技術将校になる試験に落ちたので，下積みから始めなければなりませんでした．一年間，塹壕掘りなどをした後，二回目の試験に通り，技術の分野に入ることができました．私は，立川のレーダー研究所に配属されましたが，まもなく空襲を心配して解散となり，私の部署は大阪の西，宝塚の近くに移りました．女子大学とゴルフ・クラブを接収したのです．私の仕事は一種の情報将校．情報を集め，大学における防衛研究を監督し，工場をめぐって生産を監督するのです．大阪の伏見康治，永宮健夫などたくさんの教授たちが防衛研究に動員されていました．

ときには内山龍雄が現れ，小谷正雄教授が東京からやってきました．私は，特に二つのことを思い出します．ある研究会で導波管に関する朝永のS行列理論が報告されたのです．私は，その海軍の秘密文書を入手するよう命令されました．私は，それを入手し，勉強しました．これが"S行列"という名前を聞いた最初でした．朝永はユニタリティや時間反転まで論じ，S行列の多くの重要な性質を導いていました．私は，また小谷と朝永が展開し，小谷自身が報告した磁電管の理論を思い出します．これらの寄与は『朝永振一郎論文集』で見ることができます．

私は，1946年の始めから東京大学に出勤し始めました．以後3年間，基本的に研究室に泊り込んだのです．部屋には木庭二郎もいました．隣の部屋には久保グループ，久保と研究する大学院生がたくさんいて，私も自然と統計力学に興味をもつようになったのです．私と同じ部屋には岩田義一もいました．彼は独立心の強い男で，宮本梧楼と渦巻軌道スペクトロメーター"S.O.S."の仕事をしていました．これは，後に嵯峨根教授がバークレーでミュー粒子の崩壊スペクトルを測るのに用いたものです．岩田は1938年に卒業し大学で助手をしていました．

私は木庭の仕事に注意し，彼から朝永グループのしていたことを学びました．当時，Isingモデルの有名なOnsagerの解が私どもにも伝えられ，久保グループは非常な興味をもちました．私もそうで，東京に戻って最初にした仕事はIsingモデルについてでした．Isingモデルの問題について代数的な簡単化を思いついたのです．これは，何年かして大阪市立大学に移ったとき，伏見の説得を受けて発表しました．

Onsagerの解の簡単化を思いついたすぐ後に，1947年ですが，Lambシフトのニュースが入ったのです．私はBetheの論文を読み，Lambシフトの背後にある物理的な意味を考え始めました．たどりついた物理的描像は単純なものでした．電子の位置が仮想光子の出し入れでぼやけ，電子の感じるクーロン・ポテンシャルは均される．そうすると，有効ハミルトニアンにはデルタ関数型の寄与が生じ，s準位は上にずれる，というものです．

この考えは小野健一と一緒にまとめました．小野は後に東京大学教養学部の教授になりました．彼は1943年の卒業です．大学に入ったのは私と同じ年で

したが，病気のため卒業は1年遅れたのです．小野と私は，私どもの仕事を秋の京都での物理学会で発表しました．T. Welton の同様な仕事より前のことです．同じ学会で，朝永は彼のくりこみの考えを発表しました．そのときは，ほとんど理解できなかったのですが，とにかく朝永に感心し，私どもの仕事を論文にする勇気を失いました．この1947年の学会が，私が学会講演をした最初です．

この頃，大学の外からたくさんの訪問者がありました．たとえば，渡辺．彼については，すでにお話しました．それから武谷三男．彼は，ときどき中村誠太郎に会いにきたのです．活発な議論が行なわれ，私は大いに楽しみました．木庭も，いつもそばにいました．1948年の1月，木庭は頭をすっかり剃り上げて現れました．朝永との共同研究のなかで計算間違いをしたことを恥じ入ってのことでした．ある日，私は電子の異常磁気モーメントを計算しようと思いました．思い出すのですが，その同じ日に *Physical Review* に Schwinger の論文を見つけ，完全に勇気を失なって，そのときは計算を止めてしまいました．

私は臨時の研究助手でしたから，職は不安定ですし給与も非常に低かったのです．若い人々は組合を結成しました．中村は強力なメンバーだったと思います．私たちは力を合わせ，遂に私の地位も東大の常勤の助手になりました．中村は，また『素粒子論研究』の発刊にも重要な役割を果たしたようです．

1949年に，私は新設の大阪市立大学に移りました．東京から早川幸男，山口嘉夫，西島和彦，大阪から中野董夫が加わりました．しかし，二, 三年すると人々は蒸発して他所に移ってしまったのです．早川は M. I. T. に招かれ，しばしば手紙をよこして，そこでおこったこと，とくに V 粒子について知らせてくれました．私ども，大阪市大にいた者はたいへん興味をもち，私は山口，西島と一緒にその解釈のため種々のスキームを考えました．すべて自分たちで考えたのです．その一つが対発生の考えで，これは大根田定雄，宮沢弘成，そして A. Pais によっても独立に展開されました．

私は，いわゆる Bethe–Salpeter 方程式の研究もしました．喜多秀次も同様な考えを進め，喜多と宗像康雄の論文が『素粒子論研究』に私の論文と並んで載っています．続いて，この問題は林忠四郎と宗像がとりあげ，私たちは議論を始めましたが，大した結果は出ませんでした．林，喜多，宗像は京都にいた

南部陽一郎

のです．私が BS 方程式のプログラムに力を入れなかった理由は二つあります．まず，梯子近似が，この形式の唯一の美点ですが，水素原子の微細構造に正しい答えを与えないことを知っていた．第二に，虫垂炎を患い，こじれてほとんど死ぬところだった．

Bohm, Gross, Pines のプラズマ振動の研究が現れたとき，私は他の問題にも応用できると思いました．すなわち，原子核物理，特に核力の飽和性です．大阪に 3 年ほどいた後，私は木下東一郎と一緒にプリンストンの高級研究所に招かれました．研究所でも，この問題を考え 2 年間を費やしましたが，飽和性が説明できる見込みは立ちませんでした．私は完全に挫折しました．その後，M. L. Goldberger が私を救い出してシカゴに連れて行き，気分を変えるため分散公式の仕事に誘ってくれたのです．

討 論

崎田文二 先生は大阪時代に，WKB 近似を用いて場の理論の準古典近似の研究をなさったと記憶します．何が動機だったのですか？

南部 おそらく S 行列に高次の項を含めようとしたのだったと思います．同様の考えは福田信之と朝永も展開していて，Feynman 拡散方程式とよんでいました．彼らの研究も私のも『素粒子論研究』に出ています．

L. M. Brown あの頃の生活のことを聞かせていただけませんか？ あなたは，物理よりも食料に関心があったのでしょうか？

南部 食料の買出しが毎週の仕事でした．闇市に野菜や魚を買いに行ったのです．冷蔵庫はありませんでしたから，それらは二，三日するとひどい臭いを放ちました．もっと重要な芋とか米を買うには，遠くに行く必要がありました．それも，買えるとはかぎりませんでした．

S. S. Schweber ロス・アラモスには共同体の雰囲気があって，人々は互いに自由に話し合いました．東京にも同様な雰囲気がありましたか？

早川幸男 そのような共同体は，戦前でさえ理研にはありました．理論屋と実験屋は研究や発見について互いに自由に討論していました．

湯川と朝永の遺産

朝永と湯川の業績を記念するこのシンポジウムのために，彼らの生涯を振り返り，物理学の歴史に占める彼らの位置について述べたいと思います．その後，いま物理学が問題にしていることについて，しかるべき位置から私の思惑ないし見解を述べましょう．物理学に関する私の見解，あるいは物理をしてきたときの私の姿勢について，また物理学の未来への展望と思索についてお話します．

はじめに

これは湯川と朝永の科学上の業績を讃え記念する国際的集会です．しかし，その場所は京都ですから国際的と同時に国内の参加者もいます．そこで私は，お二人と，また彼らと密接な交渉があったその他の人々の生涯と業績の科学的および文化的な面を考えてみたいと存じます．ここにお集まりの皆様の多くは，この集会の前に種々の会議に参加されたでしょう．とにかく，ほとんどの方々は湯川・朝永現象ともいえるものをよく御存知のことと思います．私は，それを私流にお話します．

歴史的に申しますと，日本の進んだ文化はおよそ15世紀前に中国とインドの影響を受けて始まりました．彼らから天文学や数学を学んだのですが，やがて自身の道を歩み始めます．西欧の国々のルネッサンスとか地球規模の拡大とかとだいたい時を同じくして，日本では全国を支配する安定な封建的な体制が成立し，しかし外の世界に対しては扉を閉ざしました．そして，これは19世

● *Progress of Theoretical Physics, Supplement* no. 170 (2007), Proccedings of the Yukawa–Tomonaga Centennial Symposium (Ed. by R. Ikeda, Y. Kanada–En'yo, T. Kugo, M. Sasaki and N. Sasao) 湯川・朝永生誕百年記念シンポジウム（京都大学・基礎物理学研究所，2006年12月11–13日）における講演のために準備された．実際には風邪のためシンポジウムでは講演されず，12月26日に基礎物理学研究所で講演された．翻訳は，一部誤植など修正された AAPPS (Association of Asia Pacific Physical Societies) Bulletin, Dec. 2008. による．（編者訳）

朝永振一郎と湯川秀樹

仁科芳雄

紀半ばまで続いたのです．およそ250年間におよぶこの時期に，いわゆる日本の特性が形成されたのだと思います．国は閉じられていましたが，西欧の科学や数学は，ゆっくりと，整然と壁をしみとおって入ってきていました．138年前に世界の仲間入りをしたときには，近代科学を全面的に追求する用意ができていたのです．

よく知られた物理学者から二人をあげれば長岡半太郎(1865-1950)と仁科芳

雄(1890 - 1951)になるでしょうか．彼らは日本における科学と科学行政の発展に大きな役割をはたしました．二人ともヨーロッパに留学しました．長岡は，20世紀の始めに原子の土星モデルを提案しましたが，以後の物理学革命に対して晩年には保守的な態度をとりました．他方，仁科はRutherfordとBohrのところでの経験を持ち帰り，1931年に理研に研究室を開きました*．理研は，もともとは第一次世界大戦で情報と技術の輸入が途絶えたとき国の必要に応えて創設された，まったく新しい概念に立つ研究機関です．

仁科は，日本の巨大科学の父です．彼は，宇宙線研究のグループをを立ち上げ，Lawrenceの行き届いた助力を受けて核物理のためのサイクロトロンを建設するグループをつくりました．これは当時おこりつつあった物理の新しい分野です．彼は，また自由な討論を強調する"コペンハーゲン精神"を物理学者の社会にもたらしました．これは湯川と朝永との関連でしばしば話題に上ります．彼らの無給副手時代，仁科が京大を訪問し講義をしたとき，彼らは深い印象を得て動かされたといわれています．朝永は後に理研の仁科グループに入って，お付の理論家となりました．湯川は，大阪に新しく設立された大学に採用されます．大阪は能率的な実用主義と活力で知られる街です．

湯川秀樹と朝永振一郎

さて，湯川と朝永について．二人が，ほぼ同じ時期に古い武士の流れをくむ学者の家に生まれたことは驚くべき偶然です．どちらも幼児期を東京で過ごし，父親が京都大学に職を得たとき京都に移りました．昔の首都は小じんまりとし変化に逆らっていました．彼らは同じ小学校に通い，大学生時代までずっと徒歩通学ができたのです．京都は威信，文化，自尊心の蓄積をもっていました．国の政治の圧力を受けず，思想の自由と独創性を育てていました．それは西田

---

* 仁科は1919年に東京帝国大学を卒業した．彼は工科大学電気工学科を卒業，工科大学の大学院に進み，同時に理研の研究生となった．また理科大学物理学科で物理学や数学の講義を聴き，長岡研究室で実験をした．1920年に，理研の研究員補となり米欧留学を命じられる．1921年4月に日本を出て英国のE. Rutherfordの下に留学，間もなく理研の研究員に任ぜられる．1923年にはデンマークのN. Bohrのもとに移り，1928年まで滞在．O. Kleinと有名なKlein–仁科の公式を仕上げて，アメリカを経由し12月に帰国する．理研にもどり，1931年から主任研究員として仁科研究室を主宰した．(著者の要請によりAAPPS Bulletinの客員編集者・小沼通二が執筆．)

表 1　年譜

湯川秀樹(1907-1981)	朝永振一郎(1906-1979)
東京に生まれ，京都に移る．父は小川家の養子．京都大学地質学教授．秀樹の兄弟も皆が学者となった．	東京に生まれ，京都に移る．父は京都大学哲学科教授．
1926　京都大学入学	1926　京都大学入学
1929　京都大学理学部無給副手	1929　京都大学理学部無給副手
1932　湯川家の養子となる 　　　京都大学講師	1932　理研，仁科研究室入所
1933　大阪大学講師	
1934　中間子論	1934　γ線による電子対創成の理論，仁科らと
1937　(C. Anderson ら，電子と陽子の中間の質量の粒子を宇宙線の中に発見) (仁科ら，宇宙線の新粒子の質量を測定)	1937　ライプチヒの Heisenberg の下に留学
1939　京都大学教授	1939　独英戦争勃発のため帰国
	1941　東京文理科大学教授 　　　超多時間理論の研究に着手
	1943　超多時間理論，論文(和文) 　　　磁電管の理論
1947　(Powell ら，π中間子発見，μ粒子の命名) 　　　非局所場の理論を提唱	1947　(Lamb シフトの発見)
1948　プリンストン高級研究所・所員 　　　(米，バークレーで π中間子を人工生成)	1948　くりこみ理論，Lamb シフトを導出
1949　ノーベル賞	1949　プリンストン高級研究所・所員
	1950　集団運動の理論
1953　京大・基礎物理研究所・所長	
1955　Russel-Einstein 宣言に加わる	
	1956　東京教育大学・学長
1957　パグウォッシュ会議出席	1957　パグウォッシュ会議出席
	1963　日本学術会議・会長
	1965　ノーベル賞

学派の哲学や自由主義学派の例に見るとおりです．

　湯川と朝永のあいだには違いや好対照もあり，議論のよい題材になります．湯川は，東洋の哲学や文学を厳格な祖父に叩き込まれ，深い影響を受けています．中国の書道と日本の短歌を楽しみました．朝永は，これらを習いはしましたが，父が西洋哲学者であったためか，もっと現代的な性向をもっており，自然に敏感で人間の弱さに動かされやすい．湯川は論争好きでした．よき論争者で，一人狼になることを厭いませんでした．朝永は細心でした．よき語り手で，議論のまとめ役を務めました．物理には両方のタイプが必要です．

湯川秀樹(前左), 朝永振一郎(前中央), 小林稔(前右), 坂田昌一(後)

　彼らは，どちらも代表的な東洋の学者でした．なによりも文化の人でした．彼らが，どの面からもよきライヴァルであり，それに相応しい組み合わせであったことに疑いはありません．生涯を通じて，彼らはエッセイや専門書を書き，いろいろな職業の人々と対話して多くを生み出しました．それぞれの全集は，専門的な論文は別として巻数で1ダースくらいにもなります．シカゴ大学の図書館にもあります．これらに見られる彼らのスタイルは明らかにちがいます．

　もう一つ注目すべきことは，二人がまわりに非常に有能な物理学者のグループをもち，彼らが時を得ては活動を始めていることです．湯川の場合，特にそうだと思われるのですが，それらの人々は活動の間に指導者を容易に変えるのです．坂田昌一(1911-1970)がよい例です．彼は湯川や朝永に匹敵するユニークな業績をあげました．私は東京帝国大学の学生だったとき，理研で仁科と朝永が開いていたセミナーに仲間と通ったものですが，ある時，朝永が，以前に理研で机を並べた坂田の二中間子仮説についての手紙を読んだのを記憶しています．坂田は宇宙線"中間子"の$\pi-\mu$崩壊の連鎖を仮説として提案していた

のです．

20世紀物理学における湯川と朝永

　これで話は本題に入ります．湯川と朝永が素粒子物理学の歴史のなかで占める位置についてです．

　20世紀は，真に物理学の革命のときでありました．量子力学と一般相対性理論とが自然世界を見るわれわれの眼を広げました．極微から極大までオーダーにして60桁にわたる世界です．1920年代後期までに革命の基本は達成されました．しかし，未踏の地や未解決の問題が残されていたのです．その一つは原子核をつくっているものは何か，強い力と弱い力のもとは何か，という問題でした．もう一つは場の量子論の数学的構造がもつ本来的な困難です．

　75年前を振り返りますと，自然の基本的な構成要素，すなわちいわゆる素粒子が電子と陽子のみと考えられていたことに驚くのです．当時の人びとは，われわれの世界をつくる真の素粒子は少ないほどよい，理想的には1種類だと思い込んでいました．中性子の存在を認めなければならなくなったとき，たとえばDiracは，既に2種類あるのだから3種類でもいいだろうと理屈を言ったそうです．

　今日いう素粒子物理，あるいは高エネルギー物理が生まれたのは1930年代で，そのとき人々は物理世界の見方を変え始めたのでした．私は，E. Lawrenceと湯川秀樹を素粒子物理の創始者とよんだことがあります．一方は実験の，他方は理論の創始者です．Lawrenceはサイクロトロンを発明し，エネルギーが10年に10倍という勢いで加速器が大きくなる時代の扉を開きました．他方，湯川は必要とあれば新しい，ますます大きな質量をもつ粒子の存在を期待，あるいは要請するという理論的な姿勢を始めました．理論的な期待と加速器の技術は手を携えて進み，今日まですばらしく大きな成功を収めてきました．このようにLawrenceと湯川は素粒子物理の大きな流れをつくり，今日にいたっているのです．

　他方で，朝永の役目はちがっていました．標準モデルに代表される素粒子物理の今日の枠組みは，三つの基本原理に立っています：

湯川秀樹と安倍能成

(1) くりこみを使う場の量子論.
(2) ゲージ原理.
(3) 対称性の自発的な破れ.

相対論的な場の量子論は，Heisenberg, Schrödinger, Dirac および Pauli によって始められた量子力学の最も論理的な拡張です．しかし，最初から無限大，あるいは質量や相互作用定数といった理論の有効パラメタの発散という困難をかかえていました．この困難は，相互作用する粒子が点状であるために古典的な場の理論にも既に生まれつきのものだったのです．もし湯川のパラダイムに従うなら，知られていない粒子の一群を要請し，それらが知られている粒子と一緒になって発散を互いに打ち消すようにするところです．A. Pais と坂田は，それを試みましたが，うまくいきませんでした．もう一つの自然な試みは，素粒子を点状とするのを止めることで，湯川その他の人々が提唱しましたが，成功しませんでした．

朝永の解決法は，Feynman と Schwinger も独立に展開したのですが，無限大から物理的に意味のある量をあいまいさなく，つじつまが合うように取り分ける処方を示すことでした．くりこみとよばれるこの考えは，始めは気乗りのしない妥協のように見られましたが，広く適用できて有用であることが多くの成功によって認められ，さらに，その真の意味が後に K. Wilson によって明ら

朝永振一郎と E. Lawrence (1901 - 1958)

かにされたのです．

　Pais - 坂田の解も湯川の解も完全に的はずれではなかったかもしれません．ある意味で超対称性はPais - 坂田の解の現代的な化身と考えられるかもしれないのです．動機はまったく違っていましたけれども——．超弦理論は，湯川の解の手の込んだ化身であるかもしれません．

　それでも，くりこみは場の量子論の本質的な要素なのです．

物理学者の研究の三つのモードと物理学の現在

　私は，21世紀の素粒子物理がどうなるか投機的なことは言いたくありません．その代わりに私の一般的な観察をお話ししましょう．かつて私は，物理学者を研究の進め方によって3つの型に分類しました．Heisenberg (H)，Einstein (E)，Dirac (D) の各モードで，それぞれに特徴的な寄与によったものです．すなわち，量子力学，重力理論，そして Dirac 方程式．Heisenberg の仕

方は発見法的で，下から上に向かいます．Einstein の仕方は公理論的で上から下へ，Dirac の仕方は抽象的で革命的，審美的です．もちろん，理論家は時により異なったモードで進み，成功の程度も異なります．ですからラヴェルは，個人よりは仕事につけるべきです．湯川は中間子を提唱したときには H モードといえるでしょう．しかし，非局所場を試みたときには E モードで失敗しました．朝永については，ちょっと難しいのですが，E モードとしておきましょう．ほとんどの理論家は H か E になります．しかし，湯川と朝永を対照するには設計者と工芸家に比べるのがよいでしょう．

　ここで湯川と朝永自身の分析から離れます．素粒子物理が始まってから 75 年以上たった今，われわれはどこにいるのでしょうか？　過去 30 年間に理論家のモードは H から E へ，そして D へと徐々に変化してきたと思います．中間子からくりこみへ，そしてゲージ理論から弦理論への変化を考えてごらんなさい．標準モデルは H から E への過程を成功裡に終わらせました．いま私たちは D にいると思います．Dirac は彼の単極子について，これは非常に美しいから自然に採用された方がよいと述べました．ここで美というのは数学的なものです．多くの人々が超対称性や超弦に，まずそれらの内在的な美と優雅さの故に，惹きつけられたように思われます．その背後には過去に理論家があまりに成功しすぎたということがあるでしょう．理論は自由に思弁的な飛躍をすることができます．それに対して，実験は技術的，社会的な現実に束縛されています．前者は跳び越えることができますが，後者はできません．

　それはともかく，わたしは自然が解けて理解できることを常に不思議に思ってきました．自然の法則を深く，より深く探って行けるのは何故なのでしょうか？　年々，私たちは野心的な計画を立てて新しい研究を提案し，ほとんどの年に成功して結果を出す．なぜ，こううまくゆくのか？　大きくなる一方の実験設備が失敗せず，発見を続けられるのは何故なのか？　最後に，宇宙が生まれて 137 億年たった今，私たちが真理を発見し続け，また未来を，宇宙の終焉さえも含めて予言しようとしているのは何故なのでしょうか？（人間の発展と比べてごらんなさい．いま私たちは青春期に入ろうとしているのでしょうか？）

　これは形而上学の問題だ，物理学ではないという人があるかもしれません．

でも私は，形而上学と物理学の違いは今日ますます曖昧になっていると思うのです．特に弦の理論家の場合がそうです．このこと自身は，私はある種の進歩だと見ている，われわれの視界が拡がったことだと見ているのです．このような問題を客観的に，具体的に問うことが可能で，意味があるという物理学の段階に私たちは入ろうとしているのでしょう．われわれの宇宙も含めて，可能な種々の宇宙，それらの歴史を精密な数学の言葉で議論することができます．いつの日にか，私たちは自然が理解しうるものか否かの答えを得ることができるのでしょう．

自然は理解し得るか

この最後の点については次の簡単な観察をしたいと思います．

(1) アナロジーの力

百年以上も前に電子を発見し物質の原子的な構造を探りはじめたとき，太陽系というお手本がありました．お手本は役に立ちました．完全に大きさのちがう現象に何も共通点がなかったら，探求はたいへん困難であったでしょう．結局は事実をよく見るだけで答えが見つかったかもしれませんが──．私たちは，既存の道具を用いて未知のものを探求することができます．私たちは動きまわることができる動物です．人工衛星の中で動きまわることなく育てられた植物は力の概念をもたないでしょう．彼らにニュートン力学を見いだすことはできるでしょうか？

(2) 物理法則の Hamilton 的な構造

一個の原子も多数の原子が集まった巨視的な物体も同じ型のハミルトニアンで記述できます．パラメタだけがちがうのです．こうなる基本的な理由は，すべての構成要素の座標から重心の座標を取り出し，他をある種の一連の現象では重要でないとして捨てることができるからで，数学的には，これは Hamilton 力学に内在する構造によるのです．これなしに，どうして，いろいろな物理過程を少数の基本的な物理法則に還元することができるでしょうか？　つい

でに言えば，くりこみというものも同じ一般的な性質の表われです．

(3) 数学が理不尽に役立つこと

かつて E. Wigner がセミナーで，物理世界の記述に数学が理不尽に役立つといって感心するのを聴きました．理不尽かどうかはともかく，それは事実であり，ますますそうなってゆくようです．この Wigner の言明は物理学の基本公理とよんでよいでしょう．それなしでは物理学は成り立ちません．標準モデルは，われわれがそれを創ったときの数学的論理を追うことなしにはできなかったでしょう．物理的な直観に加えて，数学は数学的直観を育てて自然の理解を増進させてくれます．でも，この公理は究極的に正しいでしょうか？　私には分かりません．でも，そうあって欲しいものです．

(4) "物理学は迷路である"

もう一度 Wigner を引用しますが，彼は言いました．少し言い方を変えれば次のようです．物理学は迷路に似ている．まず，道を正しく選んで出発せねばならない．次の分かれ道でも正しい選択をせねばならぬ，等々．やがて道は容易になり，問題なく目的地に到達できる．しかし，最初の選択を誤ると，挫折し，どこにも行き着けない．これに私は言い添えたいのです．物理では，最初の選択を誤っても，その選択が知性のあるものなら，予想外の，結局は価値のある地点に行き着くかもしれない．Columbus がそうであったように——．何と言っても，物理はおもしろいのです．

結　び

逸話を二つお話してお終いにしましょう．湯川は彼の研究所の物理学者たちと一緒に比叡山にピクニックに行きました．比叡山は京都市の北東にあり，仏教の寺院で有名です．しばらく歩くと見晴台がありました．京都市の眺めがすばらしかったので，彼らはそこで休憩して眺望を楽しもうと提案しました．しかし，湯川教授は，ひたすら頑固に，始め定めた目標に向かって歩き続けたのだそうです．

朝永は晩年，彼の大学の学長を務めました．彼のまわりの教授たちが画策したのですが，朝永の承諾を得るのは微妙な課題でした．諾否の回答の期限が迫ったとき，彼らのうち2人がウィスキーの瓶をもって朝永の家を訪ねたのです．朝永は彼らを受け入れ，一晩中，おしゃべりしたり飲んだりしました．夜が明けようとするころ，瓶も空になりました．彼らは，帰りがけに，ふっと"学長，お引き受けになりますね？"と言ったのです．朝永は，うなずきました．役目は達成されたのです．

謝　辞

　この仕事はシカゴ大学と日本学術振興会の補助を受けている．特に，今回の日本訪問は著名科学者学術振興会賞による．

素粒子物理の青春時代を回顧する

1.

　私は1943年に東大の物理学科を卒業したいわゆる戦中派の1人である．2年生のときに太平洋戦争が始まり，3年目は短縮されて陸軍に召集され最後は宝塚の近くのレーダー研究所に配属されて，物理の実際的問題に取り組む経験を得ることができた．戦争が終わったあと，すぐ東大物理教室の嘱託に赴任して学生や帰還者たちのグループに参加できたのは幸運だったといえよう．学生の木庭二郎，宮本米二，木下東一郎さんなどは近所の東京文理大と理研に籍をおく朝永振一郎先生のもとで超多時間理論の展開に協力していたが，皆日常の困難な生活に追われてなかなか仕事ははかどらなかったようだ．私は研究室のなかに住み込んでいたが，これも幸運といおうか，日中は私のデスクの前に木庭二郎さんがいたので，彼の仕事ぶりを眺めて少しずつ朝永理論なるものを理解できるようになった．

　1947年にラム・シフト(Lamb shift)とパイオンの発見という大事件のニュースが日本にも届き，朝永グループはアメリカの学者たちと量子電磁力学(QED)の完成に向かって激しい競争にまきこまれる．私も自然に朝永グループに参加することになった．QEDの本質は相対論的不変性と繰り込み(renormalization)の概念にある．朝永さんは後者をホーキの原理とも呼ばれたが，私は放棄だか箒だかよく分からず，いずれにしてもあまり気に入らなかった．

　私はだんだんと自分で研究を進めることができるようになり，その結果1950年私は朝永さんの推薦によって，東大と阪大から集まった早川幸男，山口嘉夫，西島和彦，中野董夫の4人とともに新設の大阪市立大学理工学部に理論グループを作ることになったわけである．

● 日本物理学会誌, 57, no.1(2002), 2-8. 2001年9月27日原稿受付.

42──素粒子論の展望

朝永振一郎

武谷三男(1911-2000)

先へ進む前に，戦争直後の時代にいわゆる坂田・武谷哲学から受けた影響を述べねばならない．武谷三男さんは東大の中村誠太郎さんをしばしば訪れ，皆の前でお得意の弁証法的方法論を説きまわす．われわれ若者は彼の雄弁にいわば洗脳されてしまった．例の物理学発展の三段階理論をここで説明する必要はないと思うが，彼はまたわれわれの理論偏重の傾向をしりぞけ，実験に注目することを強調した．これは湯川・朝永の成功がもたらした圧倒的刺激のせいばかりでなく，悲惨な経済状態のもとでは実験など不可能であった事情にかんがみて適切な警告であった．これらの教訓がその後私の物理に対する態度に大きな影響を与えることになったと信じている．

　私は今でも大阪市大の3年間を振り返ると感傷に耐えない．アメリカでは戦争中に蓄積された技術的知能的エネルギーが平和的事業に向けて爆発的に放出されたが，日本では将来はまだどうなるか見通しもつかず，惨めなバラック建ての研究室でいつもひもじい思いをしていた時代である．それにもかかわらずこれほど自由を楽しんだことはなかった．年長の教授に気をくばる必要はなく，理論の学生はまだ1人か2人なので講義の必要もない．われわれは完全に自分たちだけで研究を始めた．海外から加速器や宇宙線による新しい現象が次から次へと報告されてくる．アメリカやヨーロッパとの通信がだんだん容易になると同時に，国内の通信も盛んになってくる．民主化の空気に沿って，海外にいち早く出ることができた人たちからの情報をガリ版雑誌『素粒子論研究』などを通じて交換しあった．

　大阪市大での共同研究の成果のひとつは新しく登場したストレンジ粒子の対発生理論である．われわれのような新参者でも世界の学者たちに先んずる仕事ができることを発見したのは大きな驚きだった．市大だけではなく，東大，京大などの若いジェネレーションも海外からどんどん到着する新しい現象についてオリジナルな貢献をし始めた．しかし市大のグループはその成功のおかげで長続きせず，数年のうちにバラバラになってしまう．私自身は1952年に再び朝永さんの推薦によって木下東一郎さんとプリンストンの高等研究所(IAS)に行くことになったのである．

2.

　予期に反して，プリンストンでの2年は天国と地獄の混じったようなものとなってしまった．物理関係では，所長のJ. R. Oppenheimer, A. Einsteinのほか，W. Pauli, A. Pais, F. Dyson, C. N. Yang, T. D. Lee, G. C. Wick, G. Källen, L. van Hove, W. Thirringその他長期短期のメンバーたちがそろっていた．われわれ短期メンバーは研究所のキャンパスの中に住んだのですぐ親しくなった．日本での生活に比べれば夢のような環境だが，その反面お互いの猛烈な競争を感じないわけにはいかない．その上，私の計画していた研究テーマ，核力の飽和性とスピン-軌道力の起源を追求することが一向にうまくいかない．啄木の「友がみな，われよりえらくみゆる日よ…」と同じ心境になった．

　それはともかく初めの年が終わり，もう1年の滞在が許可されたが，春先から秋までは休みで給料はもらえない．しかしOppenheimerの好意で木下さんと私はその間Cal Tech（カリフォルニア工科大学）に滞在することになり，湯川さんが戦後最初に来られたとき制限のため使えずに残していかれた資金を提供していただいた．いままで日本にいた私の家族もそこで落ち合うことになった．木下さんと私は2台の車でアメリカ南部を通って大陸横断をした．途中，黒人差別待遇の実情を目撃した．学校教育を別にすることを違憲とした有名な最高裁判所判決の1年前である．まだ戦後あまり経っていないころで，われわれ自身も何か不快な事件があるかもしれないと懸念したが途中はなにごともなく，パサデナに着いてからアパート探しのときにこれを初めて経験した（後にシカゴに移ってからでも差別の風習はまだ少し残っていた）．Cal Techには，そのころ500 GeVの電子シンクロトロンが動いていたので，私は実験の勉強をしようと思い，γ-π生成の位相シフト解析（phase shift analysis）をやった．

　2年目に例のOppenheimerの「裁判事件」が起きるが，まだアメリカの政治問題に疎かったせいもあり，関心がなかった．プリンストンでの2年が終わったあと，私はもうしばらくアメリカの一流大学に滞在して何か立派な業績をあげたいと考えた．ある大学から就職の誘いを受けたがあまりに遠隔な場所で私の目的に添わない．研究助手の口をあたってみたがそのころはまだ

そんなものは非常に少なく,諦めかけたところに思いがけなくシカゴのM. L. Goldberger から招待がきた．彼とはプリンストンで知り合い，シカゴ大学もすでに訪れていた．しかしそのときのシカゴ市の印象はとてもひどいものだった．アメリカも全力をあげての戦争中には国内の整備など構う余裕はなかったのであろう．大学の所在するハイドパーク地域の通勤電車の駅は日本のと変わらない哀れなものだった．こんなところには二度とくるまい，正直のところこれが私の感想だったのに，皮肉にもそのシカゴに赴任することになったのだ．われわれの車がシカゴに近づくとまず Gary という有名な鉄工業地帯を通らねばならない．その真っ黒の煙の中に突入するのは地獄に入るような気がした．

　ところが Institute for Nuclear Studies (INS) と呼ばれていた研究所に落ち着いてみると，その雰囲気はまるで天国のようだと思った．現在では名前が変わっているが，この研究所とその姉妹研究所 Institute for the Study of Metals (ISM) はマンハッタン計画に携わっていた人たちのため戦後にすぐ作られたもので，大きな建物の半分ずつを分け合っている．私はそれらの所員の全部とすぐ知り合いになり同じ家族の一員のように扱われた．

　Fermi は毎週理論屋と議論会を開いていたが，これに2回ほど出席したあと彼は姿を消してしまい，まもなく亡くなった．残る INS のメンバーとしては Goldberger のほかに G. Wentzel, S. Allison, J. and M. Mayer, J. and L. Marshall, H. Anderson, J. Simpson, H. Urey, S. Chandrasekhar など，また物理教室は別で W. Zachariasen, M. Schein, R. Mulliken, などの人たちがいた．日本からのグループもできていて，藤井忠男さんは学位を取ったばかり，宮沢弘成さんは助手，久保亮五さんは ISM の客員，私のクラスメート菊地良一さんもそこの所員，そのほか Schein のグループに加わった小柴昌俊さん，Chandrasekhar と関係して磁気流体力学の実験をしていた中川好成さんなど賑やかなものどもがそろっていた．大学の人たちは皆歩いて通える距離に住んでいる．われわれはしょっちゅうお偉方の家に招待された．毎年大晦日に開かれる Mayer 夫妻のパーティは立錐の余地もない混雑ぶりで有名だった．残念ながらいまはこんな風習はない．夫婦ともそれぞれ職業をもつのが普通になったからだろう．

万能物理学者 Fermi の伝統によって，毎週 INS 全体のセミナールが開かれた．Quaker Meeting とも呼ばれた理由は，プログラムを決めず，誰でも思いつくままに立ち上がって，自分が考えてまだ完成していないことでも自由に発表したり議論したりすることを奨励されていたからである．原子核，素粒子，宇宙線，太陽系物理，天体物理，宇宙化学など研究所のすべての分野がトピックスとなった．これは私にはたいへんな刺激であった．

　INS には Fermi と H. Anderson が作った 450 MeV のシンクロサイクロトロンが動いていた．ハドロン共鳴状態の第 1 号 Δ が発見され，K. Brueckner と宮沢が Fermi に先んじてこの解釈を与え，また中性子と電子の相互作用が測定されたので有名だ．私はよく建物の底にあるコントロール室に梯子で降りて多く人たちとおしゃべりをし，Anderson とは特に親しくなった．

　理論のほうではシカゴは当時分散理論のメッカであった．分散理論は M. Gell-Mann と Goldberger の論文から出発し，うまい具合に時勢に乗って π-N 散乱データの分析に威力を発揮した．Goldberger の下には宮沢さんと R. Oehme がいたが，私もまた分散理論の数学的構造に魅せられて過去 2 年間の悪夢を忘れることができた．Goldberger とその友人 F. Low, J. Chew たちと協力したほか，自分自身でも Green 関数の表示法などについて面白い発見をする．単に数学的な問題ではあったが，L. Landau が引用してくれたので気をよくした．1959 年キエフでロチェスター会議が開かれたとき彼は私を迎えてくれ，モスクワでも彼の研究所を訪ねることができた．

　しかし私は湯川・坂田哲学を忘れていたわけではない．核子の form factor を説明するために中性ベクトルメソン(ω)の存在を仮定したときはこれをはっきりと意識していた．でも反響はきわめて冷たかったと思う．新しい粒子への抵抗はそのころでもまだ強かった．π は強い力を担う唯一の素粒子，Δ は単に核子と π との共鳴に過ぎないと考えられていた．私は ω を新しい素粒子とみなしたので，強い相互作用に関して安定であるように質量を低く仮定したが，共鳴状態と素粒子との違いがはっきりしていたわけではない．

　50-60 年代は武谷流にいえば，現象論の段階からモデル構成の段階に移っていった時代である．自然の力には重力以外に電，弱，強の 3 種類が，素粒子にはレプトン(e と μ)とハドロンの 2 種類[1]があることは誰も認めるところで

あった．弱い力は Fermi 理論に V−A と Cabibbo 混合の修正を加えれば少なくともバリオンに関しては問題がない．しかし強い力のほうはまったく分からない．電磁力についてはもちろん QED が大成功を収め，繰り込み可能の条件が量子場の理論の新しいパラダイムとして確立したものの，それだけでは強い力を理解することができないことは明らかであった．

3.

さてここで方法論の問題にちょっと触れておきたい．この点では二つのグループが存在して競い合っていた．これを仮に reductionists と generalists と呼んでおこう．reductionists はまず現象の中に対称性を見出し，それを何か基本粒子と基本相互作用の性質に還元しようとする．Gell-Mann がその代表である．(flavor) $SU(2)$, $SU(3)$, $SU(6)$ などの対称性が確立する．しかしこれらは皆近似的対称性にすぎない．20 世紀の前半には時空の対称性，電磁力のゲージ不変性など厳密な対称性が確立した．これに反して素粒子物理には近似的な内部対称性が登場する．これは複雑な素粒子の世界の性格であるのかもしれないが，また類似性に敏感でアナロジーを好む人間の思考方法にかんがみても自然なことではないだろうか．次のコメントが私の記憶に残っている[2]：

> "Classical physical theories are profound. Take the second law of thermodynamics, for instance: Heat cannot flow spontaneously from a colder body to a hotter body. Compare this to what you have been doing. You propose some symmetry, and ten seconds later you are already trying to figure out how to break it." ⋯ A. Salam

ゲージの原理は非アーベル的 Yang–Mills の理論によって一般化され，すべての力を記述するための理想的な理論だと考えられたが，対称性が不完全でレンジの短い実際の世界にどう適用できるのかは明らかでなかった．これに関する暫定的ながら大胆な試みは J. J. Sakurai（桜井純）の vector meson dominance model である．彼はコーネル大学で学位をとってすぐシカゴに助教授として赴任し，精力的にこのモデルを推進してかなりの成功を収めた．しかし彼のプログラムを完成するのにまだ欠けていたものは，真の強い力は仮説的クォ

ークの間に働くこと,また対称性は自発的に破れうるという認識であった.

一方,generalists のほうは,まだ自然法則が正確に分かっていないから,まず量子場の理論の一般的な性質を求め,それを個々の問題の分析に利用しようとする.その道具として axiomatic, constructive, dispersion, S-matrix, Regge-pole などなどの名前をかぶせたいろいろの理論が生まれた.S-matrix と dispersion 理論は核物理が同じ問題に直面していた 1930–40 年代に Heisenberg が導入した概念である.generalist グループの中の過激派は Chew で,S-matrix 理論に基づいて bootstrap, または particle democracy という理論を発展させた.基本的ラグランジアンはなく,ハドロンはすべてお互いの束縛状態とみなされるというのである.彼はそのカリスマ的性格によって多くの追従者をひきつけた.

現在からみると reductionists の歩んだ道が物理の王道であったことは明らかであろう.Heisenberg の S-matrix ができなかったことを湯川のメソンがやりとげた.湯川の伝統は発展を続けて現在の標準理論にまで至っている.しかしながら generalists の道も決して無駄なものではなかった.CPT 定理をはじめ多くの概念が現象論的分析に役立っているばかりではない.現在の superstring 理論は彼らの子孫である.競争がまだ続いているというよりも,むしろ両方が統一される方向に向かっている.

さて 1960 年代に移ることとして,まず私の記憶に残っているそのころの社会的政治的雰囲気を説明しておきたいと思う.60 年代はまさに騒乱にあふれた多事多端な時代であった.Kennedy 兄弟が暗殺される,ベトナム戦争と反ベトナム運動が平行して徐々にエスカレートする,黒人の差別待遇廃止の人権運動も同じ道をたどり Martin Luther King の暗殺,それに伴う暴動にいたる.その一方では人を乗せたロケットが月に着陸する.そしてこれらすべての上に冷戦と原爆の黒い雲がだんだんと厚くなってゆくばかりである……

物理学者は戦争に特殊の貢献をしたことによって純潔を失った.戦後にはその結果多大な報酬を受け取る反面,不愉快な束縛にも甘んじなければならなくなった.政府が出す研究費は戦前では想像もできなかったようなレベルに達し,加速器のエネルギーも Livingston 曲線に従ってどんどん上がっていったが,金をもらったからには冷戦政策にも従わざるをえなかった.

このような時勢のもとでいわゆるロチェスター会議の生みの親 R. Marshak が果たした役割は特別に評価されるべきである．私は最初木下さんとプリンストンに向かう途中でロチェスター大学に立ち寄った．すでにそのころ彼は学科長として日本の優秀な学生をとる制度を始め，その中から世界的人物を何人か出したのはご存知のとおりである．ロチェスター会議も同時に始まる．彼は外国の学者，特にソ連圏内の人たちが会議に出席できるように骨折った．私がプリンストンから出席したころはまだ20人程度の大きさだったと思うが，数年後にはアメリカ，ヨーロッパ，ソ連の持ちまわりになり，人数も1000人以上に膨れ上がる．ロチェスター会議は素粒子物理のシンボルとなり，多くの歴史的発見がここで発表される．私はエゴの強い者同士の激論が何度か目の前で起こったのを覚えている．

4.

私が対称性の自発的破れ（SSB）の概念を見つけたのは偶然のできごとであるが，私が東大時代に培われた物性論への興味と，BCS理論の生誕地がたまたま近くにあったおかげでもあったと思う．大阪市大時代，私は Bohm – Pines のプラズマ理論に魅せられ，多体問題を量子場の理論として一般化しようと試みた．プリンストンで木下さんと書いた論文はその帰結である．Wentzel も同じ興味をもっていた．また Bohm – Pines 理論とのかかわりで，イリノイ大学の J. Bardeen, D. Pines, F. Seitz などとも知り合っていたが，1957 年のある日 Bardeen の学生 Schrieffer がセミナーにやってきて BCS 理論の紹介をした．Cooper のいわゆるクーパー・ペアの論文はすでに出ていたが BCS の論文はまだであった．

このセミナーの印象は感動と疑問の混じったものだった．彼らが仮定した波動関数が condensate を作りエネルギー・ギャップを生むのには感心した一方，それが電荷の固有状態でなく，ゲージ不変性を破っていることにすぐ気がついた．これで Meissner 効果のような電磁的性質を議論しても信用できるだろうか？ γ が関与する過程の振幅を計算するときまずチェックすべきことはゲージ不変性ではないか？ この疑問は BCS 理論があまりにうまく成功したため

にますます深くなっていった.

BCS理論が数学的に正しいと確信するようになるまでには2年ほどかかったが, 結局ある集団モードがWard-高橋の恒等式を満たして電流の保存を回復しゲージ不変性を救うことに気がついた. 電磁場がSSBの結果, プラズモンになって質量をもつということも分かった. これは二つのゼロ質量のモード (クーロン場と南部-Goldstone(NG)ボソン) とが混じるために起きる現象である. もちろんBardeenをはじめ実質的に同じ説明を与えた物性論の人たちもいたが, 私は量子場の理論を使ってこれを数学的に明確な形で示すことができたことを非常に満足に思った.

もう一つBCS理論で初めから私の注目をひいたのは超伝導体の中の電子に関するBogoliubov-Valatin quasi-fermionの式とDirac方程式との類似である. 一方は電荷の違った状態, 他方はカイラリティの違った状態の混合になっていて, 混合のためにエネルギーのギャップが生ずる. ゲージ不変性の問題が解決すると, 私は直ちに核子とパイオンのベータ崩壊定数を関係づけるGoldberger-Treiman(GT)の式がカイラル不変性のWard-高橋の恒等式に他ならないことに気がついた. ただパイオンの質量を無視するという大胆な物理的仮定をしなければならない. これでGTの関係の出所が分かったと同時に, 少なくとも核子に関しては質量の起源の問題にも答えてくれる. まことにうまい話だ.

1959年キエフでのロチェスター会議でB. Toushekがニュートリノのカイラル変換性について講演したとき私はコメントとしてこのアイデアを初めて発表したが, ソ連の惨めな状態のため会議の議事録がでるのに2年もかかっている. ついでローマからきた助手のG. Jona-Lasinioとこの仕事を続けパーデ大学の学会で予備発表, 本論文(NJL)を1960年のロチェスターでのロチェスター会議で紹介した. このときV. G. VaksとA. I. Larkinが同様なモデルについて短い論文を提出しているが, パイオン物理との関連は述べていない.

理論の方法論に関して二つの派があると上に述べたが, 私のこの仕事はどちらにも属していない. 対称性を確立する代わりにそれを破る, また真空がひとつであるという公理も破っている. 私は数学的厳密さにこだわる後者の専門家の反対をもっとも恐れた. しかし坂田学派の影響で私は数式の背後にいつも実

Bardeen(1908-1991), Cooper(1930-), Schrieffer(1931-)

体を考えたくなる．真空を負エネルギーの海だとする Dirac の解釈が大いに気にいっていた．そんなわけでこの仕事は素粒子論屋よりも物性論屋のほうに人気があったと思う．例の NG ボソンに関しては物性論の中で実例を集めてから論文にするつもりであった．朝永さんが「あまり多くのことを一つの論文に書くな，別々の論文にしなさい．」と言われたことが頭の中にあったからで，Heisenberg の統一場理論はその悪いほうの例だと思っていた．Heisenberg は対称性が物理の指導原理であることを示すモデルとして非線形理論を選んだのかもしれないが，それが実際に the theory of everything だと主張する．しかし何でもそれから出すために indefinite metric, isospin をもった真空などなど，あらゆるからくりを持ち込まなければならない．たとえそのうちの一つの概念が正しいか有用であっても他が誤っていれば理論自身はつぶれてしまう．すべてを一つの袋に入れておくと全部なくしてしまう恐れがある．私は同じ過ちを繰り返したくなかった．私は SSB の可能性を誰でも理解できるよう，できるだけ明確な仮定のもとに明確なかたちで示そうと思った．最初は QED のような繰り込み可能なモデルをとってみたが，高次の項の振舞がはっきり分からなかったので気を変えて Fermi-Heisenberg 形の相互作用に単純な cutoff を入れることにしたわけである．付け足しておくが Heisenberg は私の仕事を評価

してくれた．1960年のロチェスター会議のあと私はミュンヘンに彼を訪れ，協力者の山崎和夫さんなどと会話を交わすことができたのは楽しい思い出である．

それから数年間，私はこの理論をハドロンの個々の問題に適用することにつとめ，研究員の原康夫さんなどといわゆる soft pion の物理を始めた．S-matrix の loop 展開の論文もこれに関連している．その間に $SU(3)$ 対称性が発見され，クォークモデルが現れた．NJL の論文では核子を基本場と扱ったものだったが，核子をクォークに変えても，また現在の QCD にも有効理論として適用できる．60年代には私はもっぱら強い相互作用にかかわっていた．これがまず解決すべき問題で，SSB を弱い相互作用に応用することは考えなかった．ゲージ場の量子論を強い力に如何に適用するかもまだ分からなかった．

序にここで SSB の問題の後日談をしておこう．BCS 型理論は Landau–Ginzburg–Higgs (LGH) 型の有効理論に書き直せるから，NG ボソンの他にいわゆる Higgs ボソンが存在して，その質量はフェルミオンの質量の2倍になるのが特徴である．ハドロンの場合は σ メソンがそれに相当する．しかし超伝導体の中にも同じ集団モードが存在することを20年も後に C. M. Varma から教えられるまで気がつかなかった．そこで早速 BCS と LGH との関係を調べ，ヘリウム超流動体の集団モードにも当てはまることが分かった．1対2という(近似的)関係はフェルミオンとボソンを結ぶ一種の超対称性で，超対称性理論の場合と同じく，ハミルトニアンの因数分解も可能である．私はこれを quasi-supersymmetry と名づけた．

さらに BCS 型の現象をあらゆる分野で系統的に調べてみようという気になった．原子核物理においても BCS 理論がでた当時からすでに pairing energy の解釈に適用されている．関連現象として有馬–Iachello の Interacting Boson Model (IBM) に目をつけた．IBM は超伝導，超流動よりも複雑だが，対称性が破れる系列の一つ(たとえば $U(6) \rightarrow O(6)$)は SSB だと解釈できることが分かった．しかしこれは原理の問題を指摘するにとどまり，精密な現象論的予言をすることができなかったので，原子核の専門家には受けなかった．

次に取り上げたのはもっと重要な問題，すなわち標準模型の Higgs 場の解釈である．標準模型では Higgs 場は W,Z ボソンに質量を与えることと，基本

粒子に質量を与えるという二重の役割を果たしているが，後者とHiggsボソン自身の質量に関して予言能力はなく，単なるパラメーターとして扱われているに過ぎない．私はHiggs場の背後に何かBCS理論のようなdynamicsがあると考えたかった．ここでいわゆるtop condensationのアイデアが生まれる．Higgsボソンは基本粒子の間に交換されて引力を生ずるから，超伝導体におけるフォノンの役割をする．SSBが起こって基本粒子に質量を与え，同時にHiggsボソンという束縛状態を生ずる．すなわちHiggsボソンの存在はtopクォークを媒介とするbootstrap: Higgs → SSB → Higgsの結果で，前の式を使えばその質量はtopの2倍になる．これが私の発想であったが，W. Bardeenらはこれを NJL の形に直してもっと精密な計算をした．質量の値は少し低くなるが残念ながら実験データから期待される値にはならない．そればかりではなく他の基本粒子の質量の問題は依然として残っている．

5.

再び1960年代に戻る．BCS理論の場合はゲージ不変性が私にとって問題だったが，クォークモデルの場合には統計が問題である．ハドロンの現象論を説明するためにはクォークをボース場のように扱われている．これについてGell-Mannはクォークが単なる数学的記号かもしれないと問題をあいまいに扱っているのが私には満足できなかった．クォークは実在せねばならない．対応策としてO. W. Greenbergはオーダー3のパラフェルミ統計で説明しようとしたが，Gell-Mannのクォークとおなじくあまりに形式的すぎる．私はクォークの内部自由度を増やすことを考えた．はじめは最小の2種類にして見るがあまりすっきりしないので，思い切って3種とするときれいな対称性が現れ，ハドロンはすべて$SU(3)$ singletと解釈される．田地隆夫，宮本米二，A. Tavkhelidzeなどの人たちも同じような考えを発表したが詳細は異なっている．

　私のプレプリントが出るとすぐ私の議論を群論的に改良したプレプリントがSyracuse大学学生のM.-Y. Hanから届いた．そんなわけで二人共同の論文を書くことになったのである．この中で私はクォークの間にsuperstrong force

を導入し，$SU(3)$（いわゆる3色）のゲージ場を仮定したが，この仮定がいかにして実現されるかは皆目見当がつかなかった．非アーベル場の量子論がまだ確立されていなかった時代である．またクォークが実在するとしても分数荷電の粒子は観測されていない．$SU(3)$ の自由度を利用すればクォークに整数荷電をもたせることができるのに気がついた．しかしそれでもメソンや核子は $SU(3)$ nonsinglet のクォークに分解されうるはずだ．この困難を解決するため私は singlet（無色または中性）の状態がもっともエネルギーが安定であることを電磁場のアナロジーから説明できることを示した．しかし色の自由度は理論的要請から導入されたもので，現象論的にはハドロンがすべて無色である限り必要ではない．ハドロンの数はどんどん増えていったが，単純な flavor $SU(3)$ の分類に矛盾する結果は何もないので現象論の人たちには当然無視された．

それはさておき私はもっと群の表現論を勉強することにした．一般的興味からでもあるが，hadron spectroscopy に何らかの秩序を見出すためにも必要を感じたからである．Regge 軌道が直線的に上昇していることは，水素原子の $SU(4)$ 対称性のように何かの dynamical symmetry を思わせる．複数のスピンや質量を含んだ波動方程式については以前から多くの人たちの研究があり，Dirac などは Lorentz 群の無限次元ユニタリー表現を使っている．私はまず練習として典型的なユニタリー表現がおなじみの生成，消滅演算子を使って作れることを発見し，簡単な無限成分波動方程式を書き下ろしてみると，水素原子のスペクトルを逆にしたおかしなものが現れた．あとで知ったことだが，これは 1932 年に E. Majorana が発見した方程式の拡張になっている．そこで非相対論的水素原子の問題を検討してみると Schrödinger 方程式が同じように群の生成子で表せる．たまたま A. O. Barut, C. Fronsdal, 高林武彦さんらも独立に同じようなプログラムを進めていたので，それから 2 年ほどわれわれは密接な連絡をとることになった．

しかしながら無限成分方程式のプログラムはやがて挫折する．理由は Lorentz 群のユニタリー表現を使った波動方程式がいろいろな「病」を一般に持っていることが分かったからである．すなわち CPT, スピン－統計，causality の破れ，タキオンの存在，不自然な質量スペクトルや g–factor などで，うまく方程式を選べば避けられる場合もあるが，はっきりした原理がない．結

局自然は局所場理論を採用している．その一部だけ取り出して記述する試みはどうも困難に陥るようにみえる．これは私が大阪市大時代に最初に書き下ろした2体問題の「Bethe-Salpeter」方程式(微分型)の場合にも遭遇したことで，非物理的な解の存在のために追求しなかった．今回もやめにして忘れてしまおうと決心した．

皮肉にも翌1968年にVenezianoの公式が登場する．これはやはり場の理論にはよらず，Chewのbootstrap, Regge軌道の概念から到達したduality原理の具体的表現であった．私はハドロンのスペクトルを諦めたばかりだったが，この公式にはすぐ魅惑され，背後にどんな物理が隠れているかを知ろうとした．まずやるべきことはこれをBreit-Wigner共鳴の和に分解して，各項のスピンを決め，留数が正であるかどうかを確かめることだ．私はP. Framptonとこれに着手し，少なくとも漸近的には留数が正であることが分かった．次にこの分解の一般的なアルゴリズムを見出したい．二体散乱を表すVenezianoの式はベータ関数である．この積分表示(木庭-Nielsenの表示)

$$B(-s+a, -t+b) = \int_0^1 x^{-s+a-1}(1-x)^{-t+b-1}dx$$

をいじくっているうち，ある日第2項を $t=(p-p')^2$ のべきに展開してみた：

$$(1-x)^{-t+b-1} = \exp\left[(-2p'\cdot p+2m^2-b+1)\sum \frac{x^n}{n}\right]$$

$2m^2-b+1=0$ ならば各項は p と p' の積である．$1/n$ の因子はグリーン関数のフーリエ分解に出てくるエネルギー因子 $1/E_n$ を直ちに思い起こさせる．これは $E_n \sim n$，すなわち1次元の調和振動子ではないか．ハドロンは紐のようなものであるというアイデアはこうして生まれた．ただし一般の定数項を処理するためにはKaluza-Klein理論のように余分の次元を仮定する必要がある．これは不自然技巧的だと思い，それから1年ほどはこれ以上進歩できなかった．

1970年の夏キエフでまたロチェスター会議が開かれ，その前にコーペンハーゲンの夏の学校で講演する招待を受けた．私はまずカリフォルニアに行って家族を友人のところに預け，そこからヨーロッパに立つことにした．しかしユタ州のGreat Salt Lake Desertを通過するときエンジンが壊れてしまい，Wendoverという砂漠の中の部落に3日間泊まる羽目になってしまった(後年

J. Cronin が宇宙のガンマ線をとらえるために作った CASA 施設はこの付近である）．おかげでヨーロッパ行きの計画はだめになり，私はがっかりしてカリフォルニアで家族と夏を過ごす．私の講義録は先に送っておいた．論文ではないから，点粒子の action に倣って気軽に紐の world sheet action (Nambu-Goto action) をその中に書いておいた．私が出席しなくても講義録がでるだろうと安心していたが，結局出版されることはなかった．しかし見たこともない講義録を引用してくれる人たちの好意はありがたいことだと思う．

6.

1960年代は強い力の性質が確立した時代である．武谷の第二段階，モデル構成の段階に達し，標準理論すなわち第三の段階の兆しも見えてきた．クォーク力学の性質が deep な非弾性散乱，Feynman のパートン・モデルなどから窺えるようになった．しかし $SU(3)$ とクォーク以後決定的な進歩はない．60年代の終わりごろ人は一般に悲観的だったが，私をこのムードに追いやったのは3色クォーク理論があまり買われなかったこと，無限成分方程式の失敗だけではなく，まわりの社会的政治的混乱も大いに原因している．最後の点は私にも波及し，身辺の不安を感ずるようになる．ベトナム戦争がだんだん悪化するにつれ科学者一般の研究条件も厳しくなる．予算削減で突然大規模な失業が生じ，タクシー運転をやっている Ph. D. もいるという噂が流れる．A. Wightman と私は物理学会長だった Marshak から理論屋の失業調査を頼まれた．われわれは新しい Ph. D. の人たちに手紙を出したが，その結果は憂鬱なもので，私も憂鬱になった．私がちょうど砂漠で事故を起こした年である．

その後紐理論は多少進歩した．紐がクォークを閉じ込めることができることは初めから分かっていたが，実は私にはジレンマがあった．二つのクォークが紐で永久に結ばれているといううまい描像の一方，観測可能な整数荷電のクォークも持ち合わせている．どちらに贔屓しようかと迷った．しかし結局ハドロンの紐理論も本質的な理論としては壁に突き当たってしまう．1973年に紐の理論屋一同が Aspen の研究会に集まったとき，こういう結論に達したと吉川圭二さんは最近追想しておられた．紐理論は無限成分方程式の場合と同じく，

R. P. Feynman

やはり局所場理論でなかったからである．ちょうどそのころ漸近自由性が発見され，QCD という正統的局所場が紐にとって代わってクォーク閉じ込めの可能性が実現した．紐は強い力の基本的な理論ではなく，閉じ込めという部面の近似的表現に過ぎないことになった．

1930 年代に始まった素粒子物理は 40 年後の 1970 年代に成熟期に達した．QCD がついに完成し，Weinberg-Salam 電弱理論とともにいわゆる標準模型ができあがる．J/ψ や D メソンが発見され，Cabibbo や坂田たちの仕事から予期されていたクォークとレプトンの 2 世代のメンバーがそろったと思ったら，すぐ第 3 の世代が出現して小林・益川の予言を実証する．標準模型(理論)によってこれまでに知られた素粒子現象を記述する基本法則がだいたい確立した．これからはまず標準理論を精密測定でチェックして，何か食違うところが出れば次のサイクルが始まる，というのが誰でも期待するところで，実際標準理論のテストは現在に至るまで着々と進んでいる．

しかしもっと注目すべきことは素粒子物理の性格がガラリと変化したことではなかろうか．1970 年代は一種の相転移の時期と言うべきであろう．物理の歴史を通じて実験は理論と手を携えて歩んできた．ところが標準理論の延長である大統一理論のほか，超対称理論や超弦理論が出現し，それ自身の論理を追って独走を始める．その性格は非常に数学的，形式的になる．学生時代にやさ

益川敏英(1940-)

小林誠(1944-)

しい現象論で育った人たちは変化についていけず落伍してしまう(相対論,量子論の場合も同じようなことが起きたにちがいない).一方,天文学,宇宙物理が理論実験両面で大成長の時代に入る.素粒子物理はこれらと合流し,お互いに助け合うことになり,極微の世界から極大の世界までが統一されようとしている.

　もうひとつ大きな変化は,素粒子物理がほんとうに big science になったこ

とである．研究は実験でも理論でも集団事業となった．よい例は超弦理論だ．毎日インターネットに発表されるおびただしい論文を見ればわかる．またこれらすべての事情がもたらした結果として，進歩に以前よりももっと時間と努力がかかることになった．

　この辺で筆をおくことにする．

文　献

(1) lepton は L. Rosenfeld，hadron は L. D. Okun の命名による．
(2) これは J. J. Sakurai : *Ann. Phys.* 11 (1960) 1 に引用されている．

三つの段階，三つのモード，そしてその彼方

　理論的方法論の観点から素粒子物理の発展を顧みる．素粒子物理は，事実および理論の発見と蓄積の過程でいくつかの特徴的な時期を経てきた．これを解析するのに私は三つの段階と三つのモードの考えを用い，今日の標準理論と統一をめざす思弁的(speculative)な諸理論までの歴史的な例を引いて，その要点を説明する．この解析の応用問題としてクォークの質量に考えられる規則性を提案する．

はじめに

　科学者は生まれつき楽天的です．未来を見つめています．聞くところ，この会議の主なテーマは過去を振り返ることではなく，将来を向いて21世紀の物理学を予想してみることだそうです．しかし，私には，そんな野心的な課題に答える力はありません．予言は常に難しい．遠い将来を予言することは特にそうです．Niels Bohr も，好んでそう言っていました．ですから私は，まず過去50年の素粒子物理を振り返ることにしたいと思います．それは戦後といわれた時期に一致しますが，今日，高エネルギー物理とか素粒子物理とかよぶものが最も重要な発展をしたときでもあります．私の言うことが哲学的に響くとすれば，それは私の年令によることで，若いころ受けた教育がそうだったのです．
　実際，講演の題からして私の年令と私の背景を語っています．55年前に東京大学の物理の学生になったとき，Bohr の原子模型は28歳，量子力学はたったの15歳でした．これを今日の状況と比べてごらんなさい．素粒子物理学の主要な成果は標準理論にまとめられていますが，これはほとんど30歳になります．超対称性は23歳，超弦理論は15歳です．理論物理の最も若い学生さん

● 吉川圭二・国友浩・大坪久夫編：*Physics in the 21st Century*, World Scientific(1997), 1-17. 1996年11月におこなわれた西宮-湯川記念シンポジウムにおける講演．（編者訳）

たちは標準理論を，私が Bohr 理論を見たように見るでしょうか？ 超弦理論を，私が量子力学を見たように見るでしょうか？ 私には分かりませんが，そういうふうに見る人がいても私は驚かないでしょう．他方で，彼らが超対称性とか超弦は，量子力学とちがって未だに思弁的だというなら，進歩の時間スケールが，あの真に革命的だった時代に比べて長くなったのだと言わなければなりません．

三つの段階

私の見るところ[1]，素粒子物理は Lawrence と湯川に始まりました．1930 年に発明したサイクロトロンによって Lawrence は基本的な実験道具をもたらし，湯川は基本的な理論の道具をもたらしました．それらは今日も生きており，当然のことのように受け取られています．理論的な道具と私が言うのは何か，これから説明しましょう．戦争直後の，私の世代の若い物理学者たちは，日本の素粒子の学派の独創的な考え方に強く影響されました．その源流は，理論家から実験家に変わった仁科芳雄です．彼は原子核と宇宙線の物理学の基礎を理研(理化学研究所)に築きました．この研究室は今日でも日本の研究所のトップに立っています．彼は朝永，湯川，坂田といった理論家を育て，そして以後も密接な接触を保ったのです．戦前の 1935 年に湯川は核力の中間子論を始めました．戦争中には朝永が——彼自身，理研にいたのですが——くりこみにいたる考えを展開しました．そして，実験技術の進歩とともに，予期しなかった粒子や現象がどんどん発見されるようになったのです．奇妙な粒子たち，たくさんのハドロン，共鳴，そしてパリティと CP の非保存という具合です[2][3]．

この感激的な時期に，坂田昌一と武谷三男が，湯川の中間子論の展開に協力しつつ，素粒子物理の理論的研究の方法と戦略を意識して明確に打ち立て，自らも実践して成果を挙げたのです[4]．

坂田－武谷の方法論は武谷の三段階論に要約されます．物理学の，とりわけ素粒子物理の進歩は三段階の繰り返しでおこるというのです．

朝永振一郎，湯川秀樹，坂田昌一

[第0段階]

始まりは，現存する物理法則の外にある新現象の発見からです．

[第1段階] 現象論

最初の仕事は，データを集め，その中にある規則性を見いだし，経験法則にいたる．言い換えれば，データを組織化し予言をするところまでいく．これが現象論の段階です．

(例) 奇妙な粒子やハドロンの発見が，この記述にあてはまります．Gell-Mann‒中野‒西島の法則が[5][6]，奇妙な粒子にアイソスピンとストレンジネスを付与することで発見されました．そこからハドロンの $SU(3)$ 対称性が見いだされ[7][8][9][10]，これに基づいて質量や反応断面積の間に対称性が発見されます．双対性と Regge トラジェクトリの直線とを表現する Veneziano モデル[11]は，この段階のもう一つの例です．

[第2段階] モデルの構築

第1段階の現象論に続いてモデルを構築する段階がきます．規則性の起源をモデルの言葉で解釈しようとするのです．そのために具体的な，しばしば仮説

的な実体が導入されます．そうではなくて，モデルが数学的な形をとることもあるでしょう．

坂田モデル(陽子，中性子，Λ 粒子を真の素粒子とする)[12]や成功したクォーク・モデル[13][14]がその例で，$SU(3)$ 対称性を物質粒子の言葉で表わそうとしたものです．Veneziano 公式に対しては，それを弦とよばれる具体的な実体で表現する弦モデルが立てられました．

しかし，これらのモデルは多数の任意パラメタをもち，それでもなお適用範囲は限られ，しかも半定量的でしかないかもしれません．現象ごとに異なったモデルを使わねばならないかもしれず，それらのモデルが互いに矛盾するかもしれません．

[第3段階] 決定的な理論

次の最終の段階は，種々のモデルを，精密なすべてを含む数学的な体系をなす法則にまとめあげる理論を作る，あるいは考え出すことです．この理論は，現象を定量的に正しく記述し，精密な予言ができなければなりません．すぐに思いつく例は，標準モデルです．これは弦の相互作用の量子色力学と電弱相互作用の Salam–Weinberg 理論から成っています．過去15年間のあいだに，この理論は印象的な精度で確かめられました．これは三種の相互作用の決定的な理論として必要なあらゆる特質を備えています．これは未だにモデルとよばれていますが，それは，まだ確かめられていない面があること，また現象論的に実験に合わせてきめるパラメタが多すぎることによるのでしょう．より完全な理論では，これらのパラメタの値も導き出せるはずです．それでも，これは本質的に標準理論とよぶに値するだけ十分に確かめられています．

[第4段階] 第0段階への回帰

三つの段階は繰り返すと期待されます．新しい現象が見いだされて理論が壊れるとき，第0段階に戻るのです．素粒子物理では，普通これは加速エネルギーが上がり，あるいは実験精度が大きく上がるときにおこります．こういう転回には慣れっこになったので，私たちは常にこれを期待する習性を身につけました．理論が完成すると，すぐにその破綻を探し始めます．Salam は，こう言

いました：

「古典物理の理論は深遠である．たとえば，熱力学の第2法則．熱は冷たいところから熱いところにひとりでに移ることはないという．これを，あなた方がしてきたことと比べてみるがよい．対称性を予言したかと思うと，10秒後にはもうそれをどう破るか考えている．」

——A. Salam[15]

三つのモード

素粒子物理の特徴をこのように見ることが1960年代まで適切であったことに疑いはありません．これは，過去にもそうでしたが，実験と理論が手を携えて自然の探求に立ち向かった時期でした．実際，上の分析は量子力学の歴史にもあてはまるのです．坂田が強調したように，素粒子物理学者にとって，物理学というものは常に状況のより大きな描像をもつことでした．現在の時点で自分はどの段階にいるのか，将来はどうなるのかを考えるということです．

しかし，物理学の段階に関するこの一般的な提言も，それ自身，限界をもっています．それは避け難いことです．実際，1970年代から素粒子物理の発展に大変化がありました．すべての理論的な考えと実験事実とを標準モデルにまとめあげたとき，理論は自分の道を歩み始め，指数関数的に進展し，実験の能力をはるかに超えてしまったのです．"指数関数的に"と言いましたが，文字どおりそうなのです．一方において，物理"定数"がくりこみのためにエネルギー・スケールとともに対数的に変化するという事実によって理論の飛躍が促されました．指数関数的に高いエネルギーで新しい現象がおこると考えざるを得なくなったのです．他方，そのような理論を検証する実験の能力は世間的な理由から限られます．経験から1930年以来，加速器のエネルギーが時間とともに指数関数的に上がってきた，10年ごとに10倍，過去60年のあいだに10^6倍になったことは事実です(Livingstonの法則[16])．しかし，理論が思い描いているGUT(大統一理論)のエネルギーやPlanckエネルギーは10^{12}倍かそれ以上なのです．実験技術，あるいは方法に何か突破口が開けないかぎり，このギャップは埋められないでしょう．

三つの段階,三つのモード,そしてその彼方——65

この状況から,私は少し前に理論の創造ないし発展の仕方について異なった特徴づけを提案しました[17]. くりかえしますが,それは物理法則それ自身の分類ではなく,それを目指す理論家の活動のモードについてのものです. 私の見るところ,三つのモードがあって,理論家はそれぞれ,そのどれかを好んで行動しているように思われます.

1 湯川モード

このモードでは,新しい現象を具体的なもの,すなわち粒子によって説明ないし理解しようとします. 必要なら,新しい粒子を自由に要請する,あるいは発明するのです. 図式的にいえば

$$\boxed{\text{新しい物理学}} \rightarrow \boxed{\text{新粒子}}$$

これは,たとえば

$$\boxed{\text{新しい物理学}} \rightarrow \boxed{\text{新原理}}$$

と対立するものです. 歴史から具体例をとって説明しましょう.

(例1) ベータ崩壊

ベータ崩壊の連続スペクトルの謎を解くために Pauli はニュートリノの存在を要請しました. これに対して,エネルギー保存の仮説を放棄するという考えも出されました[18].

(例2) 核力

核力を説明するために,湯川は,当時まだ新しかった場の量子論を適用し,そして今日パイオンとよばれる新粒子の存在を要請しました[19]. その意義を理解するためには,当時の指導的だった物理学者にゆきわたっていた態度を思い出す必要があります. 彼らは,原子物理学を量子力学という新しい原理で説明することに成功したばかりでした. 原子核の現象は何桁も大きなエネルギーと小さな距離のものでした. 量子力学の創始者たちからすれば,新しい物理には新しい力学,あるいは新しい原理が対応すると期待する方が不自然でなかったのです. その一方で,物質は電子と陽子(そして,おそらく中性子)からなることを当然としていました. ですから,原子核を理解するために新しい粒子を

(例3)　**宇宙線のミューオンの謎**

　宇宙線の中に Anderson と Neddermyer が発見したミューオンは，最初，湯川が2年前に予言していたパイオンと間違われましたが，これは理解できることです．しかし，間もなく，生成と散乱の断面積がくいちがうという理論的な不整合が浮上しました．それを解決したのが坂田の二中間子の仮説で[20]，彼は，宇宙線の"中間子"（フェルミオン）は湯川の中間子（ボソン）が崩壊してできたものだと仮定したのです．他方，これを湯川中間子の強結合理論で説明しようとして失敗した理論家もたくさんいました[21]．状況は上の例2に似ています（ついでに言えば，強結合理論は原子核の Skyrm の理論に似た面をもっています）．

(例4)　**二種のニュートリノとチャーム・クォーク**

　ミューオンが発見されると，それと組むニュートリノがあると考えるのが――後から見れば――自然であるように思われますが，当時はそうではなく，明らかでもありませんでした．Cabbibo 理論が提案されたときも，四番目のクォーク（チャーム）の存在を期待するのが自然だったように思われるでしょうが，そうではなかった．ここで複雑な歴史の詳細に立ち入ろうとは思いませんが，坂田学派の人々は，そのように考えた[22]ということを強調しておきたいのです．彼らは新しい粒子の導入に心理的な抵抗を感じなかったからだと，私は思っています．

(例5)　**三つの世代**

　同じ方向で，坂田学派の小林と益川が CP の破れの謎を解くためにフェルミオンの世代が三つ（あるいは，それ以上）存在するという予想をしたのは驚くにあたりません[23]．

2　Einstein モード

　Einstein モードと私がよぶものでは，物理現象を記述するのに，まず一般的な原理を立て，それを表現する数学理論を定式化して，予言をします．ですから，湯川モードは帰納的で，Einstein モードは演繹的であるといえるでしょう．もちろん，後者も物理現象の既知の性質から出発するのですが，その後は事実

よりは理論の論理に導かれて進むのです．次の例には説明は不要でしょう．

（例1）　重力理論

Einstein の重力理論の論理は次の図式に要約できます．

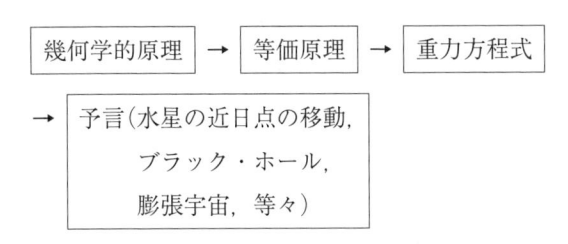

$$\boxed{幾何学的原理} \rightarrow \boxed{等価原理} \rightarrow \boxed{重力方程式}$$

$$\rightarrow \boxed{予言（水星の近日点の移動，ブラック・ホール，膨張宇宙，等々）}$$

（例2）　ゲージ理論

図式は

$$\boxed{ゲージ原理} \rightarrow \boxed{非可換ゲージ（Yang\text{-}Mills）理論}$$

$$\rightarrow \boxed{QCD，電弱理論，大統一理論}$$

3　Dirac モード

Dirac モードは，Einstein モードより抽象的で思弁的です．既知の物理現象との接触はより間接的になります．主要な指導原理は数学的な美しさ，優雅さにあって，数学的に美しいものは物理的にも真であるという信念（Dirac[24]）に基づいているのです．したがって

$$\boxed{数学的可能性} \rightarrow \boxed{物理理論} \rightarrow \boxed{予言}$$

となります．

（例1）　電磁的双対性

Dirac は電気と磁気の対称性を実現するために磁気単極子を導入しましたが，これは審美的な要求から出たものです．ずっと遅れて，非可換ゲージ理論はトポロジカル・ソリトンの形で自然な実現をみました．これは，今日では新しい双対性原理として感激的な展開をみせています[25]．

（例2）　超対称性と超弦

単極子と同様，超対称性も既知の物理から直接に生まれたものではありませ

ん．フェルミオンとボソンを統一したいという願いから考えられたのです．それでも，その数学的な優雅さと豊富さから高度に展開された理論体系になりました．超弦理論も，このカテゴリーに入れてよいでしょう．双対弦モデルの子孫ですが，大きな，そして思弁的な飛躍がありました．その具体的な魅力は重力とすべてを統一する可能性にあります．

これまでのところ，Dirac モードの上の例は，どれ一つとして実験で確かめられていません．それでも，理論的研究の中心を占めています．その理由を言うのは難しくありません．このモードの数学的な発展が速く，実験の進歩が遅い．これが 1980 年代からの素粒子物理の特徴なのです．

これまで述べたことを要約しますと，過去 60 年の間に素粒子物理はいろいろの段階を経てきましたが，各段階で物理学者たちはそれぞれに応じた理論的方法をとってきました．そして今日，電弱理論のエネルギー・スケールで知られていることに関しては，完全な理論を手にする最終地点に近づいています．標準理論が真の理論であり，あとは詳細を確かめるだけだという感触です．電弱スケールの先に期待されるものに関する諸理論もあり，間接的な証拠の断片も，特に天文学や宇宙論の方面にあるのですが，行く手に新しい物理があるという明確な，直接的な兆しは実験からは出てきていません．ある意味で，素粒子物理は自己充足の段階にあるのです．一組の原理，あるいはパラダイムが物理学者たちをこの成功に導いたといえるでしょう．それらは：

(a) くりこみ
(b) 対称性とゲージ原理
(c) 対称性の自発的な破れ

将来について言えば，付加的に次の原理が決定的な役をするでしょう．いまは，まだ理論的な期待にすぎないのですが．

(d) 超対称性
(e) 超弦理論

なお注意しておくべきは，新しい物理についての思弁は別として，物理の既知の領域にも実験的，理論的に解明を待っている問題があるということです．標準モデルの外には，量子重力を含めて重力の問題が際立っています．標準モデルのなかでは Higgs セクターの問題．実験的にはニュートリノの質量がま

だ知られていません．Higgs ボソンは未発見です．理論の方では質量の起源，クォークとレプトンの質量行列，それらの階層構造，Higgs 場の性質が未解決です．私は質量の問題に興味があり，これは上の(c)の対称性の自発的な破れのパラダイムに関わりますので，これからは，この問題を議論したいと思います．

対称性の自発的な破れ

対称性の自発的な破れ[26]の概念は，それとは気づかれないまま長いあいだ流通していました．物理学において対称性の概念と利用といえば，P. Curie が結晶の対称性に群論を意識的に適用し，物理現象に関するある種の選択規則を導いていました[27]．彼は，たとえば Wiedemann 効果(棒を捻ると磁気が生ずる)のような現象がおこるためには効果の対称性と整合する対称性を媒質がもつ必要があるということを示したのです．しかし，彼は逆が真でないことは認識しませんでした．すなわち，現象をおこすために対称性が破れることがあるという事実です．P. Weiss の強磁性の説明は，対称性の自発的な破れの例になっています．Heisenberg は，量子力学を用いて強磁性の微視的な理論を立てました．ですから，後に彼が素粒子の統一理論を試みるなかで強磁性とのアナロジーを用いたのは驚くには当たりません[28]．彼の試みは失敗でしたけれども．

対称性の自発的な破れは，フェルミオンの質量に最も関係が深いのです．質量なしのフェルミオンはカイラル対称性をもっています．これは自発的に破れて質量を生み出します．言いかえれば，質量は力学的な量で，理論的に説明できるものなのです．この効果の原型は超伝導の BCS (Bardeen–Cooper–Schrieffer) メカニズムにあります[29]．他の例は，^{3}He の超流動，クォークの質量(いわゆる構成子の質量)を生む QCD のカイラル力学，原子核における核子-核子の対形成と低エネルギーの集団モードなどです．Salam–Weinberg 理論における電弱対称性の破れも，Higgs 場が複合場と解釈できるなら[26]，もうひとつの例になります．

対称性の自発的な破れは，次のように特徴づけられます：

(1) 媒質の基底状態の縮退.
(2) 対称性が連続変換に対するもので,系が無限に大きい(熱力学的極限)場合,南部 – Goldstone 粒子の存在.
(3) 階層的な,対称性の自発的な破れ(タンブリング)の可能性——対称性の自発的な破れが階層的に次々に同様の破れを引きおこすこと.たとえば,次のような連鎖:
　(a) 結晶の形成(空間的な対称性の連続から離散への転移)
　　　→フォノン(南部 – Goldstone モード)→超伝導
　(b) QCD カイラル対称性の自発的な破れ
　　　→核力の源泉としての π および σ(下を見よ)メソン
　　　→原子核の形成,核子対の形成と集団モード

BCS メカニズムは,上のほかに次の特別な性質をもつ:
(1) フェルミオンの質量を生み出す.
(2) π(南部 – Goldstone)と σ(Higgs)という集団ボソン・モードの励起の存在.
(3) 低エネルギーのフェルミオン,ボソン励起に対する質量公式(近似的)

$$m_\pi : m_f : m_\sigma = 0 : 1 : 3.$$

これは,これらのモードの間の破れた超対称性を意味することを示します.

(4) これらのモードの力学を有効 Ginzburg – Landau – Higgs 理論[30]に書き直す可能性.この書き直しにおいて,湯川相互作用の定数 f と有効 Higgs 場の自己相互作用の定数 λ とは

$$\frac{1}{f^2} = C \log \frac{\Lambda}{m_f}, \qquad \lambda = f^2$$

で与えられます.ここに C と Λ は基礎にとる力学で定まる定数です.

標準モデルとその彼方,質量の階層

さて,この会議の主題です.現在を検討して将来を測ること,それを質量の問題から試みます.これを三つの問題に分けましょう.それらは互いに密接に

関連し，一つが解ければ他にも影響するのですけれども．

(a) 標準モデルのなかでの階層，そしてCabbibo-小林-益川行列の詳細．
(b) 標準モデルのなかでのHiggs場の性質．
(c) 大統一理論とその彼方における一般的な階層性の問題．

第一の問題は，実験的に既に知られていること，すなわちクォークとレプトンの質量スペクトルに対するものです．まだ知られていないのはニュートリノの質量と混合行列です．

第二の問題，すなわちHiggs場の存在はゲージ・セクターで間接的に確かめられているだけです．Weinberg-Salam理論は電弱相互作用の詳細を教えてくれます．Higgsボソンの存在，あるいはHiggs分野に何が含まれるかは未知です．同様に，フェルミオンの質量の生成にHiggs場がはたす役割には理論的な期待はありますが，実験で確かめられてはいません．

第三の問題は，いまのところ理論的なものでしかありません．しかし，それは標準モデルを論理的に追い詰めたとき自然に生まれたものです．標準モデルは成功しましたけれど，理論的に完全ではありません．これは次の点で不満足です：

(1) 強い相互作用と電弱相互作用の統一ができていない．
(2) フェルミオンの質量行列——CPの破れおよびθ真空角を含めて——の説明がない．その解決は大統一理論にもとめられましたが，同時に新しい問題が生じました．陽子の崩壊，単極子，そして階層性などです．

まず，宇宙における階層の全体を見渡すのが教訓的です．長さのスケールでいいますと，現在の宇宙の大きさ（10^{27}cm）から，いろいろの中間的なスケールを経て下はPlanckスケール（10^{-33}cm）まで60桁におよびます．幾何平均の10^{-3}cmは生物のスケールです．小さいスケールの側でいうと，標準モデルは荷電粒子で6桁，ニュートリノを含めれば12桁になるでしょうか．標準モデルから大統一理論までは再び13桁です．自然界は，実際，離散的な層をなしています，つまり階層構造につくられているのです．その各層に物理法則があって，それぞれ一つ下の層の法則から詳細を積分し去ることで有効理論として導かれます．二つの層の中間では，スケーリング則が何かの形で成り立つのです．これは当然のことのように思われていますが，自然法則がこのような性質

をもっているからこそ還元主義が成り立つのです．大きなスケールの現象から始めて，まずそのスケールで成り立つ法則を見いだし，できるだけ小さいスケールに広げます．力学の Hamilton 構造のおかげで，それができる．天体も地上の物体も，内部構造に触れずに少数の自由度だけに注目して，パラメタを変えるだけで同じ法則で扱うことができます．量子の世界でも，基本的に Hamilton 構造は残りますから，同じことがいえるのです．Wilson のスケーリングも，自然法則の同じ一般的な性質の表われなのです．しかし，その有効理論にも適用限界があって，ある臨界的なスケールを超えると成り立たなくなります．次には不連続的な飛躍がくるのですが，それでも"積分し去る"ことはできて，下部構造は大きなスケールにもどると切り離されて見えなくなるものです．こうして，素粒子物理の課題は，次から次へと階層を探ってゆくことでありました．

このように考えてきますと，現在の微視的スケールにおける階層構造に関する上の三つのカテゴリーの問題は，すべて互いに関連しており，同じ課題を狙っている．ちがうのは強調点，あるいは戦略だということになるでしょう．具体的にいえば，私は質量の問題への三つのアプローチがあると思います．

1 上から下へのアプローチ

高エネルギーのスケールの大統一理論のような大きなスキームから始めて——これは元はゲージ分野での統一をめざしたものでしたが——低エネルギーのスケールに下り質量の問題が解けるかどうか見る．もし，うまくいけば，大統一に対する自信もより強くなる．

いまのところ，これが理論家の好む戦略のように思われる．$SU(5)$, $SO(10)$, そして超弦のレヴェルまでより高次元の，より豊富な統一の群まで，いろいろな大統一理論が考えられてきた．現在，最も有望なゲージ統一は超対称なものと思われ，超対称な相方は TeV 領域で姿を現すと期待されるので，最も興味あるものである．標準モデルでは Higgs 場は素である，すなわちゲージ統一のスケールから既に存在すると一般に考えられている．

2 下から上へのアプローチ

これは,大統一理論にいたる過程を質量問題に関して再び新規にくりかえすことだといえるでしょう.そのために,標準モデルにおける質量スペクトルを調べて,偏見なしに手がかりを探し,標準モデルの中でどこまで理解できるか,もしできないなら,どんな新しい物理が必要かを見いだすのです.

トップ・クォーク凝縮のモデル[31][32][33]はこのカテゴリーに属します.これは,トップ・クォークの質量が大きいことは他のフェルミオンの質量が小さいことよりも自然であることを示すなど成果をあげました.ここではHiggsボソンはt–$\bar{t}$の複合粒子と考えられ,トップとHiggsの質量はBCSの関係式から定まるので,インプットするパラメタは切断エネルギーΛだけです.しかし,これは他の,より軽いフェルミオンの説明には失敗します.t–$\bar{t}$を結びつける力の真の起源は謎であって,解決は統一理論に残されているのです.

3 中間のアプローチ

テクニカラー・モデル[34][35]が代表.ここでは,新しいゲージ場が質量の生成の原因として,電弱スケールよりやや上の中間スケールに要請されます.そこから標準モデルの質量の説明に下りてくるのです.上にあがれば,標準モデルに既にある力と統一されます.

これまでのところ,どのアプローチも他の可能性を排除するほどには成功していません.困難は,もともと規則的で単純なインプットから,見たところ不規則な階層的な質量のパターンをつくりだすところにあります.フェルミオンの質量が,比較的単純な法則に根ざしているのか,くりこみ群方程式の気まぐれの結果なのか,まだ分かりません.こうした状況なので,これから私は,坂田スキームの第1段階の練習問題として,これまで見過ごされてきたクォークの質量の規則性をご紹介しようと思います.

クォークの質量は直接には観測できません.間接的に推測するほかなく,したがって理論的な不確かさを免れず,したがって選択の自由もあるわけです.

そのなかには QCD の切断エネルギー Λ やくりこみ点にとりわけ敏感なものがあります。これを頭に入れた上で次の簡単な式が成り立つように思われます：

$$\frac{m}{m_0} = 2^n.$$

ここに $m_0 \approx 5$ MeV で，n は次の値をとります．

u : 0		c : 8		t : 15
	6 ± 2		6 ± 1	
d : 1		s : 5		b : 10

クォークの間に書いた数字は，隣り合う世代の up/down 型の間の質量差に対するものです．この離散的なスケーリング法則は，惑星の軌道に対する Bode の法則を思わせて無気味です．Bode の法則に理論的な基礎はありません．質量に対するこの規則にも理論的な基礎はないのかもしれません．しかし，これが適当な理論への出発点を探す手がかりになるかもしれない．たとえば，これが Frogatt と Nielsen の提案した階層理論に——各クォークに三種のチャージを付与するなどして——助けになるかもしれず，あるいは何かスケーリングの量子化を示唆するかもしれません（レプトンは，この種の公式にはクォークほどよく当てはまりませんが，もし望むなら次の数を当ててもよいでしょう：e : −3.5, μ : 4.5, τ : 8.5．）

結　び

過去四半世紀の間に素粒子物理の性格は，かつて例を見ないほど根本的に変わりました．理論の側では，標準モデルの成功は，知られている現象はすべて正確に，理解できる仕方で記述できることを意味します．しかし，それにはいくつか現象論的な要素もあります．完全な閉じた理論ではなく，電弱エネルギー・スケールをはるかに超えて成り立つことは期待できません．現在，ニュートリノと Higgs の分野は未知で検証を経ていません．同時に，思弁的な統一理論が展開され，伝統的な実験技術で可能なエネルギーをはるかに超えた領域において，しかし実験でテストできるいくつかの予言をしています．超弦理論

は，重力を場の量子論に取り込み，知られているすべての力を究極的に統一する望みを与えています．実験の側では，しかし，伝統的な加速器に基礎をおく物理は，明らかに，ゆっくりと限界に近づいています．加速器のエネルギーは指数関数的に増加するというLivingstonの経験的スケーリング則は，過去60年のあいだ役立ってきましたが，いまや見通し得る将来にわたって探求を続け，統一理論の内容すべてを検証するためには，定性的に新しい突破口が必要です．

素粒子物理の最初の30年間はルネッサンスの時代のようでした．実験と理論は手を携えて進みました．それ以後，われわれは言わばバロックの時代に入り，ハード・ウェアもソフト・ウェアも精巧になり，しかし両者のミスマッチが進みました．好むと好まざるとにかかわらず，これが実情です．理論を見れば，素粒子物理の将来は明るい．超対称性は，すぐそこまで来ています．超弦理論は現実とつながるようになるでしょう．それでも，古い時代からの人間として，私は，このお話を2つの引用で閉じたいと強く感じるのです．

「数学という分野が経験という源泉から遠く離れるにつれ，いやそれよりも'現実'からくる考えに間接的にのみ刺激される二代目，三代目は重大な危険にさらされる．ますます純粋に審美的になり，ますます<u>芸術のための芸術</u>になる．これも必ずしも悪くない．もし，その分野が経験と密接に結びついた，相関した主題群に囲まれているならば——．あるいは，もし問題が，例外的によく発達した趣向をもつ人物の影響下にあるならば——．しかし，主題が抵抗最小の道に従って発展する重大な危険がある．流れが，源泉から遠く離れたために意味のない多くの支流に分かれ，分野が詳細かつ混み入った無秩序な塊と化す重大な危険がある．言いかえれば，経験という源泉から遠く離れると，あるいは抽象と抽象の血族結婚の後には，数学の主題は縮退する危険がある．問題は考えついた始めには普通，古典的なスタイルをとる．それがバロックになる兆しを見せたら赤信号だ．——とにかく，この段階にきたら，唯一の助けは若返って源泉に戻ることだ．もう一度，多かれ少なかれ経験的な考えを注入することだ．これが主題の清新さと活力を保つ必要条件であり，将来にわたってそうであると私は確信している．」

——John von Neumann [36]

「でも，地球は動く」

——Galileo

謝　辞

この仕事は国立科学財団・補助 # PHY 91-23780 およびシカゴ大学の援助を受けている．私は，また大阪大学の吉川圭二教授の厚遇に感謝する．

文　献

(1) Y. Nambu: *Prog. Theor. Phys. Suppl.*, no. 85 (1985), 104. 本書の第 I 部に収録の「素粒子物理学の方向」．
(2) *Prog. Theor. Phys. Suppl.*, no. 105 (1991) の諸論文．
(3) L. M. Brown. *Historia Scientiarum*, no. 36 (1989), 1.
(4) *Prog. Theor. Phys. Suppl.*, no. 50 の坂田，武谷の論文を見よ．
(5) M. Gell-Mann: *Phys. Rev.*, **92** (1953), 833.
(6) T. Nakano and K. Nishijima: *Prog. Theor. Phys.*, **10** (1953), 581.
(7) M. Gell-Mann: *Cal Tech Report* CTSL/20 (1964).
(8) Y. Ne'eman: *Nucl. Phys.*, **26** (1961), 222.
(9) M. Ikeda, S. Ogawa and Y. Ohnuki: *Prog. Theor. Phys.*, **22** (1959), 715.
(10) Y. Yamaguchi: *Prog. Theor. Phys. Suppl.*, no. 11 (1959), 1, 37.
(11) G. Veneziano: *Nuovo Cim.*, **57A** (1968), 190.
(12) S. Sakata: *Prog. Theor. Phys.*, **16** (1956), 686.
(13) M. Gell-Mann: *Phys. Lett.*, **8** (1964), 214.
(14) G. Zweig: *CERN reports* 8182/TH 401.
(15) J. J. Sakurai: *Ann. Phys.*, **11** (1960), 1 に引用．
(16) M. S. Livingston: *High Energy Accelerators*, Interscience Pubishers (1958), p. 149. 『加速器の歴史』，山口嘉夫・山田作衛訳，みすず書房 (1973)．
(17) Y. Nambu: *Prog. Theor. Phys. Suppl.*, no. 85 (1985), 104. 本書の第 I 部に収録の「素粒子物理学の方向」．
(18) A. Pais: *Twentieth Century Physics*, L. M. Brown, A. Pais and B. Peppard ed., IOP Publishing Ltd. and AIP Press, Inc. (1995), 43 を見よ．(丸善から翻訳『20世紀の物理学』(全3巻), 1999 (普及版, 2004))．
(19) H. Yukawa: *Proc. Phys-Math. Soc. Japan*, **20** (1937), 712.
(20) S. Sakata and K. Inoue: *Prog. Theor. Phys.*, **1** (1946), 189.
(21) L. M. Brown: in *Twentieth Century Physics*, L. M. Brown, A. Pais and B. Pippard ed., IOP Publishing Ltd. and AIP Press, Inc. (1995), 357 を見よ．
(22) V. Fitch and J. Rosner: *Twentieth Century Physics*, L. M. Brown, A. Pais and B. Peppard ed., IOP Publishing Ltd. and AIP Press, Inc. (1995), 635 を見よ．Z.

Maki and T. Nakagawa: *Prog. Theor. Phys.*, **31**(1964), 115; Z. Maki: *Prog. Theor. Phys.*, **31**(1964), 331, 333.

(23) M. Kobayashi and T. Maskawa: *Prog. Theor. Phys.*, **49**(1973), 652.

(24) P. A. M. Dirac: *Proc. Roy. Soc.*, **A133**(1931), 60.

(25) N. Seiberg and E. Witten: *Nucl. Phys.*, **B426**(1994), 19; **B431**(1994), 484.

(26) Y. Nambu: in *Evolutionary Trends in Physical Sciences*, M. Suzuki and R. Kubo ed., Springer Verlag(1991), 51(本書第Ⅰ部「対称性の力学的な破れ」). Proc. ICTP Workshop in Quarks and Leptons(1996), never published.

(27) P. Curie: *J. Phys.*, **3**(1907), 393.

(28) H. P. Dürr, W. Heisenberg, H. Mitter, S. Schlieder and K. Yamazaki: *Z. f. Naturforschung*, **14A**(1959), 441. W. ハイゼンベルグ『素粒子の統一場理論』, 山﨑和夫訳, みすず書房(1970).

(29) J. Bardeen, L. N. Cooper and J. R. Schrieffer: *Phys. Rev.*, **108**(1957), 1175.

(30) V. L. Ginzburg and L. D. Landau: *Zh. Exp. Teor. Fiz*, **20**(1940), 1064. F. W. Higgs: *Phys. Lett.*, **13**(1964), 132; *Phys. Rev. Lett.*, **13**(1964), 508.

(31) Y. Nambu, in *New Theories in Physics, Proc. XI Int. Symp. on Elementary Particle Physics*, A. Ajduk et al., World Scientific(1989).

(32) A. Miransky, M. Tanabashi and K. Yamawaki: *Mod. Phys. Lett.*, **A4**(1989), 1043; *Phys., Lett.* **B221**(1989), 177.

(33) W. A. Bardeen, C. T. Hill and M. Lindner: *Phys. Rev.*, **D41**(1990), 1647.

(34) S. Weinberg: *Phys. Rev.*, **D13**(1976), 974; **D19**(1979), 1277.

(35) D. Susskind: *Phys. Rev.*, **D20**(1979), 2613.

(36) John von Neumann: in *The Works of the Mind*, The University of Chicago Press(1947), 196.

科学・二つの文化・戦後日本

1 科学と科学者

　最初私はこのシンポジウムでアメリカから見た戦後日本の科学についてお話しするつもりでした．私は太平洋の両岸の二つの文化という文脈で科学を論じようと思ったのです．ところが，皆さんの発言と議論を聞いているうちに，学生時代寮の部屋の友達と夜通し議論したなつかしい思い出が蘇ってきました．そしてまるで啓示のように，ある考えが閃めきました．まず第一に私はC. P. Snow が"二つの文化"とよんだ問題を感じずにはいられませんでした[1]．私の考えていた日本とアメリカという二つの文化と違って，Snow が問題としたのは科学者と"文科的知識人"の二つの文化の間の深い溝でした．それは単にそれぞれの興味や関心事だけでなくものの考え方自身の中にある溝でした．しかしまた私は，表面的かも知れませんが，自然科学と人文科学の最近の傾向の間に確かに共通点もあることに気づきました．Snow のように溝の恐ろしさを感ずるよりも，むしろこのことに刺戟をおぼえました．ともかく私は数少ない自然科学者の出席者としてこれらの点についてお話するのが適切だろうと思うようになりました．

　それでまず科学者の特徴のスケッチから始めたいと思います．大ざっぱに言って，科学[2]の主題は自然であり，人間及び社会・歴史・芸術のような人間の創造物ではありません．但し科学の立場としては，後者は前者の中に埋めこまれており，いわば客観的実在の一部となっているとみなしています．

　人間として見たとき，科学者は前向きで楽観的な人間と特徴づけられます．科学者は進歩，特に知識の進歩を信じます．（「なにか新しいことはありませんか？」というのが，彼らの毎日の挨拶です．）知識は蓄積的，連続的で，また

● テツオ・ナジタ，前田愛，神島二郎編，『戦後日本の精神史——その再検討』，岩波書店(1988), 210-219. 本論文は，1985年立教大学国際シンポジウムでの講演録．（岡村浩訳）

制御可能であり，その結果として進歩が可能になります．科学者のこの信条は彼の経験によって絶えず支持され，堅固なものとなっていきます．だから科学者は自信をもっています．彼は成功を確信し，科学が，唯一ではないにしても，人間社会の主要な推進力であると心の中で思っています．

科学者は客観的真実と普遍性を信じています．問題に対する解答を求めるとき，科学者は，(a)解答が存在する，(b)解答が唯一存在する，(c)真実の最終的審判官は自然(神といってもよい)である，と想定します．

科学者の側のそのような信条からいくらかの癖も出てきます．例えば"勝てば官軍"的な一種の実用主義の立場でものを考えようとします．また科学者自身は最終的審判官ではありませんから，その意味である程度の謙虚さを持ち合わせており，自己に対する不安感もありますが，同時に彼は客観的真実の存在を知ることによって心の平和を得ます．研究は時に人間世界の不確実性から逃避するためのなぐさめともなり得ます．

最後に，科学には審美的要素があります．科学者は科学の法則をかなり抽象的な意味で自然世界の美と調和を反映しているものだと受けとめます．科学研究とは自然が何を真善美とみなすかをうまくあてることです．しかし，抽象的な美にもさまざまな段階があります．例えば物理法則を表現する方程式の視覚的美しさがあります．それと区別しにくいのですが，内容固有の美しさということもあります．残念ながら，科学者でない人にこの感覚を伝えるのは難しいことです．

2 戦後日本の科学

日本文化全体の中での科学の地位を論じることは，私の意図ではありません．とても主題として大きすぎるからです．ここでは，日本の科学の伝統は徳川時代に芽ばえ，明治時代以後急速に発達したと言うにとどめておきましょう．確かに，長岡半太郎(明治から大正にかけての指導的物理学者)は初め日本人が科学に適しているかどうかと悩んだそうですが，それはもう昔の話です．

1950年代初頭の夏の日，私はアメリカ南西部の砂漠を友人達とドライブしていました．車の中での私達の会話は日本の将来の問題に向かいました．友人

の中の1人がこういいました．「私達は今この素晴らしい高速道路を走ってますね．アメリカにはあらゆる方向に無数の高速道路が通っているのは事実ですが，どこかに行くには必ず道路をたどらねばなりません．アメリカの社会はいわばこの高速道路のようなものではないでしょうか．ところが日本は高速道路が何もありません．その代わり道がなくてもどこにでも行こうとおもえば行けます．もちろん道行きは難儀かもしれませんが．」

さて30年経った今，日本社会の高速道路網はどのように見えるでしょうか．私にはそれが，カナダの高速道路網のように見えます．カナダにはたった一つの幹線道路しかありません．それは東西に走っているだけで，他に選択の余地はないのです．ずいぶん変わったものです．日本は良きにつけ悪しきにつけいろんな面でアメリカを追い越してしまったようです．

ここで両国を科学技術，高等教育等について統計的な比較をして見ましょう[3]．アメリカは人口も国民総生産も日本の約2倍です．したがって両国は1人当たりでいうと同じということになります．このことは，以下に示すように他の多くの点についても成り立ちます．

両国は研究開発に共に2.5〜3%を使います．研究開発に従事する科学技術者の数は日米同じ率で，アメリカで75万，日本で34万人です．1年間に卒業する学士の数はアメリカ10万人，日本4万人です．それでは違いはどうでしょうか．確かに違いはあって上の数を細かくわけて見ると解ります．例えばアメリカでは研究開発の3分の2を国防に費しますが日本ではほんの3%どまりです．

大学教育を比較するとまた興味ある違いが明らかになります．博士号の年間取得者数はアメリカで3万人，日本で7000人です．このうち自然科学がアメリカ35%対日本12%，工学農学が12%対27%，社会科学19%対1%，その他35%対60%です．学位については11%対3%，9%対23%，11%対41%，69%対33%です．

これらの比較から私は次の印象を得ました．
(1) アメリカは国防の重荷にあえいでいます．
(2) 日本の努力は基礎科学よりも産業と実用の方にそそがれています．
(3) アメリカの博士号取得者は人口1人当たりに直しても日本より多いです．

これらはもちろん驚くべき結果ではなく我々の常識を裏付けるだけです．（ヨーロッパの国についても同じ調査をして特徴をぬきだすことができます．）
　数字をいじるのはこのくらいにしますが，それ以外に重要でかつ目に見えないことがあります．いろんな点で日本は非常に高度な均質性をもっており，高い教育の水準をもっています．アメリカについてはまさに逆です．日本の産業の製品が世界を制覇したのは小学校中学校段階での日本の教育の一般的な優秀さと均質性のおかげであるというのが私の意見です．同じ面についてアメリカの方は程度の高い均質な形式的教育に欠けているという悩みをもっています．
　しかし一方の長所が他方の短所となり，その逆も成り立ちます．高等教育と科学研究活動についていうと私は依然として日米間に溝があると思います．この溝は戦後の両国がたどった道の違いを反映しているのでしょう．ある意味では溝は広がったといえます．例えば日本では他の点では正式によく教育されている物理の大学院生や若手研究者が文科系の訓練については著しく遅れていることによく気づきます．これは現代の日本社会のまずい点を表しているようです．
　日本の物理は素晴らしい実績をもっています．湯川秀樹，朝永振一郎，坂田昌一のような大人物は本当に独創的で際だった貢献を素粒子物理学の分野で行いました[4]．偶然かも知れませんが，3人とも京都で勉強または研究しています．それは偶然の一致でしょうか．それとも京都に何か特別な秘密があるのでしょうか（ノーベル化学賞受賞者の福井謙一も京都出身です）．これは日本の物理学史に興味をもつ日米の同僚によく聞かれる質問です．
　1930から40年代，湯川・朝永・坂田・武谷に代表される一群の物理学者が理論物理学の新しい学派を明確な構想と表現を持って発展させたのは驚くべきことです．また菊池正士や仁科芳雄のような指導者の下で非常に活発な実験物理学の研究も行われました．サイクロトロンの設備では日本はアメリカの次に進んでいました．
　日本の物理学者によるこれらの先駆的な貢献にもかかわらず，戦後は物理学のこの分野はアメリカに圧倒されました．やっと最近になってアメリカの優位がヨーロッパに脅かされています．ヨーロッパはアメリカの2倍も研究費をつかっています．

なぜ日本はこうなったのでしょうか．戦後ひどい経済の破綻があったのは確かです．実験物理が被害を蒙ったのは当然です．また指導者たちの影響力が強すぎ，堕落をもたらしたという人もあるでしょう．あるいはこれらすべてが自然の成り行きだったのかもしれません．しかし私は戦後の教育システムもそのことに関係があると思います．

科学研究は科学というよりも芸術に近いものです．そのためには自由奔放に想像を駆使することが必要です．同時に科学は知識と技法の積み重ねの上に成立っています．この二つの要素は必ずしもお互いに調和するものではありませんが，真に創造的であるためには両方とも習熟している必要があります．日本の戦後教育はこの二つの相反する要求のうち一面を犠牲にしてもう一面を伸ばしたように見えます．

3 雑　　感

物理学における後近代主義

先に私は科学と科学者を，人文科学と人文科学者を対照して特徴づけました．私はここで，再びこの主題に戻りますが，今度はこのシンポジウムの間に私の気づいた両者間の類似点を指摘したいと思います．

このシンポジウムでしばしばでてきた「後近代主義(ポストモダニズム)」という言葉に好奇心をそそられました．私にはどうも意味がはっきりしませんでしたが，ともかくその言葉から素粒子論の最近の傾向を連想しました．物理学自身の歴史的発展の中でこの傾向がどのようにして起こったか知っている人には，このシンポジウムで議論された後近代主義と関連づけて意味があるとは信じがたいことでしょう．それでも私はこの二つの間に何か通じるものがあると言ってみたくなりました．

70年代初め，一連の理論的実験的発見が素粒子物理に起こり，その結果，物理法則と宇宙の歴史について広く統一された見方が可能になりました[5]．

世界のこの新しいイメージは依然としてほとんどが憶測の範囲をこえていないものですが，面白いことには理論的進歩が一人歩きして実験室で検証できる範囲を超えてしまっているのです．この意味でそれは実験と理論が手を取り合

って進むという近代科学の伝統から離れています．逸脱しているといってもいいでしょう．但し私が後近代主義と言ったのは，それが故に良いとか悪いとか批判している訳ではありません．

社会の中の科学者
　この話題は先に試みた科学者の特徴づけの続きと言ってよいでしょう．"二つの文化"の問題はもちろん科学が特殊な言語を使っていることに関係しています．したがって科学はまた特殊な訓練と環境を要します．だから科学の言語を話せる科学者は社会の中の少数民族です（私の研究所に人類学の大学院生が住みこんで，"科学者族"を研究したことがあります）．科学者に興味ある主題はまた特殊で一般の大多数の人々の興味の対象と違っています．
　それと対照的に，文科系の言語や興味は社会のあらゆる人々に共通し，特殊な訓練なしに直感的に理解できます．そう思うのはときにはとんでもない錯覚であるかもしれませんが．したがって"二つの文化"の問題はやや一方的であるように見えます．
　一方，科学者が関心をもつ社会問題もあります．科学者が社会運動家になることもあります．戦後日本についてのこのシンポジウムの中で核戦争の問題がまったく現れなかったのは私にとって少々驚きでした．第二次大戦のもたらした結果を別として，戦争の問題自身すら議論されなかったのです．
　科学者側の社会的意識についての危険なことは，科学者が専攻の分野での自信を人間社会の別の領域にまで広げ過ぎることです．実のところはその場合科学者の意見は，常識的意見以上のものであってはならないのです．この点で残念ながら Oppenheimer は悲劇的人物だったと思います．

将来への展望
　冒頭に述べ，また以後展開しましたように，私の主題は一方では科学を文科的知識と対照し，一方では日本対アメリカという文脈で議論することでした．日本対アメリカという主題についていいますと，戦後の日本の科学は一般的な物質的進歩に平行して進んで来ましたが，すべてを均一化しようとする社会的圧力が技術産業の優位を可能にした反面，科学的研究だけでなく社会全体の健

全さを保つために欠くことのできない多様性と自発性を損なったように思います.

アメリカの側には逆の問題が見られます.アメリカでは科学的素養の一般的水準を上げる必要があります.技術が複雑高尚になるに従って,この問題はいっそう切実になって来ました.社会の中に多様性とたくましさは大いにあるのですが,しばしばそれは混乱の一歩手前にまで行きかねません.もはやいわゆる"ヤンキーのちえ"だけでは十分でないでしょう.アメリカと日本のどちらがうまく科学と文科的知識の間の溝を埋めることに成功するかは興味ある問題だと思います.

献辞 この論文を久保田きぬ子女史に捧げます.立教シンポジウムの直後に女史の逝去が新聞に報道されました.文中に引用した会話の中の友人は彼女です.

文献と補足
(1) C.P.スノウ『二つの文化と科学革命』リード講演,ケンブリッジ大学出版会,1959年.松井巻之助訳,みすず書房.
(2) 科学を文科的知識と比較対照するに当たって,科学という言葉を科学と技術を一緒にした広い意味で使います.狭義の科学はまた物質科学と生命科学に分類されます.ここではそのような区別をしませんが,必然的に物理学者としての個人的偏見が混じっていることをお断りしておきます.
(3) 現代国際科学技術資料,アメリカ自然科学財団,1985年.科学指標,アメリカ自然科学局報告. *International Science and Technology Data, Update*, prepared by the U.S. National Science Foundation, 1985; *Science Indicators, the 1985 Report* by the U.S. National Science Board.
(4) 湯川秀樹は1935年に種々の原子核を結合させる中間子の存在を新しく予言しました.その予言が正しかっただけではなく,彼の理論は物質の究極的な組成を探究するための新しい概念的な方法を確立しました.それは当時のヨーロッパの大物理学者たちが気づかなかったことでした.

坂田昌一は湯川の弟子で共同研究者でしたが,マルクス主義のイデオロギーに動機づけられてこの考え方を哲学的・方法論的な見方に昇華させました.物質の永遠の構成要素として有限個の安定な素粒子が存在するというのではなく,素粒子の数はきまっておらず,われわれが自然を探求するに従っていくらでも現れてくるだろうという見方です.彼はこの考えを宣伝・実践し,自分自身大きな成功を収めまし

た.

朝永振一郎は，湯川や坂田とは違って海外での研究の経験があります．戦争中，彼は素粒子の量子論の中のある種の矛盾を処理する新しい方法を提案しました．彼はそれを2,3の他の物理学者と独立にいわゆる繰り込み理論に発展させました．この理論は1947年に新しい効果の発見によって実証されました．

湯川，坂田，朝永によって始められたこれらの考え方は現在素粒子物理学の二つの重要なパラダイムとなっています．

上記の物理学者の歴史的分析は L. M. Brown, "Yukawa's Prediction of the Meson Theory"(中間子論の湯川の予言), *Centauros* 25, 71-132, 1981 および *Dictionary of Scientific Biography* (科学伝記辞典)の中の3人の伝記にあります．また京都大学基礎物理研究所プリント RIFP-407, -408, 1980 も参照して下さい．

(5) ここで私は大統一理論(GUTS)，Kaluza-Klein 理論，さらに最近の，すべてを究極的に解決すると主張するスーパーストリング理論(超対称的ひも理論)のことを言っています．ここで議論されたことの本格的な分析は Y. Nambu, "Directions of Particle Physics"(物理学の方向)，MESON 50 (中間子50周年記念シンポジウム報告 1985, 京都 *Prog. Theor. Phys. Suppl.* no. 85, 104(1985))(本書第Ⅰ部に収録)を参照して下さい．

[書評] スピンはめぐる

　原子物理学や量子力学に少しでも触れたことのある人なら，電子や陽子のような物質の構成要素が"スピン"をもっていることを知っている．それらは単位量の電荷とともに単位量の角運動量をもっているのだ．原子は太陽系に似ている．惑星は太陽のまわりを回るだけでなく，自分の軸のまわりに回転している．太陽もそうである．電子や陽子も同じで，これは実際上たいへんな重要性をもっている．それなしには永久磁石も存在せず，MRI 技術もあり得ない．

　この本は興味深い歴史的・解説的な物語で，物語の大家である朝永振一郎が量子力学との関わりでスピンについて重要なトピックスを述べたものである．朝永(1906-1979)は有名な日本の理論物理学者で，量子力学と原子核物理学の形成期を身をもって経験している．

　この世紀の初期は，物理学にとって真の革命の時であった．Einstein の相対論が空間と時間の概念を変え，Newton の力学を尺度とエネルギーの極限まで押し広めた．量子力学は，相対論よりもっと革命的で原子世界の謎を解き，われわれの実在の考え方を改めた．四分の一世紀ほど量子現象の一時しのぎの理論や模型で苦吟した後，現代的な量子力学が生まれ1920年代の後半に何人かの英雄の手で急展開した．この時期に朝永は日本で学生時代を過ごし，1930年代の半ばに英雄の一人である Heisenberg の下に留学した．そして師である仁科芳雄，同級生でライヴァルでもあった湯川秀樹とともに日本の原子核物理学研究の基礎を築いた．後に湯川と朝永はノーベル賞を受ける．

　朝永は繊細で優雅に振る舞う人であった．個人的な生活では古風な日本人だった．家では着物でくつろぎ，酒をすすり，寄席にしばしば足を運んだ．紡ぎ車(spinning wheel)をまわす乙女のように，彼はスピンの物語をゆっくりと辛

● *Perspectives in Biology and Medicine*, **42**(1999), 294-295, University of Chicago Press. (編者訳) 朝永振一郎『スピンはめぐる──成熟期の量子力学』，中央公論社(1974)の英訳 "*The Strory of Spin*" (岡 武史訳), U. of Chicago Press(1998)の書評．2008年にみすず書房から新版がでた．

朝永振一郎

抱づよく織り出す．読む人は，講義室に座って朝永先生が話すのを聴いているような気分になる．先生は黒板に方程式や命題を一から十まで注意深く美しい字で書く．そうして誰が何を，如何にして発見したか，誰がなぜ失敗したか，如何に彼らが戦ったかを細かい点まで詳しく，辛抱づよく説明するのである．

彼の物語には，3人の真の英雄と1ダースかそこらの脇役が登場する（彼らの写真も散りばめられている）．真の英雄は P. A. M. Dirac, Wolfgang Pauli, そして Werner Heisenberg である．彼らは，皆この世紀に生まれ，20代半ばにもっとも有名な仕事をなしとげた．英雄たちを朝永は生き生きと描く．Dirac は真の英雄であって軽業師，機械仕掛けの神*である．彼の考え方は，われわれ人間の理解を超えている．Pauli は獰猛なまでに非寛容な完全主義者で，彼の基準を自分だけでなく他人にも及ぼし，彼が見て少しでも完全でないものは容赦しない．それで，しばしば他人の赤ん坊を湯水とともに流してしまう罪をおかす．Heisenberg は聡明で精力にあふれており，アナロジー使いにすぐれ

＊［訳註］*deus ex machina*．古代ギリシアの演劇において，劇中に葛藤が高じて解決不可能の局面を迎えたとき突如として現れる神．人間の眼に映っていなかった真実を開示して難関突破の糸口を与える．その場面に神を登場させるため一種のクレーンが考案された．それで現れる神だから機械仕掛けの神とよばれた．転じて，難関打開のための安易な解決策をさすようにもなっている．

常に基本から考えて最初に転機をつかむ．彼は行列力学を発見したばかりか原子核物理学と強磁性の基礎をおいた．

　この本は11章，いや11の物語からなる．最初の"夜明け前"は，Bohr の原子模型と分光学のデータをもとに原子の洗練されたつじつまの合う描像にいたる苦闘の物語である．ついで，物理学が徐々に，ためらいながらスピンする電子の考えに導かれた様が説明される．第3の物語は Pauli によるスピンの取り扱いの紹介である．スピンを Pauli は始めは拒絶したのに，後には熱心に擁護したのだ．しかし，手品師 Dirac が Dirac 方程式という帽子からそれを取り出して見せたとき，Pauli は途方にくれ，その存在意義が説明できなかった．引き続く各章では以下のことが（必ずしもこの順ではないが）語られる：陽子のスピン（MRI の基本）など物質のスピンの性質，電子のスピンの相互作用（強磁性の基礎），陽電子（Dirac 方程式に組み込まれていた反電子）と中性子（陽子の相方で中性，Heisenberg が核力の性質を考える糸口になった）の発見，スピンと統計の関係という重要かつ一般的な数学的定理の Pauli による発見，Dirac 方程式によって Pauli を出し抜いた Dirac に，Pauli が，スピン0の理論をつくろうとして考えた古い方程式を復活させて復讐したこと，Pauli と Heisenberg が，新粒子に対するコペンハーゲン・アレルギーのせいで核物理におけるスピンの重要性を認識し損ない，湯川に出し抜かれたこと．すなわち，湯川は幸いコペンハーゲンから遠くにいて影響を受けず，スピン0の粒子の存在を予言することができたということ．この粒子は，いまパイオン，あるいはパイ中間子とよばれているが，核力を引きおこすのである（これによって湯川は，新粒子の導入による物理という新しいパラダイムを拓いたのだが，これは本書の範囲外だ）．

　こうして話題は日本における量子および核物理の伝統に移る．それを朝永は最後の章で物語る．これは西洋では広くは知られていないことである．このため，当時の日本における朝永自身を含む物理学者たち（および西欧の学者）の人物，経験，逸話に関する朝永の回想は，1920-1930年代に日本の物理学研究が如何にして世界レヴェルにまで発展したかを垣間見せる点で貴重である．

　本書は，並みの一般向け解説書ではなく，系統的な教科書でもない．消化するのも容易ではない．しかし，ゆっくりと辛抱づよく賞味する価値がある．著

者は後書きで特定の読者を想定してはいなかったと言っている.「自分だけの好みに溺れて,読む人のことをあまり考えずに,この本はできてしまった」.この物語を読むには,量子力学とその歴史にある程度まで親しんでいる必要があろう.著者の打ち解けた語り口にも関わらず,本書は言葉の端々まで生真面目で注意深い.

　本書は,特に物理学者,化学者,生物学者あるいはスピンや量子力学の関連事項を深く学びたいと思っている一般の人々に有用であろう.現代の素粒子物理学の進んだ学生から見ると理論的な概念に対する朝永の解説は古風でぎこちなく見えるかもしれない.今日,学生たちはもっと一般的かつ透明な見通しのもとに学ぶ.そこには朝永自身の寄与もあるのだ.しかし,彼らは先人たちがどんなパズルに直面したか,どんな風に苦闘して,今日のわれわれが当然のように思っている正しい解決を見いだしたか知らないかもしれない.この意味で本書は彼らの眼を開かせるだろう.そして,彼らの今日の苦闘にも助けになるだろう.

　本書は,朝永が半大衆的な科学雑誌に書いたものをもとに,1970年にペーパー・バック・シリーズの1冊として,出版された.訳者は傑出した化学者で,彼にとって原子や分子のスピンの振る舞いはごく身近である.彼のすぐれた,そして忠実な翻訳は,広い知識による時に批判的な注釈とともに,彼がいかに本書の主題と著者に魅了されているかの証である.原書の(おそらく今は手に入らない)写真のいくつかは同等な,しかしより良質のものに差し替えられている.おそらく文化のちがいで,日本ではより広い読者層に向けて出版された本書が,アメリカではより学問的な,権威ある佇まいになった.確かに,本書はそれに値するのである.

素 粒 子

　素粒子とは物質を構成する窮極の単位だと一般に考えられている．それが何物であるかを解明しようとするのは物理学の根本問題の一つであるが，物理学の歴史をたどってみると，本当に窮極的な単位が存在するかどうか疑わしくなる．ギリシャ時代の哲学的思索はさておいて，科学的な意味での最初の素粒子は，19世紀の化学，物理学の発展に伴って確立された原子であろう．しかし原子はやがて電子と原子核とに分解され，更に原子核は陽子と中性子の集合であるということになる．従って素粒子とは相対的な概念で，一つの段階で素粒子と考えられるものも，次の段階ではもっと小さな素粒子の複合体となる，といった方が適当とおもわれる．このような進歩のためには，しかし，ますます大きなエネルギーが必要である．粒子の構造をさぐる一般的方法は，ほかの粒子をこれにぶつけることだが，エネルギーが大きくなれば，不確定性原理によって波長が小さくなり，分解能が上るばかりでなく，結合エネルギーの大きな複合体をも破壊して構成分子をとり出すこともできる．実際，素粒子物理発展の歴史が加速器エネルギーの増大と平行していることは，第1表の示す如くである．

　大まかにいって，1930年代から60年代までの素粒子族とは陽子，中性子，電子などであるが，その数は飛躍的にふえてきた．理論的には無限にあるとも考えられる．しかし，これは水素原子の励起状態が無限個あるのと同じ意味であって，既にこのような素粒子族がもっと基本的な単位から成り立っていることを想定しているわけである．この仮想的な単位が有名な"クォーク"である．Gell-MannとZweigのクォークの仮説は1964年に出たが，クォークが新しい素粒子の段階として積極的に意識されるようになったのは，その後の理論と実験の発展によるもので，特に過去2,3年のうちに素粒子物理学の相貌がすっ

● 日本物理学会誌, **32**, no.1(1977), 11–17.

第1表 素粒子物理学の各段階.

	大きさ	代表的実験方法とそのエネルギー	年代
e○ p●	原子 $\sim 10^{-8}$ cm	X線 $\sim 10^4$ eV	1900
n p●	原子核 $\sim 10^{-13}$ cm (ハドロンの分子)	サイクロトロン $\sim 10^7$ eV	1930
π○ Λ●	新しいハドロンの生成 $\sim 10^{-13}$ cm	シンクロトロン $\sim 10^8$ eV	1950
○ q̄q	クォーク ?	シンクロトロン, 衝突ビーム $\geq 10^{11}$ eV	1970

かり変ってしまったように見える.

I. クォーク模型

　クォークの説明に入る前に，それ以前の段階での素粒子の分類を簡単に述べよう．先ず最初に，古典的な"場"と古典的な"粒子"とがある．古典的な場とは，重力場と電磁場とで，巨視的な遠達力を媒介する．量子論では，これらの波動場の量子は，質量ゼロ，整数スピンの粒子(重力子，光子(γ))として現れ，ボース統計に従う(但し重力波の存在はまだ確認されていない)．古典的な粒子とは，いわゆる"物質"を構成する要素で，レプトン族とハドロン族とに分けられる．レプトン族は，電子 e，ミューオン μ (μ 粒子)，およびそれぞれに随伴する中性粒子のニュートリノ ν_e, ν_μ から成り立っている．レプトンの特徴は，質量が比較的小さく，相互作用が弱い．スピンは 1/2 で Fermi 統計に従う．相互作用としては2種類，電磁的なものと，"弱い相互作用"，即ちベータ崩壊などを起す反応とがある．μ の崩壊は後者の例である：

$$\mu^- \to e^- + \bar{\nu}_e + \nu_\mu \quad (\bar{\nu} は \nu の反粒子を意味する) \tag{1}$$

　ハドロン族は，陽子 p，中性子 n など原子核の成分となるバリオンの部族と，

パイオン(π粒子), ケイオン(K粒子)など核力の場になるメソン(中間子)の部族とに分けられる. バリオンはスピンが半整数($1/2, 3/2, \cdots$)で, Fermi統計に従い, 後述のようにバリオン数(質量数)という保存量をもつ. メソンはスピンが整数($0, 1, \cdots$)で, Bose統計に従い, バリオン数をもたない. ハドロンは一般にレプトンより質量が大きく, またいわゆる"強い相互作用"によって多くの複合体を構成する. 同時に電磁的および弱い相互作用をももつから, レプトンとゆるく結合して原子を作り, ベータ崩壊もする. 特にメソンはバリオン数をもたないためすべて不安定である. これらの崩壊の例は

$$\begin{aligned} &n \to p + e + \bar{\nu}_e \quad (\text{nのベータ崩壊}), \\ &\pi^0 \to \gamma + \gamma, \\ &\pi^+ \to \mu^+ + \nu_\mu. \end{aligned} \quad (2)$$

また強い相互作用の例は

$$p \longleftrightarrow n + \pi^+, \quad n \longleftrightarrow p + \pi^-, \quad p(n) \longleftrightarrow p(n) + \pi^0. \quad (3)$$

ハドロン族を更に細かく分類するにはクォーク模型にたよるのが一番簡単である. 即ちハドロンとはクォークから構成された粒子である, と定義してもよい. 1974年までのハドロン物理学は3種のクォークで説明できたが, いわゆるJ/ψ粒子(発見者によってJとか, ψとか呼ぶので, ここでは合わせてJ/ψと書く)の発見以来少なくとも4種が必要になったと信じられている(後述). それはともかく, クォークはある意味でレプトンに似ており, スピンは$1/2$で, いくつかの"種"が存在する. しかしレプトンと異なって荷電が分数である(少なくともそういう見かけの値をもつ)ことがクォークを有名にした. クォークの種を区別するレッテルにflavor(風味)というしゃれた名前がつけられている. 実は後述のように, クォークにはもう一つのレッテルが必要で, これを種に対して"類"と呼ぶことにすれば, 類のレッテルはcolor(色)と呼ばれる. 以後, 種と類とを上の意味で使うことにしよう. つまりクォークの種類の見分けは風味と色との組合せでつけられることになる.

クォークの種

一つのクォークをqで表わそう. いま色を忘れれば, 在来の3種のクォー

第2表 クォークの種類と量子数.

(a)

種	B	Q	I_3	S	C
u	1/3	2/3	1/2	0	0
d	1/3	-1/3	-1/2	0	0
s	1/3	-1/3	0	1	0
c	1/3	2/3	0	0	1

(b)

種 \ 類	赤	緑	青
u	2/3 / 0	2/3 / 1	2/3 / 1
d	-1/3 / -1	-1/3 / 0	-1/3 / 0
s	-1/3 / -1	-1/3 / 0	-1/3 / 0
c	2/3 / 0	2/3 / 1	2/3 / 1

(a)ではクォークの種と内部量子数との関係を示す.
B：バリオン数，Q：荷電，I_3：アイソスピンの第3成分，
S：strangeness，C：charm．c は新しい第4種のクォークである．
(b)では類をも考慮したときの荷電 Q の値を標準型(左上)と韓－南部型(右下)の模型につき示す.

クは $q_i(i=1,2,3)$ と書ける．つまり i が風味のレッテルである．しばしばこの代りに (u, d, s) とも表わす．(up, down, strange または sideways は風味とは関係ない名だが．) また q_i の反粒子を $\bar{q}_i$ とする．数学的にいえば，三つの異なったものを区別するには二つの量子数が必要で，これらはアイソスピン(の第3成分)I_3 とストレンジネス(strangeness) S と呼ばれる．(前者は u, d を区別し，後者は s を u, d から区別する．アイソスピンの他の2成分 I_1, I_2 は u, d の間の転移に関係し，I_3 とともに角運動量と同じ交換関係をみたす．) 荷電 Q と I_3, S との関係は第2表の如くである．また q と $\bar{q}$ とを区別するもう一つの量子数としてバリオン数 B があり，q と $\bar{q}$ とはそれぞれ $B=\pm 1/3$ と定義される．(反粒子の量子数はすべて，粒子の量子数と反対符号である．) Q と B とはいわゆる絶対的保存量と一般に信じられ，相互作用の前後でこれらの総量が変ることはない．原子でいえば，それぞれ電荷と質量数(陽子数＋中性子数)の

94 ─── 素粒子論の展望

第3表 代表的なバリオンとメソンの化学式.

バリオン	メソン
p = uud	$\pi^+ = u\bar{d}$
n = ddu	$\pi^0 = u\bar{u} + d\bar{d}$
Λ = uds	$K^+ = u\bar{s}$
Ξ^- = ssd	$J/\psi = c\bar{c}$

π^0 の場合の和は，二つの構造の間の共鳴を意味する．

保存に対応する．これに反して I_3, S の保存は電磁場および弱い相互作用によって破られている．例えば n のベータ崩壊では I_3 が変る．

ハドロンの化学式

次にハドロンの構成に移ろう．仮にハドロンを q, $\bar{q}$ から成る原子と見なせば，あらゆるハドロンの化学式は次の二つに帰せられる．

(1) バリオン部族　$q_i q_j q_k$ ($B=1$)，　$\bar{q}_i \bar{q}_j \bar{q}_k$ ($B=-1$),

(2) メソン部族　$q_i \bar{q}_k$ ($B=0$).

上の式によれば，3種のクォークから作られるバリオンの数は $3 \times 3 \times 3 = 27$，メソンの数は $3 \times 3 = 9$ となるように見えるが，これは正確でない．それぞれの q の空間的分布およびスピン状態を指定した上，更にフェルミ統計を考慮せねばならない．その結果，空間とスピンに関する波動関数が同じ状態の数がいくつかあって，それらの質量も近似的に等しく，一つの多重項 (multiplet) をなす．ということは，3種のクォークはみな近似的に同等なことを意味する．これが即ち $SU(3)$ の対称性である．実際には，バリオンには8重項，10重項，1重項があり，メソンには8重項と1重項がある．代表的なバリオン，メソンの例と，それらの化学式を第3表に示しておく．

$SU(3)$ の対称性は近似的なものだから，そのやぶれ方が興味ある問題になる．経験的には，クォークの種によって質量が少しずつ異なるとし，それらを組合せるときに，個々の質量を加え合せるという簡単な算術で大体見当がつく．バリオンとメソンの最低準位にあてはめれば，それぞれクォークの3倍と2倍の程度の質量をもつ筈である．質量差を考慮すれば，3種のクォークの有効質量は $(m_1, m_2, m_3) = (0.3, 0.3, 0.45)$ GeV/c^2 と考えておけばよい．もっと精密な

公式は作れるが，大して理論的根拠のないものである．つまり素粒子物理学は19世紀の化学のように定性的概念の科学で，まだ精密科学ではないことがお分りであろう．

Regge 軌道

$SU(3)$ をハドロンの横の分類，つまり質量が似ていて内部量子数 (I_3, S など)の異なる粒子の間の関係を表わすものとすれば，Regge 軌道 (Regge trajectory) は縦の分類を与える．即ち，きまったクォークの組合せをとったとき，空間的波動関数を変えればどんな準位ができるか，という問題である．水素原子の例をとれば，量子数とエネルギー準位との関係がそれに相当する．特にレッジェ軌道というときには，スピン(角運動量)と質量の2乗 (m^2) との関係 $\alpha(m^2)$ をグラフにし，連続曲線でつないだものをさす．即ち水素原子では，1S, 2P, 3D, …, が一つの軌道，また 2S, 3P, 4D, …, が別の軌道をなすが，グラフにすれば後者は前者より下にずれている．この意味で前者を主 Regge 軌道といい，実験的にも最も観測しやすい共鳴状態を表わしている．

ハドロンの主 Regge 軌道の著しい特徴は，すべてが大体平行直線をなしていることである．式で書けば

$$\alpha(m^2) \approx \alpha(0) + \alpha'(0) m^2, \quad \alpha'(0) \approx 1 (\text{GeV})^{-2}. \tag{4}$$

$\alpha(0)$ は $\alpha(m^2)$ が y 軸を切る高さ (intercept) で，これだけが軌道ごとに異なる（第1図）．もし Regge 軌道が本当に直線的に上昇しつづけるとすれば，共鳴状態のエネルギーは無限大まであり，水素原子のような有限のイオン化エネルギーが存在しないことになる．これは後述のクォーク閉じ込めの問題と関連する．

パートン模型

Rutherford が α 粒子と原子の散乱角分布から，原子の内部に小さな芯(原子核)があることを推論したのは有名な話である．これに似た事情がハドロンの高エネルギー反応でも発見され，Feynman のパートン (parton) 模型ができ上った．原子の場合と違うのは，ハドロンの中のパートンは一つだけでなく，そ

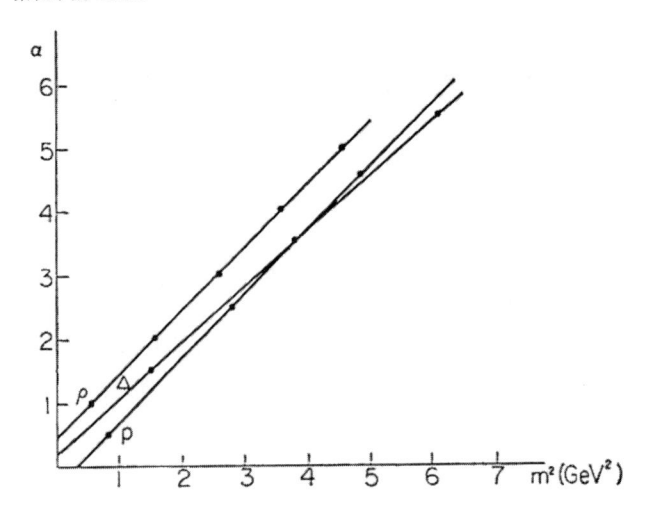

第1図 Regge軌道の例. ρメソン, 陽子p, $\varDelta$バリオンの軌道を示す.

の数も質量も一般に確率的分布をもつこと, 共通の点は, パートンは点状で拡がりをもたないことである. この模型の根拠となった実験事実は電子・陽子の散乱におけるスケール則というものである. 高エネルギーの電子を陽子にぶつけると, 後者が励起されていろいろな反応が起るが, 反応の種類を問わないで電子の散乱角とエネルギー損失だけをきめたときの全散乱断面積が, エネルギーのスケールによらない. ハドロンどうしの反応(強い相互作用のみによる)でも同じ事情が存在する.

これを説明するには, ハドロンが理想パートンガスの如くふるまい, 個々のパートンが独立に電子と弾性衝突するからだとする. もしハドロンが全体として入射粒子と衝突すれば, ハドロンの大きさと入射粒子の波長の比によって反応確率が変る筈だが, 点状のパートンとの衝突では比がいつもゼロだというのが要点であろう. データをもっと立入って分析すると, クォーク模型とうまく一致する. というのは, パートンの性質(スピン1/2, 分数荷電)や, 陽子が近似的に3個のパートンを含むことなどが結論されて, パートン=クォークと考えてよいことになるのである.

クォークの色

　このようにクォーク模型ではすべてがうまくいって，難点が何もないかというと，そうではない．しかし少なくとも大部分はクォークの種類をふやすことによって解決されるものである．先ずクォークの類，即ち色について述べよう．バリオンを三つのクォークから作るとき，クォークがFermi統計ではなくボース統計に従う如く見えることははじめから問題にされていた．例えばΩ^-粒子はスピンの平行なsクォーク3個からできている．一つの解決策として類の概念が導入された(韓と南部；宮本；その他)．即ち同じ種のクォークにも三つの異なった類があって，バリオンを作るとき異なった類からクォークを一つずつとるという考えである．こうすれば三つのクォークは必ず類が違うから，統計の困難は起らない．類を区別するレッテルは普通"色"といわれ，3原色——赤緑青などの名が使われる．

　種と類とを導入したことは，結局クォークの内部自由度をふやしたことになるが，これが他にどんな効果をもたらすだろうか？　一番簡単な例は統計的重みとして現れる効果で，例えば電子・陽電子の衝突によりハドロンを作る反応(アメリカのSLACやドイツのDESYの電子貯蔵環による実験)において，

$$e^- + e^+ \to \gamma \to q_i + \bar{q}_i$$

の如く，あらゆるクォークの対が先ず作られて，それが後にハドロンに変ると考えれば，全断面積はクォーク対を作る断面積の総和となる．これはまたクォークの荷電の2乗をあらゆる種と類について足したものに比例する．同様にしてミューオン対を作る場合($e^- + e^+ \to \gamma \to \mu^- + \mu^+$)は$\mu$の荷電の2乗に比例するから，両方の断面積の比

$$R = \sigma(e^- + e^+ \to ハドロン)/\gamma(e^- + e^+ \to \mu^- + \mu^+)$$

をとれば，クォークの荷電2乗の和が知れる．3種のクォークだけでは$R = (2/3)^2 + (-1/3)^2 + (-1/3)^2 = 2/3$となるが，実験値ははるかに大きく，2 GeV以上のエネルギーでは$R \sim 2-5$である．これは少なくとも色の存在を支持するものと考えてよかろう．

新粒子と第4のクォーク

前述の e^-e^+ 反応でつくられるハドロンの中に，1974年に発見された ψ（または J）粒子の群がある．質量が大きく（≥3 GeV），幅が異常にせまいのが特徴で，これを説明するにはいままでのクォークの種類だけでは困難である．従って現在の通説では，第4種のクォーク（charm または c，第2表参照）が存在して，ψ は c と $\bar{c}$ から成るメソンだと考えられている．この外 $u\bar{c}$ とか udc とか，c を1個含むメソンやバリオンらしきものも最近発見されたが，c の存在は牧，Glashow，その他によって予言されていた．

こうなると，一体クォークの種類はどこまでふえるか，と問いたくなる．少なくとも種が四つ，類が三つで，全部で12だが，既に種の数はもっとふえる徴候が見えている．クォークは果して素粒子かという疑問も生ずるわけである．

もう一つの問題は，新粒子が続々と出現するにもかかわらず，クォーク自身は一向に姿を見せないことである．少なくとも分数荷電をもった Gell-Mann–Zweig のクォークは見あたらない．このなぞを解くのに三つの説明が考えられる．(1) クォークの電荷は整数で，ただ類について平均したものが分数になるにすぎない（韓–南部模型）．(2) クォークの質量が非常に大きくて，現在の加速器や宇宙線でもなかなか作れない．(3) クォークを分離することは原理的に不可能，つまりクォークはハドロンの中に永久に閉じ込められている．

(1)と(2)の立場ではクォークは単独で存在してもいいが，まだ見つかっていないだけである．(3)はちゃんとした理論がなければ意味をなさない．ところが面白いことには，(3)を説明できそうな理論がいま発展しつつある．それのみならず，これによりあらゆる既知の相互作用を同じ立場から統一的に取扱うことができる．これが次の章で述べるゲージ場の理論である．

II. ゲージ場の理論

古典的な二つの場——電磁場と重力場——を記述する Maxwell 理論と Einstein 理論は物理学の理想とする美しい体系だといえよう．これが美しいといえる理由は，力学がある普遍的な原理から定まってしまうという点にある．このような意味で両者を一括してゲージ場の理論ということができる．ではゲー

ジ場とはどんなものか？

　一つの荷電が存在すれば，それに比例した力の場(Coulomb場)がまわりに生ずる．また荷電の総和は保存される．一つのエネルギー(質量)が存在すれば，それに比例した力の場(Newton場)が生じ，エネルギーの総和は保存される．力の場はどちらの場合も同じ性質(距離の2乗に逆比例する遠達力)をもつ．これが共通点である．しかし異なる点は，Einsteinの理論では，重力場自身がエネルギーをもつから，重力場は更にそのまわりに重力場を生じ，…という風に無限に過程を繰返さねばならない．その結果，重力場の方程式は非線形になる．

　ゲージ場の例はこれだけでなく，Yang-Millsの場というものが知られている．アイソスピンのように可換でない保存量の組に上の原理を適用したものである．例えばpとnは$I_3=\pm 1/2$をもつから，それぞれI_3に比例する場F_3を作るとしよう．ほかの成分I_1, I_2はどうかというと，これらはp↔nの転換を表わすから，転換の起ったときしかF_1, F_2は生じない．しかし転換が起きれば，I_3の変化は場F_1, F_2がもち去るとしなければ保存則がみたされない．するとFが更に場の源となり，重力場と似た事情が発生する．電磁場はアーベル(可換)的ゲージ場，Yang-Mills場や重力場は非アーベル(非可換)的ゲージ場といわれるゆえんである．

　ゲージ場の一つの特徴は，力が遠達的で，その量子の質量はゼロだということである．重力場と電磁場以外にこんな力は知られていないのに，何故これが素粒子論に役に立つのか？

　日常の物理に，プラズマとか超伝導とかいう現象がある．イオン化されたガスの中の荷電はそのまわりに反対荷電の雲を誘起するので，電場は遠くまでとどかず，湯川型の力になる．即ち光子が有限質量のプラズモンに変化するわけである．超伝導の場合にはもっと徹底して，磁場も媒質の中に侵入できない(マイスナー効果)．いわゆる真空にも媒質と似た点があって，例えば強い電場をかけると電子と陽電子の対発生が起るのは，金属の中で電子と穴が発生するのとあまり変らない．実際，超伝導に相当する現象が真空の中でも起りうることはよく知られている(南部とJona-Lasinio)．この考えを弱い相互作用に応用したのがWeinberg-Salamの理論である．

　われわれの目的は，素粒子間の3種の相互作用(電磁，弱，強)を統一的に扱

うことなので，先ずその作戦からはじめよう．電磁的と弱い相互作用はレプトンとハドロンに共通で，強い相互作用だけがハドロンに特有である．一方，クォークは種と類のレッテルをもつが，レプトンの区別は種の区別と同様である．そこで，レプトンとクォークを一括して素粒子と見なし，どちらも種のレッテルをもつが，クォークはその上に類のレッテルをももつと考えよう．これから自然に帰結されるのは，電磁的と弱い相互作用は種のレッテルに関係し，強い相互作用は類のレッテルに関係するということである．

上の立場からレプトンの4種とクォークの4種(cを加えて)を比べると，次のような対応が見出される．

レプトン　　(ν_e, e)　(ν_μ, μ),
クォーク　　(u, d)　(c, s).

即ち荷電が1だけずれた粒子の対が四つあって，弱い相互作用は対の中での粒子の転換と考えることができる．これらの対はpとnの対のようなものだから，前に述べたYang–Mills理論を適用すれば，例えば$u \leftrightarrow d$の変換が起きるときにゲージ場F_1, F_2が発生し，次いでこれがレプトンの対に作用して$e \leftrightarrow \nu_e$の変換(あるいは$\nu_e \bar{e}$の対発生)を起すとすれば，ベータ崩壊が説明できる．ただし，F_1, F_2の量子は質量の大きなプラズモン，即ちW粒子になったと考えねばならない．Weinberg–Salamの理論ではプラズモンにならない成分もあって，これが電磁場だと見なされる．しかしゲージ場の結合常数(荷電)はどの成分にも共通だから，ベータ崩壊常数Gは電荷eとW粒子の質量M_Wとに依存し，

$$G \sim e^2/M_W^2$$

となることが次元解析から分るが，もっと精密には$M_W \gtrsim 40\,\mathrm{GeV}/c^2$となる．現在の加速器では，残念ながらまだW粒子を作るにはエネルギーが足りない．

次に強い相互作用の方はどうかというと，これにもゲージ場の理論が有望である．今度はクォークの3類の間の転換を起すYang–Mills的な場を考える．クォークを結合する糊だからgluonとも呼ばれる．すると，バリオンqqqとメソン$q\bar{q}$だけが強い結合体であることが次のように理解できる．原子に例をとれば，中性原子がイオンに比べて安定なのは，前者の荷電がゼロで，ほかの

粒子との相互作用が弱いからである．非アーベル的ゲージ場でも同じような事情が成り立つが，この場合の中性とは"色"をもたない状態，つまりあらゆる色の混合した白色状態である．バリオンとメソンはまさしくこの意味で中性になっている．

　しかしこれだけでは，白色でない状態が存在しないとはいえない．ハドロンを分解して色のあるクォークをとり出せるかもしれない．この点について次のような事情が発見された．

　電子はふつう点状の粒子と考えられているが，実際にはそのまわりの空間に反対荷電の雲があって，"裸の電荷"を部分的に遮蔽している．この意味で，電子はイオン化した原子のようなものである．このような電子どうしの散乱を考えると，エネルギーを高くすれば，双方がますます接近できるから，電荷が大きくなるように見える．ところが非アーベル的ゲージ場の場合には反対の現象が生ずる(Politzer, Gross と Wilzcek)．つまり一つの荷電をおくと，そのまわりに同じ荷電が誘導されて雪だるまのように大きくなるのである．これはハドロンの性質を説明するのに非常に都合がよい．高エネルギーでハドロンが理想パートンガスのようにふるまうのは，近距離では糊の強さ(結合常数)が減るからだと解釈できる．逆にクォークをハドロンから遠くに引き離そうとすると，糊がいくらでも強くなる．例えば見かけの荷電 $e(r)$ が距離 r の2乗に比例して増大すれば，力 $e(r)/r^2$ は距離によらず一定だから，クォークは逃げだすことができない．

　上のような理論から出発してハドロンの構造を具体的に説明するには"ひもの模型"(南部；Susskind)にたよるのが便利である．この模型では，力が距離によらないのは，クォークの間の力が一次元のひもに沿ってしか伝わらないからだと考える．即ち一つの源から出た力線は四方に拡がらないから，いつまでも同じ強さを保つのである．このような事情は磁極を超伝導体の中に入れたときにも生ずる．磁束が Meissner 効果のため絞られてひも状になる現象である(第2図)．それはともかく，ひもはクォークをつなぐ化学的ボンドの役割を果し，ハドロンのエネルギーはひもの長さに比例して増大する．メソンとバリオンの化学構造式を書くとすれば，

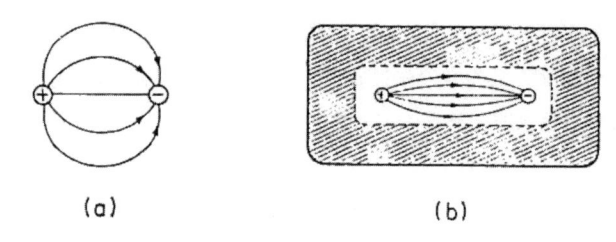

第2図 磁力線の模様. (a)は普通の場合, 磁極間の力は $\propto 1/r^2$. (b)は磁極を超伝導体中に埋めた場合. 両極を結ぶ細いチューブに沿って超伝導がやぶれ, 力は const. となる.

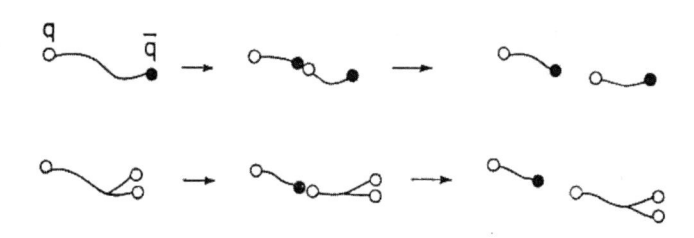

第3図 ひも模型に基くハドロン反応の例.

メソン　　$q － \bar{q}$,

バリオン　$q \begin{matrix} q \\ \diagup \\ \diagdown \\ q \end{matrix}$　　または $q － qq$

のように考えてよい.

　ひも模型から出る結果の一つは, ハドロンの Regge 軌道が式(4)のような直線になることである. またハドロンの間の反応は, ひもが切れたり, つながったりすることと解釈できる. ひもの切れ目に必ず, q, $\bar{q}$ の対が発生するとすれば, 一つのハドロンが二つのハドロンに分れる過程は第3図のようになる.

　このようにして現在の素粒子物理学は, クォークとレプトンを素粒子とし, ゲージ場を力の場とする現象の物理学になりつつある. クォークもレプトンも, これから数がもっとふえるかも知れないし, W 粒子のような重い粒子もやがて作られるようになるだろう. 粒子の質量のスケールは W に止まらず, もっともっと上ることが予期される. 有名な Dirac の単磁極もこのような超重粒子として, ゲージ場の理論から予言されている.

しかしクォーク自身は絶対に単独で存在し得ないのだろうか？　もしこれが真実だとすれば，われわれのもつ実在の概念に大修正を施さねばならない．原子の世界で量子力学が必要であったように，クォークの世界でも理論や概念の変革が必要かもしれない．この意味では，上に述べたクォーク閉じ込めの模型はBohrの原子模型のような不完全なものと見るべきであろう．

文　献

宮沢弘成：日本物理学会誌, 31, no. 3 (1976), 181, 物質の窮極構造.

ゲージ原理,ベクトル中間子の支配,対称性の自発的な破れ

　後知恵のご利益を生かして,私は1950年代のある理論的な発展についてお話ししたいと思います.対称性とそれが欠けることの意味と役割をどう見るかが中心です.特にシカゴでおこったことをお話ししますが,それは私が身近に経験したことだからというだけでなく,不幸にして Jun John Sakurai*さんの話が聴けないからです.

　最初に,単純化しすぎだという心配はありますが,私は Ernest Lawrence と湯川秀樹を素粒子物理学の開祖と見ていると申し上げたい.彼らはそれぞれ,この分野の実験と理論の方法論を確立したからです[1].これが基本的な方法論であるということは,後でお話しするように多少の条件つきではありますが,今でも正しいのです.

　理論的な面だけに限りますが,湯川の仕方は,新しい,あるいはまだ理解できない現象を自由に新粒子を発明(あるいは要請)することで説明するのです.湯川は中間子論で成功した後この方向の追究をやめてしまいましたが,背後にあった哲学は彼の共同研究者である坂田昌一によって意識され使われて成功をおさめました.2中間子論はその例です[2].とにかく,湯川の研究法は理論的な指導原理を欠いていた点で現象論的でその場限りでした.彼が追究をやめてしまったのも,このためでしょう.ゲージ理論が最高の原理として確立された今日の状況とは,よい対照をなしています.

　新しい流れは Chen Ning Yang と Robert Lawrence Mills の1954年の仕事にさかのぼりますが,1970年代の支配的なパラダイムになりました[3].しかし,湯川の現象論に駆り立てられた研究法とゲージ原理に立つ論理的・演繹的

● L. M. Brown, M. Dresden and L. Hoddeson ed. *Pions to Quarks, Particle Physics in the 1950's*. Based on a Fermilab symposium, Cambridge University Press (1989), 639-642.
* 桜井 純のこと,1982年没.本書の第Ⅲ部「桜井 純のこと」を参照.(編者訳)

ゲージ原理，ベクトル中間子の支配，対称性の自発的な破れ —— 105

な研究法との深刻な衝突は1950年代に兆していたのです．Yang‒Millsとほとんど同時に内山龍雄が力学の一般原理として非可換ゲージ理論を彼独自の考えで展開していました．これはEinsteinの重力をも包摂するものでした[4]．彼は，最近，個人的に話したとき日本の湯川派から当時いかに冷たくあしらわれたか，そのためいかに発表をためらったかを洩らしてくれました．

そこで桜井の仕事について話す番です．彼は1950年代の後期にコーネル大学からPh. D.をとりたての助手としてシカゴにやってきました．すでに$V-A$理論との関わりで名を知られていましたが，強い相互作用の対称性を追究する中で徐々に強い相互作用の力学の基礎としてYang‒Millsのゲージ原理に傾いてゆきました．今日の言葉で言えば，彼の理論は強い相互作用の$SU(2)\times U(1)\times U(1)$ゲージ理論で，アイソスピン，ハイパーチャージ，バリオン・チャージを厳密な対称性とするものです（フレーバー$SU(3)$はまだ導入されていませんでした）．彼は，これらの対称性に対応するベクトル中間子を強い相互作用の基本的なボソンと考え，ベクトル中間子優越のモデルを現象論に持ち込んで著しい成功を収めました．彼自身の歴史的な記述は彼の講義録にありますが，私は彼の1960年の論文から2,3のパラグラフを引用しましょう．これはω, ρ, ϕ中間子の発見より前に書かれ，彼のその後の論文[5][6]より彼の勇敢な見通しをよく表現しています．生意気な若い物理学者の調子で，彼は書いています：

> いろいろの対称性のモデルにたいへんな時間（とエネルギー）をつかって，著者は，パイオンとK粒子がバリオンに線形に結合する湯川型ラグランジアンには簡単なパターンはなく，今日までに提案された対称性モデルは何らの物理的意味もない考えの遊びだと信ずるようになった．造物主は"光あれ"と宣うたとき最高に想像力に富んでいたのに，パイオンの場のγ_5結合を入れたとき想像力を用いなかったのは何故だろうか？　湯川相互作用は基本的だと考えることをやめなければ，真の物理理論の特徴である簡単さ，美しさ，優雅さは回復できない．

> いまや，われわれは湯川型の中間子論は知らなかったことにして最初から出直さなければならない．強い相互作用の新理論をつくるための指導原理

は何か？ 何よりも理論は，電磁的および弱い相互作用がないとき正確に成り立つ対称性の法則に深く根をおろさなければならない．人工的な高度の対称性をさがすのではなく，現存の対称性をこれまで以上に真面目に受け取り，極限まで使い切るべきである．

彼の理論には，しかし，いかにしてゲージ・ボソンの質量を説明するかという問題がありました．彼は問題があることは知っていましたが，どうしたら解けるか分からなかったのです．彼は，こう言っています：

> われわれの考えは新しいので，理論に困難があっても驚くにはあたらない．B 中間子に質量の問題があるからといって，われわれの理論をあきらめるのは残念である．Bohr の原子模型は量子飛躍という概念に困難があるからあきらめようというのが残念であるのと同じだ．

この議論にどう立ち向かったらよいか分かりません．この論文に，バリオン数の非保存による宇宙でのバリオン過剰の説明というスペキュレーションがあることは指摘しておく価値があります．

対称性への私の関わりに移りましょう．それは，もっと偶然的でありました[7]．イリノイ大学で大学院を終えようとしていた Robert Schrieffer が未発表の BCS 理論[8]についてセミナーをするようにシカゴ大学に招待されたときのことです．私は超伝導にずっと興味をもってきました．当時シカゴにいた先輩の理論家 Gregor Wentzel も同じです．このセミナーで私が思い出すのは，Schrieffer が Meissner 効果を説明するはずの理論でゲージ不変性をないがしろにしていたことに驚いたということです．

私は，遂には BCS 理論が対称性を破っていること，そして Goldstone モードがある意味で対称性を回復することを理解するようになりました．Philip Anderson[9]や G. Rickayzenn[10]もそれを発見しました．Bogoliubov‒Valatin の準粒子の方程式が Dirac 方程式に似ていることが一方にあり，誘起される Goldstone カレントが核子のギ・ベクトル・カレント（パイオンの崩壊定数に対する Goldberger‒Treiman の関係に導く）へのパイオンの寄与に似ているこ

とが他方にあって，これらからカイラル対称性の破れ，重い核子，質量0のパイオンの論理的な結びつきを思いついたのです[11]．おそらく，私の側で最も勇気を要したのは真空の性質に関して公理論に反抗したことでしょう．

Bogoliubov学派のV. G. VaksとA. I. Larkinが同じようなモデル[12]を思いついたのは驚くにはあたりません．私は対称性の破れと付随するGoldstoneモードが一般に現れることに気づいており，この一般性について論文を書く前に固体物理の例を集めておりました．その間にJeffrey Goldstoneの論文が現れました[13]．Robert Marshakは親切にも，私の考えは1959年のキエフ会議の会議録にすでに記録されていることを指摘してくれました*．私は，それをすっかり忘れておりました．多分，会議録がでるまで2年もかかり，1960年の会議の会議録より後になったからでしょう．

明らかにしておく価値があるのは次の点でしょう．Giovanni Jona-Lasinioと私が4-フェルミオン・モデルをとった動機です．これがBCSモデルともHeisenbergの非線型モデルにも似ているのは，そのとおりです．しかし，私はHeisenberg理論には興味がなく，真面目に受け取ったこともありません．4-フェルミオン・モデルをとったのは，対称性の破れが最も明らかに示されるからです．実際，量子電磁力学を例にとることも考えたのですが，真空の偏極（ランニングチャージ）があるために，ギャップ方程式が解をもつことに確信が得られなかったのです．

対称性の破れとフェルミオンの質量の生成に加えてBCS理論にはもうひとつの側面があります．それはゲージ場の質量の生成で，2つの，もともとは質量をもたないゲージ場とGoldstoneモードの混合によるものです．これは私には明らかと思われました．よく知られたプラズモンの現象だからです．しかし，相対論的な場の理論の場合には，このメカニズムはAnderson[14], Franéçois Englert, Roger Brout[15]およびPeter W. Higgs[16]によって見いだされました．特に，HiggsによるGinzburg–Landauの有効場の理論の再発見は統一場の理論をつくるための標準的形式となりました．こうして対称性の破れを伴うゲー

---

*［訳注］キエフ会議における南部の発言は次に引用されている．R. E. Marshak: *Conceptual Foundations of Modern Particle Physics* (World Scientific, 1993), 28–29 およびR. E. Marshak, in L. M. Brown et al. ed. *Pions to quarks*, 前掲, 663–664.

ジ原理が役をはたすのは,桜井や私が予想した強い相互作用においてではなく,弱い相互作用においてであることが分かったのです.

文　献

(1) Y. Nambu: "Concluding Remarks", *Phys. Reports*, **104**(1984), 237-258. 素粒子物理学, その現状と展望, 本書, 第II部に収録. ソルヴェイ会議(1982)での"結び"の講演.

(2) S. Sakata: "中間子と湯川粒子の関係に就て"日本数学物理学会誌, **16**(1943), 232-235.

(3) C. N. Yang and R. L. Mills: "Conservation of Isotopic Spin and Isotopic Gauge Invariance," *Phys. Rev.*, **96**(1954), 191-195.

(4) R. Utiyama: "Invarianct Theoretical Interpretation of Interacion," *Phys. Rev.*, **101**(1956), 1597-1667. 参照:内山龍雄『一般ゲージ場論序説』, 岩波書店(1987).

(5) J. J. Sakurai: "Vector Mesons 1960-1967," in *Lectures in Theoretical Physics* XI-A, ed. by K. T. Mahanthappa et al.(Gordon and Breach, New York, 1969), 1-21.

(6) J. J. Sakurai: "Theory of Strong Interactions," *Ann. Phys.*(N. Y.), **11**(1960), 1-48.

(7) Y. Nambu: "Symmetry Breakdown and Small Mass Bosons," *Fields and Quanta* **1**(1970), 33-51, 本書第II部,「対称性の破れと小さな質量のメソン」; Y. Nambu: "Superconductivity and Particle Physics," *Physica*, **126B**(1984), 328-334, 本書第II部「超伝導と素粒子物理」.

(8) J. Bardeen, I. N. Cooper and J. R. Schrieffer: "Microscopic Theory of Superconductivity," *Phys. Rev.*, **106**(1957), 162-164.

(9) P. W. Anderson: "Coherent Excited States in the Theory of Superconductivity, Gauge Invariance and the Meissner Effect," *Phys. Rev.*, **110**(1958), 827-835.

(10) G. Rickayzen: "Meissner Effect and Gauge Invariance," *Phys. Rev.*, **111**(1958), 817-821.

(11) Y. Nambu: "Axial Vector Current Consevation in Weak Interactions," *Phys. Rev. Lett.*, **4**(1960)380-382; Y. Nambu: and G. Jona-Lasinio: "Dynamical Model of Elementary Particles Based on an Analogy with Superconductivity I," *Phys. Rev.*, **122**(1961), 345-358; Y. Nambu and G. Jona-Lasinio: "Dynamical Model of Elementary Particles Based on an Analogy with Superconductivity II," *Phys. Rev.*, **124**(1961), 246-254.

(12) V. G. Vak and A. I. Larkin: "On the Application of the Methods of Suerconduc-

tivity Theory to the Problem of the Masses of Elementary Particles," *Sov. Phys. JETP*, **13**(1961), 192–193.

(13) J. Goldstone: "Field Theories with Superconductor Solutions," *Nuovo Cimento*, **19**(1961), 154–164.

(14) P. W. Anderson: "Plasmons, Gauge Invariance, and Mass," *Phys. Rev.*, **130** (1963), 439–442.

(15) P. Englert and R. Brout: "Broken Symmetry and the Mass of Gauge Vector Mesons," *Phys. Rev. Lett.*, **13**(1964), 321–323.

(16) Peter W. Higgs: "Broken Symmetries and the Mases of Gauge Bosons," *Phys. Rev. Lett.*, **13**(1964), 508–509.

"素粒子"は粒子か？

御紹介いただきましてありがとうございます．仙台を訪問するのはこれで 2 度目です．最初は 7 年程前でしたが，やはり春のいい時期でした．今回も非常にいい時期で，ちょうど桜の花が満開で，東京に比べると大分遅れているようですが，幸いな時にここに来たと思います．ここにおられる方々はおそらくほとんどサイエンス関係の方だと思いますが，必ずしも物理を専攻している方ばかりではないでしょう．それで今日の話はあまり専門的にわたらずに，もっと低いレベルというのですか，なるべくわかり易く素粒子物理学に関する現状を御紹介したいと思います．

時どき皆さんも新聞でごらんになるでしょうが，例えば新しい素粒子が発見された，新しい理論ができたという話が出ることがあると思います．我々のような専門家になりますと，たいてい，その内容はすでに知っているわけですけれども，新聞を読んでいるとこれは間違っているとか，これはいいかげんな事を書いてあるとか，あてにならないとか，そういうニュースがかなりあるわけです．新聞で報道された粒子，新しい素粒子なんていうのも，数ケ月たつと，あれは間違っていた，嘘だったと，いつの間にかたち消えになることもかなりあります．もちろんそういう時には，新聞にはそういう取り消しの記事は出ないわけですから，皆さんはそういう事は御存知ないことでしょう．今日話すことは，実は私は理論物理学者でして，実験物理学には直接たずさわっているわけではないので，主に素粒子の理論についての話ということになります．特にごく最近，つまり今年にいたるまでの現状というものを，これからお話ししたいと思います．しかし，これはさっきの新聞の記事とある意味では似ているんですけれども，確立された理論ではない，つまり出鱈目言っているんじゃないんですけれども，あるいは数ケ月たつと，だめだったといわれるような可能性

⬤ 仁科記念財団編：『仁科記念講演録集 1 ── 現代物理学の創造』，シュプリンガー・ジャパン (2008)，503–530．1985 年 4 月 26 日に東北大学理学部でおこなわれた仁科記念講演会の講演録．

のある，非常にほやほやのできたての理論がどんなものであるかということをお話ししたいと思います．ですからこれをそのまま本当の永遠の真理だと受けとらないで，気軽に聞いていただきたいと思います．つまり，私がお話ししたいのは，研究者というのは，どんな議論をして，どんないろんな紆余曲折をへて，理論を進めていくのか，何故そういうことをやっているのか，そういう研究者としての裏側を少しわかっていただければ幸いだと思います．

そもそもそれでは素粒子物理学とは何かということですが，これは皆さん，もちろんだいたいの事はご存知だと思います．素粒子物理学というのは，一つには，物質の究極の構成要素は何かという事を調べるのが目的であります．それから，その究極粒子の間にどんな力が働いているか——物理学の言葉で言えば，相互作用と言うのですが——，つまりどういう力学に従うかを追求すること，そうして，そういう力学の法則を非常に精密な数学的な形で表わすとどういう方程式になるか．例えば，Newton の方程式とか Einstein の方程式とか，まあいろいろあるわけです．それから，量子力学の方程式．そういうものを見いだすことであります．

それから，もちろん，実験的な検証をしないと確立されないものでありますが，どういう方法でそれを検証するか．このためのほとんど唯一の方法と言われているものは，大加速器，すなわちサイクロトロンとかを使う方法であります．1930 年に Lawrence というアメリカの物理学者がサイクロトロンの原理を発見しました．つまり粒子を加速してだんだんエネルギーを大きくして，それを何か標的にぶつける，そうしたらどういう反応がおきるか，これが簡単に言ってサイクロトロンを用いて素粒子を調べる方法であります．エネルギーをだんだん上げれば上げるほど，新しい反応が出てくる．そうして，今まで素粒子だと思われていた，あるいは分解できないと思われた粒子が，実はもっと小さい粒子に分解できる，そういうことがだんだんわかってきました．

その事情が，今まで約 50 年間，繰り返されているわけです．現在に至ってもそのサイクロトロンを使う．大加速器の名前は変わりますが——サイクロトロンからシンクロトロンと名前は変わりましたけれども——原理的には別に変わってない道具を使って実験する．根本的な方法はぜんぜん変わりはないわけです．今後も，それ以外の方法はちょっと考えられないので当分続くと思いま

すが，だんだんとエネルギーが上がってきますと，必要なサイクロトロンもだんだん大きくならざるを得ない．エネルギーに比例してサイクロトロンの規模が上がってくるわけです．どれくらいエネルギーの規模が上がったかといいますと，だいたい初めにLawrenceが発明したサイクロトロンは1メートルくらいの大きさで，そのエネルギーはだいたい100万電子ボルト程度でした．100万電子ボルトというのは，素電荷eをもった電子とか陽子を百万ボルトの電圧のもとで加速するときに得られるエネルギーでありまして，原子核をこわすために必要なエネルギーというのはだいたいその程度です．ですから，それでもって原子核をこわして，中に何があるかということを調べることができたわけです．それ以後加速器はだんだんと大きくなり，それからまた多少技術が改善されまして効率がよくなったわけですが，どれだけふえたかと言うと，現在では過去50年間にだいたい100万倍のエネルギーになりました．これは，グラフに書きますと，非常にきれいな指数関数，ねずみ算的な増加になります．ですから，もしこの傾向が続けば，将来どれくらいのエネルギーになるだろうかということも計算できるわけでありますが，実際にはそれに伴ってその大きさもだんだん大きくなくてはならない．現在働いている一番大きなエネルギーの加速器はスイスのジュネーブにあるヨーロッパ連合研究機関CERNにある加速器で，だいたい今言いました100万電子ボルトの100万倍くらいのエネルギー，そしてそれくらいのエネルギーをもった粒子をお互いに正面衝突させるわけですが，陽子と反陽子とを正面衝突させると，今までできなかった新しい反応が生まれてくる．理論によって予期されたものが，2，3年前に予期どおりに出てきたということで，物理学者のRubbiaとそれからVan der Meerという特別な技術を開発した人が，ノーベル賞をもらっております．その次の段階として，今，例えばアメリカでその次の世代の10年ぐらい先にできるような加速器の計画が，まあ，計画だけですけれども進んでおります．CERNの今までの加速器は直径が1キロメートルとか2キロメートルぐらいの大きさの丸い輪ですけれども，新しいものは半径が30キロメートルとか50キロメートルとか，ひとまわりすると100キロメートルという大きな輪になります．そういうものが今現在計画されているわけです．もちろん，費用も大きさに比例して増えるわけですから，実際にそれが実現するかどうかということは，もちろんま

だはっきりは言えないんですけれども，少なくとも，次から次へとどんどんエネルギーを上げて，そういった加速器を作るということを皆努力している．なぜかというと，さっきも言いましたようにエネルギーを上げれば，今まで作られなかった，質量で言えば重い粒子——Einsteinの原理に従うと質量というのはエネルギーの一種ですから——作られる可能性がある．けれども，実は過去10年程前から事情が少し変わってきまして，理論の方がとてつもなく発達してしまって，今素粒子の理論家が考えている，調べている，議論していることと言いますと，だいたい今実験可能なエネルギーの100万倍のまた100万倍のエネルギーのところを今理論家が議論しています．これはもちろん，架空の理論であるにすぎないと言ってしまえばそれまでですが，もちろんそれには根拠があることで，それを真剣に研究しているわけです．ですから，それを加速器でもって実験的に検証することは到底及びもつかないわけです．今，指数関数的に年と共に加速器のエネルギーが上がっていると言いましたけれども，その増加の程度をそのまま将来にあてはめてみましても，それでも100年先にならないとそういうエネルギーには到達しない．しかも，その時にできる加速器の大きさと言うのは，だいたい1光年ぐらいの大きさになる．だから，到底そういう意味では，加速器に代わる何か特別画期的な手段がなければ，とても実現の望みのないことです．では，画期的な手段はあるかと言いますと，実はないわけではないので，それは過去10年間にだんだんと進んできた考えでありますが，いわゆる宇宙全体を実験室と考えて，それで検証する．つまり，今日の話は宇宙論には触れませんけれども，宇宙論と素粒子論というのは密接な関係がありまして，御存知のように大体200億年ほど前にビッグバーン，大爆発がおこって，小さな，非常に小さな点のような宇宙が爆発して膨張を始めている．ですから，その膨張のはじめには非常な高いエネルギー密度，非常に高温度の状態から出発して，それが膨張するにつれて，段々と温度が下ってきてある温度に達する．その温度によって，いわゆる化学反応とかいろんな反応，つまり可能な反応が変わってくるわけです．それに伴って，いろいろな元素ができるとか，いろいろな宇宙論的な議論がなされて非常な成果をおさめているわけですが，どういう素粒子がはじめあったかということによって，宇宙の歴史も変わってしまう．ですから，こういう粒子があればこうなったはずだと，そうい

う間接的な議論をして，それで検証しよう，それが一つの——まあ止むを得ないからでもありますが——方法になっております．それから，素粒子物理というのは，物質の究極の構成要素をさぐる，求める，探求，追求するわけでありますが，理論家の研究者の立場では，いったいどういう方法で，どういう着眼点をもって研究を進めているかということが非常に重要になります．ここで私が言いたいことは，理論の方では，素粒子物理学の創始者は湯川秀樹だと思います．ご存知のように，湯川さんは中間子論というものを始められたわけですが，その中間子論というのは，新しい粒子を仮定して核力——原子核の構成粒子間の力——を説明することに成功したばかりでなく，その考え方自体が新しいものであります．今までなかった考え方であるという意味で素粒子理論に貢献され，その考え方を今まで理論家が踏襲して，それでずっと成功をつづけてきたと言えると思います．以後，湯川さんのみならず，湯川さんの協力者であった坂田昌一博士——御存知だと思いますが——が特にその方法論というものを強調されまして，それが我々のような年代の日本の物理学者の間に非常な影響を与えたわけです．外国でも段々と，その考え方が踏襲されて，それが現在まで成功を収めているということが言えると思います．どういうことかと言いますと，結局，湯川さんがやられたことは，新しい力，新しい現象を説明するためには，それに必要な粒子，それに伴う粒子があるとして，その粒子を導入し，その存在を仮定して，それで現象を説明しようという，簡単に言ったらそういうことだと思います．これは，それ以前の物理学の進み方とは多少違っていまして，それ以前では，素粒子というものはだいたいもう決まっている，だいたいもうわかったものである，例えば陽子や電子だけであってそれ以外はないと考える．ですからなるべくただ都合のために導入する，新しい粒子を仮定するというようなことは避けようという傾向があったと思います．なぜかと言いますと，実際に我々の世界で知られている粒子というのは非常に限られています．我々が知っているのは，陽子と中性子と電子とニュートリノ，それから，もちろん光の粒子——光量子——であります．それ以外にはない．それにも係わらず，湯川さんは大胆に中間子という物を仮定された．なぜ矛盾が起きないかと言いますと，中間子は仮定したけれども，その中間子は安定なものではなく，すぐ壊れてしまい，我々の知っている粒子が作られる．だから，現在の観

測と何も矛盾がないと言えます．これは非常に一面では奇妙な事で，何か物質の究極の構成要素でありながら，実はそれが不安定で他の物に壊れていくという事は，何か矛盾するように思われるんですけれども，これは，事実は事実としてそうなってるんだから認めざるを得ないわけです．

　結局，素粒子物理学というのは今までお話ししたようなものであるということを一応頭に入れておいていただきたいと思います．それでは，素粒子とは何か？　という問題に移ります．これも皆さん御承知だと思いますが，簡単に言って，素粒子というのは物質の究極の構成要素なんです．実は，構成要素といっても，次から次へと構成要素，究極要素が実は究極のものでなくて，それが実はもっと小さなもので作られているということになりますので，時代と共に，素粒子という概念が変わってきました．例えば，昔は分子は幾つかの原子が結合したものであると考えられていた．ところが原子にもう少しエネルギーを与えれば分解されて電子が飛び出す．そして原子の真ん中にいわゆる原子核というものがあるという事がわかります．その原子核は何かと言いますと，また大きなエネルギーをそれに与えれば原子核がばらばらに壊れて，その中から陽子とか中性子が飛び出してくる．そこまでは皆さん御承知だと思います．湯川さんは，その原子核の中にある陽子とか中性子とかを結びつけている力は，実は中間子という粒子で媒介されると仮定されたわけですが，もちろんその中間子はもっと高いエネルギーの現象では実際に作られる．陽子同士をぶつけると，陽子の中から中間子が放出される．例えば電子を電磁場の中で加速すると，電磁波が放射される，それと同じような理由で中間子が放射される．中間子は出てくるけども，すぐ壊れてしまうからあまり長く走らないわけです．そこまではいいんですけれども，湯川さんの時代には——湯川さんはおそらくこう考えたと思われます——核力のもとになる新しい粒子が中間子であり，中間子は素粒子である．その素粒子がすでに発見された．ですからこれで物理は終わりだ．核力はもうそれで原理的に理解できるのですから，陽子と中性子と中間子，それから電子とニュートリノというわけのわからないもの——原子核のβ崩壊の中に出てきますが——それだけで世の中は片付いてしまったと考えておられたんじゃないかと思います．実は，しかしそうはならずに，中間子は1種類だと思っていたのが実は次から次へと新しい種類の中間子，いろんな質量を持っ

た違った中間子が出て来ました．エネルギーを上げる毎に次から次へと新しい粒子が飛び出して来る．それらは皆不安定で，次から次へとすぐ壊れてしまうわけですが，湯川さんの予期とは反して，実はどうも中間子なるもの自体がまた構造をもっている．それから，陽子とか中性子というのは原子核の中の構成要素でしたけれども，それ以外にそれに似たものがだんだんと作られるようになりました．ですから，もはや陽子，中性子，中間子は実は素粒子ではなくて，何か分子とか原子のような内部構造をもった複合状態であるというふうに考えられるようになったわけです．それでは，中間子とか陽子，中性子を作っているものは何かと言いますと，それは皆さんよくお聞きのクォークという仮説的な粒子であります．陽子，中性子は，実は3個のクォークが集まったもので，ですから何かヘリウム3の原子核に似たような構造をもっている．それから，中間子というのは，クォークと反クォークという2種類の粒子が結合したものであるというふうに考えられています．ただ，今までと違ったことは，いくらエネルギーを上げても，核子を──陽子，中性子を核子と言うんですが──分解してクォークを1個ずつ取り出すことはできないという奇妙な性質をもっているようです．このために，クォークは仮説上の存在に過ぎない，何も実際的な意味がないと考える人がもちろん初めはたくさんいたと思います．けれども，現在ではおそらくそう信じている人はない，つまりクォークは実在するものであると一般に素粒子物理学者は信じていると思います．ですから，今までとは非常に事情が違ってきましたけれども，すでにもう理論があって，なぜクォークを絶対に取り出せないかということを説明することもできると一般に考えられています．その詳しいことは今日はお話ししませんけれども，クォークというのは仮説上の存在でなく，実際に1個1個取り出しては見られないけれども，実在するものだと我々は信じているわけです．それでは，現在どういう粒子があるかと言いますと，核子とか中間子は，もう素粒子ではないんですが，その核子，中間子はクォークから成り立っている．クォークには色々な種類があるわけで，一般にクォーク族と呼ばれるいくつかのクォークが存在する．それから電子──これは構造がないと今のところは考えられています──とニュートリノの両者が存在する．電子に類するものは1個だけではなくて，それに似たしかも質量の高い不安定な電子のようなものがあります──ミューオンという

素粒子とは何か？

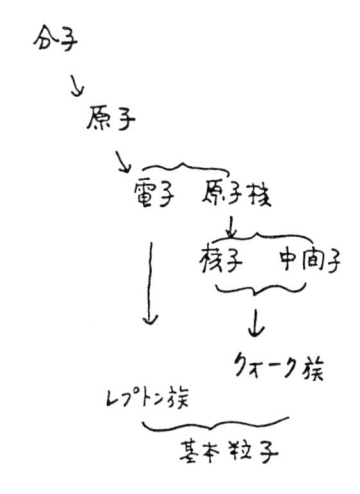

分子
↓
原子
↓
電子　原子核
↓　　　↓
　　　核子　中間子
　　　　　↓
　　　　クォーク族
レプトン族
基本粒子

第1世代　(e　ν_e　u　d)
第2世代　(μ　ν_μ　s　c)
第3世代　(τ　ν_τ　b　(t))
第4世代　？

図1

のが代表的なものです——．そういうものを集めてレプトン族というふうに分類されている．レプトン族とクォーク族とを一緒にして，基本粒子と呼んでいます．これが，本当に基本かどうかということは，それはまた問題でして，将来，基本でなくなるかもしれないのですけれども，今のところは基本粒子と考える．私の考えでは，おそらくこの基本粒子にはこの先その構造が見えてくるということは当分ないだろうと考えております．ここに書きましたように（図1参照）その基本粒子のレプトンとクォークを一緒にして，これらを第一世代の粒子と呼んでいるんですが，電子とニュートリノ，この二つがレプトン族で，それから u, d, 2種類のクォークがあります．これは陽子と中性子に似たような意味での2種類です．もう少し詳しく言いますと，実はこの2種類のクォークにそれぞれ三つの色をもった違った状態があるということになっており

が，それはここでは省略しておきます．ところが，実際はそれだけじゃなく，第二世代として，もう一つ，これと同じようなグループがあるという事もわかっています．第一世代と第二世代の違いはただ重さが違うというだけです．第二世代のsというのはStrange，cはCharmという言葉の頭文字をとったわけですが，質量が重いs, cクォークが存在する．それからμニュートリノν_μはあまりν_eと変わりませんが，strangeクォークとかcharmクォークはu, dクォークよりは大分重い．何百倍，何千倍か重いということになっております．もちろんレプトンは，実際に取り出して調べることができるんですが，クォークの方はさっき言いましたように一つ取り出して調べることはできない．けれども少なくとも間接的な（理論的な）根拠から，こういうものが存在し，これらが集まっていろんな種類の中間子とか，いろんな新しい種類の陽子，中性子のようなものを作る——これらを1組にしてハドロンと名前をつけております——．第二世代のクォークがあるということは，新しい種類の中間子のようなものがたくさんでてきたことから存在が確認され，わかってきたわけです．

それのみならず，第三世代もすでに知られています．実際τというのは，μよりもさらに重くてμ粒子のような性質をもっている．ν_τというのは，ニュートリノのような性質をもった中性の非常に軽い粒子．t, bと書いたのは，Top，Bottomの頭文字で上と下という意味ですが，bクォークは存在がわかっている．というのは，これを含む新しい中間子が作られたからです．tクォークはまだ実験的には確証されていない．というのは，これは非常に重くて，現在の加速器では作りにくい．新聞であるいは読まれたかもしれませんが，今，筑波の高エネルギー研究所で，電子と陽電子（反電子）をぶつけて実験することを目的にした加速器を建設中でありまして，これができれば2, 3年は少なくとも世界をリードするエネルギーになる．いや1, 2年ぐらいしかないかもしれませんが（爆笑）．そのエネルギーのところで，tクォークが作られればそれはやはり高エネルギー研の手柄ということになるんですけれども，理論屋は，いったいこれがどれくらいの重さだということは残念ながらだれも予言できないわけです．ですから，やってみなければしようがない．じゃ，さらに世代があるか，第四世代があるか，これはもちろんあるかもしれない．理論屋は残念ながら何世代あるかということはぜんぜん予言できない．なぜそういう世代が

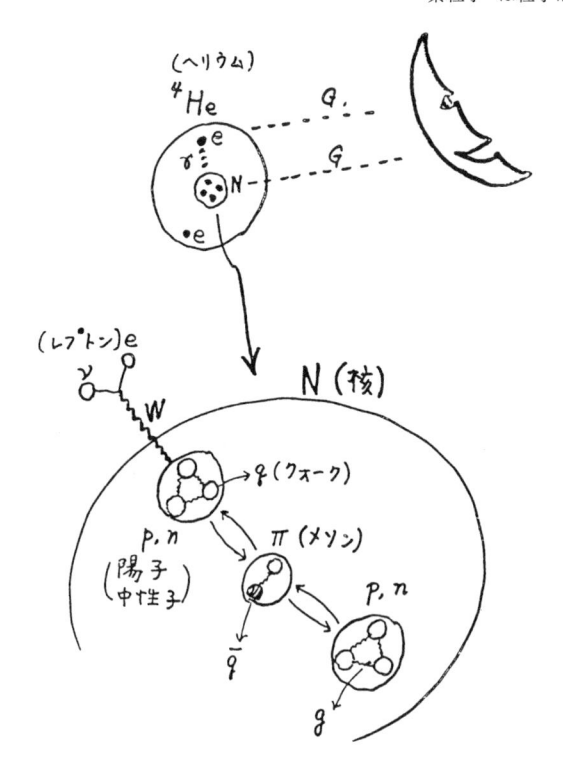

図2

できてくるかもわからない．なぜ違った質量をもっているか，その理由もわからない．残念ながら今の理論は非常に無力でありまして，そういう予言はできないんですけれども，さっき言いましたように，これより100万倍の100万倍の高いエネルギーのところで通用する理論ができると称しているわけです．ですから，すぐはそういう理論は現実には使えない．

　今度は素粒子間にどういう力が働くかということですが，四つの力，四つの基本的な力があります．図2に書いたヘリウムの原子核を見ますと，まわりにeと書いたのが電子で，まん中にNと書いたのが原子核でその中に陽子と中性子が2個ずつはいっている．右側に書いたのは月のつもりなんですが，e，Nと月の間に万有引力が働いています．これをGと書いていますが，それが一つの力．それから原子核と電子はそれぞれ電荷をもっていて，その電荷によって作られる力——いわゆる電磁気的な力——が働いて，そのために，電子と

原子核が結合している．これが2番目の力です．eN間の点線がおなじみのγ線ですが，これが電磁気的な力を媒介する．それからこの原子核をさらに拡大してみますと，この中に陽子，あるいは中性子がはいっている．二つずつある．その中をもう一度見ますとクォークが3個はいっている．これらクォークを結合している力というのは新しく仮定されている強い力——これについてはこれからお話ししますが——と考えられる．これが，3番目の力です．それから，ここにπと書いたのは湯川さんの中間子のつもりですが，πメゾンと呼ばれているもので，これは実は，クォークと反クォークが結合してできている．これも同じ強い力で結合している．そして，この二つの核子の間を結びつける核力は何によるかというと，実はこれは基本的な力とは全然違ったもので，実は基本的でない力，つまり，この核子という分子のようなものがπメゾンという原子のようなものをお互いにやりとりしてそのために生ずる力です．化学を勉強された方は，例えば水素結合ということを御存知かもしれませんが，二つの分子間に水素原子をやりとりしてその結果として結合を生ずる，それに似たような性質のものであるというのが現在の考え方です．ですから，湯川さんの中間子で媒介されるものは，残念ながらもう根本的な力でなくて，実は二次的な力にすぎない．

　最後に4番目の力ですがこれはいわゆるベータ崩壊をひきおこす相互作用です．力と言いますと，何か2粒子間を引っぱるようなものと考えますが，一般に相互作用は何か反応を起こすために何かで媒介されるものです．さっき言いましたπメゾンを交換すると核力を生じる．同じ意味で，Wという仮説的な粒子を媒介として電子と核子が相互作用する．核子がWを放出してそれが電子とニュートリノになる．そういう過程がいわゆるβ崩壊の過程であります．こういう中間の仮想的な粒子を媒介として反応が起こるというのは最近の考え方でありまして，実際さっき言いましたCERN研究所で数年前にこのWが実際に作られ確認されたわけであります．これは，ちょうど昔，湯川さんが仮定したπメゾンが実際に実験室で作られて，πメゾンの存在が確認されたと同じ意味で，Wも存在が確認されたということになっています．

　四つの基本的力ですが，この四つの力は違った性質をもっていまして，図3に書きましたように，よく知られている重力や電磁力は御承知のNewtonの法

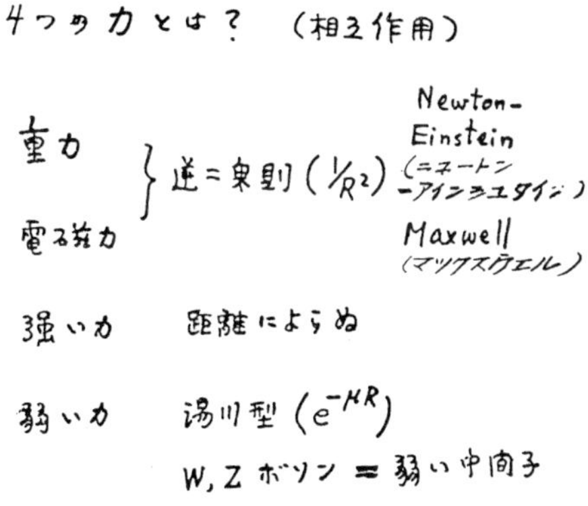

"素粒子"は粒子か？ ―― 121

```
4つの力とは？　（相互作用）

重力      ｝逆二乗則($1/R^2$)   Newton-Einstein
電磁力                          （ニュートン-アインシュタイン）
                                Maxwell
                                （マックスウェル）

強い力    距離によらぬ

弱い力    湯川型 ($e^{-\mu R}$)
          W,Zボソン = 弱い中間子
```

図3

則，Coulombの法則，すなわち，逆二乗の法則に従う．これらはNewton，Maxwellの方程式の中にでてくる力の法則です．一方，強い力，クォーク同士をくっつける力は全然違った性質で，距離によらない力，つまり引力であってしかもいくら離れていても力の強さは変わらない．例えば，我々が地球の上に住んでいますと，重力を受けていますが，重力は高い所に登っても変わらないと，我々は，普通の高さの範囲では考える．実際は，遠くへ行けばだんだん弱くなるわけですけれど，もしこれがいつまでたっても，本当に変わらないということになりますと，どんなに強い力で物を上へ投げあげても絶対に地球外に逃げてしまうことはない．いつかはもとへもどってくるわけです．それと同じような性質を強い力がもっているために，クォーク二つをいくら離そうとしても，いつかはもとへもどってしまう．そのためどうしても二つのクォークをひきはなすことはできないと言うのが現在の理論の考えであります．それからWで媒介される弱い力はこれまでの力とは違った性質をもっている．いわゆる湯川型という力で，これは遠くまで届かない指数関数的に弱くなってしまう力です．ですから本当に非常に近い範囲のところでしか働かない力です．Z粒子はWと同じような性質を持っている粒子で，ただWは荷電がありZは荷電がないという違いですが，これらは例えて言えば弱い相互作用の湯川中間子と考えてもよいと思います．核力でなく弱い力，弱い相互作用を媒介するための粒子であります．

これで今知られている四つの力については終わりですが，これまで述べましたように，これらの四つの力が非常に違った性質をもっており，互いに何も関係がないように思われる点が非常に何か不可解であります．けれども実はこれらが統一できる．統一的に解釈できるという可能性が十数年前から突然出てきました．その統一するという意味はこれからお話ししますが，一つは図4に書きましたようなゲージ場という概念であります．ゲージ場というのは簡単に言えば，例えばMaxwellの方程式に従うような場で逆二乗の法則に従う力であり，しかも力の強さは，その粒子がもっている電荷に比例する．それから同じくゲージ場の例ですが，EinsteinあるいはNewtonの法則に基づく重力場で，これもやはり逆二乗の法則に従う．重力場の強さを決めるものは物質の質量あるいはEinsteinの原理に従えば質量でなくてエネルギーですけれども，とにかくエネルギーが重力場を作る．そして，電荷について保存則があり，電荷の総量が変わることがないということが知られていると同様にエネルギーについてもエネルギーの保存則があってエネルギーの総量が変わることもない．こういう特別の性質をもった力を簡単にいってゲージ場というのであります．ですからゲージ場というのはMaxwellの理論を一般的に拡張した概念であると考えてよろしい．四つの力が全部そうであればそれは非常に理論としてはすっきりして，世界は非常に美しい世界であるということが言えるんですけれども，実はさっき言いましたように，四つの力のうち二つだけ，重力と電磁場は，こういう性質をもっているけれども，残りの二つは全然違った性質をもっている．では，それが何故であろうか？　その理由が説明できなければ統一的な解釈が成り立たないわけです．ところが幸いにして，最近その理由を説明する可能性が出て来た．そのために全部を統一して考える統一場の理論というものが非常に有力な有望な理論として考えられるようになったわけです．

　では，どういうふうに説明するかというと，これは量子力学，量子論を使わないと言えないことなんですが，ここで非常に簡単に言いますと，我々が考えている真空，世界はその真空の中に，いろんな我々の知っている物質があるわけですが，そう簡単なものでなくて，量子力学で言いますとこの真空というのは実は何もない空，本当の空ではなく，一種の媒質のようなものである．固体のようなものである．固体というのは，ご承知のようにその中にたくさんの電

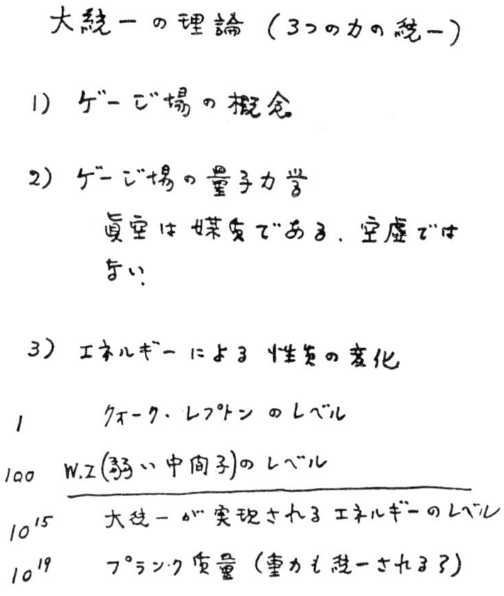

大統一の理論 (3つの力の統一)

1) ゲージ場の概念

2) ゲージ場の量子力学
　　真空は媒質である. 空虚ではない.

3) エネルギーによる性質の変化

1	クォーク・レプトンのレベル
100	W.Z (弱い中間子)のレベル
10^{15}	大統一が実現されるエネルギーのレベル
10^{19}	プランク質量 (重力も統一される?)

図 4

子がはいっていたり原子がはいっていたりするわけですけれども, 例えば透明体の中を光が通ったとしてもほとんど真空の場合と変わりない. 少し違うのは, 屈折率があってその屈折率のために普通の媒質と違うけれども, それ以外にはあまり違いが見えない. もちろん, 非常に高いエネルギーのもの, 何か粒子を媒質中に送れば, その媒質中にある原子の内部を破壊して, 原子の中の物質 (電子) を飛び出させることができます. 低いエネルギーでは, 例えば電磁波を送っても, 普通の真空の状態とあまり変わらない. それに似た意味で我々の知っている宇宙の真空というのは, 実は本当の真空でなく媒質であるというふうに考えられます. これは, 詳しいことは言いませんが, 相対論的量子力学の中から出てくる自然的な結論であります. そうしますと, 媒質というのはいろんな性質をもっていて, 何もない真空と違うわけですからいろんなことが起こってよろしい. 例えば, イオン化されたガスの中に正の荷電粒子を送ってみますと, そのまわりに負の電荷が (電子が) むらがってきて吸いよせられ, そして正の電荷を消すように働く. ですから, 正の電荷を中へ入れても, 実はそのまわりに負の電荷が誘導されて, 遠くから見るとその電荷が遮蔽されて見えなくな

る．それに似たことが起こりうる．遠くへ行きますと電荷が見えなくなるから，Coulomb場でなくなっていわゆる湯川型の力になる．それがさっき言いました弱い力が湯川型であるということの根本的な原因であると解釈される．そういうふうな理論を作って，実際の弱い相互作用を説明することが現在成功をおさめているわけです．実際にWボゾンというものもこのようにして出てくる新しい粒子でありまして，これは物性論の立場で言えば，プラズマのプラズモンというのがありますが，それとほとんど同じような性質をもったものと考えてよろしい．

　それから強い力というのは，いつまでたっても弱くならないから，完全に二つのクォークを引きはなすことは永久にできないと言いましたが，では，そういうことが何故おきるかといいますと，これはやはり量子論的なゲージ場の理論から出てくるもので，これも十数年前に理論的に発見された現象であります．さっきの遮蔽現象とはちょうど逆の反遮蔽の状態というようなもので，つまりある電荷のようなものをあるところにおくと，そのまわりに同じ電荷が誘起される．逆の電荷だったら，これを遮蔽して外から見ると中性に近くなるわけですが，逆の具合に誘起される．そのために，遠くへ行って見れば見るほど，雪だるまのようにそのまわりにたくさん同じ電荷がたまってきて，遠くへ行けば行くほど外から見る電荷はだんだん大きくなる．したがって，クーロン場の力に比べて反対にだんだんだんだん遠くへ行くほど強くなりうる．そのあり方は状況によってもちろん違うわけですが，ちょうどいつまでたっても力が弱くならないように見かけの電荷がふえている．そういう性質を持ったゲージ場が強い力をつかさどるゲージ場だと考えられる．

　それだけではなくて，強い力はだんだんと電荷が遠くへ行けば大きくなるが逆に近距離に近づけば力は弱くなる，見かけの電荷みたいなものが小さくなる．したがって遠い所で強いと思った力は近いところによってみるとそう強くない．それから遠いところで何もないと思っていた力でも非常に近い距離に行くと（例えば弱い力のようなものでも）やはりCoulomb場に近い形になる．それから，電磁場のようなものはもともと強い力と比べて弱いんですけれども，この性質を調べてみると，不完全な遮蔽ですから，ある程度電荷は遮蔽されるけれども完全に遮蔽されない．ですから，結局だんだんだんだん近い距離に持って

いくと，遮蔽する雲の中に芯があってだんだん芯が見えてくる．その芯の電荷がだんだんだんだん大きくなってくる．ですから，Coulomb力といわれるものを非常に近い距離で見れば，その電荷の量は実は今まで我々の知っている電荷よりは大きくなる．そういう可能性が理論的に出てきます．したがって一般に弱い力は近づきつづければ比較的強くなる．遠いところで強い力は，近くへ寄ればだんだんと弱くなる．両方で歩み寄る可能性が出て来た．そのために，うんと近い距離にもってきますと，今まで考えられた四つの力，いや三つの力（重力は今別として）は，実はちょうど同じくらいの強さのものであって，同じ逆二乗の法則に従うものであるということが帰結されます．したがって非常に近いところで見れば，四つの力は実は同じ性質をもっているという可能性が生まれたわけです．

　量子力学によりますと，いわゆる不確定性原理というものがありまして，非常に高いエネルギーで反応した時には非常に近い距離での様子がわかるというわけですから，非常に高いエネルギーで粒子の反応を見れば力の大統一が成り立っているかということが検証されるわけです．それでは，どれくらいのエネルギーまで高いエネルギーで反応実験をしたらその三つの力が同じ性質を持っているということがわかるかと言いますと，これは残念ながらとてつもないエネルギーまであげなければならない．なぜかと言いますと，力の強さがだんだん変わると言いましたけれども，その変わり方が非常にゆるやかで対数的なゆるやかさをもっているからです．ですから非常に高いエネルギーのレベルまでエネルギーをあげねばならぬという問題が生じます．

　今，我々が知っているクォークとかレプトンの質量とかエネルギーは，だいたい我々の知っている原子核の静止質量とか原子の静止質量の程度ですから，これはだいたい程度として1のオーダーのエネルギーとしましょう．それから，弱い力で生まれてくる"弱い中間子"のようなものは，この1の程度のエネルギーに比べて大体100倍ぐらい，あるいは1000倍ぐらいのエネルギーのものであります．今CERNで作られている大加速器，あるいは将来アメリカでできるかもしれない大加速器というものは，たかだかこの100倍とか1000倍とかの程度のエネルギーしか到達できないわけです．ところが，前述の三つの力が同等になるようなエネルギーというのは，オーダーとして10^{15}程度の高い

エネルギーでないといけないのです。この1と比べてですね。これがさっき言いましたのは現在理論屋が議論しているエネルギーの大きさで、実験でやるためには百年またなければならない大きさです。それから、もう一つ先に行きますと、それよりさらに一万倍くらい高いところにプランク質量という一つのエネルギースケールがありまして、これはプランクの定数とか重力の定数とかいろんな定数を組み合わせて自然に出てくる量であります。ここまでくると、重力も量子論的に考えなくてはならない。現在のところでは、これが終局的に最も大きな質量のスケールである、エネルギーのスケールであると考えられています。いずれにしても、二つ完全に違ったスケールの質量がでてきます（1と10^{15}）。

こんな問題がでてくるのは、理論屋が自分で作り上げたんだから、理論が悪いんだといえばそうかも知れませんけれども、とにかくそういう問題が起きた。今、現在、いろんなクォークの質量が違う。それから、10^3辺りのエネルギーでも新しいいろんな粒子があるかも知れませんが、それらがどんなものであるかということを、精密に予言することは残念ながらできない。けれども前述のような荒っぽい議論をすると、いろいろなエネルギーでどんな事が起こりそうだということは理論屋としては議論しやすい。どういう問題が、では将来残るかと言いますと、四つ位残ります（図5参照）。

第1番目は、さっき言いました大きなエネルギーのスケールの差が出てしまう、10^{15}程度違うような二つのスケールが出て来てしまった。もちろん、その間にまた、中間的なスケールが沢山あるかも知れない。私も実際は中間的スケールがあると思いますけれども、極端な理論屋は、この二つしかないと主張している。1と10^{15}の中間のエネルギーの所は何も新しい現象はない。大砂漠であると。砂漠という名前が付いていますけれども、私には砂漠が存在するとは実は信じ難いんです。けれどもそういう主張をする人が多い。で、ともかくこんなに沢山違ったスケールの質量、エネルギーがなぜ出てきたかということはまずわからない。それから2番目は、これももうすでにお話ししましたが、クォークとかレプトンとかの質量というのは非常に不規則であって規則性があるなどとはどうしても言えないような状態であります。ですから、理論的に、例えば水素原子のエネルギー準位がちゃんとバルマーの公式とか、あるいは、Schrödingerの方程式から出て来たのとは全然違って、今までのところ、こう

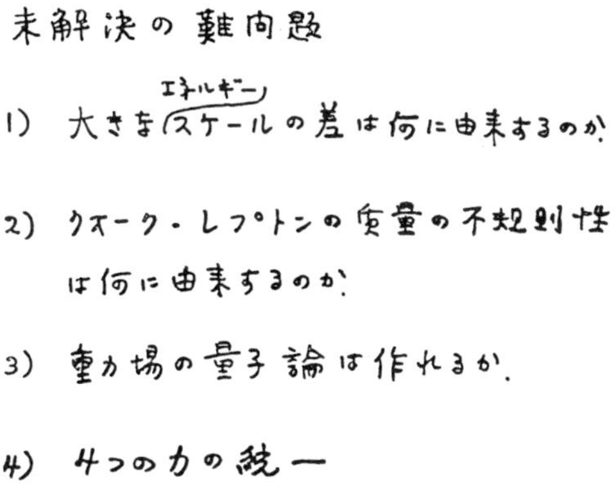

> 未解決の難問題
>
> 1) 大きな(エネルギー)スケールの差は何に由来するのか
>
> 2) クォーク・レプトンの質量の不規則性は何に由来するのか
>
> 3) 重力場の量子論は作れるか
>
> 4) 4つの力の統一

図5

いう不規則性が，不規則な質量がなぜ出るかということについては根本的な理解は皆無であります．これが2番目の問題．それから3番目の問題は，これはまあ実験に直接は関係ないかも知れませんが，理論としては無視できない問題として，重力場の量子論が作れるかどうかということです．それ以外の三つの力については，量子論が，量子力学が作られておりまして，そのためにいろんな予言とか計算が可能になったわけですが，重力場に関しては，今のところ，概念的にどうやって重力場の量子力学を作るかという以外に，実際にとにかく何か計算を進めても答が無限大になってしまう．これは，朝永，Schwingerなどが始めたいわゆるくりこみの原理を使っても救えない困難であります．ですから，これはどうしても矛盾というか，今のところ解決がつかない．それから4番目の問題は，さっき言いました大統一と言いましても，三つの力しか統一的にとらえていない．強い力，弱い力，電磁場これだけは，だいたい大統一の起こすエネルギーの辺りでは同じ性質をもっているので統一できるんですけれども，重力場だけはまだ相当性質が違っていて，それを残りの三つと統一的に把握するにはどうしたらいいかということはわからないというのがごく最近までの課題でありました．

　現在でも，もちろん，これらの問題は残っているのです．特に，この1と2はいまだに解けない問題です．けれども，実は，ごく最近，去年あたりから理論が非常に進歩しまして，この残りの二つはあるいは解決が可能になったんじ

ゃないかという状態になってきました．ですから，これから，その話を最後にお話ししようと思います．

　今までの理論屋がやってきた詰め方と大分方法が違って——今までは少なくとも実験的な手がかりというのを絶えず注意して，実験的な検証へ進む．それから，実験的に解らないものを何か理論的に解こうという考えで進んでいたんですが——ここでお話するものは一応実験と無関係に，ただ抽象的な原理というのを設定して——非常に美しい，あるいは魅力のある抽象的な原理を設定して——それが実際に自然界に何か役に立つか，実際に自然界にそれが適用されているかどうかということを調べる．ただ内部的な矛盾がないということだけを根拠にして，当面の実験的な事実を説明するということを一応断念して議論を進める．そういうことが過去10年ほどだんだん始まっております．一つの原因は，もちろん，さっき言いましたように実験のエネルギーがなかなか上がらないこと，実験してもなかなか解析が難しくて，理論と対決させることが技術上非常に難しいということなどもいろいろあるんですけれども，それと同時にいろんな新しい原理を編み出したわけです．その原理はもともとはちゃんと根拠があって，なんか実験的なヒントから出発したわけですけれども，その原理が一旦作られた後は，実験と対決するということを一応断念して，それだけをただ追求するということになってきました．それでは，この新しい抽象的な原理は何かということを，ここで3種類全然違ったものですが簡単にご紹介します．（図6参照）

　一つは，Kaluza-Kleinの理論で，これは全然新しくはないんで，実はEinsteinの相対論，重力場の理論が出た，60年程前すでにもう考えられた．KaluzaとKleinという人がその頃出した考え方であります．それから2番目のひもの理論というのは，前にクォーク間の力は距離に依らない力であると言いましたがそれを説明するために考えだされた．例えば普通のひもだったら伸ばすとだんだん張力が強くなるんでしょうけれども，特別のひもの場合，例えばクモの糸のようにいくら伸ばしても次から次へとクモは糸を出しますから伸ばしても張力はいつまでも変わらないと考えていい．そういうものだと考えれば，クォーク間の結合は理解できる．もう少し根本的な立場から，さっきの強い力がそういう性質をもつんだということまで現在わかっているわけですが，少な

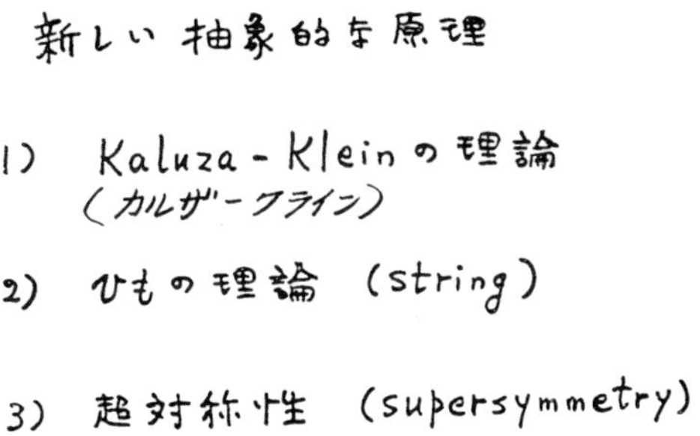

新しい抽象的な原理

1) Kaluza-Klein の理論
   (カルザ-クライン)

2) ひもの理論 (string)

3) 超対称性 (supersymmetry)

図6

くともひものモデルでも一応強い力は計算できる，理解できる．ですが，実はひもの理論といいましたのは，そういう初めの由来を一応忘れて，粒子が元でなくてひもがもともとあらゆる粒子の元であると，そういう全然新しい仮定をもとに進める議論であります．

　それから，第3番目は，超対称性理論です．これは数学的に非常におもしろいんですけれども，また一面，非常に説明が困難なので，これはただ名前を書くだけで内容の紹介はやめておきます．まあ，簡単に言って Fermi 統計に従う粒子と Bose 統計に従う粒子の統一理論．つまり，基本粒子というのは Fermi 型の粒子で，Bose 型の粒子というのは四つの力を媒介する粒子ですが，それらを統一しようというたくらみでもって考えられたものでありますが，必ずしもこれは，現実には適用出来ないということになっております．さて Kaluza-Klein の理論というのは，これは説明をしませんでしたが，何かと言いますと，我々が住んでいる宇宙は我々の常識では空間が3次元，時間が1次元で，4次元であるというのが，我々物理でいつでも習うことでしょうけれども，実はそうではなくてもっと高い次元の世界の中に入っているんだという考え方であります．これはなんかとてつもないように思うんですけれども，ちゃんとそれには理由がある．まあ二つ理由があるんですが，一つは，電磁場を重力場のように，Einstein がやったように，幾何学的な構造，曲率というものになぞらえて生ずると考える．曲率がある，空間が曲がっているから重力が生ずるように，空間が曲がっているから電磁場も生ずる．そういうことをやりたいから始めたことで，その曲がっているというのは，普通の空間で曲がっているので

なくて，余分の他の次元のところで曲がっている．そういう空間を考えたわけです．それから，いろんな粒子には質量があるわけですが，質量というのは，実は，何か高い次元での振動数のようなもので，その意味で質量を幾何学的に理解する．それから電磁場を（ゲージ場を）幾何学的に理解する．この二つの動機から考えられたものであります．それでは，実際にはそれはどういう事を意味するのかと言いますと…．図7に示すように，例えばトンネルがありその中に新幹線が通っている．トンネルの方向は実際は1次元ですけれども，これを想像をたくましくして，実は1次元ではなくて4次元に拡がっていると考える，またトンネルに垂直な方向は2次元ですが非常に大きな次元であると考える．この垂直な横の次元，これは，非常にせまい．このような構造が実際の世界の構造だと考えるわけです．

この幅が非常にせまいので実際は身動きが出来ない．だから，粒子が横方向へ動くことは考えられない．ですから実質的に見て世界は4次元であるという考え方です．それに似た現象として，例えばレーダーの導波管なんか考えたんですけれども，この中を電波を通す．この時に電波は，管の方向しかだいたい進行できないんですけれども，もちろん波ですから，横方向にも振動がある．そのため管から出てきた波の振動数は，縦方向の振動数の自乗と横方向の振動数の自乗の和の平方根になっているわけです．この横の振動数はゼロにはなり得ない．ですから，この電磁波は何か質量を持ったように振舞い，横方向の振動の振動数に相当するものは何か質量として考えられる．そういうような現象が電磁気を習った方には理解できるだろうと思います．それと似たような事情で，実際の世界は，横方向に余分の次元を持っていて，この次元が実際の粒子の見掛け上の質量，つまり，我々の世界での質量を与えているんだと，それがKaluza-Kleinの考え方です．

それから簡単に言ってひも模型は，はじめは，クォークの間の力を理解しようとして考えられたものでして，中間子（メゾン）はクォークと反クォークから成り立っておりその間がひもで結ばれている．この糸が，ぐるぐると角運動量をもってまわるとすると，遠心力とひもの張力とが釣り合って適当なところでバランスをとる．そうしますと角運動量と糸の持っているエネルギー，その間の関係が出て来て，それを見ますと，ちょうど中間子やそのいろんな励起状態

Kaluza-Kleinの理論

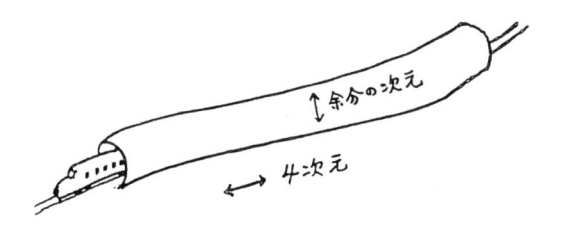

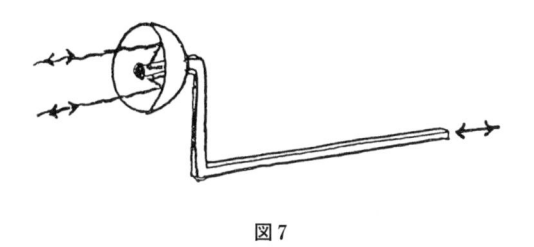

↔ 余分の次元

↔ 4次元

図7

のスペクトルがピタリと実験と合うという機構であります。うまい説明であります。

　それから、陽子のようなものは、3個のクォークがあり、それらが三つの同じようなひもで結ばれている。こういうのが簡単に言ってハドロンのひも模型である(図8)。そのひもというのは実は、数学的なひもではなくて、強い力の力線が、中を通っているんだというのがゲージ場的な考えでありますが、ここでひもの理論といいましたのは、そういう立場を忘れて、ひも自身があらゆる物質の素材であるという立場であります。ひもの理論の量子論を作ってみますと——ひもが、物質の素材であって、粒子が物質の素材でないという立場で——いろんな角運動量をもったひもの状態があるわけですが、その違った状態が各々違った角運動量、スピンをもち、違った質量をもつ普通の素粒子として考えられるという立場であります。ですからひもさえあればあらゆる粒子が現実に作れる。

　ただし、ひもの量子論をやっていますと、普通の4次元の世界でひもが振動したんでは矛盾のない理論が作れない。26次元という架空の次元の中でひも

ひも模型

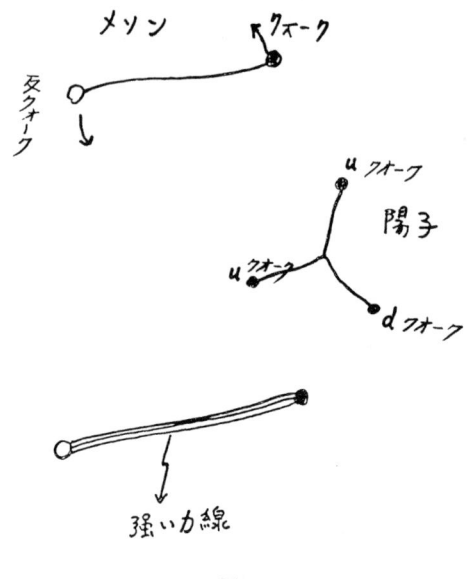

図8

が運動している時に初めて矛盾のない理論が作れるということが大分前に発見されました．ですから，Kaluza‒Kleinの理論と自然に結びつくわけです．それのみならず，26次元に行きますと，このひもの振動数，いろんなモードの中に，ちょうどスピン2を持って質量がゼロという粒子が自然に出てくるということがわかっています．スピンが2で質量がゼロの状態っていうのは，とりもなおさず重力の量子であります．ですから，重力がその中に含まれるという可能性が急に出てきたわけです．実は，これだけではあらゆる粒子が出るはずがない．というのは，この中からFermi統計に従う粒子を作ることはとうてい不可能ですから，何かFermi統計に従うスピンのようなものをこのひもの上に乗せなくてはいけない．そのためには，超対称性という原理を使って，スピン（Fermi粒子の自由度）をひもの上に乗せるということが，必要になるわけです．で，そういうものを入れますと，さっき26次元で初めて矛盾のない理論が作れるといいましたけど，実はそうじゃなくて，今度は10次元の世界

で矛盾のない理論が作れるということがわかりました．

　これらは10年以上前からわかっていることでありますが，それだけではたいした説得力がないわけです．そこで最後にこの三つの原理をうまい具合に組み合わせた非常にうまい組み合わせが，ある意味では偶然ですが，10年間少数の人がとにかくやっきになっていろんな可能性を探した結果として突然出てきた．それが，私の最後の話の内容です．

　これはスーパーストリングの理論と呼ばれているものですが，これまで言いましたように物質の素材は何かと言いますとこれはひもである．ひものいろんなモード，運動状態は，いろんなエネルギーをもち，あるいはいろんな角運動量スピンをもつ．各々のそういう状態が我々に知られているあらゆる基本粒子とそれからゲージ場の量子であるという考えです．ですから，重力場の重力子も入っているし，電磁場のいわゆるフォトン（光子）も入っている．それからレプトンやクォークはFermi粒子として入っている．そういう粒子が全部出てくる．必要なものは全部そろっているというのがこの理論であります．ただし，ひもの性質を勝手にしたんでは，やはりいろんな矛盾が出る．例えば計算ができない．つまり，エネルギー等を計算するとすべての量が発散してしまって無限大になって計算ができなくなるとか，あるいはいろんな不変性が壊れるとかが起こる．うまい具合に適当な組み合わせをとると，そういう問題が全部消えてしまう．その可能性で今のところ知られているのは，たった一つか二つの特別な組み合わせしかないということがわかっています．

　それがどういうものかと言いますと，一つの可能性は，図9に示すようにひもは閉じたひもであって，そして初めの世界は26次元の世界であったとします．この中にひもが動いている．この26次元が，長い世界と短い世界に一応分かれる．なぜ分かれるかということについては，残念ながらその説明はまだついていないんですけれど，例えばそうなったとする．そうすると中間段階として，26次元の世界は10次元の大きな次元と16次元の小さい次元に分解される．ですから，その大きな世界の10次元で見れば，16次元の小さい次元がその上にのっている．実は，さっき言いましたように我々の4次元の世界では多次元の世界が実際見えないけれども，ただ我々の世界の粒子が違った質量をもっているとか，違った量子数をもっているという形で多次元がわかると同じ

134——素粒子論の展望

> Superstring (スーパーストリング) の理論　1984-85
>
> 物質の素材：　ひも
>
> 〇　又は　・—
>
> はじめの世界の次元：　26
> 中間過程の世界：26 = 10 (大) + 16 (小)
> 実際の世界：　10 = 4 (大) + 6 (小)
>
> ↓ 10^{-33} cm
>
> 4つの力と基本粒子 (クォーク, レプトン) がひもの振動状態として表される！

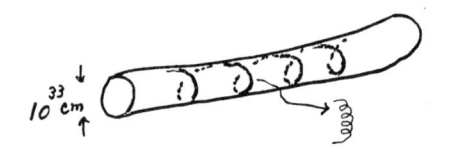

図9

ように，10次元の世界で動いているひもは，そのひもの上に16方向の小さな自由度がのっていると仮定します．詳しいことはやめますけれども，このひもの振動の波が右まわりに行く場合と左まわりに行く場合と一応区別する可能性がある．まあ非常に技巧をろうした考え方ですが，そういう波をつくります．そうしますと，すべての計算が矛盾なく，重力場も含めて矛盾のない量子論ができる可能性がでてきました．

　まだこれでも16, 10次元の大きな次元ですけれども，これは実際の次元ではない．この10次元が最後の段階でまた同じ様な現象を示して，四つの大きな次元と六つの小さい次元に分かれる．そういう事を仮定する．そうしますとカルザ-クラインの考え方ですがひもは実は6次元の方向に巻きつきながら4次元の方向に伸びているひもと考えられます．さて，これから出てくる御利益は何かといいますと，我々の知っている基本粒子と考えられているクォーク，

レプトン，あらゆる種類の粒子は，全部，こういうひもの違った振動のモードであると考えてよろしい．それから，四つの力を媒介する粒子もひもの違ったモードであると考えることができる．というのが，ごく最近にSchwartzとGross，二つのグループがあり，アメリカのカリフォルニア工科大学の若い人とプリンストン大学の若い人ですが，彼らが主導者となって最近に発展させた理論であります．ですから，私の今日の講演の題目というのは，素粒子は粒子かというんですけれども，こういう立場ですと，素粒子というのは実は粒子ではない．初めに粒子があったんではなくて，初めにひもがあって，ひものいろんな運動状態が我々の世界では違った粒子として見えているということになります．まだこれだけでは，現実の世界とは直接結びつかない．というのは，ここで議論しているひもは以前に言ったプランク質量とかいうものすごい高いエネルギーの所でこういうことが起こっているんで，ひもの幅，Kaluza‐Kleinの理論のこの横の次元の大きさというのは，だいたいPlankの長さ，これはさっき述べたかも知れませんが，10^{-33} cmの大きさで，とうてい実験にかかる大きさではない．けれども，概念的には，これで閉じた理論を作っている．したがって，一応，重力場の量子論も含めて何でも説明ができると，彼らは主張しているわけです．残念ながら，さっき述べました二つの未解決の問題，一つは，このPlankの質量に比べて，ものすごく小さな現在の我々の世界の質量のスケールが何故でてくるかということに満足な答えはまだでていないし，それから，この世界でいろんなクォーク，レプトンがあって，それらの質量が非常に不規則であるということの説明もまだ残念ながらついていない．残念ながら，今，加速器を用いて研究している実験物理屋さんとは，ちゃんと話をして，それでお互いに助け合うということはできないんですけれども，しかし，今後どうなるかわからない．あるいは，そういうところまでいくかもしれない．あるいは，この理論もやはりだんだん破綻が生じて，実際とは無関係の数学的なただ可能性だけの世界になってしまうかもしれない．

　もしうまくいけば，ただ私がそう信じているとは言わないんですけれども，こういう理論の急先鋒の人が主張していることは，もしこれが正しければ，これで物理学は終わりである．終わりという意味は次のようなことです．Maxwellの方程式ができればもう電磁気はこれで終わりである．あとは方程式を

解くだけだ．もちろん解くのはたいへんなことでありまして，いまだに皆一生懸命解こうとして努力しているわけです．それから，これは，Pauli が言ったことですけれども，Pauli は，自分は物性論の創始者であると自認している．なぜかといいますと，物質が安定だというのは，つまり固体が安定だというのは，Pauli の原理に従って電子雲に安定性があるからというわけです．ですから，Pauli は物性論の創始者であり，物性論は，Pauli 以後はもう物理じゃない．なぜかというと，もう Schrödinger の方程式とハミルトニアンがわかっているから，あとは解くだけだ．もちろんそれで済むはずはないんで，そうでなかったら，今までこんなにたくさん物理の先生が一生懸命に物性論をつついているはずはないわけです．しかし，Pauli は，ある意味では，そういうことを言っている．そうしますと，もし同じような意味で現在の状態を言おうとすれば，もし今のスーパーストリングの理論が成功すれば，素粒子論は，素粒子物理学は，これでおしまいだと言ってもいいわけです．あとは，この複雑な方程式を解くだけだと．ですけれども，私は実はそういうことはおそらくないだろうと思います．ですから，まあ，皆さん，物理学をやられる方もこれでがっかりはされないで，これからもまだ素粒子論に大いに将来があるというつもりで，勉強していただきたいと思います．これで私の講演を終わります．（拍手）

武田(暁)　どうもありがとうございました．どなたか質問なさいますか．少し時間をとってございます．

質問者①　さっきひもの理論とか言われましたが，ひもは結ばれたり切れたりするのでしょうか．

南部　そうです．さっきお話ししませんでしたが，実際そのとおりでして，そのために，ひもの間の相互作用が起こる．それが非常に重大な問題なんでして，さっき言わなかったのは私が悪かったんですけれども，実は初めにこのひも理論が出た動機は，ハドロン（中間子とか核子）の間の反応は——散乱だとか，そういうものは——どうして起こるかということの説明のためなんです．つまり，メゾン一つはひものようなものである．もう一つメゾンがやってきて，それとぶつかると，これが一時つながって，それからまた切れて，分かれる．それをメゾンの散乱と考えている．ひも理論っていうのは，興味のあるいろんな物理現象を説明する理論として役立ったわけです．ですから，何か相互作用がなくちゃならん．ひもの理論に二つの種類があって，今のところ候補者が二つある．一つは今のメゾンのように開いたひもである．それが

切れたり，つながったり，あるいは，自分でつながって輪になることも考えるわけですね．量子力学で言えば，たえずそういうことが起こりうると考えられている．それから，はじめっから，閉じたひもだけをやっておる場合——実は実際の世界と対応するためには，プリンストングループが作った閉じたひもの理論というのが有望なんで，そっちの方が，もっと興味があるんですけれども——その時は，いつでも閉じたひもで，それが切れて，開くことはない．二つのひもがぶつかって，それがまた一つの大きなひもになる．輪になる．それがまた分かれる．そういうことは考えているんです．そういうことを考えないと，実際に量子力学が使えない．

質問者② 開いたひもと閉じたひもというのは，数学的に言うと位相が違うわけですね．

南部 そうです．

質問者② そういう位相も，物理と関係あるんですか．

南部 そうです．構造が違うわけです．閉じたひもでは，例えば，右まわりの波が存在して，それが左まわりの波に変わることはない．開いたひもですと，波が端にあたってはねかえってくるので右まわりの波が左まわりの波に変わるわけです．だから，左右両方が混ざってしまうわけですね．ま，例えば，そういう違いが出てくる．

質問者② そういったひもの議論というのは，昔ギリシャ時代に原子論みたいな考えがありましたが，そんなひもの考え方もあったのですか．

南部 それは，おもしろい質問ですね．だれか御存知の方あったら教えて下さい．(笑) 私の知っているのは，Demokritos の原子論的な考えしかないです．その意味では，おそらくなかったと思います．知りません．それは，あるかもしれない．あるいはギリシャでなくても中国になんかあったかもしれない．

それから，まあ，余談ですけれども，いったい1次元のひもがあるなら，なぜ今度は，2次元の膜のようなものがあって悪いかと，だんだん高次元のものを考えてもいいという考えもあって．すでに考えている人もたくさんいるんですけれども，そこまでいくと，数学的に手におえなくなる．具合の悪いことが沢山でてきて，ひもまでは，点の粒子からひもまでは，少なくとも拡張できるけども，それから先は，できない，おそらくできないだろうと考えられています．

質問者③ ひもの理論というのは，ひもそのものの研究はあるのですか．

南部 ひもそのものは何かということですか．それも当然出る質問です．それからまた，将来そういうことを考える人が出てくると思います．これは過去の例ですが，例えば，ハドロンの中を通っているひもというのは，実は，数学的なひもでなくて，幅のあるひもで，それはただ強い力の力線が通っているものだ．物性論をやっている方は，ご存知かと思いますが，超伝導体の中に磁場をかけると，いわゆる Abrikosov の磁束というのが出る場合があります．超伝導体と電磁場とは，たとえば，水と油の

ようなもので混じらないわけです．ですから，分かれてしまう．ですから，普通の場合ですと，極があればそこから磁場が拡がるわけですけれども，そういう風に超伝導体の中を磁場が通るわけにいかない．いわゆる Meissner 効果というのがありまして，そのために，磁場を通そうとすると，層が分かれてしまって，ただ細い管の中を磁束が通っている，つまり，外から，超伝導体が何か圧力を加えて磁束をしぼってしまう．今のこの強い力を作っているひものようなものは，そういうものであると考えられるわけです．ですから，それを，そのまま使えば，26 次元か 10 次元の世界で，何か新しいやっぱりゲージ場みたいなものがあって，それがその空間の性質に依って，ひもみたいになったんだと考えてもいいかもしれません．そうすると，それはやってみなければわからないですが，今までうまくいっていた困難が，また現われるんではないかという可能性がある．それからもう一つは，もっと抽象的な数学的な立場として，ひもをもっと拡張された概念から理解するのが妥当じゃないかと思います．それから，もう一つの考え方は，ひもというのはただ便宜的に導入されたもので，我々が求めているのは，それから出てくる現在の世界の結果であって，ひもというのは途中の仮定として導入された概念であるかもしれない．ここで，ちょっと余談ですけど，冗談みたいなことを言いますが，これは Gell-Mann がクォークの論文を書いた時にその脚注としてたしか書いたと思うんですけれども，シカゴ大学に実験屋で有名な Telegdi という，ハンガリヤ出身の先生がおりました．で，その Telegdi 夫人っていうのは，非常に料理の得意な方です．その奥さんから習った話らしいんですけれども，キジの肉を料理すると，それは非常に油が少ないんですね．だから，なかなかうまく料理できない．そのために，まず，子牛のキレをもってきて，キジの肉を間にはさんで，サンドウィッチのようにする．そうしてそれを料理すると，油がうつってキジの肉がうまくできるけれども，できたあとは，子牛の肉は捨ててしまう．そうすると，香りがキジにうつる．ですから，Gell-Mann が言っているのは，これはクォークに関して言ったんだろうと思うんですけれども，便宜上ある概念をもってきて，そのエッセンスだけをとって，そして元のからは忘れてしまう，そういう可能性も考えられる．ですから，ひもというのは，その時もってきたキジの……キジじゃなくて，子牛のようなもので，そこから出て来たこの結論だけをとってきて，それを採用する．そういう可能性も考えられないこともない．では，一体，その最後の理論というのが，エッセンスだけをとった理論というのが，どういうものになるかということは，まだわかっていませんけれども，そういう可能性もあるかもしれないと思います．

質問者④ 四つの力が統一できる可能性があると言われましたけれども，最初の部分で重力の量子論がまだできていないとも言われました．四つの力を統一する理論には，重力の量子論がなくてもできるんですか．それとも，今最後に話されたことは，重力の量子化ということの内容と思ってよいのですか．

南部 それはですね，まだ重力の量子論が完全に解決しているといっているわけじゃないんでして，ここで言っているのは，ただ平たんな空間の近くでの重力場については，とにかく量子論ができたかもしれないということです．つまり，摂動論で計算できるような重力の量子論はできたということです．ただし，もっと深遠な問題で，曲がった空間の量子論，それから，もっと深刻な問題として宇宙の量子論はどういうものであるか，宇宙の波動関数は何であるか，そういう問題があります．それから，宇宙が一つだけならば，宇宙に対して実験することはできないわけです．我々はその中の一部ですから，いわゆる観測の理論とは何を意味するか，沢山宇宙をもってきて，それをいちいち実験してみて，それで確率を決めることは原理的に難しいわけですね．ですから，そういう問題をどうしようかということは，依然として残るわけです．そういう意味で，量子力学の解釈とかあるいは重力の量子論のそもそもの解釈は何であるかというのは，依然として解けない．だから物理学が終わったとは言えないと思います．

質問者⑤ ひもの運動状態というのは，無限にあるわけですけれども，それでは，我々は，無限個の粒子を見ることになるわけですか．

南部 それは非常にいい質問ですね．これもお話ししなかったんですけれども，今，ひもを考えますと，ハドロンの物理を習った方は御存知だと思いますが，とにかくたくさん励起状態があって，エネルギーがいくらでも上がっていく．スピンを大きくすれば，それに伴って固有状態のエネルギーは際限なく上がっていくわけです．それと同じ事情で，今のひもの理論を解きますと，重い状態はいくらでも出てくる．ただし，単位は実はプランク質量の単位なんです．ですから，今，ここで考えている我々の基本粒子とかゲージ場というのは，その中で質量がゼロの粒子の分だけをとっている．それ以外にものすごい重いものが無限に続いているけど，それは，今のところ観測にかからないと，そういう考え方です．ちょうど質量がゼロになる状態というものは，トポロジーとかなんかの議論をしますと，何個生ずるか，どういう性質をもつかということが，実際に計算をしないで，議論ができます．ここで質量がゼロというのはプランク質量のスケールでもってゼロであるということで，このクォークは重くてこちらは軽いなんていうのは全部無視してしまって，皆ゼロと考えてやる．細かい，小さいスケールでの質量の差を出すことは，今のところまだどうしていいかはっきりわかっていないけれども，少なくとも，非常に軽い，質量がゼロと考えてもいいような粒子がいくつあるかということは，その曲がった空間のトポロジーを決めると決まってきます．それのみならず，世代がいくつもあるといいましたが，何世代あるかということも，多次元空間のトポロジーを決めると決まってしまうということがわかっています．これは暫定的な結果ですけれども，世代の数は，この理論によりますと，大体4の倍数であるということがわかっています．これが確定的でないというのは，いろ

んな解のとり方があって，その中に数学者，物理屋が知っている多様体の性質をもつ解の例がいくつかあるんですが，それに対しては世代の数は4の倍数であるということは言えるということなんです．もしこれが本当だとすれば，それは一つの予言になるわけで，少なくとも4世代はある．あるいは8世代かも知れないし，20世代かも知れない．もし世代が4でなくて，5であったり，あるいは3であって，しかもそういう解はこの理論から出てこないとすれば，この理論はダメになるし，もし4であったとすれば，ある意味では，これは，この理論の支持になると考えてもいいと思います．しかし，これは，現在知られている解に対しては，世代の数は4の倍数であるけれども，他の例がないとはまだ断言できない状態です．

武田 何かご質問ございますか．

質問者⑥ えーと，あのクォークをさらに構成する粒子みたいな理論が，マオン，リソとかいう形で出て来ているんですが，ああいうものと，いまのひもの関係は……．

南部 これは，今のところ相容れないですね．そういう立場とは全然相容れない．それは，全然違った立場の考えと思います．

質問者⑥ で，そっちの方の理論は，今の理論と比べて，可能性は低いとお考えですか．

南部 ただね，もちろんその，その次のレベルがどこででるかの問題でして，それは，もちろん実験的には，もっと興味のある問題でしてね．例えば，次の世代の——世代っていうんですか——加速器のエネルギーで，新しい実験が出てきて，その時にクォークの構造が見えてくるかどうか，そういう問題があるわけですね．で，もしクォークの構造が見えるというようになったらば，もちろん，こういう理論はダメになることは確かですね．それを実験的に，チェックする方法自体が非常に難しいわけですけれども，クォークに構造をどうやって見るかということは，まあ，分析が非常に難しい．それから，もう一つの立場としては，構造がそういう，次のエネルギーのレベルじゃなくて，本当にプランクの質量までいって初めて出るんだと，そういう考え方もある．そうしますと，まあ，もちろん直接にチェックする方法ってのは，この理論と同じように難しくなる．ですから，ある意味では，例えばひもが何でできているかという問題と似てくるかもしれないですね．

武田 何か最後の質問ございませんか．

質問者⑦ さっき，現在の実験室ではできないので，宇宙を実験室にするとおっしゃいましたけれども，その話は具体的にどういうことですか．

南部 宇宙実験室ですか．これも，まあ，今，お話ししなかったんですけれども，それは間接実験です．今のところ，本当に直接実験による，何か間接的な証拠じゃなくてですね，理論の検証方法が，私の知っている限り，はっきりしたものは二つある．それは，もう御存知と思いますが，一つは，陽子（プロトン）が崩壊するかどうかを見

ることです．これは，さっきの大統一の理論をみますと，クォークとかレプトンとか，はじめは一見違った性質のものは，実は同じものになってしまうわけですね．原理的には区別がつかない．そうすると，初めクォークと思っていたものが実は，レプトンに変わるかもしれない．ということは，我々を作っている物質が実は，いつの間にかなくなってしまって，残るものは，電子とニュートリノだけになると，そういう世界になるかも知れない．それは前から，例えば，この東北大におられた吉村さんが，始められた理論ですが，大統一の理論の一部として，なされたものですが，それを，今，各国でその検証をやろうとして努力が続いております．その decay は，あまり早く終わってしまったんでは，とうてい我々は存在しないわけですから問題にならんですが，理論で言いますとなるべく長く寿命をもたせたい．大統一の理論ってのを使いますと，大体 10^{30} 年以上くらいの寿命になる．ご存知のように宇宙の年齢は，まあ 10^9 か 10^{10} 年ですか，せいぜいそれくらいですから，それと比べては，もう話にならない長寿命なんですが，実験的にそれを検証することはできる．つまり 10^{30} 個のプロトンを集めてくれば，1年の内に一つは崩壊するわけです．ですから，非常に大きな何千トンというタンクの中に水を入れて，その中でたまたまプロトンが一つ壊れれば，それが壊れて例えばπメゾンとか電子とかが出て，必ず電子は出さなくちゃいかんわけですが，それでちょうど初めのエネルギーに相当するような，エネルギーをもった反応が起これば，それは陽子崩壊の一つの証拠として考えることができる．ただ，他にいろんな，それにまぎらわしい現象が沢山ありまして，例えば宇宙線が降ってきて，ニュートリノがやってきて，それに似たような反応をタンクの中で起こすと，それを区別するのが非常に難しいのが一番の問題ですけれども，世界中でそういう実験が各所でやられております．日本では例えば，神岡鉱山で，東大の小柴教授がやっておられるプロトン実験で，これが非常に有望視されているんですけれども，残念ながらプロトンが崩壊したという確証はまだない．それが一つ．もし，プロトンの崩壊が確認されれば，これは大統一の理論を，裏付ける非常に強い証拠になる．したがってそうすれば，その次の理論の段階であるスーパーストリングにも，非常に間接的にではあるかもしれないけれども，サポートになるわけです．それから，もう一つの実験的な方法というのは，いわゆる単磁極，モノポールを見つけるということです．これは，これも御承知かもしれませんが，モノポールというのは，単位磁荷をもつ粒子です．電子とか，普通の粒子は皆，電荷をもっているわけですが，磁荷というのは，この世には存在しない．つまり磁石の北極，南極はありますけれども，いつでも対をなして現われて，北極だけが取り出せるというような例はないわけです．ですけれども，そういうものを，もしあると仮定すれば，マクスウェルの方程式は磁荷と電荷について，電場と磁場について対称性があるから，非常にきれいな理論であると，これは Dirac が，1930 年頃ですか，ですから 60 年ちかくも前に提唱したもので，Dirac は

その時，こんなにきれいな理論を自然が採用しないはずはないと，そう断言したんですけれども，大統一の理論ができますと，Diracのように頭からそういうものを仮定しないでも，実は必然的にゲージ場の理論から出てくるということがわかってきました．ですから，マグネティック・モノポールの理論を，例えば，きらってでもですね，ゲージ場の理論を仮定すれば，いやでもおうでも，そういうものが存在しなくちゃならんことになります．で，しかも，その理論から出てくる磁荷は，非常に大きい質量をもったもので，さっきの大統一理論に出てくる質量と同程度の質量をもっている重い粒子だということになります．そういうものはいまだに，見つかっていない．これを普通のものの重さに比べてみますと，磁荷というのは，1個の素粒子でだいたいバクテリアの重さぐらいですね，生物体の．それくらいの重さを持っているわけです．それを検証する方法というのは，原理的には非常に簡単で，導体のループがある．その中を通れば，普通のFaradayの法則によって，その中に電流を誘起するわけで，すぐわかるわけです．数年前にスタンフォードのCabreraという人が，そういう実験をして，たまたま，一つそういうものが通ったと，輪の中を通ったという報告をして，大さわぎ，大センセーションを巻き起こしたことがあるんですけれども，それから，Cabreraは，その装置を改良して，ずっと実験を続け，それからシカゴ大学でも，それをもっと改良した，もっと大きな装置を作って，実験をしてますけど，残念ながら，その第一回以後は，何にもそういう証拠がない．宇宙の中にモノポールが，1個存在して，たまたま，それがCabreraの装置の中を通ったとすればいいわけですけれども（笑），今のところ，残念ながら，モノポールの存在は実験的には確認されていない．もし，それが確認されれば，それはさっき言いましたように大統一理論，ゲージ場の理論の必然的結果として出るわけですから，これは非常に意味がある．これは，ちょうど，例えて言えば，Einsteinの方程式を作った時に，ま，あれは，Newtonの方程式の拡張だったんですが，ブラック・ホールの解ってのが，その帰結として生まれたわけですがね，Schwarzshildの解ってのが．これは，Einsteinの方程式を仮定すれば，どうしても受け入れなくちゃならない解である．幸いにして，ブラックホールが，完全に確認されたかどうかは知りませんが，最近はどっかに存在するということは人が信じ始めているわけです．で，それと同じように，たまたま，モノポールが見つかれば，大統一理論，こういう理論の確認になる．残念ながら，今のところ二つしか，私は直接の方法は知らないんですが，二つとも，まだ実験的には確認の域には到っていない，という状態であります．

　　武田　残念ですけれども，質問の時間を打ち切らせていただきます．それで，最後に，仁科記念財団の常務理事をなさっている玉木先生から閉会の辞をお願いします．

　　玉木英彦　ありがとうございました．私は現在こういう種類の話はまるで縁が遠くなっておりますが，お話のなかに出てきた磁気モノポールの話とかKaluza‒Kleinの

話，そういう話はずいぶん古くからの話です．Bohr さんのところで仁科先生が勉強しておられた時にすでに Bohr さんが書かれた「相補性原理」の論文の一番おわりのところで Kaluza – Klein の話にふれてあります．そんなわけで，今日のお話は，大体こんなような話じゃないかなということは，わかったような気もしたんです．たいへん抽象的な話ではあるけれど，数学的な理論を十分にきわめると直観的なイメージを作ることができるようになる，そんなふうに私は感じます．

　Klein さんは，仁科さんと一緒に仕事をした方で，前に日本に来られたことがあります．仁科先生が亡くなられてから後の事ですが，そのとき話をされたのは，「物理学における大きな数と小さな数」とかいう題で，講演の前に，早目に講義室に来られてあらかじめ黒板に書いておくところは，1937 年の Bohr さんの講演と同じ流儀でした．その黒板に式を書くのを手伝わされたのを，おぼえております．

　南部さんのお話をうかがって，たいへん抽象的な話でも，それを聞いたものに直観的にわかるようにもっていく話しぶりに感心いたしました．数学をつかって——このごろは，それもまにあわなくて，コンピュータをつかって，何か出す．結果は出るが実際なにをやっているかよくわからない．そういうようなことにならないようにしたい．みなさん，そういう点でお互いに大いにディスカッションで助けあっていきたいと思います．

　仁科記念財団のことは，もうはじめに久保さんがお話しになったので，私はこれで終らせていただきます．ありがとうございました．

武田　もう一度，南部先生に拍手をお願いします．（拍手）

素粒子物理学の方向

素粒子物理学における探求のモード

　物理学の一分野としての素粒子物理学は，実験の面では E. Lawrence に，理論の面では湯川秀樹にはじまる．彼らの貢献の意義は，彼らのした仕事にあるばかりでなく，より重要なことだが，以後の素粒子研究者のために基本的な方法論を確立したところにある．これらの方法論は非常に力強く実り多いものであることが分かり，われわれもそれに従っている．これは，実験の方でいえば，世界中の種々の加速器研究所の活動を見れば分かる．加速される粒子のエネルギーは Lawrence の最初のサイクロトロンの 100 万倍にも達しようとしている．

　しかし，私の話の目的は理論の面にある．湯川は，強弱の相互作用を合わせもつ原子核の神秘的な性質を理解しようとして，いわばそれとは知らずに氷山の一角にぶつかったのである．彼自身，1935 年に中間子の仮説を導入したとき，以後に見いだされてきた素粒子の豊饒さを予想していたとは思えない．

　湯川のアプローチは発見法的な，現象論的な色をおびていたと思う．このために地図のない驚きに満ちた新世界を探求する上でよき導きとなった．それは Lawrence のサイクロトロンとその後裔が有用な実験の道具になったのと同じである．湯川のアプローチは保守と革新の両面をもっていた．彼は，相対論的な場の量子論(当時は，まだ赤ん坊だった)の論理的帰結を追究したという意味で保守的であった．核力の問題の解決が革新的だとは漠然とでも予想しなかった．当時の人々は革新的だと信じていたが——．しかし，彼は見いだされていなかった新粒子の存在に賭けることを躊躇しなかったという意味では革新的であった．彼によれば，彼の中間子は質量が大きいばかりか不安定であるために

● Proceedings of the International Symposium, The Jubilee of the Meson Theory, Kyoto, Aug. 15 – 17, ed. M. Bando, R. Kawabe and N. Nakanishi, *Progress of Theoretical Physics, Supplement*, no. 85 (1985), 104 – 110. 中間子論 50 周年記念シンポジウムのプロシーディング．

日常世界では見いだされない．確かに原子核の強い結合と弱い不安定性は不思議ではあったが，不安定な素粒子という考えを受け入れるには不安があった．それを受け入れるには，湯川と，彼以前ではFermiのプラグマチックな心が必要だった．以後，今日にいたるまで，われわれは深い意味を理解しないまま，それを受け入れてきた．とにかく，湯川は核力の問題を2つの内在的に異なった部分に分けることで解決した：自然を記述する理論的な枠組みと記述すべき物質的対象の存在の問題とである．前者のために，彼は相対論的な場の理論の教義を，不完全なものではあったが，受け入れた．後者においては，彼は自然の手がかりを追い，強い核力をおこすのはどんな粒子／場であるかを考えた．彼は一石二鳥さえねらった．彼の粒子に強い核力と弱い相互作用とを負わせようとしたのである．

それ以後，過去50年間の素粒子物理の発展を見ると，理論家たちの努力のなかに上に述べた2つの問いにつながる2つの型のアプローチの競り合いが見いだされる．このお話では，それらを私は湯川モードとDiracモードとよびたいと思う．湯川モードは，物理的な現象を手近にある理論的概念と道具を利用しつつ注意深く観察して裏にあるものを推論する．理論やモデルをつくることも含むのである．これは科学のあらゆる分野における研究の標準的なやり方だ．素粒子物理では次の例が思い浮かぶ：

　　クォーク
　　GUTS（大統一理論）
　　パートン・モデル
　　双対共鳴‒弦理論

Diracモードは，いわば新しい数学的な概念や枠組みをまず考え出して，その後で現実世界との関わりを見いだそうとする．Diracの言葉[1]をいくらか変えていえば，数学的に美しい考えは神も用いているにちがいないというのである．もちろん，何が美しく，問題に合っているかを問うところで物理学は芸術になる．

私は，この第2のモードは自然科学のなかでも物理学独特のもので，数学者のモードに最も近いと思う．素粒子物理では特に2つのモードの共演がうまくいった．第2のモードの例としては，次の概念があげられるだろう：

磁気単極子
非可換ゲージ理論
超対称性

稀には，これら2つのモードが重なる．Einstein の重力理論や Dirac 方程式の場合のように——．

Lawrence‐湯川パラダイムの発展

Lawrence‐湯川パラダイムは素粒子物理の支配的なモードであり続け，今でもそうである．実験の面では，見通しうる未来にも続くだろう．巨大加速器は，いまや経費と大きさから実際的な限界に近づいているように思われはするのだが——．

理論の面を見ると，1970年代に一種の革命がおこり，上に述べた2つのモードの共演が実りをもたらしはじめた．まず，非可換ゲージ場の量子論が進歩し，ゲージ場が自然界のあらゆる力の根源にあるという可能性が見いだされた．湯川が媒介粒子によって説明しようとした強弱2つの型の相互作用は，古典的な電磁場と同じく，ゲージ場のいろいろな表われとして見られることになった．$SU(3)$ の色ゲージ場と $SU(2)\times U(1)$ の香りゲージ場がクォークとレプトンというフェルミオンに作用すると見るのである．これがもたらす3種の力の統一，すなわち GUTS は自然法則の統一を願うわれわれの感覚にうったえる．また，Dirac の根なしの発明と思われていた磁気単極子が GUTS の自然な避けがたい帰結となったことは，興味深く，満足のゆくことである．

大統一は，しかし完全な統一ではない．最も古く普遍的な重力が含まれていないからである．重力を含むすべての力を統一する次の一歩として Kaluza-Klein 理論が復活しモダーンな解釈を与えられることになった．ここでは，内部対称性はより高次元の幾何学とトポロジーの反映となる．こうして少なくとも概念上は，すべての力を統一する自然な枠組みが存在するわけである．しかし，この完全な統一へのプログラムにはいくつかの欠陥がある．

(a) 重力は，つじつまの合う場の量子論として扱うことができない．状況は，くりこみ理論以前の量子電磁力学に似ている．しかし，問題は概念上の疑

問を含んでより深い．
(b) プログラムは，弱い相互作用に関して現象論的なレヴェルに留まっている．弱い相互作用の不規則な，対称性を保存しない面は記述はするが説明をしないからである．
(c) 基本的な考えの直接的な検証は，現存の加速器が到達し得るエネルギーのはるか彼方でのみ可能である．

　この最後の点は，現在，素粒子物理がおかれている特異な位置を示すものである．理論と実験の能力の不釣合いが日に日に増している．理論は，利用できるエネルギーより少し上の現象について予言ができない．加速器は，明確な予言がある大統一理論のエネルギーに手が届かない．これは不幸である．もしも運に恵まれて核子の崩壊の確かな証拠が得られでもすれば，状況は急転回し理論は数十年にわたった GeV の時代を跳び越えて遠い確かな星に向かって進むことができるだろう．しかし，核子の崩壊をいう楽観的な予言は今日までのところ確かめられていない．そして実験の時間スケールは延びる一方でがっかりさせられる．加速器の発達にしても同じである．

　おそらく，あまり愚痴をこぼすべきではない．湯川の中間子は1種類だけではなく多種類であった．まったく予想しなかったレプトンが見つかった．われわれは，あまりに自信をもちすぎ，理論に多くを期待しすぎているのだ．

　当面，理論と実験は別の道を行くように思われる．理論家は加速器から離れ天文学と宇宙論に導きと検証をもとめているが，これは研究室の実験に比べて信頼度も制御可能性も少ない．ある意味で，われわれは素粒子論の基本的な道具が宇宙線であった時代にもどらざるを得ないのである．

Dirac モードの台頭

　理論的活動には，もうひとつ別の動きがあって，すでにしばらく続いている．それは Dirac モードのパラダイムである．これについて少しお話しよう．私が頭においているのは超対称性と弦理論である．

148──素粒子論の展望

(a) 超対称性のパラダイム

非可換ゲージ理論と単極子がGUTSに場所を得たとすれば，超対称性は未だしである．超対称性の出現がゲージ理論の進歩と時を同じくしたのは，ちょっとした偶然と思われる．ゲージ理論は，既知の理論の一般化であるが，超対称性はちがう．状況は，いくらかDirac方程式の場合に似ている．しかし，これは直ちに認められた．

理論的には，超対称性は紫外発散を改善するというように魅力的な特徴をもっている．おそらく，より重要なことは，それがHiggsボソンから重力子まであらゆるスピンの粒子を対等に扱うということで，究極の統一の達成である．不幸なことに，超対称性理論がフェルミオンとボソンを組織する仕方は，フェルミオンとボソンの既知のパターンと対応しているようには思えない．超対称性は，既知の粒子に未知の相方を説明なしに加えるだけだ．

ゲージ理論とちがって，超対称性は概念的に単純な原理にもとづいていない．実際，原理が何であるか明らかでない．知られた例もなく，背後の明らかな原理も見えないので，超対称性それ自身は，パラ統計のような数学的な構築物とたいして違わないように見える．

(b) 弦理論

弦理論は確固とした現象論的な起源をもち，根なしの発明ではない．発祥の地であるハドロン物理において，それは量子色力学の代わりとみなされるようになった．ちょうどGinzburg–Landau理論が超伝導のBardeen–Cooper–Schrieffer(BCS)理論の代わりになったようにである．

しかし，弦理論はそれ自身の生命をもつようになった．弦と超対称性，Kaluza–Klein理論という3つの形式的なアイデアを組み合わせて物理学の最もスペキュラティヴな近づき難い領域に適用することによって，最近の弦理論は世界の究極理論の候補となったのである[2][3]．ごく控えめに言っても，それは，あらゆる粒子と力とともに重力をも含む有限な量子論となる可能性をもっている．

超弦理論は世界のユートピアを描く．唯一の大きな疑問は，それが現実世界の姿か否かということである．これまでのところ，描かれたのはPlanckエネ

ルギーへの漸近的なものだけだ．われわれの低エネルギーの世界と超弦理論の世界は同一のつながった多様体をなしていると，自信をもって言うことは，まだできない．超弦理論の予言能力がどうなるにせよ，われわれは TeV 領域の物理を実験で探るべきである．そこでは弱い相互作用に何かがおこるはずなのだ．何を期待すべきかは分からないのだが——．

スペキュラティヴなコメント

　これまで私は，素粒子物理学の現在の流れを哲学的に特徴づける議論をしてきた．これからは私自身の考えを述べよう．未解決の問題を，標準的な見方とはできるだけちがう仕方で見る，その道を探るつもりである（間違っていればよいがという邪な希望をもって！）．

　私の最初の興味は，弱い相互作用一般にあり，フェルミオンの生成の問題，特に質量スペクトルにある．私は，4種の相互作用のうち弱い相互作用だけが対称性をもたないことに衝撃を受けている．いまの考え方では，クォークとレプトンの質量スペクトルはそれらの弱い相互作用と密接に関係している．この一見きまぐれな質量スペクトルが世界を複雑に見せている．質量の問題がなかったら世界はずっと単純で，しかし退屈になっただろう．

　モデルの構築に従事している物理学者たちは，世界に合わせようと苦労しているが，世界の有り様には疑問をもたない．しかし，生命の存在にいたる現実世界の有り様が，いかに小林－益川のフェルミオン質量行列の微妙な性質にきわどく依存しているか，考えてみるのは教訓的である．もしモデルを構築する人が，現実世界によく合わせようとするのをやめて，彼の自然な論理に従っていたら予言される世界は現実とひどくちがったものになっただろう．おそらく彼はまず質量行列は対角的だと仮定するだろう．すると各世代は安定となり，物質は多くの異様な形をとる．たとえ彼が世代混合の可能性を考えに入れて細部を組み立てたとしても，彼はアップ・クォークがダウン・クォークより軽くて，中性子と陽子の質量差が電子の質量より大きく，自由中性子が崩壊できると正しく結論するだろうか？　これなしには，われわれの知っている世界はなく，この問いを発する人間も存在しないことになる．

私が知りたいのはこの世界が細々した微細なところまで予言できるものか，ということだ．上に指摘したとおり，もっとも深刻な困難は弱い相互作用の部分からくる．複雑なスペクトルをもつフェルミオン諸世代の存在に対する自然な答は，フェルミオンは下部構造をもつ複合粒子だとすることであろう．しかし，ここには複合性に対する素朴な概念は適用できない．なぜなら，(a)質量スペクトルはあまりに不規則で，まばらである，(b)下部構造の兆しがない；Weinberg-Salam 理論は実験とよく合っているし，$\mu e \gamma$ 崩壊がないことは複合性と容易には折り合いがつけられない．

そこで，しばらく可能な限りラジカルになって，物理学者たちが共通に理解している意味での物理法則の概念に逆らってみよう．すなわち，一つのラグランジアンがあって，それからすべての物理法則が導かれ物理的世界の性質が決定されるという常識に逆らうのである．これには，さまざまの仕方がある．たとえば，世界のあらゆる可能な理論にわたって量子力学の原理に従い積分するということもできる．実際には，もし諸理論のなかで特別な"正しい"理論に大きな確率を与えるなら，これは普通にしていることと大してちがわない．

もっとまじめに言って，物理法則が宇宙の進化と密接に結びついているかどうか，初期条件だけでなく以後の宇宙の進化の過程に影響されるかどうかを問うこともできる．ある意味で，私は物理的進化のモデルとして生物学的進化を示唆しているのだ．

いや，もっと特別の場合を考えねばなるまい．そこで，"世代"という言葉が単なるアナロジー以上の意味をもつとしてみよう．クォークとレプトンの世代が，ある意味で次々に進化してきたと考えることはできるだろうか？ 各世代は，膨張宇宙の対応するエネルギー（あるいは長さ）スケールのときに生まれた，ただし既に存在していたものに影響されたが必ずしも決定論的に固定されはしなかったと考える．

生物学的な進化は，複雑な分子のもつ莫大な自由度によって可能となっているように見える．素粒子物理の言葉に直せば，再び複合性が問題になる．質量の低い世代は高いものより複雑だろうか？ これはありそうにない．反対ならあるかもしれないが――．そこで，私は，質量のような定数は力学的な量であって，宇宙の進化の過程で多くの可能性の中から，ある程度の偶然性をもって

選ばれたというべきであろう．

　世代がいくつあって，それは何故なのかは分からない．しかし，次の例を考えてみよう．ひとつの世代の質量 m のフェルミオンは，宇宙の膨張の間，温度より m が小さい限り大量に存在するだろう．いま，これらのフェルミオンは，ベータ崩壊してより小さい質量の新しい世代をつくるとしよう．ただし，崩壊の速さが宇宙の膨張の速さより大きければ，という条件をつける．

　ベータ崩壊の速さは

$$\sim m^5/M_W^4$$

のようになる．M_W は W ボソンの質量である．他方，温度 $T(\sim m)$ の宇宙の膨張の速さは

$$\sim T^2/M_P$$

のようになる．M_P は Planck 質量である．宇宙が膨張し温度が下がると崩壊の速さは膨張の速さより速く減る．これら2つの速さは T が 2.3 MeV のとき等しくなるが，これは最低質量の，そして最後の世代の質量のスケールである．ここに何かの意味を読み取ることは完全なナンセンスでもあるまい．（上の条件は，熱平衡状態から弱過程が切り離されるための条件と同じである．ついでに言えば，電子がより低い世代に壊れるとしたら，その寿命は約1週間である．）

　わたしは，いま述べたことほど強烈でないひとつの注意をしてお話を終えようと思う．それは再び超対称性のことである．Wess と Zumino の相対論的超対称性には，まだ直接な実験的検証がない．しかし，これまでにある種の超対称性は量子力学や統計物理学の問題に有用であることがわかった．でも，超対称性の裏にある真の物理的意味は未だに明らかになっていない．

　見かけ上の超対称性の最も興味深い例は核物理に見いだされる．Iachello と共同研究者の解析によれば，偶数あるいは奇数の質量数をもつ原子核のあるグループの低いエネルギー・スペクトルは近似的に超多重項をなす[4]．最近，私はこれを BCS の対形成メカニズムに帰着させることを試みた*．このメカニズムが核物理に適用できることは確かである[5]．これが実際に Iachello の超

対称性の背後にあるかどうかはともかく，BCS理論は低エネルギーのボソン的およびフェルミオン的なスペクトルの間に簡単な関係をもたらす．これらの関係は，超伝導体や超流動ヘリウム3においては実験で確かめられている．たとえば，超伝導体でパイ中間子，クォーク，シグマ中間子に相当するものの質量は0:1:2の比をなす（Coulomb相互作用はなしとして）．Ginzburg-Landauの有効理論（σモデル）の言葉でいえば，これは湯川相互作用とボソン場の4乗相互作用が簡単な関係にあることを意味する．公式を原子核に適用すれば同様な結果が得られる．

問題は，どんな意味でBCS理論は隠れた，近似的な超対称性を示すのか，である．超伝導体に対する有効ハミルトニアンの静的な（運動エネルギーでない）部分は超対称量子力学のフェルミオン演算子 Q, Q' の積で表わせるということがわかる：

$$Q = \pi^\dagger \psi_{\mathrm{up}} - i(\phi\phi^\dagger - c^2)\psi_{\mathrm{dn}}^\dagger, \quad \overline{Q} = \int Q\, dv,$$
$$H = \{\overline{Q}, \overline{Q}^\dagger\}$$
$$= \int \left\{ \pi\pi^\dagger + (\phi\phi^\dagger - c^2)^2 + \psi_{\mathrm{up}}\psi_{\mathrm{dn}}\phi^\dagger + \mathrm{h.c} \right\} dv.$$

ここに，$\psi_{\mathrm{up}}, \psi_{\mathrm{dn}}$ はスピン上向き，下向きの電子の場，ϕ と π は電子対を表わすボース場とその正準共役場である（Q と $Q^\dagger$ は，準粒子の場とちがって定まった電荷をもつ）．

厳密な超対称性とのちがいは，$Q^2, Q^{\dagger 2} \neq 0$ であるため Q も $Q^\dagger$ も H と可換でない点にある．しかし，Q^2 と $Q^{\dagger 2}$ が実質的には $\langle\phi\rangle$ に比例するので $U(1)$（荷電）対称性の自発的な破れはフェルミオンとボソンの超対称性をも破ることになり，それが質量の関係に反映する．

BCSメカニズムをもっと一般化して場を多成分にすることができる：

＊［編注］第Ⅱ部の「質量公式と対称性の破れ」を見よ．

$$Q = \pi^\dagger \psi - iV(\phi)\psi^\dagger,$$
$$H = \{\overline{Q}, \overline{Q}^\dagger\}$$
$$= \int \left[Tr(\pi\pi^\dagger + VV^\dagger) + [\psi, V^\dagger\psi]/2 + \text{h.c} \right] dv,$$
$$V' = \partial V/\partial \phi.$$

ここに,ボソン場はフェルミオン場に作用する行列である.これらの公式は,上に述べたヘリウムや核物理の例におけるボソンとフェルミオンの静的スペクトルを与える.

なぜこうしたBCS理論が有効なのか,まだ分からない.しかし,基本フェルミオンの動力学的な質量生成も同様なメカニズムによるとして,これを応用したくなる.最も簡単なアナロジーでは,各フェルミオンは同程度の質量をもつHiggs粒子に伴われ,相互作用は非常に弱くはないと仮定することになろう.これは確かに正しくなさそうだ.もっとありそうなのは,テクニカラー型の理論で,Higgsと重いフェルミオンが相伴う.しかし,これは,そのままでは,既知のフェルミオンの質量スペクトルの解明にはつながらないだろう.

文　献

(1) P. A. M. Dirac: *Proc. Roy. Soc.*, **A133**(1931), 60.
(2) M. Green and J. Schwartz: *Phys. Lett.*, **149B**(1984), 117: **151B**(1985), 21.
(3) D. Gross, J. Harvey, E. Martinec and R. Rohm: *Phys. Rev. Lett.*, **54**(1985), 502.
(4) F. Iachello: *Phys. Rev. Lett.*, **44**(1980), 772; *Physica* **15D**(1985), 85.
(5) Y. Nambu: *Physica*, **15D**(1985), 147.

アイディアの輪廻転生——素粒子論の歴史と展望

　素粒子論の歴史は一連の転回点から成り立っている．問題をめぐってさまざまな理論が競合し合い，ある契機で勝者が決まる．しかし敗者は滅び去ってしまうわけではない．アイディアは輪廻転生し，思いもかけない生命をもってよみがえる．次の時代の素粒子論の地平はまだ見え始めたばかりである．

　この"強結合ゲージ理論ワークショップ"にご招待いただきましたことを，私はたいへんうれしく思います．なぜうれしいかと申しますと，私はこの分野の専門家ではありませんので，数多くの活発なセッションを通して，最新のトピックスは何か，どんな問題があるのかということを学ぶことができたからです．

　セッションはさまざまの課題にわたりました．しかしながら，真に重要な結果や確固とした結論は出なかった，というのが妥当のように思われます．いうまでもなく，そのような結果や結論はそうそう出るものではありませんし，思惑通りに出てくるものでもありません．そもそも物理学研究の大部分は，汗と不満と甘い夢で成り立っているものです．そういうわけで，なにしろ私にはその資格がありませんので，この会議をまとめる代わりに，ここに招かれてうれしいという，もうひとつの理由についてお話ししたいと思います．

　名古屋は，私にとって特別な土地です．ここは偉大な物理学者であった故坂田昌一先生(1911-1970)が，その最も実り多い時期を過ごされたところです．坂田先生は私や私と同世代にあたる戦争直後の日本の物理学者たちに，容易には消えない衝撃を与えました．坂田先生は，素粒子物理学が現在まで発展してきた道筋，とりわけ湯川先生以降の発展を鋭く洞察し，そしてその洞察は，素粒子物理学は現在はどうあるべきか，将来はどうなるのか，ということにまで

● 科学, **60**, no.5(1990), 309-314. "1988 International Workshop on New Trends in Strong Coupling Gauge Theories"(愛知大学)における Concluding Remarks に大幅に加筆．

及びました.先生はそれを多くの著作や講義のなかで力強く訴えられただけでなく,自ら実践し,いくつかの注目すべき成功をおさめられました.先生がなされた貢献の中には,π 中間子の発見よりかなり前に二中間子仮説を立てられたこと,自己エネルギーに関するＣ中間子理論やハドロンの複合粒子模型を唱導されたことなどをあげることができますが,これらの仕事についてお話しするまえに,触れておきたいことがあります.

素粒子物理学の進展の道筋

　私は,坂田先生の親友であった武谷三男先生が素粒子物理学の進展の道筋について言われたことを思い出すのです.武谷先生は弁証法哲学にしたがって,素粒子物理学はさまざまな段階を経て発展すると主張されました.まず,何か新しい理解できない現象に直面する時期があります.そこでわれわれはデータを解析し,その背後にある法則や規則性を見いだそうとします.次に,いったん規則性が見いだされれば,今度はそれを説明するような具体的な模型を組み立て,さらに実験によってその模型を検証するという時期があります.もちろん,これはまだ究極のゴールではありません.厳密な数学的形式を備えた真の理論がまだないからですが,現象や模型の背後に隠れていたこのような理論を見いだし,少なくとも,その理論が基本的には正しいことを確信する段階がついには来るはずです.しかしそのような幸福な状況も長くは続きません.結局はまた予想もしなかった現象に直面し,先ほどの過程を繰り返さなければならなくなります.

　1930年代からごく最近までの素粒子物理学の流れが,このような見方にうまく合っているということには,皆さんも同意されることと思います.こういうわけで,物理学者にとって重要なのは,自分が今どの段階にいるのかを的確に自覚することであり,また,人間の真剣ないとなみとしての物理学をより大きな視点で認識することです.しかし一方では,何でもかんでもをドグマとして信奉してしまうのは危険です.歴史は過去とまったく同じ形で繰り返すことはありません.研究というのは新しいことを創り出す過程なのです.

　数年前のことになりますが,このことを心に留めながら,私は素粒子論に現

われるいろいろな趨勢を，オペレーティング・モードという呼び方で特徴づけようとしました[1]．それを多少見直して，ここでは三つのモードをあげたいと思います．

(1) 湯川－坂田モード
(2) Einstein モード
(3) Dirac モード

追って説明しましょう．

湯川－坂田モード

湯川－坂田モードでは，現象を素粒子模型で説明しようとします．言葉を換えれば，必要とあればいつでも新粒子の存在を仮定する，あるいは新粒子を発明します．そういったやり方は，本来，その場限りの発見的手法です．今日ではこのオペレーティング・モードは当然のこととして認められていますが，1930年代には過激なアプローチでした．

原子核の物理は，原子の物理と比べてずっと小さい距離，すなわちずっと高いエネルギーの領域での現象を取り扱います．湯川以前の立場では，原子を理解するためには古典力学を量子力学でおきかえねばならなかったように，原子核を理解するには量子力学に代わる新しい力学が必要だろうと一般に考えられていたようです．これに反して湯川は，核子の間に働いて原子核を作る原因となる核力の存在を説明するために，適当なレンジをもった新しい場を導入し，それに量子力学を適用した結果，中間子の存在を予言しました．もともとそんな場は，それまでに知られていた電磁場や重力場とは何の関係もないものです．しかしその後も，全然予期されていなかった新粒子がぞくぞく登場してきました．それらの間の新しい規則性(中野－西島－Gell-Mannの法則)を説明するためにクォークという仮想粒子が導入され，次にクォークの間の力として色のゲージ場が仮定されました．

このようにして，湯川－坂田モードは今日までの素粒子物理学の発展の過程で，多大な成功を収める手法であることが実証されてきたわけです．

Einstein モード

　一方，Einstein モードでは，なんらかの物理的原理が主導権を握ります．まず原理が宣言され，それにしたがって理論が構築され，その後，現実の世界に照らして理論を検証するわけです．

　Einstein の一般相対論の場合では，時空の幾何学的構造が重力の力学を決定するという原理を出発点とし，それに従って重力場の方程式が立てられました．

　素粒子物理学では，対称性の原理がよい実例でしょう．牧二郎が指摘しているように，湯川先生のアプローチにははじめは対称性の原理がありませんでしたが，湯川−坂田モードと結合した対称性の原理はきわめて有力で，不可欠なものであることが判明しました．上にあげた中野−西島−Gell-Mann の法則の例では，それが $SU(3)$（現在ではフレーバーの $SU(3)$ といわれる）の近似的対称性として把握され，さらにそれは3種のフレーバーのクォーク (u, d, s) の間の近似的対称性に帰着されたわけです．それだけでなく，対称性の原理は，ゲージ場の原理を生み，模型構築の基礎となる統一場の理論へとつながっていきました．すなわち，弱い相互作用を媒介する"中間子"は Glashow−Salam−Weinberg によって，電磁場と統一する $SU(2) \times U(1)$ のゲージ場として導入されました．またクォークに色という属性を与えた結果，色のゲージ場の概念が自然に生まれ，その量子力学 QCD (quantum chromodynamics) が強い相互作用の根源と考えられるようになりました．ゲージ場の理論はさらに発展し，強，弱，電の3種の場を統一し，クォークとレプトンを統一する大統一理論の試みにまで至ったわけです．

Dirac モード

　Dirac モードは Einstein モードとはいくぶん異なります．そこでは理論は，あたかもそれが芸術ででもあるかのように，理論に内在する数学的美を全うするために創り出されます．

　磁気単極子（単磁極）は Dirac によって導入された仮想粒子です．彼は荷電粒

子が静電場の源となるのに，静磁場の源となる粒子がないことに不満を感じ，磁荷をもった単磁極の存在を仮定して，電場と磁場との対称性を実現しようとしました．（そのために必要な数学として，同時にファイバー束の理論をあみ出したわけですが．）

　Diracが単磁極の論文の中で言っていることを言い換えれば，こんなふうになるかもしれません．"これほど美しい理論なのだから，自然がこの理論を採用していないはずはない．"しかし，実験的な確証を得るということとなると，いくぶん遠い目標になってしまいます．実験的な確証は理論を科学と認めるためには本質的なことですが"たぶん，いつの日か，なんらかの手段で，なんらかの形で，理論の妥当性がわかるだろう．当面は理論に内在する論理と美を追求しよう"というわけです．

今日のモード

　現在広く行なわれているモードがこの Dirac モードであることに，皆さんは気づかれると思います．超対称性，超弦理論，Kaluza-Klein のパラダイム，また p 進数ゲームもそうです．

　超対称性とは，同じ質量をもったフェルミオンとボソンの組がいつも存在するということで，数学的には実に美しい理論ですが，直接の実験的根拠は全然ありません．超弦理論はもともとハドロンの強い相互作用を記述するために作られた弦（ひも）の理論から発展したもので，自然界のあらゆるフェルミオンもボソンも，すべて"ひも"のような一次系の振動モードの現われだと主張する，物理学の究極的統一理論(Theory of Everything, または TOE)であろうと期待されています．しかし弦の量子力学は，数学的には 4 次元の世界では成立せず，26 次元または 10 次元の世界を必要とすることが判明しました．そこで量子力学以前にすでに提唱されていた，古典力学的統一場理論，すなわち Kaluza-Klein の多次元リーマン空間のアイディアを借りてきて，ふつうの時間・空間以外の方向には世界は非常に小さな広がりしかもたないと仮定して困難を解決しようというのが現在の立場です．問題は，この広がりが Planck の長さ (10^{-33} cm)くらいしかない，エネルギーに換算すれば 10^{19} GeV(陽子の静止エ

ネルギーの10^{19}倍)という莫大なものであることです．弦のエネルギーに比べればとるに足らぬ小さなエネルギーのスケールのところで，なぜ素粒子の世界が現われるのか，またその複雑さをはたして説明しうるか，これが超弦理論の最大の課題で，その解答が見出されないかぎり，超弦理論は Dirac モードに留まっています．

また最近，物理学の法則に現われる座標，場などの量として一般の数体(すなわち実数や複素数だけでなく，ガロア体，p 進数体なども含む)を使う試みが出てきました．p 進数体の上で弦理論を作ることもできます．これは Dirac モードの極端というべきでしょう．

私は上のような現在の傾向を"ポストモダン物理学"と名づけてみました[2]．この命名はシカゴ大学の私の同僚には気に入られたようですが，もともとこの傾向が起きたのは，主として，他のモードで袋小路に行き当たってしまったからのように，私には思われます．過去10年ほどの間，実験的には真の進展といえるようなものはひとつもありませんでした．(ただし，ごく最近 CERN(ヨーロッパ原子核研究機構)の加速器 LEP によって，ニュートリノは3種しかないことが示されました．すると基本粒子(クォークとレプトン)の世代の数はおそらく3でおしまいだろうということになります．) それまでは，他の2つのモードにおける理論と実験とが手を携えて進んでいました．しかし理論が期待した陽子崩壊と磁気単極子はまだみつかっていません．トップ・クォークとヒッグス粒子もまだ検出されていません．われわれの数学的な技術と想像力は Planck 質量の世界にまで舞い上がってしまいましたが，現在手が届くエネルギー領域でわかっている現象については理論は無力で，本質的なことはそれほど多く理解されているわけではありません．

現状は以上のとおりですが，どのような発展が期待できるでしょうか．それは"究極の統一理論(TOE)"が近い将来に見いだされるであろう，といったものではなさそうです．この段階はどれくらい続くでしょうか．それは，次の世代の加速器が何を明らかにしてくれるかによるでしょう．次に成功を収める理論は何でしょうか．その答えは私にもわかりません．そのかわりに，今一度過去を振り返り，いくつかの理論が競い合うなかで，何かがきっかけとなってそのひとつが勝者となる，そのカギとなったできごとをいくつか拾い上げてみた

いと思います.

このような意識で眺めてみると，歴史は一連の転回点から成り立っていることに気がつきます．対立した理論を比較してみると，勝利した理論を学ぶだけでは得られない何かが学べるものです．さらに，歴史のある時点では正しくなかったアイディアが，しばしば後になって正しいことがわかったりもします．面白いアイディアというのは，本当に死んでしまうことはありません．以下にあげるのは，そうした注目すべき例のいくつかです．

宇宙線中間子の謎──二中間子理論 対 強結合理論

この例は，Andersonらが宇宙線の中に発見した新粒子が，湯川が核力の量子として予言した粒子であると同定したときに起きた問題のことです．宇宙線の"中間子"は大気の上層部で大きな断面積で生成されるが，その後ほとんど相互作用をしないままに地上に到達します．多くの理論研究者(Heitler, Wentzel, 朝永, Pauli, Oppenheimer, Schwingerなど)が，新粒子がやたらに増えることに心理的な抵抗を示し，強結合中間子場のダイナミカルな効果(後述)として，これを説明しようとしました．しかしこの謎は坂田先生の二中間子仮説で簡単に解けてしまいました．

つまり，宇宙線の粒子(ミューオン)は湯川先生の粒子(πメソン)とは別の物であること，そして，強い相互作用をもつπメソンは生成された後に崩壊して強い相互作用をもたないミューオンになる，という仮説です．(後にMarshakとBetheが同様の考えに基づく提案をしましたが，スピンの指定が正しくありませんでした．)

もちろんこの謎は，別の意味において，今も残っています．いわく，"ミューオンなど誰が注文したんだ．"つまり，世代など誰が必要とするのか，という問題です．

Wentzelらの強結合理論は完全な敗者ではありません．この理論は核子のアイソバーを予言し，後に$\Delta(3,3)$共鳴で，少なくとも部分的には正しいことが示されました．

ここで，ちょっと強結合理論の妥当性について説明したいと思います．簡単

な模型として，スカラーメソンが核子に散乱される場合を考えてください．中性のメソンの場合は，コンプトン散乱に似た二つのFeynmanダイアグラム（交差するものと交差しないもの）が存在し，核子の反跳を無視すれば，その二つは互いに打ち消し合います．その結果，断面積は小さくなり，宇宙線中間子の謎を説明するには都合がよいでしょう．しかし荷電中間子の場合には，一方のダイアグラムだけが許されますから，断面積は小さくなりません．ところが，もし，複数の電荷をもつ励起状態の核子が存在するならば，再び2種類のダイアグラムが現われ，打ち消し合うことになります．

この会議で議論されているような強結合理論は，この例よりはるかに洗練されたものです．しかし，私は，Wentzelがすでに格子理論を使っていたことに注目するのです．格子理論は計算の便宜上，時空を離散的なものとして扱うのですが，これは後に再発明されることになりました．これが一つです．もう一つは，最近流行のスキルミオン模型です．核子をソリトンとして扱うこの理論の起源は古いのですが，それよりもっと古い形の強結合理論といくつかの特徴を共有しています．

無限の自己エネルギーの問題——くりこみ対凝集力場

電子の電磁的自己エネルギーが無限大になることは，Lorentzに始まる長年の問題ですが，今ではくりこみという考え方で片づいたとされるのがふつうです．しかしQEDが誕生した当時，朝永はそのくりこみ理論を発展させる際，競争的立場にある坂田理論によって助けられたのです．なぜなら，くりこみ理論と坂田理論を比較できたおかげで，朝永は自らの議論を研ぎ澄ますことができたからです．坂田先生は，電磁場以外に重い中性スカラー場を導入して，両方の打ち消し合いによって電子の自己エネルギーを有限にすることを提案していました．同等の提案を，Paisも独立に行なっていました．（スカラー結合定数fは電荷eと$f^2=2e^2$で結びつけられなければなりません．）これは，後にPauliによって導入された，より形式的な正則化(regularization)の方法の，実体論的解釈版ともいうべきものですが，真空偏極の無限大を処理することはうまくゆきませんでした．

それ以来，くりこみ可能性は量子場の理論を構築する際に要請される一般原理となり，またその深い物理的意味は Wilson によって明らかにされました．しかし超弦理論が出てきた結果，有限で実体的な理論が存在する可能性が再びよみがえってきました．

ハドロンのダイナミクス──クォーク模型・QCD 対くつひも理論

クォーク模型が確立する前は，それに競争する立場として次のような考えがありました．二つのハドロンの間でハドロンが交換されるのは，ハドロンがそれぞれの複合粒子であるからだという意味で，ハドロンが自己無矛盾な系を成しているとするのです．これは Chew が提唱し，くつひも(bootstrap)理論と呼んだダイナミカルな理論でしたが，明確な予言をすることができませんでした．この理論はクォーク模型と鮮やかな対照をなしていました．すなわち，クォーク模型にはいかなるダイナミクスもありませんでしたが，現象論の面では素晴らしい成功を収めました．先に述べた3段階の枠組みの中でいえば，まだ初めの二つの段階にあったわけで，第3の段階は QCD という形で後から現われることになりました．

しかし，Chew のくつひものアイディアは死にませんでした．それは Regge 軌跡の概念につながり，さらに二重性または双対性(duality)につながって，それから Veneziano 模型，そして，弦模型へとつながっていったのです(くつひもと弦とは似ているようですが，これらの名称の由来は全然違います)．今や私たちは，超弦理論によって，完全に一周して元に戻りました．超弦理論は，ヘーゲル哲学でいう統合のように，QCD をその中に包含したと主張しているのです．

この発展の一つの結果として，見えないクォークの問題があります．分数の電荷をもつ閉じ込められたクォークと，整数の電荷をもつ閉じ込められていないクォークとの対立です．分数の電荷，および，閉じ込めというのは革命的な概念であり，それが受け入れられるためには，同じくらい前例のない概念である漸近的自由という概念を必要としました．この問題に関しては，QCD と弦模型は同じ側に立っていることに注意してください．どちらの理論も閉じ込め

を説明することができるからです.

クォークの間に働く力が，Colulomb 力に比べて，近距離では弱く，遠距離では強くなることを漸近的自由性といいます．電荷の場合の遮蔽性とは正反対の性質であり，このために単独のクォークをハドロンの中から取り出せないのだと考えられています．弦模型の場合では，クォークどうしは常にひもでつながり，磁石の両極のようなものであるから，単独のクォークは存在しえないのです．

アイディアの生命

以上の観察から出て来る一つの結論は，アイディアの中には長生きするものがあるということです．そうしたアイディアは常に正しいというわけではありませんが，輪廻転生を経て，後に再び重要になってきます．（この会議では，"新しい瓶に古いワイン"という表現が出てきました.）Kaluza-Klein 理論は 60 年を経てよみがえりました．複合ボソンとカイラル対称性の破れで特徴づけられるハドロン・ダイナミクスは，多くの人が指摘しているように，電弱相互作用のスケールで繰り返されるかもしれません．

質量のないクォークは左巻きと右巻きのスピンの成分が別々に保存し，カイラル対称性という対称性をもっています．対称性が自発的に破れると，両成分が混合し，質量が生ずると同時に，π（パイ），σ（シグマ），などのメソンがクォーク対の複合として生まれます．Weinberg-Salam の電弱統一理論では，ゲージボソンの W, Z だけでなく，レプトン，クォークにも質量を与えるためにヒッグスボソンが導入されているのですが，これもフェルミオン対の複合状態であるという理論が検討されています．

私がここで行なった歴史的な概観が，今，地平線の上に見えはじめたばかりの素粒子物理学の次の段階を予想する上で，何らかの手助けとなれば幸いです.

文献

(1) Y. Nambu: *Prog. Theor. Phys. Suppl.*, **85**, 104 (1985). 本書の第 I 部，「素粒子物理学の方向」．

(2) 南部陽一郎：『戦後日本の精神史』, テツオ・ナジタほか編, 岩波書店(1987), 210. 本書の第Ⅰ部,「科学・二つの文化・戦後日本」.

戦後の素粒子論の発展と今後の展望

　ご紹介ありがとうございました．2〜3週間前に話をすでにしましたけれども，2度目があるとは予期していませんでした．

　もともと京都でご厄介になっているわけですけれども，来るときにこういう話をする予定をしていなかったもので，こちらへ着いてからまもなく梁（成吉）さんからそんな話を持ち込まれましてちょっと驚いたわけですが，しかしそのときは大阪市大時代の昔語りをしてほしいといわれまして，それならば何とかなるだろうと考えて簡単にお引き受けしましたけれども，あとでアナウンスメントを見ますと，だんだんとふろしきが広がってしまったようで，過去から将来までということになってこれは大変だと思いました．しようがないからいろいろ考えました．けれども先週まではあちこち旅行してまして，研究会とか講演に回ってましたので，全然考える暇がなくて，きのうになってやっと，どうしようかと落ち着いて考えはじめたわけです．なかなか知恵が出ないので，結局インフォーマルに即興でおもにお話しすることにしようという覚悟を決めました．

　いちおうお断りしますけれども，研究者というのはいつも前向きの姿勢が必要であると私は考えております．ですから過去のことにこだわる必要はない．ただ過去のことを勉強するのは，過去のことから何かレッスンを得られる，そういうためには勉強する必要があるけれども，原則的には研究者は前向きの姿勢であるべきだと考えます．もちろん科学史を専門にしている方はまた別ですが，これから話しすることもおもに今の若い世代，20代，30代の方々に対して話をしていくつもりです．ですから，それよりも上の方にはご承知のことも多いかと思われますし，いままで私もいろいろお話をしてきたので，また繰り返していると気づかれることもありますけれども，それはご了承ください．

● 素粒子論研究, 81, no.3(1990), 122-150. 京都大学基礎物理学研究所における特別講演, 1989年12月25日.

そういう意味で，ここでお話しするのは，標題が大ふろしきになりましたので物理の全体の overview というんですか，大きな立場から見ることと，それから私の個人的な経験をまぜまして，適当に話を進めていきたいと思います．

いま言いましたように，いままで私，こういう話をいくつかしたことはあるんですが，もともと私は非常に記憶が悪くて，済んだことはすぐ忘れてしまうたちですけれども，幸いにしていままでいくつか話をしましたので多少訓練ができてました．たとえば 1980 年にソルベイ会議がテキサスのダラスであったときに，いちおうこれに似たことも話しましたし*，それから数年前の 85 年，中間子論 50 周年記念，MESON 50 が京都であったときにも，歴史的な立場でものを見た話をちょっといたしております**．それから昨年は名古屋で強結合のゲージ理論に関する国際シンポジウムがあって，そのときも最後に少し歴史的な話をまじえたことを覚えております***．それからことしの夏，筑波の高エネルギー研究所で「将来の加速器に関する国際会議」というのがありまして，そのときにもこれに似た話をちょっと入れました．

それからもう一つ，つけ加えておきたいのは，過去 10 年近くの間ですけれども，アメリカと日本との協力の研究組織というのがありまして，日本における素粒子論の発展が非常に世界でもユニークだということに着目されて，歴史的立場でそれを研究するワークショップがいくつか開かれて，それが数年続きました．昔からその研究に携わってまだ存命中の人とか，それからここの牧先生，小沼，河辺先生などが編集に携わられる．アメリカからは Lawrie M. Brown というノースウエスタン大学の人が出まして，京都とかあちらこちらでワークショップを開き，研究者つまり当事者の証言を取る．アメリカのほうでもまたそれに近いようなワークショップを開いたことがありますが，いずれにせよ，その報告がすでに出ております．最初に出たのが数年前に基研のプレプリントの形で出ているのがあると思いますし****，それから最近，去年になってもっと大がかりな報告も出ています．これをごらんになりたい方は，ここの図書室に行けば見られると思います．

---

　　*［編注］本書・第 II 部，「素粒子物理学，その現状と展望」．
　　**［編注］本書・第 I 部，「素粒子物理学の方向」．
　***［編注］本書・第 I 部，「アイデアの輪廻転生」．
****［編注］*Prog. Theor. Phys. Suppl.* no. 105 (1991)．

そういう細かいことはやめまして，時間がありませんから大ざっぱな話だけを進めていきたいのですが，私が大学で勉強していたころ，それは1940年の初めだと思います．戦争中にかかっているわけですが，考えてみると量子力学ができたのは1925年ですから，そうすると15年前にすぎなかったわけです．ちょっと驚いたんですが，今たとえば1990年の15年前には何があったか．1975年にはちょうど新しいゲージ理論，非アーベルゲージ理論というのが完成しつつあった．いわゆる漸近的自由(asymptotic freedom)という概念が発見され，それからWeinberg-Salamの理論というのがくりこみ可能であるというような証明もできる．それ以外にチャーム・クォークが発見される．それに続いてタウ・レプトン，それからボトム・クォークで作られた，イプシロンという粒子が発見され，非常ににぎやかな時代でして，それが私がいたころの量子力学の完成に相当するような年代になる．ですから私は，量子力学ができたのは大昔のように考えていたのですが，今の若い人たちも，そういう意味でasymptotic freedomなんていうのは大昔のことのように考えられているんだろうなと，つくづく感じました．

　もっと過去にさかのぼって考えてみますと，日本の物理の発展を調べることになるのですが，私はもちろん歴史の専門家ではありませんから詳しいことは申し上げないし，間違っていることもあると思うので，あまりいろいろなことを言うのは控えますけれども，私の感じることでは，日本の現代的な意味での物理が始まったのはもちろん明治時代でして，とくに代表的な名前を挙げますと，長岡半太郎という人が60年ぐらい研究活動を続けて戦後まもなく亡くなられたわけですが，ひとつの代表者だろうと思います．ご存じのようにいろんな方面に手を出されまして，地球物理学，それから有名な長岡の原子モデル，それから数理物理学，いわゆるmathematical physicsというようなものも発展させられました．

　もう一つ名前を挙げれば，石原純という人がいます．名前はご存じかもしれませんけれども，研究者というよりもむしろ，そのころの理論物理，とくにアインシュタインの相対性理論を物理学以外の一般の人にも紹介したということで意味があったと思います．けれども，私は詳しいことは知りません．

　それに引き続いて，いわゆる原子核物理学から素粒子物理学に入るわけです

が，それの草分けとなった人は，もちろんご承知のように仁科芳雄先生です．今年は仁科先生の生誕99年目で，来年は100年祭が催されるということを聞いております．仁科さんは量子的な物理学の育ての親でありまして，その影響を受けて，たとえば湯川，朝永，坂田というような偉い人たちが生まれてきたわけです．

もう一つ申し上げたいのは，研究組織ですけれども，これも最近私は日本の歴史の本を読んでみて気がついたんですが，理化学研究所，いまでもありますけれども，それがその当時日本の物理，とくに原子物理を発展させるのに非常に貢献があった——もちろん原子物理だけではありませんが——ということは注目すべきです．これも実はそのころは，日本の産業，軍事力発展のために必要なものとしてみられたわけで，そのために理研というのが第一次世界大戦中に発足したんだろうと思いますけれども，事実としてはそれが素粒子物理を発展させるのに大いに力になったということであります．

さっき申し上げましたように，いまの年代から15年前を振り返ると，ちょうどゲージ理論が完成し，それから統一場の理論が出てきたが，私のころから15年前には量子力学が始まった．しかしもっと視野を広げて過去にさかのぼってみますと，次のようなリストをつくることもできます．

Radioactivity （放射能）	V粒子 Strange Particles
Atomic Physics （原子物理）	核，素粒子（粒子物理学）
Bohr原子	クォーク模型
量子力学 （1940年より15年前）	非アーベルゲージ場の量子力学 （1990年より15年前）
一般相対論	宇宙論（弦理論？？）

左側は昔のほう，右側は近代的なほうの年代の比較ですけれども，まず放射能が出る．これが今世紀の初めごろにわけのわからないものとして生まれてきたわけで，いまでも完全にはミステリーは解けていないわけですが，もちろん，ご承知のようにBecquerelとかCurie夫人とか，そういう人たちがこれの発見に寄与している．これに相当するものとしてもし挙げようとすれば，私はV粒子，いわゆるStrange Particlesが対応するんじゃないかと思います．これ

は私がちょうど大学を出たころ，QED，量子電磁力学が完成したころに同時に出てきたわけですけれども，性質としてはむしろこちら（左）のほうに対応する．

それから原子物理に対応するものは，もちろん核物理と素粒子物理，いわゆる粒子物理学，それから Bohr 原子模型，これは非常に原始的な量子論を使ったわけですけれども，これに相当するものは，もししいて言えばクォーク模型でしょう．その次に量子力学が完成しましたが，これに相当するのは，非アーベル的なゲージ場の量子力学，先ほど言いましたように，私はこれが15年前ごろに出たということを意識しているわけです．もちろん，こういうアナロジーというのは非常に危険でして，何でもかんでもうまくいくはずがないんですから，ただ一つの試みとして受け取っておいてください．

それでは，一般相対論はどうなるか．これは，そのころはなかなか直接的な実験的検証というのは難しいということがあったわけでして，今でも難しいわけですけれども，その意味ではむしろこれはコスモロジーと関係させて，近ごろはやっている宇宙論がこれに対応するといってもいいんじゃないかと思います．それから，しいてもし何か理論といえば弦の理論，これはまだ大なるクエスチョンマークでして，どうなるかわかりませんけれども，ある意味では対応がつけられるかもしれない．

ここまできまして，次に少し見方を変えようとおもいます．過去の歴史を見るためには，いろいろ見方がありまして，カテゴリゼーションというのですか，あるいは何か図式をつくるといいますか，一つの枠をつくって，その見方から解釈するということが必要だと思いますが，それは伝統的にこの京都で生まれた湯川学派のお得意なところでして，とくに坂田さんがしきりにそういうことを，われわれだけでなくて一般の人にも教え込まれまして，戦後に育ったわれわれの年代は，私自身を含めて非常に影響を受けたと思っております．

この坂田の図式というのは年配の方はご存じでしょうが，若い人にはあまり関心がない，あるいは意味がないと思っている方もあるかもしれませんけれども，ともかくいちおう紹介します．

[坂田スキーム]
1. 現象論
2. モデルをつくる
3. 基本的理論
   ……
   湯川モード
   Einstein モード
   Dirac モード

　私がここで坂田スキームというのは，実は武谷三男さんの3段階論説を意味します．弁証法的な立場に立ってこれを唱えられたわけでして，物理の発展，とくにいまここで考えているのは素粒子のことですけれども，3つの段階を次々移って行き，またもとへ戻って，一種のスパイラルをつくって進歩してくるものだという観察をされているわけです．これはある意味では非常にもっともなことで，いろいろ例を挙げたらきりがない．もちろんそれだけにとらわれていては害になる場合もありますが，いちおう紹介しておきますと，まず第1に現象論の段階がある．つまり，新しい事実を発見する，思いがけないことを発見する，とにかく技術が進んでいままで知られなかったことがわかるようになった．しかし，その背後にあるものはまだわかっていない．理屈がわかっていないときに，まず現象を見つめてそれを記述し，何かその間に手がかりをみつける．規則性があるかどうかというのを見つけなくてはいかん．その立場です．それで規則性がわかったら，それだけでは済まない．モデルを考えてそれを説明しようとする．つまり，その背後にあるものを簡単なモデルで理解しようとする．それが第2の「モデルをつくる」ということです．

　余談になりますが，いつか天文の本を読んでいましたら，中国の天文というのは，昔2000年も前でしょうが非常に発達して，経験公式というのですか，日食・月食などを予言する精密な公式が出まして，たえず観測によってその係数をかえていって精度をよくするようにする，そういうことが大いに発達していたようですが，その背後にある天体のモデルということは何も考えてなかったという説を読みまして，非常に印象を受けました．現象論まではあったけれ

ども，モデルをつくるまでにはいってなかったことになります．

　しかし，モデルをつくっただけではまだ本式じゃなくて，最後に何か精密な理論，数学的な理論で，つまり根本的な法則というのが必要になります．実際に素粒子論の発展を見ているとうまくそうなっているので，たとえばさっき言いましたようにV粒子の理論とか，ハドロンの物理とかいうのが実験的に出てくると，そのうちに規則性を見つけて，西島 – Gell-Mannの法則が見つかる．またそれを説明するためにクォークモデルというものが出てくる．しかし結局，現代ではクォークモデルの背後にあるものは，もちろんクォークとQCDのゲージ理論の力学になっている．それの精密化された理論ができてきているわけです．

　けれども，実際に物理はそれで終わってしまうわけじゃなくて，何かまた新しい思いがけない現象がでてくるだろうから，その現象に関して，また現象論に立ち返らねばならなくなる．こうして同じことを何度も繰り返すというのが坂田先生の考えられたことだと思います．これは一つの見方で，非常にもっともなことですが，また違った見方もできます．

　数年前に考えたことですが，これは全然別な分類方法で，理論物理を研究する態度に3つある．それを3つのmodeと名をつけましたが，第1は湯川モード——湯川・坂田モードと言ってもいいですけど——次はEinsteinモード，それからもう一つDiracモードというのをつけ足しました．湯川モードというのは，もちろん湯川さんが始められたことで，そのために素粒子論というのは現在まで成長したということは間違いないと思いますが，結局何か新しい現象を説明しようとするときには，その背後に新しい粒子があるという立場です．非常に大ざっぱに簡単化すればそういうことになるわけです．湯川以前には素粒子というのはなるべく数が少なくあるべきだ，われわれが知っている日常生活にあるものだけを素粒子として，複雑な現象をその素粒子の組み合わせによって説明したいと考えるのが自然な立場のようだったのですけれども，湯川さんは反対に，新しい現象に対しては新しい素粒子がある，新しい素粒子を導入するのに躊躇されなかった，それが湯川モードで，いままで過去50年の素粒子論の発展に非常に大きな役割を占めてきて，われわれはいまそれを何とも思ってないんですが，そのころの人たちにとっては非常に革命的な考え方だった

と思います．

　それに反してほかの，そのころの有名な物理学者たちは理論を変えて，つまり記述の方法を変えて，いままで知れている粒子を使って新しいことを説明しようとしました．たとえば原子物理では量子力学が必要であって，それがなくては説明ができなかった．しかし，原子の中にあるものは，すでにモデルとしてわかっていた電子と陽子，その間に Coulomb 的な力が働くということも全然変わらなくて，ただそれを記述する理論が変わってきただけです．原子核のようなものになるとエネルギーがあがる．あるいは大きさが一段と小さくなる．そのときには新しい量子力学に相当する，その次に取ってかわる新しい理論でそれを理解すべきである．そういう立場だったので，粒子の数を新しいものを導入するということに対しては非常な抵抗があったと思います．これはあとから入ってきた人の見ることで，ほんとうはそうじゃなかったかもしれませんが，私はそう考えています．それに対して湯川さんは，平気で新しいものを導入して何も抵抗を感じなかった．もちろん湯川さんの前に Pauli という人がニュートリノを導入したのは同じ立場だったので，その点については，Pauli は湯川さんの前の先覚者だったと思います．

　次に Einstein モードに移ります．これは湯川モードとは逆でして，初めから世界はかくあるべきである，こういう原理に従うべきであるということを設定して，理論をつくり出し，それから実際的な予言を導きだすわけです．ご存知のように4次元的な Reimann 空間の世界の構造であるということを前提として，等価原理とか，以下いろんな手がかりはありますけれども，頭ごなしに理論を書き出します．もちろんそれがうまく既知の実験に合うように，やらないといけませんけれども，そのあとで，実験的な帰結を探すと言ってもいいかと思います．ですから理論が先で，あるいは原理が先で，それから予言を求める．Einstein モードでは，幾何学の原理あるいは対称性の原理が先ず存在し，それから dynamics，力学が出てくるべきであるという立場です．これは，湯川さんとは全然立場が正反対だと思います．だから湯川モードの全盛時代には，こういうことをやっていた人もおられるんですけれども，あまり芽が出なかった，損をした方もあられるかと思います．しいて名前をいいますと，たとえば内山龍雄さんなんて方はこちら（Einstein モード）に属した人で，もっと早く認

められてもよかったかもしれないですけれども,それは歴史的なことでしょうがないわけです.

　それから次にDiracモードと書きましたが,これは上の2つのモードのどちらにも属さない.Diracはほんとうに,いわゆる天才的な人だという以外にしようがないんですけれども,なにか原理があるといえば,美的原理ですね.aestheticなものですね.美的というのは数学的な美のことです.美しいものは自然界が採用すべきである,もう採用したはずだということですね.たとえばDiracのモノポールというのはその典型でして,彼の論文を見ていると,その中に,この理論は考えても非常に美しいから自然が採用しないはずはないというのに近いことを言っております.

　それから先週ですか,名古屋に行ったときに,たまたまその学会で益川さんが言われたことが今でも印象に残っているんですけれども,Diracというのは,だれでもが考えているようなことを,非常にありふれたことから出発して,だれも考えられない結論にもっていく天才であると言われましたが,これもなかなかおもしろいと思って感心しました.

　Diracモードというのは,ではどんな例があるか.さっきのモノポールの理論というのは1930年の初めに提唱されたものです.いまだにほんとうにあるかどうかわかってないけれども,おそらく近ごろのゲージ場の理論,量子論を勉強している人にとっては当然存在しなくちゃならんものだという確信はあると思います.実際にそれがいま見つかるかどうか別として,原理的には存在するはずのものだと思います.

　近ごろのstringの理論,超弦の理論というのもある意味ではこれに属するかもしれない.それからsupersymmetry,超対称性という理論があります.これも十数年前出たのですが,数学的に非常に美しい魅力ある理論で,ですからみな,これは何か実際に意味があると考えて一所懸命研究しているわけでしょうけれども,いまのところsupersymmetryが自然界にあるという証拠はひとかけらもない.けれども,非常に美しい理論であるということは絶対に間違いないと思います.ですからそういうのがDiracモードであって,たまたまそれが成功するかもしれないし,成功しないかもしれない.Dirac方程式の場合には,もちろんそれがいきなり成功したのですが,必ずしもそうとはかぎらな

い．

　次に，こんどは私自身の経験したことに入りたいのですけれども，前にも申しましたように，私は昔のことをあまりよく覚えてない．とくに記憶というのは変なもので，非常にselectiveで都合の悪いことは忘れてしまい，都合のいいことだけ覚えているということになるので，私だけが話するということは不公平だ，昔のことをほんとうに真剣に話すのだったら，そのころいた人が集まって話すべきだと思いますから，その意味では歴史的に正しいというわけではない，ただ私の現在の印象という意味で，これから少しお話をしたいと思います．

　私が東大に入ったときには，まだ戦争が始まっておりませんでしたが，東大にいる間に戦争が始まりました．そのころの大学制度は今の制度とは少し違っておりまして，大学を出れば，だいたいいまのマスター程度だったと思いますが，べつに論文を書く必要はない．大学院もその上にあることはあったんでしょうけれども，そんなところに行く人はほとんどいなかったと思います．

　そのころ東大では，例の長岡半太郎の影響があったためでしょうか，伝統的に数理物理というのがかなり盛んであった．物性のほうも強かった．ですから原子核はもちろんありましたけれども，素粒子論をやっている人はいなかった．素粒子論はむしろ京都大学，それから理研の独壇場だったわけです．そんな意味でときどき理研のセミナーを聞きかじりに行ったことを覚えていますが，そのころは仁科さんと朝永さんがコンビで，片方は実験屋，片方は理論屋で，合同セミナーを定期に開いておられました．そこへただ聞きかじりに行ったわけで，そのおかげでいろんなことを勉強しました．とくに宇宙線に関する知識というのは，そのときに得ました．

　いまでも覚えているのですけれども，そのころは坂田さんは名古屋におられたはずですが，朝永さんと坂田さんとは非常に連絡が緊密で，坂田さんはアイディアを朝永さんに書き送られる．そうすると朝永さんは，これは坂田君からもらった手紙だといって，その場で披露するわけです．

　　［二中間子論］
　　　QED　　　Lambシフト

πメゾン
V粒子

　その中で一つ，いちばん印象的だったのは坂田の二中間子論でした．つまり宇宙線でAndersonたちが見つけた，いわゆるいまのミューといわれるものと，湯川さんが提唱した核力のもとになるパイというものは2つの別のものであって，パイがまず宇宙線の陽子により上空でつくられて，それがすぐ崩壊してミューに変わり，ミューが地上まで降ってきて，それが観測にかかる．そういうことをすればいろんな矛盾が解決する．つまり上空で大きなクロスセクションでものがつくられるけれども，一度できたものは相互作用しないで下まで落ちてくるというのは，なぜかというのが大問題であったわけですが，それを2つ別なものと考えれば簡単に理解できるということを坂田さんが示されました．戦後まもなく，パイ中間子というのが初めて実際に写真乾板の中で発見されて，そのパイがミューに崩壊して，ミューがまた電子に崩壊するという3段階の過程が写真乾板の中にちゃんと写ったことによって坂田理論は実証されたわけですが，数年先にそれを坂田さんが予言されたことは非常に炯眼であったと思っております．これはやはり，湯川－坂田の哲学というものが助けて，新しい粒子をいくつも導入することに心理的な抵抗がなかったからだろうと私は考えております．
　東京大学にははじめは学生として，戦後は助手としていましたが，そのころの素粒子の程度というか段階というのはどういうものであったかということを考えてみますと，われわれ学生が最初に勉強したのはBetheの有名な原子核物理の総合報告で，それは *Reviews of Modern Physics* に3回に分けて載った．Betheのバイブルといわれたものですが，1936年，37年に出ていまして，BetheとBacher，BetheとLivingstonという人たちが書いたもので，それをまず勉強しました．これは学生は輪講としてやったので，そのころは戦争が始まっておって，これはまったく余談ですけれども，勝手に，いまのゼロックスコピーですか，写真版をとってもかまわないということになりまして，私の同級生で非常に商売の上手な人がいて，写真版をどんどんつくって，それをほかの大学の学生に売りつけ，それでわれわれは，ただでそのコピーをもらった．

Betheの赤本といって，赤い表紙でした．

そのほか量子場の理論としては，Heitlerが書いた *Quantum theory of radiation* という本があります．これも写真版で勉強しました．それからほかの科目では，統計力学でFowlerの *Statistical mechanics* というのがありまして，これも写真版で勉強したことを覚えています．厚い本ですが．

そのころ，たまたま戦後に入って大きな進展がありまして，一つはご承知のようにQED（量子電磁力学）が発展しまして，これは朝永さんがやはり戦時中に発展された考えが，ここで大成したわけです．朝永さんが文理大，いまの筑波大ですか，それから理研とかそういうところでお弟子さんを使って精力的に進められたわけですが，朝永さんは東大にも戦時中に縁ができたらしくて，新しいお弟子さんをつくった．その一人が木庭二郎さんで，私は木庭さんと同じ部屋にいたので，木庭さんからいろんなこと，木庭さんが何をやっているか，超多時間理論とか，くりこみの理論がどんなものであるかということを，初めて少しずつ聞きかじりました．

それからほとんど同時に実験的にはLambシフトというものが発見されて，一躍くりこみ理論が確認されました．Lambシフトが可能になったのは，もちろん戦時中にマイクロウエーブ，エレクトロニクスの技術が発達して，いままで測れなかった精度でマイクロウエーブを使って測ることができるようになって，これができたわけですが，ほとんど同時にπメゾンがPowellたちによって，写真乾板の技術の進歩によって発見された．つまり最小軌跡の粒子まで写るような写真乾板ができたから，これが発見されたわけです．それからほとんど時を同じゅうして，いわゆるV粒子，すなわちstrange particlesも宇宙線の中や写真乾板の中につかまえられるようになった．ちょうどそのころ私は，大学院のいまでいえばドクターコースの時代だったと思います．

　Isingモデル（Onsagerの解）
　プラズマ理論（Bohm–Gross, Bohm–Pines）
　Strong coupling theory（強結合理論）
　$(1-x-x^2+\cdots = 1/(1+x))$
　　　Skyrme模型　　$I=J$
　　　　　3–3 共鳴

公理論的な場の理論
        TCP
分散理論（Dispersion theory）
S 行列，Regge 極
    → 双対性 → Veneziano モデル → 弦
   カレント代数
    → 異常性
      菅原構成法

　そのほかに，実はそのころ勉強したことで，いまになってまたむし返されているというものがないわけではないので，余談になるかもしれませんがつけ加えておきます．これは全然素粒子と関係ない話ですが，2 次元 Ising モデルの厳密解が有名な Onsager の解で，これは戦争中に出ましたが，戦後 *Physical Review* が入るようになってから，それが日本にも伝わって，私の見ているところでは東大の物性の人たちが非常な興味をもって，一所懸命勉強されていた．それから阪大では伏見康治さんのグループがやはり研究されていたようですが，私もそれにつられて，これをだいぶ勉強しました．しかし，パイ中間子や Lamb シフトが出ましたので，いちおうこれをお留守にしてしまったんですけれども，最近になっていわゆる共形場の理論とか，2 次元の物理がまた盛んになって，ベーテの仮定，転送行列，双対変換など，そのころ勉強したことがよく耳に入ります．

　それから，次に，私がこれから言おうとしていることは，大きな発見とか動きというのはすでに素粒子の物理を勉強されている方は知っておられると思うので，それは前提としてわかったこととして，比較的知られてないことで，われわれが実際に目で見てきた研究者の立場としては重要だったということを拾い上げてお話ししようと思います．

　プラズマの理論というのがあります．プラズマというのは，私の記憶では，量子力学が始まったころですが，Langmuir という化学者が，実際にこれを放電現象に関して発展させたものだと思いますけれども，本格的な場の理論での根拠づけというのが戦後にできまして，これが有名な Bohm–Gross, Bohm–Pines の理論です．とくに Bohm–Pines は有名ですが，これらの論文が *Phys-*

ical Review にそのころ出ました．Bohm は私はそのころ知りませんでしたけれども，イリノイ大学の教授で，Gross も Pines も彼の学生だったと思いますが，結局その理論がのちに役に立ったというのは，ご承知のように Weinberg–Salam の理論として，ゲージ場に質量をもたせることを可能にしたからです．プラズマの中では電磁場が質量をもってプラズマ振動に変わるということですけれども，その理論的な根拠はここから出発した．これは私も相当興味をもって勉強しました．

それからご承知のように，のちに超伝導の理論ができたときにも，もちろんこれが役に立ち，それから Ginzburg–Landau の理論と結びついて，それが結局は素粒子のほうでは Weinberg–Salam の理論に発展した．それが論理的な筋だと考えても悪くはないと思います．

それからもう一つ，今はあまり知られてないことですが，いわゆる強結合の理論，Strong coupling theory というのがあります．これは中間子についての強結合理論ですけれども，その動機は何かといいますと，さっきの二中間子論で出てきた問題，つまり，メゾンが上空で大きなクロスセクションでつくられ，しかもできたあとは相互作用しないで地上まで生き残る，その矛盾を解決するにはどうしたらいいか．昔流の物理学の立場ですと，新しい粒子を入れないで，力学の問題として解釈しようとするわけです．Heisenberg，朝永，Wenzel，Pauli，Oppenheimer，Schrödinger，そういう錚々たる連中が一所懸命それをやった．結局中間子と核子の結合が非常に強いから，普通の摂動ではだめだ，高次の項まで入れなくてはいけない．高次の項は，たとえば幾何級数として，これは非常に簡単ですけれども，$1-x+x^2\cdots=1/(1+x)$，この例で見ますと，x 自身が小さいときには小さい補正ですが，大きくなったときには分母にきて，全体が小さくなってしまう．大ざっぱに言えばこれが強結合を考えさせた動機だと思います．実際はそう簡単じゃないですが，これを焼き直すと，つまり，こういう考えを前提として発展したのが Strong coupling 理論です．しかし，これはほんとうじゃなかった．

にもかかわらず，今から考えてみますと，これはいまはやっている Skyrme 模型というのと非常に構造が似ている．核子があって，その周りにメゾンの場ができて，それが一緒にカップルをする．アイソスピンとスピンと，それから

オービタルな軌道，全部が結合して，ぐるぐる剛体のように回る，そういう結果が出てきます．剛体ですから一種の慣性能率をもち，励起状態がたくさんあるということがこの Strong coupling theory から出てくるのでありまして，それはいまの Skyrme 模型と同じようにスピンとアイソスピンの間の，$I=J$ という関係を満たします．すなわちスピンとアイソスピンをもったバリオンが存在するわけです．その最初に見つかったのがいわゆる 3-3 の共鳴，これはアイソスピンが 3/2，スピンが 3/2．シカゴ大学のサイクロトロンで見つかったこの共鳴がハドロン物理の始まりとなりましたが，ある意味ではこれは，強結合の理論から予言されていたことなんです．Skyrme 模型もいま言いましたように，これと同じような結果が出てきている．その数学的な構造を見てみますと非常に似ていることがあると思います．

それから，「対称性の破れ」とか何とかはあまりにも有名なので，ここではそれに立ち入ることはやめますが，それ以外にいわゆる公理論的な場の理論というものが非常に盛んになりまして，それは一種の流行だったのです．結局あまりたいした結果は出なかったのですけれども，その中で有名なものとして一つ挙げれば，TCP という非常に重要な一般的な性質が発見された．これは見逃すことはできません．

それから，それに伴って分散理論（Dispersion theory），これも 50 年代のはやりでした．もちろんこういうことがでた動機というのは，強い相互作用というのはどうやって理論的に取り扱っていくかわからないから，それによらない一般的な性質を確立するという意味でなされたわけです．もちろんこれが非常にまた役に立ったことは事実です．パイオンと核子の散乱にこれが初めて応用されましたが，それからあとは一種の数学的なゲームになってしまいました．いまでも覚えていますが，毎年いわゆるロチェスター会議というのが，あちこち場所が転々と変わって開かれる．あるいはヨーロッパ，あるいはアメリカ，あるいはソ連ということです．そのときに，ことしはだれが dispersion をどこまで証明したということが大きなニュースになりました．どこまでというのは，たとえばパイオンと核子の散乱は，前方散乱だけか，あるいは運動量の変化 t がどこまでか，また核子－核子の場合はどうか，散乱の dispersion 公式をどこまで証明できるかは，技術的には非常に難しい問題で，こういう公理論

的なことは，とてもなかなか簡単に済まないので，その意味で実際に役に立たなかったかもしれませんが，みんな一所懸命になって，流行によってたくさん論文が出たということはたしかです．

　それよりもっと意味があるのは，ご承知のように S-マトリックスの理論と，それに伴う Regge 極の理論，これも動機は強結合の場合に計算ができないから，一般的な理論をすると，そういう意味でこれが発達しました．その考えの起こりはご承知のように Heisenberg で，Heisenberg は 30 年代に原子核の中の構造というのはわけのわからない強い結合をしているものですから，おそらく新しい力学がその中にあるんだろう，量子力学では説明できないことが起こっているんだろうけれども，核の外へ出てしまえば量子力学で説明できるだろう．したがって，入ってくるものと出てくるものの関係を一般に記述しようという意味でこれを始めたわけです．

　これも余談ですけれども，戦時中に私がレーダーの研究所に軍人として配属されていたときに，朝永さんが，Heisenberg の S-マトリックスの理論の考えを使ってウエーブガイド，導波管の理論をつくり上げた．導波管から入射波が入ってくると，出てくるものはどうなるか．そういう一般的理論をつくられたことを記憶しております．

　しかし，実は S-マトリックス理論はこれだけで終わらなくて，全然違うモデルが出て，いわゆる双対性(duality)という考え――これは皆さんご承知でしょうから説明しませんが，それから Veneziano モデル，それから弦，こういうものを生んだわけですから，その初めの伏線としては，いまから見ても非常に重大な貢献をしていることになります．

　もう一つ，カレント代数，これもやはり実際の現象を記述するための手段として，細かい計算によらずに一般的な性質から説明するという意味で発展したもので，原子物理の中で使われる総和則みたいなものです．

　しかし，これもそれだけでは終わらずに，いわゆる異常性(anomaly)というのが発見されまして，それが現在では幾何学的に非常に重要なものになってきました．ですからこれは無駄じゃなかった．たとえば一つ例を挙げれば，これも 2 次元の弦の理論と関係があるわけですが，いわゆる菅原 construction，外国ではそう呼ばれていますけれども，こちらではどういうのですかね．こうい

うものがその結果として生まれてきました.

　だいぶ時間がきましたが, これから本論といえば本論です. 私がシカゴで学生に話をするときによく言うことですけれども, 学生が物理を勉強するときには, すでにでき上がったものを習う. ですから結果だけを知っているわけで, それがいかにして成立したかということはあまり問題にしない. もちろん, でき上がってしまえばそれでいいわけで, ただ物理を習うだけならそれでいいわけですが, 研究者というのはそうじゃなくて, これから新しいことを見出していこうというわけです. そのためにはそれだけでは済まない. つまり, なぜこういうことをやって, どういう考えでこの結果に到達したか, どういうものを見つけたか, 何か一つの立場, 哲学といっては少し強すぎますけれども, 何かの立場, ものの見方が必要です. そのためには, もちろん成功談だけでなくて失敗談も必要である. 実際に理論とか結果を学会で発表されるとか, 教室で講義として聴くときには, 成功談というか結果だけを話しをする. その背後に, どういうモチベーションでやったかということは人は話したがらない. つまり自分の手のうちを見せたがらないわけですけれども, それではほんとうの教育にはならないと思います.

　ここで私がお話ししたいのは, そういう観点からして, 私の経験でどういうことをしまったと思ったか, どういうことが印象的であったかということを, いま思い出すままに少しお話ししてみたいと思います.

　一つは, 湯川理論から, クォーク・モデルまでの発展です. 最初に湯川さんがパイ・メゾンというのを仮定されたときには, おそらくあれは新しい素粒子であると考えられたと思います. いずれはだんだんと素粒子の数が増えてくるんですが, 素粒子であると考えられたことには変わりないと思います. ところが実験的にいわゆるハドロンの物理が進歩しまして, 次から次と新しい粒子——それは粒子といっても, レゾナンス(短寿命の共鳴粒子)と言ってもいいほどたくさん出てくる. 結局はレゾナンスということになったわけで, そうすると自然に考え方が変わらざるをえなくなった. ですから素粒子の原子の中にたくさんレベルが考えられたと同じように, ハドロンにもたくさんレベルがある. とすればハドロンは内部構造をもった複合粒子であるということが自然にあるわけです. しかし, そこまで到達するにはやはり時間がかかる. 実験的にはい

っぺんにたくさん粒子が出てくるわけじゃなくて，少しずつ出てくる．頭を切り替えるというのはなかなか容易なことじゃない．

ω meson $(1^-) \sim Z^0$
　　核子の構造因子
　　　3π
　　　……
　　くりこみ　あきらめ
　　　……
　　カイラル対称性の自発的破れ　→　π massless
　　原理の問題
　　　　　　クォークの色
　　　　　　とじこめ
　　先入観
　　（Prejudice）　必要かつ害がある
　　　　小林，益川のマトリックス

　たとえば一つの例を言いますと，オメガ・メゾンというのがあります．オメガ・メゾンといっても，この中の若い方は，すぐ思い出せる方はあまりないかもしれません．これはベクトル・メゾンで，フォトンみたいなものだと考えれば，Weinberg–Salam 理論の Z^0 に非常に似た性質のものです．ただし，オメガはクォークと反クォークの結合物で，これは私は初めに湯川的な立場で核子のフォームファクターを説明するために，つまり湯川のフィロソフィーに従って仮定してみたわけです．しかし，そのころは，これは新しい素粒子だという先入観が抜けなかったので，これがすぐほかの粒子にこわれてしまっては困る．つまり，これは3つのパイに崩壊するわけですが，それでは困るので，なるべく質量を下げていく，そういう先入観がありました．実際見つかったときは，これは非常に高い質量で 800 MeV ですか，それですぐ3つのパイに崩壊できるわけですが，私が初めに考えたところは，それが崩壊できない程度の質量にしておきたかった．それはやはり，一種の素粒子であるべきだという先入観があったからです．

　それからいわゆる朝永さんのくりこみ理論というのも，そのとき非常に感銘を受けた一つの面は，それがうまくいったというだけじゃなくて，つまり一種

のあきらめというか，これは前に『クォーク』(講談社)という本にも書いたことですけれども，何でも完全に計算できるという野心を私はあきらめて，この程度で譲歩しておくとか，そういうモデストな研究の立場というのが大いにうまくいくことがある．若い人はとくに，あらゆるものは全部解いてしまうというように野心満々になりますけれども，それだけではうまくいかないことが多い．それは物理だけに限らず，あらゆる方面で必ずあると思います．数学の問題でも，頭から完全に解こうと思ったらだめで，少し譲歩して問題をやさしくして解くというのは常套手段です．同じことがこのときにもいえるかと思います．

　それからこれも非常に印象的で，これはあるいは，あの時期に特別あてはまったことで，一般にあてはまるかどうかは知りませんが，何か対称性を見つけるということを一つの手がかりとする，つまり対称性というのはものを簡単化して見ようとすることです．しかし，自然には厳密な対称性とそうでないものとある．その区別がはっきりしない．これはあるいは厳密な保存則かもしれないし，あるいは近似的なものかもしれない．どちらであるかということは非常に重大な問題ですけれども，初めはそれはあいまいだ．どちらの立場もいちおうとってみなければいけない．

　一つの例をいいますと，たとえばSalamがパリティの問題が解決したころに言ったことだと思います．桜井純さんが，ゲージ場の理論を大まかにハドロンの物理にあてはめて有名な理論を立てるわけですけれども，その論文の中に引用したSalamの言葉は，「物理学者というのはおかしなものだ．一所懸命保存則を見つけようとして努力して，やっと見つけたと思ったら，その次の瞬間には今度はこれを破ることを考える．非常に不思議なものだ」．実際にそういう心理的な流れがあったわけですね．

　たとえばストレンジ・パーティクルのことですが，その規則性を理解するためには，ストレンジ・パーティクルは対で出てくる．初めストレンジネスのないものを，プラスのものとマイナスのものと2つつくる．これはできる．そういうことをすると理解が簡単になる．ところがそれだけであっては，出てくるのはストレンジネスをもったもので，それはいつまでたってもストレンジネスをもっているから絶対に崩壊できない．だから，実際にそれが崩壊するために

は，ストレンジネスをその次の瞬間に破らなくてはいかんわけです．その破れ方が弱いから，ストレンジ・パーティクルというのは長く比較的崩壊しなくて観測にかかる．ですから，立場をその次の瞬間に切り替えてしまう．それはなかなか難しいことでして，心理的には一種の技ですね．あるときには非常に厳格に考えなくてはいけないけれども，その次の瞬間には非常に実際的に頭の切り替えをしなくてはならない．

　もう一つの例は，パイオンの自発的破れですか，これでパイが質量なしということならばいいですけれども，実際の場合は質量をもっている．ではパイオンが質量をもっているのはなぜかという問題ですけれども，カイラル対称性の自発的破れということを厳密に解釈したら，これは質量があってはならん．しかし質量がないパイオンというのは実際には存在しないから，これは実際には意味がないということがいえますけれども，さっきの立場ですと，カイラル対称性というのは実は厳密なものじゃないということを認めてしまえば，パイオンは現実的にGoldstone粒子であると解釈してもいいということが言えます．ですからそこでも一種の頭の切り替えですか，譲歩というものが必要になる．この点で，物理学者と数学者は考える態度が非常に違う．

　それからもう一つ問題をいいますと原理の問題，よく人と議論すると一般に出てくることで，「これは原理の問題だ」ということがいろんな場合に出てきますけれども，実際にそれが物理の中でも大いに必要なことがある．たとえばクォーク・モデルが出たときに，クォークの統計というのは，Bose統計に従っていた．ですから非常におかしいけれども，しかし，一般のそのころの立場は，とくにGell-Mannも強調したことですけれども，クォークというのは完全に形式的なもので，ほんとうの粒子と考える必要がない．ただ波動関数についているインデックスにすぎない．その意味では何でもいいんだということになっていました．しかしこれに対して坂田モデルの立場に従えば，粒子というのは何かの意味で実在性をもってなくちゃいかん．何か，素朴な意味の実在性がなくてはいかんということを真剣に考えれば，統計の問題はそう簡単に無視するわけにいかない．そういうことを無視しないとすると，クォークの色というものが必要になる．ところが，クォークは実際にいままでみたことがない．ですから実在といっても，実在の意味がだんだん変わってくる．いつまでも素

朴な実在という概念に固執しては困る．そこがまた難しい問題です．

　それから私の思い出を言っておきますけれども，クォークの色というのは，初め色を2つにして，それがだめでもないけれども，やっているうちに3つにしたほうがきれいになるというので，3つの色にまで到達したわけですが，数をふやすことに，心理的抵抗がやはりいろいろあったわけです．

　閉じ込めの問題ですが，これもクォークの実在性に普通のように固執すると困ることになる．私の今からの思い出ですけれども，そのころはいわゆるひもの理論というのができました．ひもモデルが出ればすぐわかることは，クォークをいつでも閉じ込められる．ひもの両端にクォークをひっつけておけば，ちょうど磁石の北と南のようなもので，絶対にこれを離すことはできない．二つに切れば，その切れたところにまた対ができるわけですが，その意味で閉じ込めを理解するのは非常に都合が良い．

　その反面，こういうものを考えてクォークを考えるにしても，クォークの実在があればやはりバラバラに出てきたほうが自然だ．そのためにはクォークが実際に見えるようにしたい．そうすると，いまのクォークモデルと違って，赤・白・青のクォークの三つが，それぞれ電荷が違ったものであってもいい．いわゆる Three triplet model というのを私は考えたわけですが，ひもの理論ができたあとで非常に迷ったのは，つまりどちらをとるか．閉じ込めを信じてひもを信ずるか，あるいは3色のクォークで，それがバラバラに出得るようにするほうがいいのか，非常にそれは選択に困ったことを覚えています．

　それから，もう少しつけ加えたいことがあるんですけれども，いつも私は学生にも言っていることで，坂田さんのさっきの3段階の理論にかえるわけですけれども，現在の状態が，いったいどういう坂田の3段階のところに相当しているかということをやはり意識することが必要だと思う．夢中になってしまうともうそういうことを忘れてしまって，たとえばひもの理論に一所懸命になると，その問題を解くことばかり夢中になって，もっと大きな見通しがつかなくなるおそれがありますから，いつでもそれがどういう歴史的な意味をもつだろうかということを予想する，見通しをつけるということが必要だと思います．ある意味では一種の偏見(prejudice)が必要であることですね．初めからこうだろうと思っていく．これは必要でもあり，また危険でもある．偏見というの

は，たとえば坂田さんの立場だと，多くの粒子は複合体でそれらは実在性のある構成成分からつくられている．そして歴史的には実際このように発展しました．それが成功した例はいままでたくさんあります．

　もう一つ例を挙げますと，小林・益川のマトリックス，これは実際にそうであったかどうかは小林さんや益川さんに聞いてみないとわからないですけれども，私が外から見た考えでは，クォークの世代の数を2つ以上に増やすということに心理的な抵抗がなかったから，こういうことがだれよりも早く言えたんじゃないか．それは私の勝手な解釈かも知れません．もし反対されるのだったらあとでお話を聞きたいと思いますけれども，そういうふうに解釈しております．

　しかし，一方，偏見には，また害があるわけです．偏見にとらわれていてはいけないので，実際に目の前に突き付けられたものを偏見なしにみつめるということが重要になってくる．こうだろうかという先入観をもたないで，ものに即してそれから始める．実験屋の言うことですけど，理論屋の言うことを聞いてはいけない，実験屋は実験屋の立場で，自分のデータを眺める．けっして偏見にとらわれてはいけない．これは非常に重要なことで，理論屋もまた実験屋のデータを信用してはいけない．これは自分の理論に合っているからこうだろうというふうに都合よくもってきたがるわけですけれども，それは非常に危険なことで，しかし非常にやりやすい過ちです．

　たとえば，一つの例ではVenezianoモデルというのが出てくるときに，その背後に何があるかということを私は一所懸命考えたわけですけれども，そのときにひもという概念が背後にあったわけでは絶対になくて，ただ数学的にその構造を眺めて，VenezianoモデルをBreit–Wignerの共鳴の和に書き直す方法を考え，純粋に数学的なテクニックとしてその方法を見つけたときに，そのあとで，これは一次元の物質のスペクトルを与えているということに気がついたわけです．ですからそのときは何も偏見をもっていたわけではない．データでなしに，公式を何も偏見なしに眺めているとそういうことが出てきた．そのほか，いろいろ失敗談とか，あるいは紆余曲折を経て成功に達したという例がいくつもあるわけでして，これも実は去年，名古屋のワークショップのときにちょっと話しましたけれども，時間がありませんし，ここでは省いておくこと

にします．しかし，皆さんが失敗談を年配の先生方から聞くということは非常に意味があると思います．そういうものは論文を読んでもわからないわけです．

Livingston プロット
加速器のエネルギー　〜 $\exp(ct)$
　　1 MeV　⟶　1 TeV
　　10^6 eV　⟶　10^{12} eV
　　10^{15} GeV = 10^{24} eV
　　……
Post-Modern Physics
世紀末　Fin du siecle
　　……
亀井　理　（中央公論社『自然』，1970年6月号）
社会　＞　大学　＞　理工系

　では，最後に未来はどうなるか．私は未来のことを言う気は全然ありませんけれども，2,3コメントしますと，これも前から私が何度も話したことですけれども，加速器のエネルギーが時間とともにどれだけ高くなってくるかということをデータを取ってみますと，非常に簡単な法則に従っている．Livingstonという人が初めてみつけたんですが，Livingston プロットと名前をつけておきましょうか．Livingston というのは Lawrence と一緒にサイクロトロンの発明に関与した人ですけれども，加速器のエネルギーが時間とともに指数的に増大するということです．1930年代に始まった最初のサイクロトロンのエネルギーは 1 MeV の程度でしたが，現在1990年ですから，60年ほどで，大体の目安として 1 MeV から 1 TeV ですか．ですから 10^6 eV から 10^{12} eV ですか．実際に指数的にこうなっている．

　それでは将来どうなるか．いま大統一理論で議論されているのは，たとえば 10^{15} GeV は 10^{24} eV，そうすると 12 けたまで先です．この議論でいくと，あと 60 年プラス 60 年，120 年かかるわけです．ですからこういうところをわれわれ理論屋は議論したわけで，実験屋はずっと後ろに置き去りにされてしまった．これが現在の一つの特徴です．

　それでは，今後の素粒子はどうなるかということなんですけれども，ある意味ではいままでのやり方の素粒子の実験，すなわち加速器的な物理というのは

もう先が見えてきました．地球の大きさは有限で，完全に新しい技術が見つからないかぎりは，もう先が見えているといってもいいかと思います．

そうすると非常に悲観的なんですけれども，悲観的なことも楽観的なことも言わせていただきます．私の同僚のFreundが，こういうことをこの間言ったんですけれども，Newtonが17世紀にNewton力学を完成した．その次にMaxwellが19世紀に出て，200年あとで電磁力学を完成した．その間は何も新しい本質的な進歩はなかった．天体力学とか，数学的な力学の理論というのは完成したけれども，本質的なものは何も新しいものは出なかった．

いま，素粒子物理が50年か60年前に始まって，いままで続いてきたんですけれども，だんだん先が見えて来てしまった．大統一エネルギーに達するまでは砂漠状態で何もないというようなことがもし本当だとすれば，当分われわれは何も新しいことを見つける可能性がないかもしれない．Freundは，そういう時代にいま入っているんじゃないかという可能性を指摘している．

それに関連することですが，いろいろな表現で私も2, 3話をしたことがあるんですけれども，過去50年というのは，いわばヨーロッパの歴史でいえばルネッサンスの時代であった．非常に活発に精気に溢れた時代であった．これからバロックの時代に入るのかもしれない．そういうことを言ったら，この間Chandrasekharが私のところへ来て，同じことをvon Neumannがやはり言った．それは戦後間もなくだったけれども，もう数学は終わりにきたという．そのリプリントを私にくれました．いま持ってこなかったので，もういちど調べるわけにいかないんですけれども，いまの数学が，von Neumannの予言が当たったとは思えないわけですから，そういう悲観的な観測というのはべつに信じないでもいいんじゃないかとも思います．

それからもう一つ，とくに過去10年，15年間，いわゆる大統一の理論とか，あるいはコスモロジーに関するいろんなスペキュレーションが出てきました．また，理論的には非常に進歩があったと思われているひもの理論も出てきました．けれども，それを裏づけるような実験的なもの，新しい実験的な結果というのは何ひとつ出ていない．過去10年間，少なくともここ2〜3ヵ月前までは新しいことは何も出てこなかった．そのためもあって理論と実験との開きが，あるいは隔たりが出てきてしまった．理論が進みすぎただけじゃなくて，実験

が進まなかった．

　そのことを特徴づけるために，私はPost-Modern Physicsという名前を使ったことがあります．これは実は数年前に立教大学で「戦後日本の精神史」という名前のシンポジウムが開かれまして，シカゴ大学と立教大学とは非常に関係が緊密で，もちろん全部人文関係の人ですが，そういうものをディスカッションするシンポジウムが開かれて，私も呼ばれて話*をしたのですが，そのときに何度もこのPost-Modernという言葉が出てくるわけですね．Post-Modernというのは私は，その意味がよくわからなかったんですけれども，建築でPost-Modernというものが戦後に有名になりました．それで考えたのは，いま物理のひとつのPost-Modernの時期に入ったのではないか．その定義ははっきりさせる必要はないんですけれども，いままでとはたしかに違ったものになったという考えをもっています．

　それから，この間，名古屋で高林武彦さんと話していたんですが，いまもう1990年代で，あと10年間で21世紀に入る．昔の言葉でいいますと，いわゆる世紀末という話がある．「世紀末的現象」というのはわれわれは名前は知っているのですけれども，いま素粒子が世紀末に入ったのじゃなかろうかという質問をしたわけです．しかしそれほど今は悪くない．昔の世紀末と比べたら，もちろんそのころ私は生きていたわけじゃないから知らないんですけれども，いまはそんなに悪くはない，もっと楽観的であるというのが高林さんと一緒に達した結論だったんです．考えてみれば，初めに戻りますけれども，そのころの物理といいますと，もうMaxwell理論が出て古典物理というのはいちおう完成したかもしれませんが，その矢先に放射能というものをBecquerelとかCurieが発見する．それからRutherford, Thomsonによって原子モデルというのが出てきた．Einsteinが相対論を提唱した．そういう意味で世紀末どころか，それから新しい世紀がひらけたわけです．ですから21世紀になれば，あるいは全然われわれが予期しなかった新しいものがひらけていくかもしれない．

　それが私の希望的観測ですけれども，最後に一つ，それでは研究者の組織というもの，つまり物理は上のようであるとしても，それをやっていく研究の組

＊［編注］本書の第Ⅰ部，「科学・二つの文化・戦後日本」．

織はどうか．これは私の考えでは，世界じゅうの物理，とくに日本の物理研究者にあてはまることですが，物理だけじゃなくて一般の研究者もそうですが，この間座談会がありまして，そのときについでに読んだんですけれども，亀井理さんというお茶の水大学の先生で，科学史を研究しておられる方が書かれた記事があります．たしか『自然』という雑誌に出たものです．「大阪市大の成立当時の事情」というのを調べた記事の中ですけれども，戦後の日本の社会の進歩の状況を見ていると，社会の進歩の状況は，大学の進歩の状況よりもずっと速い．大学のなかでもとくに理工系はとくに遅れている．社会＞大学＞理工系，こういう公式を書いたんですね．

これはある程度わかる．不等式の最後のところは知りませんけれども，はじめのところはたしかにそうです．日本に帰ってきて感ずることは，一般社会を見ているとものすごく進歩している．活気がある．とくに企業関係，会社，なんか見ますと大変な印象を受けるわけですけれども，一方，大学の校舎の中に入ると昔ながらという感じがする．ですから，これは一つの問題でして，皆さんもこれから考えていただきたいと思います．これだけです．

質　問

河本（京大・理）　加速器の物理というのはこれから先，金の問題もいろいろ絡みまして多様になっていくと言われましたが，先ほどの3つのモードですね．湯川モードというのは加速器の物理に非常にエッセンシャルに結びついていると思われますね．そうするとこれから先，Post-Modern Physicsといわれるように進んでいく素粒子が，さっきのモードからいいますと，どういうふうなモードにあてはまるような方向に進んでいくと思われますか．あるいはそういうふうなカテゴリーに入らないようなものになるのですか．

南部　いま現在やっている理論屋さんが，たとえばスーパーストリングとか，あるいは近ごろはナンバーセオリーというものまで使うことになりまして，それでp-進数をひもの理論に使うとか，いろいろなことがありますけれども，そういうのは今のモードにあてはめるとすれば，第3番のDiracモードだろうと思うのですが，しかし，これから先どうなるかということはわかりません．あるいは全然新しいモードに入るかもしれません．でも現在私の見ているとこ

ろではどうも Dirac モード全盛時代というような感じがします．少なくとも私のシカゴ大学の周りを見ていますとそういう感じがします．

益川敏英(京大・基研)　一つは，Dirac について私が言ったことは，私は天才のタイプは3人あると思いますけれども，あとの2つのモデルは別として，私が尊敬する Dirac は，「だれでも認める仮定から出発して，だれでも認める推論をして，だれも到達しないところへ行く天才である」，そう言ったわけです．それから私は坂田先生のもとでは末っ子みたいなもので，坂田先生ご存命の最後に育った世代なんですが，そこにいましたから，たしかに南部先生がおっしゃるように，数を増やすことに対しては，たいして抵抗はありません．むしろ抵抗があったのは，その当時まだ QCD というのはわかっていなかったんですね．今の人は何とも思わないと思いますけれども，南部先生はわかってくださると思いますけれども，ほんとに神秘的なベールに包まれて，そういう意味で，その少し前に小林さんと私で，強い相互作用の中にはストレンジネス，破れの軸が入らないということを証明してあったので比較的楽だったんですけれども，あの結論に到達するときに，くりこみ可能という可能性ですね．それを頭にかぶせて答えを出すということに対して，いかがなものかと，それがいちばん抵抗感がありました．だから探っているときにも，もうそのときは坂田先生も亡くなられたんですけれども，くりこみ可能性がこんな答えを出すことであったら，坂田先生はなんとおっしゃるかな，なんてことを思いました．だから，そういう意味で，反対に坂田学派にとっては，そういう Dirac モード的なものというものに対しては，ある意味で思い込みみたいなものがありましたから，それが反対の意味では桎梏になっている．

牧 二郎(京大・基研)　質問じゃなくてコメントなんですけれども，たぶん湯川モードの中の話なんですけれども，私，昔名古屋におりましたときに，坂田先生は12年革命説というのを唱えられて，1935年が湯川理論，12年たって47年というのがさっきおっしゃった二中間子論とか，それでもう12年たって1959年がやはり革命の年だと，ちょうどそのころおっしゃるんですね．何だと思ったら，名古屋モデルのことではないかどうか知らないけど，とにかく12年説を言っているわけですね．59年というのは，ちょうど南部先生の対称性の自発的破れが出てきたときだし，いくつかほかにもあったんじゃないかと

思うのですけれども，その後12年説が合っているかどうか，ときどき考えるんですが，そうしますとその次は1971年ですね．71年というのはQCDが出た直前だし，それを数学でトライしまして，ある意味では意味があった年だと思うのですね．そして，また12年たって1983年は何だというと，スーパーストリングの出るときだと思うのですね．1年ぐらいの誤差は許していただけば，だいたい合うみたいな気がするのですね．

そうしますと，こんどは1995年ですが，そのころに何が出るか．いやこれは単純なレギュラリティーがあるとしますとね，と思うんですけれども．

南部 いまのは現象論ですね．

益川 坂田先生は，10年説，12年説，15年説と，しょっちゅう変わったんじゃないですか（笑）．

南部 誤差の範囲で．

牧 私は12年説しか聞いたことないんですけど．

南部 ああ，そうですか．

福来正孝（京大・基研） 結局，先のことはどうでもいいんですけど，ここ2～3年の見通しはどうなりますか（笑）．

南部 非常にいい質問ですけれども，いま解けてない問題は，私の考えではクォークの質量の問題です．真っ先にたとえばトップが見つからない．それからヒッグスがまだ見つかってないが，それらの質量を予言できない．そういうものを片づけてほしいですね．理論的でもいいし，実験的でもいいから片づけてほしいんですけれども，2～3年，もっとかかるかもしれません，それはわかりませんが，それがもし片づくか，あるいは片づかないにしても，その先はどうなるか．ほかに何が出るかというと……．

福来 あまり先はどうでもいいんですけれども，何を問題として出せばいいのか．

南部 つまり現在Ph.D.を取ろうとしている学生が何をやったらいいか，そういう問題ですね．（笑）

福来 何を問題として出せばいいのか．

南部 それは素粒子を外れれば，またおもしろい問題はたくさんあると思うのですけれども．

福来 素粒子として，南部先生だったら学生にどの問題を与えますか．

南部 私がいま与えているのはクォークと Higgs の問題でして……．

青木健一（京大・基研） 私は先のほうを聞きたいんですけれども，ここ 2〜3 年はどうでもいいというか，なるようにしかならないと思うんです．先ほどの加速器のお話で，抽象的に加速器が次へ進むというパターンはなくなっていく可能性があるとよく言われるのですけれども，もう少し考えてみると，やはり私たちがある程度アクティビティーとか精神的支えにしているのは，次のエネルギー領域を探る加速器が計画されている．その事実は非常に大きいと思うのですね．10 年，15 年たって 21 世紀が始まって何年かしていくと，いまの時点ではやはり加速器というものがまだ考えられていない．15 年先には考えられているかもしれないけれども，もしそうじゃない状況になったときに，高エネルギー物理学という名前自身が危うくなるわけで，そういうときに，私も全然想像できないんですけれども，南部先生の想像で結構なんですけれども，21 世紀中葉の高エネルギー物理学というのはどういうことになるか，聞かせていただければと思います．

南部 21 世紀はどうであるかということを，私はまだそれほどはっきり考えたことはないんです．たしかに素粒子物理学は，つまり人間のヒューマンスケールというのは変わらない．ゼネレーションの長さ，一生の長さというのは，多少延びてもオーダーが変わることはない．それに比して，エネルギーのスケール，金のスケール，それから大きさのスケールというのは，指数的には大きくなっているわけですね．そこが問題でして，昔だったら，たとえば実験室のテーブルの上で何かやってちゃんと答えが出たというのがいわゆる伝統的な懐かしい物理の概念なんですけれども，このごろは一種の大産業になってしまって，LEP の実験なんていうのは一つのグループ当たり 300 人ぐらいじゃないですか．そういう大産業になってしまった．金がかかる，時間もかかる．とくに時間が人間にとっては大事でして，つまり一生のうちの大部分を，一つの実験をするのにエネルギーを使ってしまう．そしてその結果が出るかどうかという保障もないわけです．しかも何百人のうちの一人は単なる部品にしかすぎないというような意味での物理学になってしまう．そういうのが一つ人間的な問題として大きな問題が起きるわけです．

これもよくいわれることですけれども，加速器というのは，中世期に建てた大寺院みたいなもので，あのころは何百年もかかって黙々と人が働いて，しかもだれが建てたということは記録に残っていない．そういう宗教的な信念でやらないと物理は続かないかもしれない．そういうモードに入らざるをえなくなったかもしれません．

　ですから，そういう意味で見れば，たしかにいままでのいわゆる加速器物理というのは限界が見えてきたといってもいいんじゃないかと思います．もちろん，全然新しい方式が出ないということはないわけで，おそらく出るんじゃないかと思いますけれども，しかし，そうかといって，いきなりPlanckエネルギーとか，そういうところまでジャンプするような実験が出るかどうかわからない．陽子の崩壊とか，そういうものがうまく出れば問題なかったんですけれども，うまくいかなかった．

　そういう形で見ると，先日小谷正雄さんと話しているうちに，そういうことも出たんですけれども，小谷さんの言われるのには，私も同感だったんですけれども，つまり自然というのは非常に親切だ，われわれにちゃんとやれるようにつくってある．われわれが研究すれば答えが出るようになっている．考えてみればそういう自由はあるかないかわからないわけでして，いくら研究してもわからないかもしれないけれども，しかし少なくともわれわれが毎年研究費をもらってめしが食えるのは，研究すれば何か結果が出るからだ，それはある意味では非常に不思議なことだと思う．しかし逆に考えれば，われわれは解ける問題だけを解いているから解けるんだということもいえるかもしれませんけれども，それだけではなくて，やはり意外に新しい発見があるということは，近代科学が始まってからずっと続いていることじゃないでしょうかね．

　ですから，人間の態度というのは，いまこういうふうにあまり実験的なデータが出ないと悲観的になるわけですけれども，たまたま何か大発見があると，すっかりいままでのことを忘れてしまって，また元気を取り戻すということは否めないと思います．ですから，それもつまり，こういう時代にあるんだということを意識しておられれば，あまり悲観的になることもない．研究というのはそういうふうに非常に真剣に取り組むという面がありますけれども，それ以外に一つの遊びであるという立場がある．あまり真剣に毎日考えていたんじゃ

神経衰弱になるけれども，それ以外に楽しんでやるという立場があります．その両方を適当に使っていればいいので，逆に楽しんでやるところから案外おもしろいものが出てきて，それで満足すればそれにこしたことはないわけだというふうに私は考えております．

質問者(?)　最後のほうで先生がおっしゃったポストモダン物理ということについてお伺いしたいんですが，物理の基礎的な理論というのは哲学的なものと結びついているように思うのですが——たとえば坂田先生の場合のように——そうすると4～5年前だと思うのですが，ポストモダン哲学というのがよくはやったと思うのですけれども，その哲学はどんなものか読んでみると，今から50年くらい前にすでにフッサールとか，そういう有名な哲学者がやられたことを，なにか継ぎはぎ継ぎはぎして形だけを変えて，中身は全然新しくないようなものがどんどん出てきたのが，そのポストモダンの哲学だったように思うのですが，それがもしもポストモダンの物理学になると，どうなんでしょうか．

南部　それは厳格な意味のアナロジーをとったわけじゃないのでして，ポストモダンという名前をただ借りただけでして，ですからポストモダンの内容が哲学ではそうだったかもしれないけれども，物理でそれを同じふうに解釈するという意味じゃなかったわけです．ただ，モダンフィジックスというのは，いままでのわれわれが知っている加速器物理学，あるいはそれに加えてゲージ理論が入った大統一の理論までを含めてモダンの物理としたときに，その外に出るようなものにいま入っている．つまり数年前にスーパーストリング理論がはやったときの感触だったわけですね．そういうものをポストモダンというふうに名前をつけてみただけなんです．

II

発展の経路

新素粒子対話

サルヴィァチ あなた方のお国の，あの巨大な Radiation Lab. や Mt. Evans での日々たえ間ない活動は素粒子論研究者たちの頭に，思索のための広々とした働き場所を与えているように思われます．わけても人工中間子工場が一番でしょう．たえず大勢の研究労働者たちがシンクロサイクロトロンやベータトロンやシンチレーションカウンターや，その他あらゆる型の加速器や測定装置を運転したり，作ったりしていますし，その連中のうちには経験と受売りによってゆきとどいた知識を持ち，おまけにそれを上手に説明する技まで心得ている者がおりますから．

サグレド 全くおっしゃる通りです．私も生れつき知識にかけては慾の深い方なので皆がボスと呼んで敬意を表しているおえら方の仕事を見るのが楽しみなばっかりによく行って見ますが，実験データをやたらに持ち出されたり，キリバコの朦朧とした写真などを見せつけられると，とても玄妙なことやほとんど信じられないことなどがやたらにとび出して来て，そのおかげで今まで分らなかった問題の解決のヒントが得られることもありますが，また一方ではたしかに間違いのない写真ではあるが，いくら頭をひねっても合点の行かない現象にぶつかり，さじを投げたくなることもあります．

サルヴィァチ なるほど，たとえば近頃アメリカやイギリスでさかんに取沙汰されている V 粒子，κ 粒子，τ 中間子などのニューフェイスたちがありますね．人々はこれらが今まで知られていなかった新しい素粒子で，π や μ や核子の親類なのだろうと云っていますが，私どもにもその正体をはっきり摑み，確信のある意見を述べられる人はおりません．

サグレド たしかにこの頃はアプレゲールの私生児たちみたいにどんどん変てこなものが現れて来て，私たちはその仕末に困惑しているような次第です．

いつだか鉄のカーテンの向うで何十という新粒子が見つかったという話があって，みんな大さわぎをしましたね．そこでいろいろな学者がそれをたしかめようとして実験をくり返した結果，どうやらあの話は実験の不完全さによるものか，あるいは二つの世界では自然法則も違っているのかどちらかであるという結論が得られたように聞いております．しかし今のお話のようにだんだんこちらの世界でも粒子の数がふえて来ているとしますと，やはり世界は一つなのだということになるのでしょうか．

　　サルヴィャチ　もちろん私たちは自然法則がイデオロギーによって変るはずはないと信じていますから，その意味ではあなたの御説のとおりです．しかし不完全な実験や誤った推論からたまたま真実に近い結論を得たとしましてもそれはその限りにおいては意味のないものです．実験を誤って真理におち込むということはよくあることですが，それがもともとは正しい意図のもとになされたか，あるいはそれが人々の真理への努力に刺戟と方向づけを与えるような影響をもたらしたか，などの事情を酌量しましてそれを評価すべきでしょう．ヴァリトロンの場合はいわば当らずといえども遠からずという真理の upper limit を漠然と与えただけで実験そのものが正しかったかどうかは疑問ですが，一面先駆者的な意義は認めなければならないと思います．それにしてもあの戦争がなく，またわれわれの世界が半透膜あるいは不透膜で二つに仕切られてしまうというようなことがなかったら，誰かの失敗も成功も直ちにすべての人たちによって批判され，消化されて貴重な栄養となり得たことでしょう．

　　サグレド　全く例えばジパングのトモナガとかサカタとかいうすぐれた人たちの業績が，お話のような外部的事情に制約されて，それが当然与え得たはずの大きな影響力を発揮できず，従って当然受けるに価した評価をも受けそこねたことは甚だ残念におもいます．ところで最近かなりはっきり分って来たといわれる新しい素粒子の話を承りますと，何だか多くの元素が続々と発見された当時の事情に似ているような気がするのですが，これらの粒子が将来の素粒子論に関する重要な手がかりとなるわけですね．

　　サルヴィャチ　その通りです．私たちの現在もっている素粒子論は，既知の体系の上に築きうる極限のところまで行きついています．いくら想像力を羽ばたかせて，推理力を酷使しても閉じた空間から飛び出すことはできません．新

しい次元は客観的な自然から教えて貰わねばならないでしょう.

　サグレド　でも私たちはよく素粒子のスペクトルの理論とかいうものを耳にはさみます. いや素粒子論の究極的な目標は素粒子の質量スペクトルを与えることにあるのだとさえ聞いています. 現在の素粒子論は質量スペクトルに関して何の意見も持ち得ないほど無力なのでしょうか. 私はかのディアレクティクとかいう哲学的方法が素粒子論グループの有力な武器だと聞いているのですが.

　サルヴィャチ　残念ながら私たちは現在の素粒子論の無力を認めなければなりません. なるほどスペクトルの理論はハイゼンベルクの有名な説をはじめとして数え切れないくらいあります. ついこの間も私はやはりジパングのシムプリチオとスッピディオという二人の無名の学者から新しい理論を教わりましたが, これらはみな自然哲学あるいは空想的素粒子論の域を脱しないものです. こんなものなら恐らく各人の個性に応じて異った理論が研究者の数だけできることでしょう. あのディアレクティクというものも無から有を生みだす奇蹟ではありません. 私たちは事実を知らないでは何ごともできないのです.

　サグレド　では現在のスペクトルの理論はどれもこれも事実とは全く一致しないでたらめなものなのでしょうか.

　サルヴィャチ　いえ, むしろその反対で, その当時に知られている粒子の質量は不思議なくらいによく説明できるのですが, 何か新しい粒子の存在を予言することは全然できないか, または不思議なくらい見事に予言が失敗するものばかりです. このことはあなたも御存じのはずのEddingtonの理論を想い出してごらんになればお分りになるでしょう. かれらは素粒子論が質量スペクトルを与えるべきであるとの観念に一足とびに執着してしまって, それを実現する段になると極めてお粗末な, 何か手近な思いつきや哲学を無頓着に借りて来て仕立て直すといったやり方をしています. 素粒子論というものが高度に思弁的要素を含んでいるが故に, 観念の遊戯や哲学的虚飾におちいる危険もまた大きいわけです.

　サグレド　そう云えば昨年出ましたフランスのデカルト博士のベストセラー, "方法序説"にもこんな文句がありましたっけ:

　　　[Je savais] que la philosophie donne moyen de parler vraisem-blablement de toutes choses et se faire admirer des moins savants; ……*

これは素粒子論にそのままあてはまりそうですね．

サルヴィアチ そうです．私たちは現在の段階というものをよく認識する必要があります．Copernicus や Kepler の認識をとびこえてギリシャの自然観からいきなり Newton の法則に到達することはできません．また Balmer の法則が知られる前に Bohr の量子論ができ上るなどとは考えられないことです．まず原子構造なるものについての知識が先行すべきわけですから．

サグレド なるほど素粒子論についても同じことが云えそうですね．まずいろんな粒子の存在が知れて来て，それから素粒子の性質または構造といったものについて具体的な認識が得られる．と同時に素粒子のスペクトルに何か法則性が見出されるかもしれない．そのような規則性を素粒子論が本当に説明しうるのはその次の段階だというわけですね．

サルヴィアチ もちろん歴史は単なるアナロジーではありませんから，おっしゃる通りのことが実際に実現されるかどうかは分りませんが，ともかく私たちの古典素粒子論がギリシャ時代の原子論みたいなものにすぎないのであっては困ると思います．

サグレド あなたのお説を聞いていますと私たちしろうとにも現在の素粒子論の位置というものがよく分るような気が致します．しかし更に何かお説を裏づけるような具体的な事実がありましたら私は一層の確信を得ることでしょう．

サルヴィアチ お望みならば私は以上のような考えの上に立って素粒子のスペクトルを，つとめて先入観を交えずにしらべました結果，一つの法則性を見出しましたことをお話しましょう．それは非常に簡単なものでそのことが法則の真実らしさを高めているものとおもいます．先ず私は τ 粒子や V 粒子が崩壊する際の Q-value が数十 MeV という比較的一定した，しかも π 中間子の質量と同程度の大きさをもつことに着目しました．そこで何か π の質量程度を単位としてすべてを測ったら法則性のようなものが見つかるのではないかと考えました．たまたま私は π の質量が $\sim 274\,m_e = 137 \times 2\,m_e$ であること，また μ の質量が $\pi : \mu = 4 : 3$ であることに昔から目をつけていましたので，質量単位として $137\,m_e$ を採用してみました．もちろん質量単位と 137 とを結びつ

---

*[編注] 私は知っている．哲学はあらゆる物事を真実らしく語る手段をあたえ，学識の乏しい人々はそれを敬服して眺めることを，….

けるのは何等根拠のないこじつけと笑われるかも知れませんが，私はただ一つの試みとして，事実に半ば強いられてこれを行ったわけです．ところがその結果は意外にも，すべての現在まで知られた粒子の質量がこの単位の整数または半奇数に近いということが分りました．これを表にしたものをお目にかけますと：

粒　子	質量数 n	$137 \times n$	実験値
$\begin{cases} \text{photon} \\ \text{lepton} \end{cases}$	0	0	0 ~ 0
μ	3/2	206	209 ± 3
π	2	274	276 ± 3
V_2^0	6	822	800 ± 30
τ	7	959	966 ± 10
κ	?	?	?
Nucleon	$13\frac{1}{2}$	1849	1837, 1839
V_1^0	$\begin{matrix}16\\16\frac{1}{2}\end{matrix}$	$Q = \dfrac{35}{70}$ MeV	$\begin{matrix}35 \pm 3\\75 \pm 5\end{matrix}$ MeV
V^*	$17\frac{1}{2}$	$Q = 280$ MeV	~ 280 MeV

　ごらんのとおり公式から計算した値と実験値とは約 $15\,m_e$ 以内，すなわち約 1/10 質量単位以内の精度で一致しています．質量数の目盛が 1/2 単位ですからこれはたしかに意味のあるものといえましょう．但しここでは私は V_1^0 粒子には Q-value 35 MeV のものと 70 MeV のものとの 2 種類があるという最近のアメリカのデータを採用いたしました．V_2^0 についてはまだ大分疑問があるようで，その質量もあまり正確には測られておりませんから決定的なことは申せませんが，一応質量数 6 の粒子と考えることができます．V^* とありますのは近頃 γ-π 反応や π-proton 散乱の実験からにわかに注目を浴びて来ました核子の励起準位のことで，かなり幅は広いが大体 280 MeV ぐらいの励起エネルギーをもっているものと推定されています．

　サグレド　なるほど，こんな簡単な，美しい関係があろうとは夢にも思いませんでした．今までの理論的スペクトルといえば何かむずかしい方程式を解いて出てくる複雑なものばかりで，しろうとの考えでも到底こんなに簡単なものではありえないと思いこんでいました．それにしてもこれは果して本当の法則を表わしているのでしょうか．公式と実験値とは大体合っているようですがどうも完全な一致とは云い難いような気も致します．殊に核子の質量の測定値は

非常に信頼できるものだと思いますし——おやこの中には電子の質量が含まれておりませんね.

サルヴィャチ そのような疑問を抱かれるのはもっともだとおもいます. しかし私たちはものごとを理解するには複雑多様な現象の表面にとらわれないで, その中から簡単な, 本質的なことを掴みとるのが大切です. 私の見出しましたものは, いわばスペクトルの第0近似でありまして, 細かい偏差はむしろその次の近似の問題になるでしょう. あまりぴったり合う理論というものは大抵はうそばかりで, 融通性に乏しく, ちょっと事情が変ると全然役に立たなくなります. 電子の質量もその意味で, 高い近似に属するもの, すなわちleptonの微細構造に類するものと私は考えます. 実際この微細構造がちょうど質量単位の1/137の程度だということは何かを暗示しているように思われます.

サグレド とおっしゃいますと, かような質量の微細構造が何か電磁質量に基くものではないかというわけですね. 巧みなお考えにはすっかり敬服いたしました. あなたのお話を承りますと誰でもこの法則性を信ぜざるを得なくなるでしょう. これはあの原子量に関する法則性と奇妙なくらいよく似ているとおもいます. あなたの見出された法則というのはちょうどプラウトの法則に相当し, それに対して実際にはいくらかの質量偏差があるということになります.

サルヴィャチ ええ, この法則をある人はBodeの法則になぞらえてくれましたが, あなたの御批評の方が私には当を得ていると思われます. 実際私はこれが単なる実験式以上のものであることを期待しておりますし, そう考えるだけのもっともらしさも具えております.

サグレド しかしこの表を見ますと質量数がやたらにとびとびになっていて, あまりに気まぐれにすぎるような感じがしないでもありませんが.

サルヴィャチ その点は心配御無用です. 現在98もある元素だって昔から全部知られていたのではありません. 原子量の概念が発見された当時にあなたが生きておいでになったとすればきっと同じような疑問を抱かれたことでしょう. 実際今までに知られた粒子というものは寿命が比較的に長く, 作られる割合も多いものばかりです. 寿命が非常に短いとか, 相互作用が非常に弱いとかのためにまだわれわれの目にとまらないものがうんとあるかもしれません. それらが質量数の空白を埋めてくれるかもしれないと私は予想しているのです.

もっとも必ずしも 0 から 1/2 ずつの間隔で全部埋ってしまうとは限りますまい．質量数の分布自身がまた新しい法則に従うということも十分考えられます．

サグレド そうすると κ 粒子等もまだ質量がはっきり分っていないようですが，大体どの位の質量を持つかということが予言できるわけですね．

サルヴィヤチ 正にそのとおりです．予言をなし得てこそ理論や法則の価値があるわけです．予言は試金石です．これによって真物とニセ物とがより分けられます．ですから私も κ 粒子に大いに期待しているわけです．ある文献を見ますと κ の質量を 1250 m_e ぐらいと予想していますが，もしそうだとすれば質量数は 9 (1230 m_e) 前後ということになるでしょう．また最近では 540 m_e ぐらいの質量をもつと思われる新しい粒子が一つ発見されたようですが，事実だとすれば質量数 4 (550 m_e) に相当致します．なお面白いことには π や τ のように Bose 粒子だと考えられるものは整数の質量数をもち，μ や核子や lepton など Fermi 子といわれるものは半整数，すなわち整数または半奇数の質量数をもっているような印象を受けます．

サグレド それは興味あることですが，少し眉つばだというような気もしないではありませんね．私も今ふと気づいたのですが，核子のように安定な粒子は質量が実験式の示すよりも小さい，すなわち正の質量欠損を有するに対し，その他の不安定な粒子はみな実験式の示すより重く，負の質量欠損を有しているように思われます．

サルヴィヤチ 有益な御指摘ありがとうございます．そうすると何だかますます原子核の性質に似て来そうです．しかしあまりかようなアナロジーを本気に受取るのは危険ではないかと思います．とにかく素粒子が原子核のような意味での合成粒子だとは考え難いことですから．

サグレド でも何らかの意味で素粒子の構造を問題にしなければならないでしょうね．一体あなたの見出された法則は現在の素粒子論の立場からどう説明されるのでしょうか．

サルヴィヤチ 前にも申しました通り現在の素粒子論はあまりに無力でありまして，むしろこの法則がはっきりと確認されれば，それを手がかりにして正しい理論というものを探り出す方向に進むべきだと考えます．もちろんこの法則は極めて皮相的なもので，粒子の安定性，寿命，相互作用とかいうものとの

関連については何事も述べてはおりません．このような問題を追究し，いわば氷山の一角たる質量スペクトルから内部構造を推定するのが私たちの今後の課題でしょう．そのときには現在私たちの持っている素粒子論やその考え方が有力な手だすけとなることは確かですし，またそうせざるを得ないとおもいます．たとえば私の採用した質量単位は，ちょうど Heisenberg が普遍的長さの議論から出した質量の自然単位に一致していることをある友人が指摘してくれましたが，これなぞも何らかの参考になるでしょう．

サグレド 素粒子論もいよいよこれからだというわけですね．何だか私のようなしろうとまでも期待と希望で胸がふくらむような気がいたします．どうか世界中の学者の真摯な協力が妨げられることのないようにあってほしいものです．それにしてもあなたのお示しになった法則は Columbus の卵のような気がして，うそではないかと素晴しいだけに余計に不安の念に責められそうなのですが．

サルヴィャチ それはいずれ時が判決を与えてくれるでしょう．Columbus の卵といえばつい最近 Dyson 氏が現在の量子電磁力学における摂動論は漸近展開にすぎないと云い出しましたが，これなぞもその部類に属しましょう．Dyson 氏の注意を契機として場の量子論に対する私たちの認識も一段の飛躍をとげそうです．全く素粒子論の将来は御説のとおり洋々たるもので，私たち研究者はあの Columbus や Vasco da Gama にも似た精神の自由と緊張とを覚えずにはいられません．

サグレド 今晩はもうおそくなりました．Dyson 氏の説についてはいずれ更めて詳しくお話を聞かせて頂くことに致しましょう．

素粒子論の話

§1. 素粒子と素粒子論

　素粒子とは何かという問題は新しいようで古く，古いようで常に新しい．理論が古典力学から量子力学に移り，また観測されるエネルギーが大きくなると共に"素粒子"の意味する内容も変化を受けて来た．現在場の理論に於てわれわれが素粒子と呼ぶものは，基本的な波動方程式に従い，一定のLorentz変換性(スピン)，一定の質量，一定の電荷($\pm e$または0)をもち，一定の統計に従う場によって記述されるものである．もちろん一つの素粒子は他の素粒子と一定の相互作用をもっている(電荷もその一つを表わすものであるが)．運動方程式，スピン，統計の間にはよく知られているように密接な関係がある．しかしかようにして"定義された"素粒子が実際に"観測された"素粒子に直接対応するわけではない．上のような定義は明らかに相互作用のエネルギーが"自由"エネルギーに比べて小さい場合にのみ実際的な意味をもつものである．相互作用が強くなれば粒子のvirtualな生成消滅が間断なく行われたり，強い結合エネルギーをもつ合成系が生じたり，非常に短い寿命($\lesssim$量子力学的周期 h/mc^2)で崩壊してしまったりして個々の自由な素粒子という概念は意味をなさなくなってしまうだろう．この事情はある程度相互作用の量的な差異によるものだから，観測される素粒子と合成粒子との区別もまたある程度量的な便宜上の問題に帰着するかも知れない．実際例えばFermi粒子はその周囲に自分の作る固有場(Bose粒子)を伴っており，そのエネルギーを計算すれば無限大になってしまうから決して相互作用が弱いとは言えないのである．従って観測されるFermi粒子は実は固有場の着物をまとった"一種の"合成系であると考えなければならない．Bose粒子についても同様で，それはFermi粒子のvirtual pair と交互に生成消滅している(空孔理論で言えば真空中の負エネルギー粒子と相互作用している)複雑な状態であり,その自己エネルギーも同様に無限大になる.

一方,われわれは例えば霧函の中で観測された粒子が果して素粒子かどうかというような問題にぶつかる.場の量子論では定義された素粒子も一定不変でなく相互転化し得るから,その粒子が崩壊したからといって直ちに合成系であるということにはならない.しかし現在無意識的に使われている常識として次のような条件をあげてもよいだろう.

1°. 不確定性関係から質量 m の大きな素粒子ほど,その量子力学的大きさを表わす Compton 波長 $\lambda_c \equiv h/mc$ が小さくなる.これに反して合成粒子の大きさは全質量に対応する λ_c より大きい.Compton 波長は多くの現象に於て粒子の事実上の大きさの目安となるので,それより小さい距離を問題にすることが意味を失うのに反し,合成系ではその成分粒子の λ_c 程度まで意味をもつことになり,従って構造を云々することができる.

2°. 武谷さんの表現[1]によれば素粒子は(強い相互作用がないとの前提のもとに) pair creation によって作られ得る.場の量子論は十分のエネルギー($\geq 2mc^2$)があれば真空中から粒子対の発生することを教えるが,合成粒子はこの程度のエネルギーが関与すれば分解してしまう筈である.

これらの条件は互に関連し合ったもので,本質的に量子運動学的原理から出たものであるが[*1],また強い相互作用がないという力学的仮定と運命を共にする.ところが事実上は前に述べたとおり相互作用が無限大の自己エネルギーを引起し,真の"素"粒子と着物を着た観測される素粒子とは区別して考えねばならないのであるから,かような条件も問題の解決には大して役立たない.例えば粒子はその Compton 波長よりは,ずっと大きな(中間子の λ_c に相当する)作用半径を有しているのだから合成粒子的な素質を備えているわけである[*2].即ち素粒子と合成粒子の区別は実際上あいまいなものになってしまい,観測される素粒子の着物を(理論的に)一枚一枚はぎとって構造を追究することが単に

[*1] 自由粒子の運動方程式は今日では力学に属するというよりはむしろ状態ヴェクトルの単なる運動学の地位に堕ちてしまった.(§3)
[*2] 核子の pair creation(または反核子)が実験的に見出されていないのも同様に一つの問題である.

無限大の処理のためだけでなしにどうしても必要になるのである.

　今日素粒子論研究者の努力は主としてこの点に向けられているようである. しかしかような分析を行うためには摂動論にたよるほかはない. ところがいわゆる無限大の困難は自己エネルギーのみならず, あらゆる過程に対して摂動の高次の項まで計算するとき必ず現れるものであるから現在の理論の不完全さが摂動論という解き方にあるのか, 量子力学の形式にあるのか, または素粒子のモデルにあるのかはっきり分らない. というよりは, これらは互に密接にからみ合い, 一つ一つを孤立させて分析するわけにはいかないのである. かような場合に個々の研究者の個性とか方法論とかが顕著に表われてきて保守的から空想的に至るまでいろいろな研究態度が生ずる. しかしこれらさまざまな理論がだんだん発展するにつれて, 碁盤の上にばらまかれた石がいつの間にか連るように, 相依り相補って一つの体系を形成しつつあるように思われるのは甚だ興味深いことである.

§2. 素粒子論の方法

1°. 古典力学と量子力学

　自己エネルギーの困難は量子力学に至ってかなり様相が変ったとはいえ, Lorentzの古典電子論からそのまま引継がれた悪質の遺伝である. 従ってDiracのようにその困難は先ず取扱いの容易な古典論で分析しておいて, しかる後量子論に翻訳すればよいという意見をもつ人もあるが, 真の解決がかような安易な立場で達成されるとは思われない. 例えば量子論に於てはBose場の自己エネルギー(真空偏極)など特有な事情が現れ, またPlanckの常数が既に原子の安定性に主役を演じているのである. しかし一方Diracは古典電磁力学の分析から始めて, 輻射場と電子に附随する固有場とを相対論的に分離し, 輻射の減衰力を明らさまに取入れた電子の運動方程式を得たのであるが, 彼の考えはWheeler-Feynman[2]の興味深い考察を生み, 更に後のFeynmanの量子力学に発展した. また相対論的形式があいまいさを除く手段となることはTomonaga-Schwinger理論でも意識的に使われたことで, Diracの意見も1つの方法としてあながち根拠のないものではない.

2°. 素粒子の構造

　素粒子に構造を考えるということは self-consistent でないようであるけれども，無限大を避けるための最も容易な思いつきだし，§1 で述べたように観測される素粒子は既にある種の構造をもったものと見られるから自然なことである．ただ構造という言葉を如何に解釈するかによって内容が変ってくる．最も実体的な内容をもつものは Bopp の理論[2a] に代表されるだろう．極めて現象論的な Dirac 方程式が実は Uhlenbeck-Goudsmit のコマ電子に対応する解釈を許すことは Schrödinger の Zitterbewegung の議論によっても知られるが，Bopp は Hönl, Papapetrou などの考察に基いて，電子（Fermi 粒子）が質量双極子から成っているようなモデルを頭に描いている．そのために先ず両方の極の速度に比例する遠隔作用（相対論的な）のようなものがラグランジアンに選ばれる．これは Taylor 展開すれば高次の微係数を含んだ力学系（厳密には積分方程式型）に相当するが，遠隔作用は何か凝集力の場によるものだとも解釈できる．高次の微係数は粒子の内部運動の自由度を表わし，2 次で止めれば Dirac 方程式によく似た形が得られる．Bopp はかような粒子が加速度を受けてもこわれないという "Massenstabilität" の要請をおいて，内部運動の定常状態から定まる固有質量のスペクトルを定性的に議論した．またこれが Dirac 方程式になるように量子化できることをも示した．

3°. S 行列と普遍的な長さ

　Heisenberg[3] は素粒子の構造に相当するものは将来の理論に於ては──ちょうど Planck の常数が原子の大きさを決定したように──新しい長さのディメンションをもつ普遍常数 l ($\sim 10^{-13}$ cm) によって表現されるだろうと考えている．l より小さい長さ（及び l/c より短い時間）の測定というものは原理的に無意味となり，従って素粒子の点モデルの上に立ち，微分方程式で表わされるハミルトニアン量子力学はもはや成立しない．ハミルトニアンに代って物理的に観測可能な量を規定するものは入射波と散乱波の漸近的な形，あるいは無限の過去と無限の未来の波動函数の間だけの関係を表わす S 行列である．Heisenberg はこれによって将来の理論が納まるべき一般的な枠を示したに過

ぎず，"絵の入れてない額縁"のようなものだとの批判も生れるわけであるが，少くとも現在の場の量子論から導かれたS行列の性質や構造の分析はTomonaga–Schwinger–Feynman理論の発展によって大いに進歩した．しかし時空の局所的構造を全然考慮しないでS行列だけから出発することは無理な話であろうと思われる．

4°. 非局所場と非線形場

非局所場(non-local field)と非線形場(non-linear field)はいずれも現在の限定された理論の枠を否定する消極的なひびきに於て共通し，これだけではその内容は極めて漠然としたものである．非局所場は素粒子が点ではなく時空的拡がりをもっていることを数学的形式の上に表わそうとするもので，積分(あるいは微積分)方程式を運動方程式にもつような形式はすべてこの中に入る．Boppの理論[2a]はもとより，普通の場の理論でも，場を消去して遠隔作用でおきかえれば実質的にnon-localになる．しかし非局所場の名を創始された湯川さんの理論[4]はもっと限定された特殊の意味のものである．すなわち素粒子を表わす場 $U(x_\mu)$, $x_\mu = (x, y, z, ict)$ を座標 x_μ のみの函数と見ないで，2つの座標を含む行列要素 $(x_\mu' | U | x_\mu'')$ と考え，更に reciprocity の原理[*3](根拠はいささか薄弱だが)を要請として次のような関係:

$$\sum_\mu [p_\mu, [p_\mu, U]] + (mc)^2 U = 0$$
$$\sum_\mu [x_\mu, [x_\mu, U]] - \lambda^2 U = 0 \qquad (1)$$
$$\sum_\mu [p_\mu, [x_\mu, U]] = \sum_\mu [x_\mu, [p_\mu, U]] = 0$$
$$[p_\mu, x_\nu] = \frac{h}{i} \delta_{\mu\nu}$$

をおく．これから重心座標 $X = (x' + x'')/2$ に関する普通の波動方程式と，相対座標(内部座標) $r = x' - x''$ に関する関係とが得られ，λ が粒子の大きさを象徴する常数となる．かような場に適当な相互作用を導入し，S行列や自己エネルギーを求めるという構想が展開されているが，まだあまりに形式的すぎてはっ

[*3] 同じ原理に基いた空想的理論としてBornの理論[4a](一種の非局所場)もある．

きりした結論が得られていないようである．また積分方程式型の非局所場の一般論は Pais‐Uhlenbeck[5] などによりなされたがやはり目新しい結論は出ていない．

一方，非線形場の理論は非線形方程式の性質を利用して無限大の困難をさけようというねらいをもつ．Born‐Infeld の理論[6] は既に古典的であるが，非線形理論の欠点は事実上解けないこと，量子化における困難などのためはっきりした結論の出ない点にある．しかし線形といわれる現在の理論でも実質的に非線形相互作用を含んでいるからその分析を進めることは結局非線形方程式と取組むことになる．最近 Schiff[7] が核力の飽和性と中間子論とを調和させるために非線形中間子場を登場させ有望な定性的結果を得ているのは注目に価する．

5°. 混合場の方法

自己エネルギーの無限大を打消すために凝集力の場を導入する考えは平凡ではあるが，われわれの現在知っている方法を遺憾なく適用できる強味をもつ．これは名古屋グループが意識的に取上げた方法である．電磁場に対抗する凝集力場（C 中間子，中性スカラー場）の相互作用常数 f と荷電常数 e との間に $f^2=2e^2$ の関係[8][9]*4 があれば実際電子の自己エネルギーに関連する無限大はなくなることが示された．また電磁場の自己エネルギー（真空偏極）に対しても，これと相互作用する多くの荷電粒子を同時に考慮すればある程度（後述）問題が解決される．かような realistic な混合場に対し Pauli‐Villars[10] は Tomonaga‐Schwinger 理論の計算の際の無限大と不定性を処理するため，殆ど同じ内容の formalistic な混合場を導入し，regulator の方法と名づけた．実体論の難点は凝集力の量子が実際観測される粒子に対応するかどうかは別にして，一般には負エネルギーの場*5 や虚数の相互作用が必要になって結局 realistic でなくなることである．一方，形式論は計算上の技巧的補助手段としか考えられないが，これは高階微分方程式（または non-local）型の力学系を仮定することも同等であることが知られている．ともかくこれらは有力な手段ではあるが，過渡

---
*4 これは2次の近似における関係．
*5 Bose 場のときは空孔理論では逃れられない．谷川さん[10a] はこれを救う1つの論理を示されたが．

的のものとして把握さるべきであろう.

6°. 繰り込みの哲学

最も保守的だが,今までのところ Tomonaga‐Schwinger(TS)理論[11]は最も大きな収穫を上げてきた.この理論の本質は(a)相対論的共変形式,(b)相互作用表示,(c)繰り込みの操作の3点にある.(a)によって例えば自己エネルギー(自己質量)を正しい変換性の要求によって無限大ながらも明確に分離抽出することができる.(b)によって自由な粒子を運動学的概念として駆使して,相互作用する粒子の力学的性質を縦横に分析することができる.(c)によって観測される(着物を着た)素粒子と観測し得ない(定義された)素粒子とを正しく区別し,それによって——幸運にも——無限大の困難を回避して進むことができる.この理論は決して素粒子論の解決ではないが,将来の理論の必ず踏襲すべき諸概念を——Heisenberg の額縁よりは中味に富む形で——含んでいるが故に,いろいろな理論をおし進める足場となるものである.この理論に基く成果は§3でやや詳しく述べることにしよう.

7°. 場の一元論

最後に単一場理論への試みを紹介しておく.究極の素粒子論が実在するさまざまの素粒子を単一の存在の異った現象と見なし,その質量スペクトルを理論的に与え得るようなものであろうとは誰しも期待するところである.Heisenberg はかような見解を度々披瀝し,すべての粒子を一度に含む根源的ハミルトニアンがあって,個々現象に応じて適当に近似すれば実用のハミルトニアンが出るだろうとまことしやかに説いている.かような人間的要求への一歩として Born‐Infeld[6]のように(Fermi)粒子を(Bose)場の特異点と考える単一場理論もあるが,最近では Fermi 粒子から Bose 粒子が合成されてもその逆は不可能だとの理由で de Broglie などの光のニュートリノ説の延長と見られる Fermi 粒子一元論が Heisenberg[12]によって唱えられている.彼は TS 理論の形式,Regulator や普遍的長さの思想を巧みに取り入れ,Fermi 場の非線形相互作用によって観測される素粒子(Bose でも Fermi でも)が一種の合成系として得られるものと考えている*6.しかしこれを言葉通りに受取るのはあまり

に素朴すぎるように思われる．また Bopp, Rosen[13] が発見したように Fermi 粒子(スピン半整数の場)といえどもモデルをもたないわけではなく，剛体を量子化すればすべてのスピンの表現が同等に得られることも忘れてはならない．

§3. 場の量子力学の発展

TS 理論の出発点は必ずハミルトニアン $\overline{H} \equiv \int H(x)(dx)^3$ を自由項 $\overline{H_0}$ と相互作用項 $\overline{H_i}$ に分けて正準変換 $\Psi_1 = \exp[e\overline{H_0}t/h]\Psi$ により $\overline{H_0}$ を消去する．この表示を相互作用表示という．次に運動方程式を時間空間両方に局所化して

$$i\hbar \frac{\partial \Psi_1}{\partial t} = \overline{H_i}\Psi_1, \quad (\hbar \equiv h/2\pi)$$

の代りに相対論的な形

$$i\hbar c \frac{\delta \Psi_1}{\delta \sigma(x)} = H_i(x)\Psi_1, \quad (x \equiv x, y, z, ict) \quad (2)$$

とおく．Ψ_1 は任意の空間的な3次元曲面 σ の上の力学変数の函数で，この σ を局所的に $\delta\sigma(v) \equiv dxdydz d(ct)$ だけ未来の方向におし進めたときの Ψ_1 の変化が(2)で与えられるわけである．(2)を積分すれば $\Psi_1[\sigma_0]$ と $\Psi_1[\sigma_1]$ とを結びつける変換函数 $U: \Psi_1[\sigma_1] = U[\sigma_1, \sigma_0]\Psi_1[\sigma_0]$ が形式的に

$$U[\sigma_1, \sigma_0] = \sum_{n=0}^{\infty} \frac{1}{n!} \left(\frac{-i}{\hbar c}\right)^n \int \cdots \int_{\sigma_0}^{\sigma_1} P(H_i(x_i), \cdots, H_i(x_n))(dx_1)^4 \cdots (dx_n)^4 \quad (3)$$

と展開される．P は Dyson[16] が導入した chronological operator で，$H_i(x_1)$, $\cdots H_i(x_n)$ を時間の順序に右から並べた積を作ることを意味する．$\sigma_0 \to -\infty$, $\sigma_1 \to +\infty$ の極限をとれば U は Heisenberg の S 行列になる．

一方，Feynman[17] は独自な立場から量子力学の書き直しを行った．彼の考え方は非常に直観的で，2粒子の相互作用は4次元空間の中で2つの波が衝突して新しい波が拡って行くという風に見る．波の拡り方を記述するものは4次元的な Green の函数で，Feynman の D 函数(D_F)と呼ばれている．任意の過程に対して上のような直観的な図形(Feynman diagram)，第1, 2図を描きそ

---

*6 Fermi, Wentzel[14] は実際 π 中間子を核子または μ 中間子の複合体と解釈しようと試みた．また Tomonaga の音量子の理論[15] もこの方向への一つの伏線と見られる．

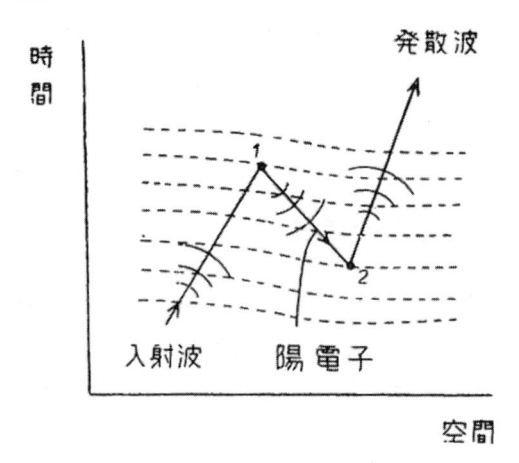

第1図 外場による電子の散乱(2次の摂動). 2で真空中より pair 発生,次で1で pair 消滅

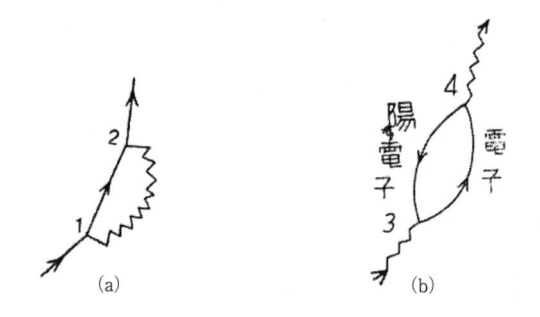

第2図 (a)電子の自己エネルギー(2次). 1で光を出し,2で再吸収
(b)光子の自己エネルギー(2次). 3で消滅して pair に変り,4で再び現れる.

れに従って D_F 函数を紙の上に並べて行けば直ちに最後に出て行く波の振幅,即ち最後の状態の確率振幅が得られる. ここで彼は陽電子論をも書き改めて,陽電子とは未来から過去に伝わる電子波だと考えた.

かような Feynman の思想と方法は Dyson[16] によって正統派の TS 理論とも同等であることが示され,最近のあらゆる計算に盛んに利用されている. また量子力学の形式を更にいろいろな観点から見なおしてその性格を分析することも,Feynman, Schwinger その他[18]によって試みられている. 現在では量子力学はもう Schrödinger–Heisenberg–Dirac の古典的なスタイルを脱ぎすて

ているのである．

　さて TS 及び Feynman の理論によって電子の自己エネルギー（質量）が相対論的な形で計算されるが，これは log ∞ の発散係数を持つ．しかし観測される電子の質量 m は既に機械的質量 m_0 の外に自己（電磁）質量 δm_0 を含んだもの $m = m_0 + \delta m_0$ であるから，δm の部分を最初からハミルトニアンの自由項に繰込んでおいて，$H = (H_0 + \delta m_0 c^2) + (H_i - \delta m_0 c^2)$ と書き，第2項を相互作用として扱えばもはや新しい自己エネルギーは現れない[*7]．これが繰込み（または renormalization）の思想である．ただ計算では無限大になる $m = m_0 + \delta m_0$ に観測された値を黙って代入してしまうところがこの理論の狡猾な点である．

　しかし無限大はこれだけではなく，自己荷電（∝ log ∞）と解釈されるような効果も現われてくる．従って荷電も本来のものと観測されるもの $e = e_0 + \delta e_0$ とは異るか，または荷電を測定する電磁場の単位が renormalize されるものと考えて H を

$$H = \{(1+\delta_m)H_m + (1+\delta_e)H_R\} + \{H_i - \delta_m H_m - \delta_e H_R\} \quad (4)$$

と書き直す．H_m, H_R はそれぞれ電子，電磁場のハミルトニアンである．Dyson[16] は量子電磁力学に於ては上の2つの繰込みを consistent に行えば摂動のどんな高次の項に於いても，もはや無限大は現れないことを形式的に証明して見せた．残りの有限な効果はすべて原理的に観測可能なもので，電子質量の加速度に伴う変化（Lamb シフト）及び電子の異常磁気能率が実験と見事に一致したことはあまりに有名である[*8]．

　しかし，それでもまだ問題は残っている．光子の自己エネルギーが 0 であるかないか[*9] という Schwinger と Wentzel の論争[19] などに典型的に現れたように，無限大の積分の計算方法にしばしば不定性が残る．これを解決する補助手段として Pauli の regulator[10]（§2, 5°）が案出された．混合場の方法は自己エネルギーに関する限り繰込み理論と同様な効果を現すが，自己荷電に関する無限大に対しては無力である．

[*7] Schrödinger の摂動論：$(E-H_0)\phi = H_i\phi$ に於て E が摂動エネルギーを繰込んだパラメーターとして扱われるのと全く同じことである．
[*8] これらは既に次の近似まで計算されている．
[*9] これは 0 である方が理論的にはもっともらしい．

ところで TS 理論を中間子を含む一般の場の理論に適用したらどうであろうか. この方面でも既に理論上, 実用上両方の目的から多くの研究がなされている. しかし成功と言えそうな殆ど唯一の例は中性中間子の γ 崩壊($\pi_0 \to 2\gamma$)[20] だけである. それは核子や中間子のモデルがまだはっきりしていないことと相互作用に場の微分を含むような場合には繰込みのできない新しい発散が現れることによる. ではどんな場合に繰込み理論は成功するのか. この問題は Dyson の方法に基いて名古屋グループ, Stueckelberg[21] などが取上げた. 名古屋グループの結論によれば相互作用を規定する常数のディメンションが長さに還元して$[L^n]$, $n \leq 0$ のとき(第1種)は有限個の繰込み項を H の中に導入するだけでよいが, $n>0$ のとき(第2種)は無限個*10 を要し, 繰込みは不可能になる. このことは Heisenberg の普遍的長さの議論とも符号し合って甚だ興味深く, TS 理論の限界を示すものと言えよう.

今までの議論は主として変換函数 U (または S) の性質の分析であったが, Heisenberg 表示の量(observable)の分析もまた行われている. 例えば自己エネルギーに関連する self-stress の問題はその1つで混合場(凝集力場)の立場から注目されたが, やはりこの立場の限界がここにも反映されている. しかし Dyson[22] は Heisenberg 表示と相互作用表示の中間(intermediate)の表示を導入し, 量子電磁力学では繰込みによって observable の期待値にも無限大は現れないことを示した.

かようにして冪級数展開に基く(それが収斂するかどうかは未知!)無限大の分析は一応行きついた感がある. 残るのは束縛状態(合成粒子)の場の理論による取扱いで, ここでは明らかに展開法は許されない. この方向の研究はまだ序の口であるが, 中間表示の方法[22], 拡散方程式[23]の方法などがある程度有効だろうと期待される. 着物を着た素粒子の構造を解明するためにも束縛状態の研究は不可欠であろう.

---

*10 これは始めから積分方程式型の非局所場を扱うことと同等になる.

§4. 実験的事実

前の節ではさまざまな"素粒子論"がいかに有機的に関連しあっているかに主眼をおいて一通り眺めてきたつもりであるが，一方，最近の実験事実はどうなっているであろうか．π中間子，μ中間子が発見され，実験室でも容易に作られるようになったことは言うまでもなく，昨年あたりからV粒子，κ粒子，τ粒子など新しい粒子が宇宙線の中に続々と発見または確認されてわれわれを当惑させている．これらの詳細に関しては紙面も尽きたので藤本さん[24]山口さん[25]のすぐれた解説を読んで頂くことにして，ここでは経験がわれわれに暗示しているように思われる事実を2,3挙げてみよう．

1°. [26]Fermi粒子（電子，μ中間子，核子）の間にはβ崩壊の原因と同じ普遍的な（第2種）直接相互作用があるようにみえる．これが実在のものか，またその意味が何であるかは興味ある問題である．

2°. 第2種相互作用に於ては高エネルギーの衝突の際爆発的に多数の粒子が発生する（Explosion）ことがHeisenberg[3]によって主張されたが，かような多重生成らしいものが実際に観測されている．高エネルギー現象は素粒子論の重要な手がかりである．

3°. 多くの中間子の寿命が相当長いので一般には素粒子として記述されているがV粒子のように合成粒子と考えたいものもあり[27]，結局構造（最も広い意味で）の問題に入ってゆかねばならない．

今までYukawaの中間子論，Sakata-Tanikawaの二中間子論，TS理論などすべて理論が実験に先行してきたが，今やわれわれは自然に追い越されつつある．われわれは謙虚に自然を注視し，その中から解決のいとぐちを探り出さなければならない．

文　献（総合報告を多く含む）

(1) M. Taketani: *Prog. Theor. Phys.*, **5**(1950), 730；武谷，『素粒子論の研究Ⅱ』，岩波書店，(1950), 188.

(2) J. A. Wheeler and R. P. Feynman: *Rev. Mod. Phys.*, **17**(1945), 157.

(2a) F. Bopp: *Zeits. f. Naturforschung*, **1**(1946), 53, 196, 237, **2a**, (1947), 202; **3a**, (1948), 564; *Zeits. f. Phys.*, **125**(1949), 615 etc.

(3) W. Heisenberg: *Zeits. f. Phys.*, **120**(43), 513, 673; *Zeits. f. Naturf.*, **1**(1946), 608.

(4) H. Yukawa: *Phys. Rev.*, **77**(1950), 219, 849.

(4a) M. Born: *Rev. Mod. Phys.*, **21**(1949), 463.

(5) A. Pais and G. E. Uhlenbeck: *Phys. Rev.*, **79**(1950), 145.

(6) M. Born and L. Infeld: *Proc. Roy. Soc.*, **144**(1934), 425 etc.

(7) L. Schiff: *Phys. Rev.*, **84**(1951), 1, 10.

(8) 総合報告としてS. Sakata and H. Umezawa: *Prog. Theor. Phys.*, **5**(1950), 682;『素粒子論の研究Ⅱ』,岩波書店, (1950), 100. D. Feldman: *Phys. Rev.*, **76**(1949), 1369.

(9) A. Pais: *Phys. Rev.*, **68**(1945), 227.

(10) W. Pauli and F. Villars: *Rev. Mod. Phys.*, **21**(1949), 434.

(10a) Y. Tanikawa: *Prog. Theor. Phys.*, **5**(1950), 692.

(11) S. Tomonaga: *Prog. Theor. Phys.*, **1**(1946), 40; 田地隆夫,『素粒子論の研究Ⅱ』, 岩波書店, (1950), 33; 木下東一郎, 中村誠太郎, 同 153. J. Schwinger: *Phys. Rev.*, **74**(1948), 1439; **75**(1949), 651; **76**(1949), 790.

(12) W. Heisenberg: *Zeits. f. Naturf.*, **5a**(1950), 251.

(13) F. Bopp und R. Haag: *Zeits. f. Naturf.*, **5a**(1950), 644; N. Rosen, *Phys. Rev.*, **82**(1951), 621.

(14) E. Fermi and C. N. Yang: *Phys. Rev.*, **76**(1949), 1739; G. Wentzel, *Phys. Rev.*, **79**(1950), 710.

(15) S. Tomonaga: *Prog. Theor. Phys.*, **5**(1950), 544.

(16) F. J. Dyson: *Phys. Rev.*, **75**(1949), 486, 1736.

(17) R. P. Feynman: *Phys. Rev.*, **76**(1949), 749, 769.

(18) R. P. Feynman: *Phys. Rev.*, **80**(1950), 440; **84**(1951), 108; J. Schwinger, *Phys. Rev.*, **82**(1951), 914; Y. Nambu, *Prog. Theor. Phys.*, **7**(1952), 131.

(19) G. Wentzel: *Phys. Rev.*, **74**(1948) 1070. 宮島龍興,『素粒子論の研究Ⅱ』, 岩波書店, (1950), 59.

(20) 福田博,『素粒子論の研究Ⅱ』, 岩波書店, (1950), 22.

(21) 坂田昌一, 梅沢博臣, 亀淵迪, 素粒子論研究, **3**, no. 4, (1951), 105; *Phys. Rev.*, **84**(1951), 154, A. Petermann and E. C. G. Stueckelberg: *Phys. Rev.*, **82**(1951), 548.

(22) F. J. Dyson: *Phys. Rev.*, **82**(1951), 428; **83**(1951), 608, 1207.

(23) 朝永振一郎, 福田信之, 素粒子論研究, **3**, no. 2, 1. (1951); 南部, 同 no. 6, 31.

(24) 藤本陽一, 物理学会誌, **6**(1951), 123.

(25) 山口嘉夫, 物理学会誌, **7**(1952), 1.
(26) 例えば E. Fermi: *Elementary Particles*, Yale University Press, 1951.
(27) V 粒子の理論については

　　Y. Nambu et al. *Prog Theor. Phys.*, **6**(1951), 515, 619; K. Aidzu et al. ibid. 620; H. Miyazawa, ibid. 631; S. Oneda, ibid. 633; R. G. Sachs, *Phys. Rev.*, **84**(1951), 305; A. Pais, *Phys, Rev.*, **86**(1952), 663.

附記　§3で述べた冪級数展開(摂動論)は, たとえ繰込みの方法によって各項の係数を有限にしたとしても級数全体として発散する(すなわち漸近展開にすぎない)だろうということが最近 Dyson によって指摘された(*Phys. Rev.*, **85**(1952), 631). これは相互作用が非線形であることに基く当然の結果のようであるが, 極めて重要な注意だと思われる.

量子電磁力学と場の理論

 量子電磁力学及び場の理論に関する会議は9月19日 J. R. Oppenheimer を議長として開かれた．ここでとり上げられた主な題目は大体次のように分類できる．

 (1) 朝永・Schwinger 以来の量子電磁力学発展の回顧と総括
 (2) 現在における理論と実験との一致
 (3) Landau, Källén に始まる ghost の問題
 (4) 場の理論における分散公式(dispersion relations)
 (5) 新粒子(strange particles, 珍粒子？)

 会議のへき頭先ず朝永(東京教育大)はいわゆる朝永・Schwinger 理論の開拓者として量子電磁力学の歴史的展望を行った．Bloch と Nordsieck による infrared の発散の分析から始って ultraviolet の発散の問題に移り，ここで質量及び荷電のくり込みの概意が生れる．しかし Dancoff が計算間違いをしたためにこの企ては，朝永らが誤りを発見してこれを発展させるまで眠っていた．さもなければくり込み理論は，1939年に発見されていたであろう．朝永，Schwinger, Dyson の理論ははだかの質量と荷電から出発する"内側から"の理論であったに対し，その後観測される質量と荷電から出発する"外側から"の理論が Källén などによって発展させられた．

 現在におけるくり込み量子電磁力学と実験との比較は E. H. Wichmann (Inst. for Advanced study)と D. Yennie(Stanford)によって報告された．Lamb シフトと異常磁気能率は6桁まで正確に測定されており，理論も高次の補正を考慮せねばならぬ．しかし今のところ理論と実験との一致を真剣に疑うべき根拠はない．これに反し，Stanford の Hofstadter 等による高エネルギー電子・核子散乱の実験は大きな問題を投げている．散乱の角分布を説明するためには，散

● 日本物理学会誌，11, no. 12(1956), 545–546. シアトル国際理論物理学会議(1956年9月17日–22日)報告．

乱体の荷電の分布(中心からの距離の二乗の平均)を，陽子に対しては半径 $\sim 0.75 \times 10^{-13}$ cm の一様な分布，中性子に対しては 0 ととらねばならない．中間子理論から期待されるような，はだかの核子とそれをとり巻く中間子の雲のモデルは，一見あてはまらないようである．これが何を意味するかは明らかでない．

　Landau 一派の主張はくり込み電磁力学が数学的に矛盾を含んでいるというもので，Källén が独立に簡単な場の理論のモデル(Lee モデル)についてはっきりと証明した．しかしこの会では K. Ter Martirosyan(Academy of Sciences, Moscow)が報告をしただけで立入った議論はなされなかった．Landau の議論は大きな飛躍を含んでいて数学的には完全でなく，これを疑う人が多い．問題は高エネルギー(近距離)における摂動の高次の項のふるまいに関するもので取扱いは非常にむずかしい．

　分散公式(dispersion relations)は場の理論を"外側から"扱う哲学に基いて発展したもので，Gell-Mann – Goldberger – Thirring に始まる．2つの点における場の量が同一時刻では交換可能(信号が常に光速度以上で伝わらないこと，即ち微視的因果律を意味するものと解釈されている)であることと，散乱の S 行列をかような場の量の交換関係として表わせることから，散乱 matrix の実数部分(分散部分)と虚数部分(吸収部分)の間にある関係の存在すべきことが示される．光の散乱についてはこれは Kramers – Kronig の分散公式として古くから知られているものであるが，これが理論の具体的構造によらずに成立つ厳密な関係であること，質量をもつ粒子の間の，任意の角度の散乱に拡張できることが多くの人によって指摘されていた．この会議では，その厳密な3つの証明が始めて提供された．K. Symanzik(Chicago)と H. Lehmann(Göttingen), R. Jost(Zürich)のグループとは，中間子と核子の前方散乱の行列についてこれを証明した．一方，N. N. Bogoliubov(Academy of Sciences, Moscow)は非常にこみ入った多変数複素函数論を使い，中間子–核子の任意角散乱についての最も一般的な証明を与えた．序でながら分散公式はいわゆる Low の方程式と極めて密接に関係し，中間子場論の実験的確認に役立っている．

　最後に Schwinger は新粒子を含む素粒子の統一的解釈試みを説明した．主な点は(1)電磁場と荷電，π 中間子と π 荷電とに密接なアナロジーを立てるこ

と，(2)更に nucleonic charge と hyperonic charge (spin) とを導入すること，(3)いろいろな粒子を isotopic spin, hyperonic spin の multiplet と考え，これらの空間の asymmetry のために level が分れるとする．かような考えは既に多くの人が示唆していたもので Schwinger の独創ではないが，強い相互作用の間にいくつかの種類を認識し，質量スペクトルをこれらの複合に由来するものとして定性的統一を企てたことに新味がある．

素粒子物理学の展望

おことわり——この小文の読者は見なれない日本語の術語に出くわして当惑されるかも知れないが，これは筆者が意識的に試みたことである．将来研究者がこの方面にもっと関心を払い，自然淘汰の結果，生の外国語に代る適当な術語が多く通用するようになれば幸いである．

§1. 序　説

素粒子物理学の進歩の程度を示す尺度としてよく使われるのは加速器の大きさである．もちろんこれは素粒子の研究にどれだけ金が注ぎ込まれているかを示す尺度にもなるが，その点は別としてエネルギーだけについて考えれば，20年前の1952年における最大の加速器は2.2 GeVのシンクロトロン，10年前の1962年では33 GeVのシンクロトロンであった．ところが1971年にはCERN（スイス）のISR（Intersecting Storage Rings）が動きはじめた．これは殆ど反対向きに走る二つの陽子ビームを衝突させる方式で，その重心系エネルギー60 GeV は従来の加速器では2000 GeVに相当する．1972年にはまたシカゴ郊外ANLのシンクロトロンが200〜300 GeVの陽子ビームを出し始めているから，1970年代は10^2〜10^3 GeVの時代ということになるであろう．エネルギーが上がることは，より重い粒子が（もし存在すれば）作れること，また粒子の時空的構造の分解度が高まることを意味する．ただし実際に有効なのは重心系エネルギー E^* で，実験室系エネルギー E の陽子を静止した陽子に当てる場合 $E^* \sim (2E)^{1/2}$（単位は GeV）であるから，E^* を上げる点では ISR 方式が有利だが，使い道が多いという点では普通の加速器が勝っている．

1960年代は沢山の新粒子が続々と発見され，それらのもつ規則性が一応現

象論的に確立した時代といえよう．また素粒子物理という名が高エネルギー物理に代って広く用いられるようになったが，これら無数の粒子を素粒子と呼ぶことはもはや適当でない．粒子は，古典的遠達場(電磁場と重力場)の量子を別にして，一般に強い相互作用をもつハドロン(重粒子(バリオン)と中間子(メソン))と，電磁的および弱い相互作用しかもたないレプトン(電子，ミューオン，ニュートリノ)に分けられる．新しく発見された粒子はすべてハドロンの励起状態(共鳴状態)と考えられるから，これはハドロンが構造をもつこと，すなわち一種の複合粒子であることを暗示する．そこでハドロンを構成する"素々粒子"は何であろうか？ Gell-Mann[1]とZweig[2]が仮想したクォーク(quark)が非常に有名であるが，クォークはいろいろ矛盾する性質をもっており，しかも単独で存在することはないらしい．ハドロンを分解してクォークをとり出す試みや，自然界に遊離して存在するクォークを検出する試みはすべて不成功に終わっている．もしそうだとすれば，クォークの実在性は，原子の中の電子や原子核の中の核子の実在性とは大分異なった疑わしいものになる．もちろんクォーク模型が唯一の可能性ではないので，この問題については後でもっと詳しく述べることにしよう．

　ハドロンの規則性を理解するための数学的形式としてGell-Mann, Ne'emanの$SU(3)$対称性と，Regge軌道の理論とがある．どちらも60年代の初めに現われ，その後新粒子がふえるにつれますます確立されたものとなった．この二つは相補う性質のもので，$SU(3)$はハドロンの水平的分類，Regge軌道は垂直的分類に役立つといえる．すなわちスピンが同じで質量がほぼ等しく，内部量子数(アイソスピンI，超荷電Yまたは無縁度(strangeness, 小野健一氏の訳語)S)の異なるものを一組にして$SU(3)$群の同じ既約表現に属するものと考えるのが前者であり，IとYが同じスピンと質量の異なる粒子の系列を一つの基本粒子の励起状態の系列(水素原子の中の電子準位や分子の回転準位のように)として理解するのが後者である．

　ではなぜかような規則性が存在するか？ すなわち$SU(3)$についていえば，なぜ量子数IとYが存在してそれが特定の組合せで現われるかという問題は，これらの量子数を荷う三種の基本量子クォークですべてのハドロンが構成されているとするクォーク模型(坂田模型の変型)により一応解答が与えられる．こ

れに反してレッジェ軌道の方は質量準位をきめる力学的問題であるからそう簡単ではなく，定説といえるものはまだない．しかしハドロンの中のクォークが何らかの力により結合しているという素朴な考えが多くの模型の出発点になっている．

その後加速器のエネルギーが上がるにつれ，新しい現象が登場してきた．その口火を切ったのは陽子加速器ではなく，SLAC(スタンフォード大学) 20 GeV の電子線形加速器である．原子構造の X 線解析のように電子－陽子の散乱により陽子の構造を探るわけであるが，測定量は電子の散乱角とエネルギーだけで，陽子がどんな状態に励起され幾つのハドロンにこわれたかの詳細は分からない．しかし原子核の類推をとれば，励起準位の密度はエネルギーと共に大きくなり，励起関数はなめらかな連続関数に変わることが予想されるであろう．実際の結果はそのとおりであるが，意外なことにこの関数が電子のエネルギー損失と運動量変化の比だけによることが発見された[3]．これがいわゆるスケール則(scaling law)である．その説明として登場した理論の中で，Feynman のパートン(parton)模型が最も単純，具体的でかつ包容力があるように思われる[4][5]．これによればハドロンは不定数の点状素粒子(パートン)から成るガスのようなもの("種子のあるジャム")と見なされる．構成粒子の数と性質が固定されていない点以外は，原子核との類似は密接である．

同じような現象はハドロン－ハドロン反応においても観測されているが，エネルギーが上がると生成されるハドロンの多重度が大きくなるから，測定技術上の制約からも，理論的にも $A+B \rightarrow C+anything$ という式で表わされる如く，生成粒子の一つだけに着目した"包括的過程"(inclusive process)とか多重度の統計的分布とかが主な興味の対象となってきた．これらは昔から宇宙線研究者が扱っていた問題だが，加速器を使えば結果の精度が上がるので理論の方もそれに伴って精密化が要求されるわけである．

さてそれでは，これらさまざまの現象(低エネルギーから高エネルギーまで)を統一する基本的なハドロン理論があるだろうか．これが 1970 年代における素粒子物理学の主な課題であると思われる．次の節ではいろいろな理論や模型の内容，それらを統一する試み，未解決の矛盾と困難などを分析してみよう．

§2. ハドロン理論の内容

1. クォーク模型

Gell-Mann と Zweig は量子数 I と Y の荷い手として三種のクォーク q_i ($i=1, 2, 3$) とその反粒子 $\bar{q}_i$ を導入し，バリオン B (p, n, Λ, …) は $q_i q_j q_k$，中間子 M (π, K, η, …) は $q_i \bar{q}_j$ という化学式で与えられると仮定した (第1図). もし q_i がスピン 1/2 をもち，これらハドロンが s 波の束縛状態だとすれば，B はスピン $j=1/2, 3/2$, M は $j=0, 1$ をとり得る. 全体の波動関数の対称性を考えればさらに j と $SU(3)$ スピン (I, Y) との関係がつく. これがいわゆる $SU(6)$ 理論 (Gürsey, Radicati[6], 崎田[7]) で，B と M の二つの最低準位をうまく説明することができた. 同じ量子数をもつ組の中での質量差は q_3 が q_1, q_2 と少し異なっていると考えて大体説明がつく (Gell-Mann – 大久保の式).

クォーク模型を一躍有名にしたのは，その荷電と重荷電 (バリオン数) が分数の値をもつことである. したがってクォークが単独で存在すれば絶対に普通のハドロンに変ることはできない. 逆にハドロンは qqq ($\bar{q}\bar{q}\bar{q}$) と $q\bar{q}$ とを単位としてしか作りえない. これはクォーク間の力に特殊な飽和性があるためだろうか？ さらに不思議なのは $SU(6)$ 理論によって B の準位 ($j=1/2$ の八重組と $j=3/2$ の十重組) を得るためには波動関数が三つの q について完全対称でなければならぬことである. これは明らかにスピン統計則に反する. また B, M の質量の大部分は成分クォークの質量 (~ 300 MeV) から成り，殆ど結合エネルギーがないという素朴な模型が案外役に立つが，これはもちろん文字どおりに受け取ることはできない.

こんなわけで，クォークを"実在の"粒子と考えることに疑問が生ずる. しかし上の諸問題は主として力学的な困難であるから，クォーク間の力の特殊性として一応無視してよいかもしれない. 強いて困難を部分的にでも避けようとすれば，粒子の種類を三倍にして整数の荷電をもたせる三・三重組模型 (韓, 南部[8], Tavkhelidze[9]) とか，クォークに位数 3 のパラ統計を仮定する三色クォーク模型 (Greenberg[10], Gell-Mann[11]) のように模型を複雑にせねばならない. これらの模型と実験との対決についてはさらにあとで述べよう.

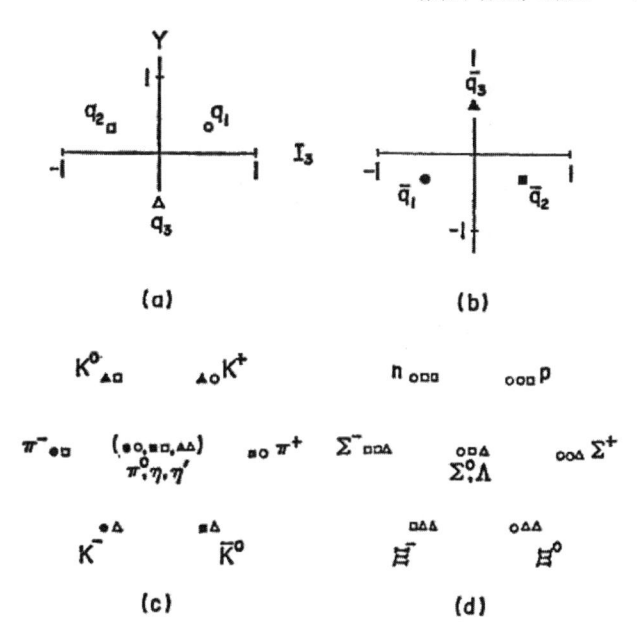

第1図 クォークおよびハドロンの $SU(3)$ 構造.
横軸はアイソスピンの z 成分, 縦軸は超荷電(メソンとバリオンの代表的多重組を示す).
(a) クォーク三重組, (b) 反クォーク三重組, (c) $j^p=0^-$ メソン八重組と一重組(η'), (d) $j^p=(1/2)^+$ バリオン八重組.

2. レッジェ軌道の性質

ハドロンの高い励起状態がだんだん発見されるにつれ, 驚くべき単純な性質が明らかになってきた. 即ち内部量子数が同じ準位系列 $\{X_n\}$ の質量 m_n の自乗とスピン j_n との関係(Regge 軌道)が

$$\alpha(m^2) \equiv j(m^2) = \alpha(0) + \alpha' m^2, \qquad \alpha' \approx 1\,\mathrm{GeV}^{-2} \qquad (1)$$

という直線を示し, $\alpha(0)$ (いわゆる intercept)だけが量子数によって変る(第2図). したがって軌道の傾斜 α' は強い相互作用に関する一種の普遍常数と考えられる.

Regge 理論の大きな魅力は, 全然異なった二つの役割を同時に果すことである. いま系列 $\{X_n(m_n, j_n)\}$ が A+B と同じ量子数をもてば

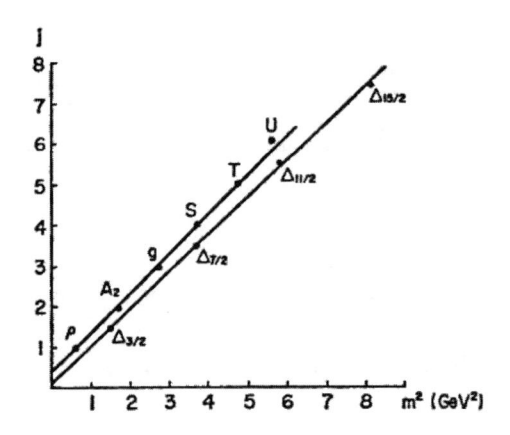

第2図　レッジェ軌道. ρ メソン($j=1$, $I=1$, $Y=0$)と$\varDelta$バリオン($j=3/2$, $I=3/2$, $Y=0$)の励起系列を示す.

$$A + B \to Xn \to C + D \tag{2}$$

のような反応の中間状態として現われ得るから，Breit‐Wigner 共鳴現象をひき起こし，断面積がエネルギーと共に振動する．ここでチャネル A+B を s チャネル(直接チャネル)という．場の理論ではしかし別の系列 $\{Y_n(m_{n'}, j_{n'})\}$ が A と B の間で交換される(中間子が核力を生ずるときの如く)過程も可能である．これはまた

$$A + \bar{C} \to Yn \to \bar{B} + D \tag{3}$$

のように考えてもよい．この $A+\bar{C}$ チャネルを t チャネル(交叉チャネル)という(第3図)．s と t はまたそれぞれの重心系エネルギーの自乗

$$s = (p_A + p_B)^2, \quad t = (p_A + p_{\bar{C}})^2 = (p_A - p_C)^2$$

を表わす記号である．($-t$ は s チャネルでは交換運動量 $-(p_A-p_C)^2 \gtrless 0$ を示す不変量．) 式(2), (3)に相当する散乱振幅はそれぞれ

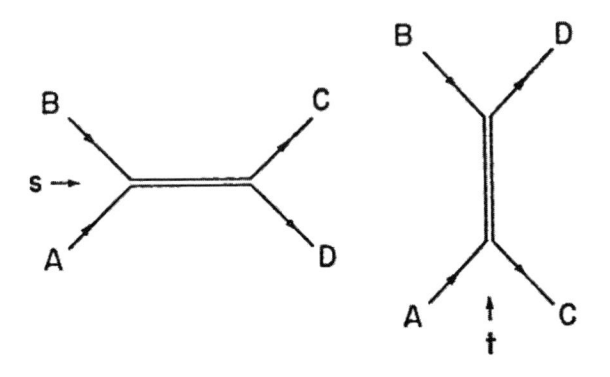

第3図 s チャネルと t チャネル.

$$M_s = \sum \frac{a_j(t)}{s-m_j^2}, \qquad M_t = \sum \frac{b_k(s)}{t-m_k'^2} \tag{4}$$

となり，留数関数 $a_j(t), b_k(s)$ はスピン j_n, k_n に相当する球関数で表わされる（一般にはいろんな Regge 系列についてさらに和をとらねばならぬ）.

さて Regge 理論によれば直接チャネルのエネルギー s が $\to \infty$ となったとき，上の M_t は固定した t に対し

$$\begin{aligned}M_t &\sim \beta(t) s^{\alpha(t)}[1\pm\exp(-i\pi\alpha(t))] \\ &= f(t) s^{\alpha(0)} \exp[-\alpha'|t|\ln s]\end{aligned} \tag{5}$$

という簡単な漸近形をとる．即ち t チャネルの Regge 軌道関数 $\alpha(t)$ がエネルギー依存性を定める．

散乱断面積 $d\sigma/d\Omega \propto |M|^2 s^{-1}$ は前方近くで Gauss 形になり，その幅は $\ln s$ に比例して小さくなる．これがいわゆる "回折幅のちぢみ" である．

上の式(5)は高エネルギー散乱を説明するのに非常に強力なものであるが，一つだけ困難な問題が残っている．それはあらゆる弾性散乱 $A+B \to A+B$ に万能的に効くべきチャネルの Regge 軌道，いわゆる Pomeranchuk 軌道 (Pomeranchuk, 宮沢) の問題である．よく知られているように前方方向の弾性散乱振幅は光学定理により全断面積（包括過程 $A+B \to \{X\}$ ）と関係するが，後者は $s\to\infty$ の極限で一定値 σ_{AB} ("幾何学的断面積") に近づくものとすれば，これは $\alpha_p(0)=1$ を意味する．しかし実験結果の詳細を調べるとそう単純では

なく，特に幅のちぢみを定める $\alpha_{p'}$ は他の軌道の普遍値 1 よりもずっと小さい[12]．したがって全断面積および弾性散乱に関する限りむしろハドロンを不透明な球と見る素朴な光学的模型が適当なようであるが，これを Regge 理論で扱おうとすれば P 軌道に普遍の軌道とは異なった複雑な数学的性質を与えねばならない．

3. 二重性 (duality) と二重性模型

1967 年ころ二重性という概念が登場した (猪木，松田[13]，Logunov, et al.[14]，Dolen, et al.[15])．前の式 (4) についていえば，散乱振幅 M は一般に s チャネル共鳴と t チャネル Regge 軌道交換過程の和 $M_s + M_t$ で，低エネルギーでは M_s が効き，高エネルギーでは M_t が効くとするのが従来の考え方であったが，実は $M = M_s = M_t$ で，M_s と M_t は同じ過程を表わす異なった見方に過ぎないというのが二重性である．したがって M_s と M_t をそれぞれのエネルギー領域から外挿すれば，なめらかにつながるはずである．この画期的な概念は，レッジェ軌道を普通の Feynman 図形的に解釈できないことを示す．しかもこれが成り立つためには，Regge 軌道関数 $\alpha_X(m^2)$ と $\alpha_Y(m^2)$，留数関数 $a_j(t)$ と $b_j(t)$，の間に密接な関係がなければならぬ．即ち二つの Regge 系列が $\{X\} \leftrightarrow \{Y\}$ という二重性的対応をなすわけである．これはある意味では Chew が昔から主張している bootstrap という概念を定式化したものとも考えられる．Freund[16] と Harari[17] はさらに二重性を Pomeranchuk 軌道にも拡張し，t チャネルの P は s チャネルで Breit-Wigner 共鳴を起こさぬバックグラウンドに対応するものと仮定した．

数学的問題として $M_s = M_t$ を満たすような関数があるだろうか？ これは面白い問題であるが Veneziano[17] が見事な例を発見した．Veneziano 振幅と呼ばれるものがそれで，代表的なものはベータ関数

$$M(s,t) = \frac{\Gamma(-\alpha_1(s))\,\Gamma(-\alpha_2(t))}{\Gamma(-\alpha_1(s)-\alpha_2(t))} \quad (6)$$

の形をもつ．注目すべきことは，α_1, α_2 が式 (1) のように線形でなければ式 (4) の展開ができないことである．(即ち Regge 軌道の経験的性質が二重性から導

かれた！）

さてそれでは Veneziano 振幅(6)は一体どんな力学的機構から出て来るのであろうか？　これに対する答は意外な形で見出された．古典的類推によって分かりやすくいえば（南部[18]，Susskind[19]）ハドロンはゴムひものようなもので，その内部励起状態が Regge 軌道を生み出す．ゴムひもは振動数 $\omega_n = n\omega_0 (n=1, 2, \cdots)$ をもつ調和振動子の集りと考えられるから，静止質量 m は

$$m^2 = \sum_{\mu=1}^{4} \sum_{n=1}^{\infty} N_{n\mu} n\omega_0 + c \quad (\omega_0 = 1/\alpha') \tag{7}$$

と表わされる．ただし μ は四次元空間での振動方向を示す．m の自乗が現れるのも相対論的取り扱いからくる．N はそれぞれの固有振動をもつ量子の数である．一つの準位 m^2 を与える量子数の組 $\{N_{n\mu}\}$ は沢山あるから，Regge 軌道 $\alpha(m^2)$ に直すと $\alpha(0)$ の異なる平行な軌道が沢山できる．一番 $\alpha(0)$ の大きなものを親軌道，その下のものを総括して子(daughter)軌道という．今のところ子軌道の存在は実験的には確立されていない．ともかく子軌道のため準位の数がうんと増えるはずだが，m^2 の大きいところで準位の密度 $\rho = dN/d(m^2)$ は Planck の式と同じく統計力学的に計算できて，$\rho \sim \exp[cm]$ のように指数的に増大することがわかる．これは Hagedorn[20] が提唱した熱力学的モデルとたまたま一致し，係数 c ($\sim 6\,\mathrm{GeV}^{-1}$) までよく似ている．

ハドロンのひも模型は一般に DRM (dual resonance model) と呼ばれている[21]-[23]．その定式化は多くの人により試みられ，いろんな変種が提出されているが，細かい点になると困難が続出して，本当に満足なものはまだ見つかっていない．しかし二重性が出てくる理由は次のような幾何学的説明で大体理解できる．即ち一次元連続体のひもは時空的に見れば，世界線 (world line) が無限に集った二次元の世界膜 (world sheet) を作る．二つのハドロン A, B の散乱は，それぞれを表わすひもが一時的につながってハドロン X になり，それがまた二つに切れて C, D になると考えればよい（第4図）．これに対する振幅は，X のあらゆる形状 (configuration) について Feynman 的意味での重ね合せ $M \sim \Sigma \exp[iI/\hbar]$ （I は古典的作用積分）と考えれば，その中で s チャネルの方向に固有振動が伝わる場合も，t チャネルの方向に振動が伝わる場合も含まれ

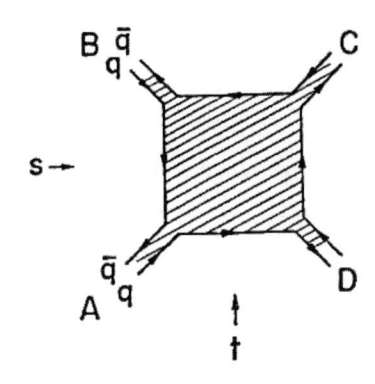

第4図 二重性模型に基づくメソン-メソン散乱過程. 斜線の部分が世界膜, 周辺はクォークまたは反クォークの世界線をなす.

ている. 即ち第4図は s と t につき対称で, しかも二つのチャネルにはっきり分離できない.

上の作用積分 I については最近次のような考えが有力になっている[24][25]. 即ち一般相対論における如く, I を純粋に幾何学的な量と見て, 世界膜の表面積をとるのである. これは質点の場合の I が世界線の長さであるのと対応する. すると質点力学では世界線が測地線(最短直線)をとる如く, 世界膜はシャボン膜のような最小曲面となる. その結果として, 式(7)の中に含まれる時間方向の振動という不自然な自由度がうまく消去される[26][27]. かような振動は負の確率をもち, 一般に"ゆうれい"(ghost)と呼ばれていて DRM の数学的欠点の一つであった. (しかし他に超光速粒子(tachyon)の存在という欠点がある.)

次に DRM とクォーク模型を組合せてハドロンの統一像を作ることを考えよう. すぐ思いつくのは, クォークをひもでつなぐことである. 具体的にいえば B, M に化学構造

$$B = q-q-q, \quad M = q-\bar{q}$$

が与えられる. クォークは質量なしで, $SU(3)$ とスピン量子数だけを荷い, ひもはエネルギー, 運動量, 軌道角運動量を受け持つとしてよいであろう.

さらに仮定としてひもは切れることがあるが, いつでも切れ目に $q, \bar{q}$ の対が発生すると考えよう. すると化学反応式

$$q-\bar{q} \longleftrightarrow (q-\bar{q})+(q-\bar{q})$$
$$q-q-q \longleftrightarrow (q-q-q)+(\bar{q}-q)$$

ができる．これを繰り返せばハドロンの散乱が取り扱われ，第4図のような解釈が成り立つ．この図は二重性図形[28]-[30]といわれるもので，クォーク線が交叉しないように平面の上に描けるのが特徴である．逆にかような図形が描けない過程では普通のレッジェ軌道の間の二重性が存在しないと考えてよい．これは簡単な関係のようであるが，実はいろいろ有益な選択則を与える．

上の仮説ではクォークは絶対に単独で存在できないが，ひもの切れ目に対が現れることは，ひも自身が $q\bar{q}q\bar{q}\cdots$ という鎖状分子だとも解釈できよう．すると世界膜は二次元のイオン格子や反強磁性体みたいなものになってしまう．

直観的模型としてこれは面白いかも知れぬが問題は沢山ある．特にはっきりしないのはバリオンの化学構造である．上の式では真中の q が両端の q と同等でないから，クォークの対称性を保とうとすれば，例えば環状分子にせねばならぬ．さらにクォーク場を含むひもの運動方程式には満足なものが見つかっていない．しかし定性的な模型としては，とくに高エネルギー（高温度）での現象を記述するのには，ハドロンを鎖状高分子と考え，その自由エネルギーが主な役割を果たすとするのは魅力的な仮説だと思う．

4. パートン模型

以上に述べてきた発展方向とは全然別の道をたどって1969年ごろから出現してきたのがFeynmanのパートン模型である[4][5]．この仮説の要点をいえば，(1)高エネルギーの極限でハドロンは多くのパートン（部分子）から成る理想ガスとして扱える．(2)パートン自身は構造をもたぬ真の素粒子である．

パートン模型によれば電子－陽子の"深い非弾性散乱"(deep inelastic scattering)の著しい特徴であるスケール則が極めて自然に説明される．先ず実験室系での電子のエネルギー損失を $\nu(\geq 0)$，交換運動量を $-t=Q^2\geq 0$ と書こう．（交換される仮想光子"γ"の四次元運動量を k_μ とすれば $k_\mu{}^2=-Q^2$, $k_0=\nu$)ν と散乱角 θ をきめたときの断面積は一般に

$$\frac{d\sigma}{d\Omega d\nu} = \frac{d\sigma_0}{d\Omega}\left[W_2(\nu, Q^2) + 2\tan^2\frac{\theta}{2}W_1(\nu, Q^2)\right] \quad (8)$$

と表わされる。ここに σ_0 は点状粒子の弾性散乱（Mott 散乱）の場合の断面積で，構造関数 W_1, W_2 が陽子の構造を反映する量である。これらは "γ"-陽子反応の全断面積をきめるものと考えてもよい。二種類あるのは "γ" が横波と縦波の二成分をもつことによる。

さて SLAC の実験によれば，Q^2, ν が十分大きいとき構造関数は

$$\nu W_2(\nu, Q^2) = F_2(x), \quad mW_1(\nu, Q^2) = F_1(x) \quad (9a)$$

$$x = Q^2/2m\nu \quad (m\text{は陽子質量}) \quad (9b)$$

という形に非常によい近似で表わされることが発見された[3]（第5図）。これが Bjorken[5] の予測したスケール則である。次にこの関係をパートン模型から導いてみよう。

陽子の中のパートンの一つ P_n と電子が "γ" を交換して弾性散乱する断面積を σ_n とする。はじめの仮定によれば陽子の全断面積 $\sigma = \Sigma\sigma_n$ と考えてよかろう。パートンは仮定により構造をもたぬから $\sigma = \Sigma\sigma_n(E, \theta) = \Sigma e_n^2 \sigma_0(E, \theta)$。ただし e_n は P_n の荷電（普通の e を単位として）である。さて2体弾性散乱で一方の粒子（電子）の散乱角とエネルギーまたは ν と Q^2 を知れば他方の粒子の質量が定まってしまう。いま P_n が陽子の全質量 m の一部 $xm (0 \leq x \leq 1)$ を荷っている破片だとすると，この関係はまさに式 (9b) で表わされることがわかる。したがって $\sigma(\nu, Q^2)$ はかような x をもつパートンの分布確率関数 $f(x)$ だけできまって (9a) のような関係が導かれるのである。もっと詳しくいえば $f(x)dx$ は $(x, x+dx)$ の区域に入るパートンの荷電自乗の和で

$$F_2(x)/x = f(x) \quad (10)$$

となる。

上の証明では陽子より軽い破片が存在する如く取り扱ったが，これは明らかに不合理である。かような困難を避けるには，陽子が運動量 $p_z \gg m$ で z 方向に動いている座標系を考える。するとパートンの運動量 k_z も大きくなって，$x = k_z/p_z$，即ち x は p_z を分担する割合とみてよい。上のトリックの本当の意義

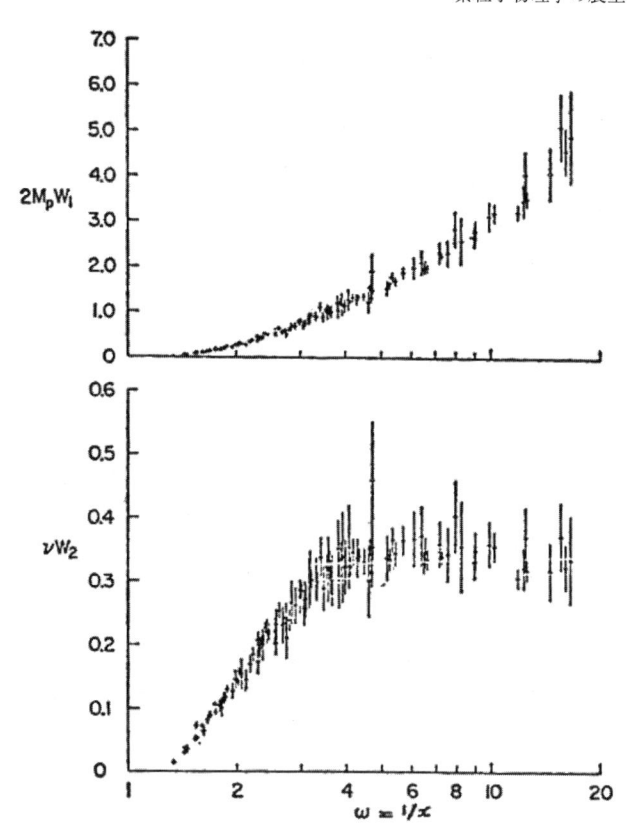

第5図 電子-陽子散乱の構造関数のスケール性. (Miller, et al.[3]による.)

は次のようである．いま陽子の真の固有状態を"裸の粒子"に関する波動関数で展開したものとしよう．その展開係数は Lorentz 不変ではなく，上のような系では多くの粒子を含む確率が大きくなり，また粒子の相互作用エネルギーは運動エネルギーに比べて無視できることが簡単な場の理論の例をとってみると分かる．理想パートンガス模型は，原子核と比べるよりもむしろ光子の場合の Bloch–Nordsieck 変換，Weizsäcker–Williams の方法と対応させるべきであろう．

ともかく構造関数がパートンの分布関数を表わすものであるから，いろんな物理量が総和の規則(sum rule)の形で計算できる．とくに

$$\int_0^1 f(x)\,dx = \int F_2(x)\,dx/x = N\langle e^2 \rangle$$
$$\int_0^1 x f(x)\,dx = \int F_2(x)\,dx = \langle e^2 \rangle \qquad (11)$$

ここで N はパートンの平均数, $\langle e^2 \rangle$ は一個あたりの荷電の自乗平均である.

クォーク模型は DRM とうまく組合せられたが, パートンについても同じことがいえる. 一番簡単なのは, パートン＝クォークとすることである. するとバリオンは $(q)^3, (q)^4\bar{q}, (q)^5(\bar{q})^2, \cdots$ のような状態の重ね合せとなる. さらにクォークを結合する力の場もあるはずで, その量子に gluon（膠着子, 今後 g と記す）という名がつけられている. DRM では "ひも" がそれに相当するわけである.

詳しく立ち入ることはできないが, この他にスケール則を導く数学的方法として光円錐の代数 (light cone algebra) というのがある. これは高エネルギーの極限で粒子の内部構造を探ることは, 相対論的距離が 0 の領域, 即ち光円錐の上で二つのオペレータの相関関数を測ることに帰着するから, その数学的性質をしらべるという立場である[5][31]. 各オペレータのもつ次元数という概念が重要な役割を演じ, 次元解析だけから相関関数の特異点の性質が定まる (Wilson[31]).

§3. 実験データの概要とその解釈

既に述べた如く電子－陽子非弾性散乱のデータからスケール則が発見された. 電子－中性子散乱の場合も大体同じことがいえるようである. これらのデータから得られる著しい結論をあげれば[3],

(1) スケール則が比較的小さな Q^2, $2m\nu (\gtrsim 2\,\text{GeV}^2)$ で既によく成り立つ. ("早熟な" スケール性)

(2) $F_2(x) \approx 2xF_1(x)$ の関係が成り立つ. これは "γ" の縦波の部分が殆ど寄与しないことを意味する.

(3) $F_p{}^2(x)$ は $0 \leq x \leq 1/3$ で大体常数 ($\sim 1/3$) をとり（即ち $f(x) \propto 1/x$）$1/3 \leq x \leq 1$ で速かに 0 に近づく.

(4) 式(11)の積分は

$$\langle e^2 \rangle = 0.18 \quad (陽子)$$
$$= 0.13 \quad (中性子)$$

(5) 中性子と陽子の比 $F_{2n}(x)/F_{2p}(x)$ は $\lesssim 1$, x が大きくなるにつれ小さくなる．

次に物理的解釈に移ろう．(1)の理由はよく分からぬから飛ばして，(2)はパートンのスピンが 1/2 で，0 や 1 ではないことを示す[32]．その理由は Dirac 粒子の電磁的散乱におけるねじれ度 (helicity) の保存という事情に基づく．したがってこれはクォーク模型を支持するものと考えてよいだろう．

(3)は核子が少なくとも三個の q を含むことと合致するが，小さな x のパートンが多く，全数 N は光子の場合の赤外発散に似た振舞をする．

(4)の値は qqq 模型ではそれぞれ 1/3, 2/9 で実験値より大きい．これは中性のパートン g が存在すると考えればよいかも知れない．

(5)はもっと複雑で，三つのクォークの x 分布が対称でないことを示す．しかし少なくも $F_{2n}/F_{2p} \geq 1/4$ というクォーク模型の一般的結論とは矛盾しない．

次に新しい実験として，最近ニュートリノと核子の包括的反応 $\bar{\nu}' + p(n) \to \mu^+ + X$, $\nu' + p(n) \to \mu^- + X$ のデータが出てきた[33]（ν', $\bar{\nu}'$ はミュー・ニュートリノ）．これは電磁相互作用を弱い相互作用で置き換えれば同じような分析ができる．エネルギーの範囲はずっと狭いが，やはりスケール則が成り立っているらしい．とくに注目すべき結果として

(6) $(\sigma(\nu p) + \sigma(\nu n))/(\sigma(\bar{\nu} p) + \sigma(\bar{\nu} n)) \approx 3$ がある．これを解釈すれば，核子の中に反クォーク $\bar{q}$ がないという新しい結論がでる．（根拠は(2)の場合の如く，V−A 型相互作用の特質に基づく．）

以上を総合すれば，クォーク・パートン模型ではバリオンの構成を $B \sim (q)^3 (g)^n$ として大体理解できるようである．しかし理想ガス模型を文字どおり受け取れば，クォークが単独で出てきてよいはずだが，それが実際に起こらないのは何故だろうか？ 直観的に説明しようとすれば，クォークが一定の距離以上に離れると急に強い力が働いて他のクォークを一緒にひきずり出すとでも考えねばならぬ．DRM の "ひも" がこの役割をするとみてもよいであろう．即ち g = "ひも" である．しかしハドロンの電磁的性質を満足に記述できる DRM はまだ見出されていない．

さて、これまでの議論は核子の構造を試すものであった。次に他のハドロンに関するデータに移ろう。その主なものは

(7) $e^- + e^+ \to \text{"}\gamma\text{"} \to X_h$(あらゆるハドロン)

(8) $\pi^0 \to \gamma + \gamma$($\pi^0$ の γ 崩壊)

で、特徴としてハドロン数0の状態と$\neq 0$の状態の間の転移に関係する。(7)では荷電をもったすべての基本粒子が関与するから、前の類推で

$$\sigma(e^-e^+ \to X_h)/\sigma(e^-e^+ \to \mu^-\mu^+) = \sum_n k_n e_n^2 \tag{12}$$

となることは理解できるだろう(k_n はスピン自由度による係数)。ここで右辺はあらゆる基本粒子の種類についての和である。クォーク模型ではこの値は2/3、ところが実験では≥ 2である[34]。ただしエネルギーがまだ十分大きくないから上の式は適用できないかも知れない。

(8)の過程では π^0 をいろんなクォークの対 $q_i \bar{q}_i$ の重ね合せ状態 $\sum c_i |q_i \bar{q}_i\rangle$ とし、おのおのの対が削減して 2γ になるとすれば、π^0 の寿命 τ は

$$\sqrt{1/\tau} = K \sum c_i e_i^2 \tag{13}$$

となる。K が崩壊の力学を反映する量である。高エネルギー現象でないから取り扱いは簡単ではないが、クォーク模型をとれば K は実験値の1/3にしかならないというのが現在の通説である。

即ち上の過程(7)、(8)は決定的でないにしろ、クォーク模型と矛盾する。それでは困難を切り抜けるにはどうしたらよいか？ 一つの方法はクォークの種類をふやすことである。その代表的なものを二つ次に紹介しよう。

(a) 三色(赤白青)クォーク模型[10][11]。クォークは位数3のパラFermi統計にしたがう場で表わされると考える。実際はクォークの三つ組(q_1, q_2, q_3)が三種あって統計以外ではそれらの区別がつかない(即ち力学は色盲である)とする立場と同等である。しかしクォークの総数は結局 $3 \times 3 = 9$ になり、(7)、(8)の過程では式(12)、(13)の右辺が三倍にされるが、核子に関しては変化を生じない。

(b) 三・三重組模型[3][9]。やはり $SU(3)$ の三つ組が三種あるが、これらは区別のつくフェルミ粒子で、荷電も普通の整数値$(0, \pm 1)$をとると考える。結

果は(a)の場合と多少異なり，式(12)は6倍，(13)は3倍，核子に関する値も，式(11)は5/9, 4/9となる．この模型は分数荷電の粒子がまだ見つかっていないことを説明するには都合がよい．

最後に，まだ全然触れなかった問題としてハドロン－ハドロン間の強い相互作用による多重発生反応が残っているが，データの量は莫大なもので一々紹介する余裕がない[35]．ただこれらの目立った特徴を極めて粗っぽくまとめれば次のようになる．

(9) 一般的にいって，個々の最後状態に対する相対断面積(分布関数)は高エネルギーの極限では一定の値(極限分布)に近づく傾向を示す．これは前述のスケール則に相当するものである(楊[36], Feynman[4]の仮説)．とくに

(10) 発生粒子の横の運動量 p_t は狭い幅(π メソンの場合 1/3 GeV)の指数分布をなす．しかし p_t の大きいところではエネルギーに依存する長い尾をひくことが最近発見された．

(11) 縦の運動量の分布範囲はエネルギーと共に伸びるが，これはもちろん Parton 的な考えで理解できる．

(12) 発生粒子の平均数(多重度) N とエネルギーとの関係は Regge および Parton 理論の結果 $N \propto \ln s$ と矛盾しない．多重度の分布確率も大体ポアソン分布に近いようである．

(13) 散乱は完全非弾性ではなく，エネルギーの約半分は，初めの二つの入射粒子がもち去って，残りが多重発生に使われる．

(14) 純弾性散乱は最も精密に測られているが，その詳細な角分布，エネルギー依存性は既に述べたように複雑で，簡単な解釈を下しにくい．たとえば角分布についていえば，前方近くの Gauss 分布はいくらか Regge 的ちぢみを示し，大角度では古典的回折現象に似た極小の存在が見出されている．

§4. 将来への展望

1970年代の素粒子物理はハドロンの下部構造を解明する段階であることが大体お分かりになったことと思う．最も基本的な問題はハドロン物質(hadronic matter)を構成する素々粒子があるかどうかということである．原子核にお

ける事情をそのまま縮尺してあてはめれば，核，核子，中間子をそれぞれハドロン，クォーク，膠着子でおきかえればよい．しかし類推を極端に押し進めることは危険で，力学的性質には全然異なったものがあるだろう．もし素々粒子が遊離できたとしても，単独質量(ハドロン内での有効質量とは別)は非常に大きく，おそらく不安定であろう．新しい力学の可能性としては，DRMがその具体的な例である．

強い相互作用と同時に，弱い相互作用にも下部構造を考えるのは当然で，最近Weinberg[37]が非常に美しい模型を提唱したが残念ながら立ち入る余裕がない．これは電磁場と弱い場の統一場理論で，弱い場の量子(弱い中間子)の質量m_wはプラズマ振動数と同じ機構で現われる力学的なものと考え，しかも$m_w \gtrsim 40\,\text{GeV}$というはっきりした予言ができる．現在のところレプトンにのみ適用されるが，従来のV-A理論とは多少違った結果を与え，まだ実験的に確認された理論とはいえない．Weinberg理論は別にしても，弱い中間子の存在は，クォークの場合と同じ理論的必然性があり，重い素々粒子探しは，今までの否定的結果にも拘らず今後も続けられるであろう．

文　献

(1) M. Gell-Mann: *Phys. Letters*, **8**(1964), 214.
(2) G. Zweig: CERN preprint TH 402(1964).
(3) E. D. Bloom, et al.: *Phys. Rev. Letters*, **23**(1968), 930. M. Breidenbach, et al.: ibid. 935. G. Miller, et al.: *Phys. Rev.*, **D5**(1972), 528. H. Kendall: Proc. 1971 *Intern. Symp. Electron and Photon Interactions*(Cornell University, 1972), 248.
(4) R. P. Feynman: *Phys. Rev. Letters*, **23**(1969), 1415; *High Energy Collisions*(Gordon and Breach, New York, 1970), 237.
(5) J. D. Bjorken: *Phys. Rev.*, **179**(1969), 1547. J. D. Bjorken and E. A. Paschos: *Phys. Rev.*, **185**(1969), 1975.
(6) F. Gürsey and L. A. Radicati: *Phys. Rev. Letters*, **13**(1964), 173.
(7) B. Sakita: *Phys. Rev.*, **136B**(1964), 1756.
(8) M. Y. Han and Y. Nambu: *Phys. Rev.*, **139B**(1965), 1006.
(9) A. Tavkhelidze: *High Energy Physics and Elementary Particles*(IAEA, Vienna, 1965), 763.
(10) O. W. Greenberg: *Phys. Rev. Letters*, **13**(1964), 122.

(11) M. Gell-Mann: CERN preprint TH 1543(1972).
(12) G. Barbiellini, et al.: *Phys. Letters*, **39B**(1972), 663.
(13) K. Igi and S. Matsuda: *Phys. Rev. Letters*, **18**(1967), 625.
(14) A. A. Logunov, et al.: *Phys. Letters*, **24B**(1967), 181.
(15) R. Dolen, et al.: *Phys. Rev. Letters*, **19**(1967), 402; *Phys. Rev.*, **166**(1968), 1768.
(16) P. G. O. Freund: *Phys. Rev. Letters*, **20**(1968), 235.
(17) H. Harari: *Phys. Rev. Letters*, **20**(1968), 1395.
(18) Y. Nambu: *Symmetries and Quark Models* (Gordon and Breach, New York, 1970), 269.
(19) L. Susskind: *Phys. Rev.*, **D1**(1970), 1182.
(20) R. Hagedorn: *Nuovo Cimento Suppl.*, **3**(1965), 147.
(21) Z. Koba and H. B. Nielsen: *Nucl. Phys.*, **B12**(1969), 517.
(22) S. Fubini and G. Veneziano: *Nuovo Cimento*, **64A**(1969), 811.
(23) K. Bardakci and S. Mandelstam: *Phys. Rev.*, **184**(1969), 1640.
(24) T. Goto: *Progr. Theor. Phys.*, **46**(1971), 1560.
(25) L. N. Chang and F. Mansouri: *Phys. Rev.*, **D5**(1972), 2535.
(26) M. A. Virasoro: *Phys. Rev.*, **D1**(1970), 2933.
(27) T. Takabayashi: *Progr. Theor. Phys.*, **44**(1970), 1429.
(28) M. Imachi, et al.: *Progr. Theor. Phys.*, **38**(1967), 1198. T. Matsuoka, et al.: *Progr. Theor. Phys.*, **42**(1969), 56.
(29) H. Harari: *Phys. Rev. Letters*, **22**(1969), 562.
(30) J. L. Rosner: *Phys. Rev. Letters*, **22**(1969), 689.
(31) K. Wilson: *Phys. Rev.*, **179**(1969), 1499.
(32) C. G. Callan, Jr. and D. Gross: *Phys. Rev. Letters*, **22**(1969), 156.
(33) D. H. Perkins: Rapporteur's talk at the XVI Intern. Conf. High Energy Physics, Chicago–Batavia, 1972.
(34) V. Silvestrini: Rapporteur's talk at the XVI Intern. Conf. High Energy Physics, Chicago–Batavia, 1972.
(35) M. Jacob: Rapporteur's talk at the XVI Intern. Conf. High Energy Physics, Chicago-Batavia, 1972.
(36) C. N. Yang: High Energy Collisions (Gordon and Breach, New York, 1970), p. 509. Benecke, et al.: *Phys. Rev.*, **188**(1969), 2159.
(37) S. Weinberg: *Phys. Rev. Letters*, **19**(1967), 1264; **27**(1971), 1688.

追加 $s \to \infty$ で全断面積 σ が一定の有限値に近づくという仮定は今まで無批判に受け入れられてきたが、ごく最近のISRのデータによれば陽子-陽子散乱の全断面

積および弾性散乱断面積はエネルギーと共に増えているらしい．これから一躍 $s \to \infty$ まで外挿することは危険であるが，理論的には $\sigma \sim (\ln s)^2$ までは許される（Froissart の上限）．

対称性の破れと質量の小さいボソン

1 はじめに

過去の10年間は対称性の時代であった．正確には，破れた対称性の時代というべきであろう．対称性が発見され確立されたが，それらはそもそもの始めから近似的であるとわかっていたものだ．かつてSalam[1]が言ったように，人はまず対称性を確立しようと努力するが，次の瞬間からそれを如何に破るかを考える．これは，まったく人間的なことである．素粒子現象の複雑さは，古典的な保存則以外に完全な規則性はあり得ないと，あらゆる人に思わせてきた——いや，それさえも1956年から崩れてきた（もちろん，P, CやTのことを言っているのではない）．しかし，複雑な現象を論理的に記述するにはそれらを規則的なパターンに組織し例外や偏りを選り分けなければならない．こうして，われわれは近似的な対称性に慣れてきた．その中には$SU(3)$やカイラル$SU(2)\times SU(2)$, $SU(3)\times SU(3)$のように確立した対称性もあり，$SU(6)$や共線的な$SU(6)$のように有効性が低い，あるいは重要でないとされたものもある．

いま述べた問題を数学的に定式化するため，われわれは対称性の階層を考え，それを種々の強さの"部分"からなる仮想的なハミルトニアンとして具体化してきた．その各部分は，独自の対称性をもち，ある種の現象をおこし，ある規則性（見方によっては不規則性）を示す．そうして，急いで，申し訳なさそうに，こう付け加える．ハミルトニアンのあからさまな形は，あくまでモデルであって，対称性のほかは本気にしてはいけない．（私は，この種の哲学はとらないが，これはここで議論する必要はない．）

さて，（正確であれ近似的であれ）対称性が姿を現すいくつかの形がある．

● *The Past Decade in Particle Theory*, ed. E.C.G. Sudarshan and Y. Néeman, Gordon and Breach, London, New York(1973). もともとは，*Fields and Quanta*, 1(1971), 33–54, に掲載．（編者訳）

(1) H の対称性(不変性) → 保存則
　　　　　　　　　　　　　　　（選択則）
　　　　　　　　　　　　→ 縮退
　　　　　　　　　　　　→ S 行列要素の間の関係
(2) H の部分の変換性，交換関係 → 対称性の破れのパターン
　　　　　　　　　　　　→ カレント代数の諸関係
(3) H の対称性の自発的な破れ → 不完全な多重項
　　　　　　　　　　　　→ 質量0のボソン

私に課せられた仕事は最後の問題(2)を論ずることである．これは(ハミルトニアンの)対称性の表われとみなすべきか，(状態ベクトルの)対称性の破れとみなすべきかは，立場による．私は，どちらであるかの説明は不用であると思う．

2　対称性の自発的な破れ

これまでのところ，素粒子物理において自発的な破れの概念が明確に意味をなすと思われた例は，私の考えでは，カイラル対称性，特に $SU(2) \times SU(2)$ の場合である．この場合でさえ，自発的な破れといった原理をとる必要はないという人がある．この問題には後で立ち戻ることにしよう．私は，最初に，私の側から見たこの問題の歴史を述べたい．

自発的な破れという呼び名を，今日の意味で最初に使ったのは Baker と Glashow の論文(1962)[3]で，これを表題としている．私は適当な呼び名を探してきたが，思い当たらない．もっとも，強磁性体について"自発的な分極"という言葉は普通に使われてきた[4]．

"Goldstone ボソン"は，もちろん Goldstone の論文[5]に由来するが，彼は出発点でパーデュー大学における中西部理論物理学会(1960)での私の講演[4]を引用している．当時，私はその考えを暖めていたが，カイラル(γ_5)対称性の問題を研究しきるには忙しすぎた．後に Freund と私は"ゼロン"という名前を試しに使った[6]．おもしろいことに，Goldstone の論文は非対称な解の非摂動的な性格を主に問題にしている．彼は離散的対称性の2つの例を扱った．中性ギ・スカラー中間子理論における質量の反転 $\gamma_5 \to -\gamma_5$ と ϕ^4 中間子論における

振幅の反転 $\phi \to -\phi$ (Bronzan と Low のいう A パリティ[7]) である．そして，ϕ^4 中間子論における連続的対称性(第1種のゲージ変換)の破れと質量0の励起は主題でないかのように扱っている．その結果は一般的に成り立つと推測してはいるけれども——．

　縮退した真空(あるいは基底状態)の概念は Heisenberg と共同研究者の非線型スピノル理論の論文(1959)[8]で最初に述べられた．Heisenberg は，アイソスピンの群をもつ彼の理論に内在する Pauli–Gürsey 群[9]を見いだそうとして非常に大きなアイソトピック・スピンをもつ真空状態(あるいは"世界")を考えることになった．彼は陽子と中性子を表わす2つの異なった"裸の"場をもたないからである．これは，普通のカイラル対称性の場合でいえば，左回りの核子あるいはクォークがシュプーリオンを拾い上げて右回りになる，あるいは $1/2^+$ 核子が同様にして $1/2^-$ アイソバーになるようなものである．[非線型の実現の言葉でいえば，$q_R \sim M q_L$．ここに，$M = 1 + if\tau \cdot \pi + \cdots$．] 彼は，また Mach の原理を引いて，境界条件がハミルトニアンに内在する対称性から論理的に独立であることを強調している．後の論文では，Heisenberg のグループはアイソスピン対称性が破れることによる Goldstone ボソンとして光子を解釈しようと試みてきた．しかし私は，彼らの数学的な扱いが理解できていないことを告白しなければならない．

　私自身の話に戻る．カイラル対称性に質量0のパイオンを結びつける考えは超伝導の BCS 理論(1958)[10]を勉強していたとき偶然にわきおこった．Schrieffer が彼らが仕上げたばかりの仕事についてシカゴで最初にセミナーをしたとき，私は彼らが電荷を保存しない試行関数を用いたことに衝撃を受けた．どうして，こんな波動関数が物理的状況を表わし得るのか？　疑問は時とともに深まり，ついにゲージ不変性の要請と Anderson たち[11][12]が取り上げていた集団的励起の役割との追究(1960)[13]に行き着いた．この問題は，無限の媒質内における静的な London 方程式

$$J_i(q) = K_{ij}(q) A_j(q) \qquad (1)$$

に関わる．Meissner 効果とゲージ不変性は関係式

$$K_{ij}(q) = \left(\delta_{ij} - \frac{q_i q_j}{q^2}\right) K(q^2), \qquad K(0) \neq 0 \tag{2}$$

を要請する．右辺の括弧内の第2項の極には2つの可能性がある．これが力学に起源をもち静的でない場合 $q^2 - a^2\omega^2$ でおきかえられフォノン的な励起を意味するか，静的なままでいるかである．しかし，応答関数は力学的な量であるから後者は——ハミルトニアンが初めから $1/q^2$ の特異性をもっていないかぎり——あり得ない．実際，これはCoulomb相互作用からおこるのである．Coulomb相互作用がなかったら極は力学的となる．この場合，$q \to 0$, $\omega \neq 0$ とした後で $\omega \to 0$ の極限をとると K_{ij} はゲージ不変でない形 $\sim \delta_{ij}$ をとる．これが超伝導における対称性の破れの表われだといえるだろう．

　相対論的場の理論においても上の2つの選択がある．それはSchwinger[14]やAnderson[15]が指摘したとおりである．多くの人々が導いた相対論的なGoldstoneの定理[16]から第2の可能性が欠落するのは，ゲージ・ベクトル場があからさまなLorentz不変性をもたないためであることは，後になって分かった[17]．特にHiggs[18]は一つの力学的原理から質量のあるベクトル中間子とギ・スカラー中間子を生み出すことを考えた．しかし，パイオンの有限な質量は対称性の自発的でない破れによるように思われる（下を見よ）．

　BCS理論における準粒子がDirac電子に似ていることから，私は後者を前者になぞらえて考えてみた．Dirac電子の場合，質量（エネルギー・ギャップ）によって破られるのは γ_5 不変性である．もし破れが自発的なら，ここでも質量0のギ・スカラー励起があるはずだ．同じ考えがVaksとLarkinにもおこったのだろう[19]．彼らはHeisenbergモデルを考え質量0の励起を導き出した．とにかく，この考え方は自然に電子よりは核子とパイオンの問題に導く[20]．式(2)の2つの項がゲージ不変性で結ばれていたのと同様に，軸性核子カレント $J_{\mu 5}$ の行列要素で $q_\mu \to 0$ とすると質量0のパイオンの極とGoldberger-Treiman条件[21]が得られる．カレントは観測可能なので，あからさまなLorentz共変性の要求がゲージ場の可能性を閉ざし，パイオンの有限な質量は自発的でない破れによるとしなければならないのである．もっと直接的な物理的な説明は，次のようになる．(1)核子の β 崩壊に対して $g_A(0) \neq 0$, (2) $\pi^\pm \to l^\pm \nu$ は禁止されていない[22]．ところが，もし，弱い軸性カレントが真に湧き出しな

しで，しかし $M_\pi \neq 0$ であれば，これらはおこりえない．

核子とパイオンの質量の比が大きいことと奇跡的な Goldberger–Treiman 関係式が，強い相互作用の力学的な理論を組み立てる動機となった[23]．問題は，簡単で付随的な問題で要点がくもらされないモデルを選ぶことであった．そのため Heisenberg の非線型モデルを選んだが，不定計量はとらず，独立なフェルミオン場を減らす努力もしなかった．真空が縮退しているという Heisenberg の示唆は，初めは知らなかった．その考えは，むしろ BCS の基底状態を調べていたときに生まれた．このことから他の強磁性のような例も考えたが，ここでは明らかにスピン波が対称性を回復する集団モードになっていた．

ここで，Gürsey(1960)[24]が独立に，まったく異なった観点から展開した仕事について話さなければならない．彼の優雅な数学的形式(すでに触れた演算子 M を用いる)は実際，自発的な破れの実現であった．彼の形式が復活し高度に精巧に仕上げられたのは，ずっと後のことである．これについては後に述べる．

3 PCAC，カレント代数，低エネルギーのパイオン

Gell-Mann と Lévy(1960)は Goldberger–Treiman 関係式のよく知られた研究をはじめた[25][26]．彼らはパイオンの質量が 0 でないという事実をあからさまに利用した．それは，PCAC(軸性ベクトル・カレントの部分的な保存)条件の場の理論版とよばれる式

$$\partial_\mu J^i_{\mu 5} = C\,|\phi^i, \quad C = m_\pi^2 \tag{3}$$

から見てとれる．この意味で，それは自発的な破れという考え方とは直交している．しばしば言われるように，式(3)はパイオンの場の定義にすぎず，$q^2 = m_\pi^2$ と $q^2 = q^\mu = 0$ との間の行列要素が"緩やかに変わる関数"であるという条件をつけてはじめて意味をもつ．そして，これは m_π が小さく，内挿の途中で特異点を切らない場合だけのことである．式(3)の利点は，普通の還元公式を用いて容易にいろいろな帰結が引き出せるところにある．外線のパイオンの質量は，内線のパイオンの質量は固定したままにして，0 にすることができ，た

とえばAdlerのつじつま合わせの条件が引き出せる[27]. 他方, 式(3)は何故 m_π が小さいかは説明せず, またそれを0にしたら何がおこるかも予言しない.

自発的な破れの考えは, $m_\pi = 0$ から出発するので, 結果は多くの場合に同じだが, 数学的な取り扱いはより複雑になる. しかし, これは明らかにPCACより制限の強い仮定である. これによれば, パイオンの質量をつくる原因をなくしても核子の質量は動かない. これまでにつくられた多くのモデルは, 両方の特徴をもっており, 2つの考え方に実際上のちがいはない.

カイラル対称性の群論的な構造は, カイラル対称性の自発的な破れを意味のある命題にするために重要である. なぜなら, 導関数を含む相互作用のモデルがあって[25], 対称性の群は非斉次の $SU(3)$ (非斉次部分は質量0のギ・スカラー場の並進で実現される)であるから――. フェルミオンはカイラル変換は受けず, したがってそれらの質量は自発的な破れでは必ずしも創られない. これも, ある人々が自発的な破れをPCACの成功に必要とは考えない理由かもしれない. 1個のパイオンの放出に関する限り $SU(3) \times SU(3)$ と非斉次の $SU(3)$ は同等である. しかし, $\pi - N$ 散乱におけるように2つの交換子が問題になると違いが現れる. カレント代数が重要になるのは, ここである. Adler-Weisberger 関係式(1965)[28]の成功は, $SU(3) \times SU(3)$ [あるいは少なくとも $SU(2) \times SU(2)$] がハドロンの強い相互作用に関わる群であることを示唆している.

ソフト・パイオンの定理(soft-pion theorem)は, $SU(2) \times SU(2)$ カレント代数の関係式を含めて, カイラル対称性の基本的な考えの試金石としてつくられた[29]. しかし, 低エネルギー・パイオンの定理を応用する初期の試みは, 有用なデータがなかったので実り多くはなかった. たとえば, 電子によるパイオン創成のデータが出てきたのは最近のことである[30]. 半レプトン過程や非レプトン過程からは, もっと得るところの多いやりかたもあっただろう. これは早くから考えられたのだが, 成功しなかったのはクォーク・モデルがなかったからである. そのため, カイラル $SU(2)$ のバリオンの10重項への拡張に自由度がありすぎた[31]. われわれは, 待たねばならなかったのだ. Gell-Mann (1964)がクォーク・モデル[32]とカレント代数の原理[33]を導入し, FubiniとFurlanがカレント代数を分散公式に結びつけ[34], AdlerとWeisbergerが $g_A/$

g_V に対して著しい結果をだし[28][35],鈴木,菅原,Callan, Treiman[36]が自信をもって弱い相互作用の仮定に突き進むまで――.

なお,われわれは PCAC と自発的な(あるいは,ほとんど自発的な)破れとの選択について議論しなければならない.この点で挙げるべきはバリオンとギ・スカラー中間子の散乱に関する Kim と von Hippel の仕事だ[37].これはパイオン-核子の散乱を低エネルギー定理として定式化した友澤の仕事[38]を拡張したものである.その要点は有効ラグランジアンの方法で説明できる(次の節を見よ).もし,核子の質量が自発的な破れに起源をもつなら,その質量は Gürsey の演算子 M の一部分である.パイオン-核子散乱の s 波の散乱長 $a_{1/2}+a_{3/2}$(いわゆる σ 項)はこのラグランジアンから計算すると 0 となる.他方,もし質量が対称性を破る項になっていれば,それは純粋の定数で $SU(2)\times SU(2)$ の $(2, 2^*)$ のように振舞い,大きな散乱長を与えるであろう.同じ議論は $SU(3)\times SU(3)$ の場合にも適用できる.Kim-Von Hippel の解析によれば $SU(3)\times SU(3)$ の実際の破れはストレンジ・クォークの裸の質量のみにおこり,その大きさは Gell-Mann-大久保の質量公式の程度である.バリオンの質量のほとんどは自発的な破れでおこり $SU(2)\times SU(2)$ 対称性は破れた $SU(3)$ よりよい対称性である($m_\pi^2 \ll m_K^2$ だから).より定量的には,裸のクォークの質量の比は中間子 10 重項の質量から計算できる.この図式は Gell-Mann, Oakes, Renner[39]が考えた.クォークの質量を $(m_p, m_n, m_\lambda) = (m_1, m_1, m_2)$ とすれば,

$$\frac{2m_1}{m_1+m_2} = \frac{m_\pi^2}{m_K^2} \approx \frac{1}{12} \tag{4}$$

を得る.実際には,すべてのクォークの質量は異なっているであろう.K の質量差は,このためにおこるとすれば

$$m_n - m_p : m_n + m_p : 2m_\lambda + m_n + m_p = m_{K^0}^2 - m_{K^\pm}^2 \; ; \; m_{\pi^\pm}^2 : m_{K^0}^2 + m_{K^\pm}^2$$

となり

$$m_p : m_n : m_\lambda = 2 : 3 : 60 \tag{5}$$

が得られる.(この近似ではパイオンの質量差はない.)

ハドロンの正しい描像として $SU(3)\times SU(3)$ の近似的な自発的な破れが重

要であることはDashenが強調した[40]. しかし，解けていない謎がある．その一つはハイペロンの非レプトンp波崩壊で，これに対してはPCACはs波崩壊ほど成功していない．もう一つはK_{l3}の崩壊のξパラメタが理論的に≈ 0であるのに実験では≈ -1である．もっと深刻な問題だと思うのは，η'がギ・スカラー10重項に比べて質量が大きく，それらの間にほとんど混合がないことからカイラル$SU(3)$がカイラル$U(3)$よりよい対称性だということになるが，何故なのかである．クォークの質量のみによる対称性の破れでは，これは説明されない．

この種のプログラムに関係しているのは，Gell-Mann−大久保の$SU(3)$の破れ，電磁相互作用，弱い相互作用におけるCabibbo混合角の間の因果関係を探る試みである．これらが$SU(3)$空間に創る3組の特別な軸は，Jahn−Teller効果のようにして生ずるつじつまの合った対称性の破れのパターンなのであろう．$SU(3)$においては対称性を破る駆動力とそれへの応答は必ずしも同じ方向とはかぎらないというBrout[41]とCabibbo[42]の発見は，このメカニズムの可能性にいよいよ興味をそそる．この可能性は，Gattoらにより，やや異なる方向からさらに追究されたが[43]，この描像が基本的に正しいかどうか，まだ未解決である．

4 ハドロンの対称性の統一的な記述

自発的な破れの物理的な帰結は，非線型な実現によってもっともエレガントに示すことができる．その始まりはGürsey(1960)[24]とGell-Mann−Lévyの考えたモデルの一つ[25]とにある．Gürseyの非線型ラグランジアンに先行したのが西島のモデルである[44]．彼はレプトンとハドロンの弱いカレントのカイラリティ不変性を，カイラル・ゲージ変換の位相を質量0の中性ギ・スカラー場と考えることによって救おうとしたのである．彼は，またソフト・パイオンの定理に似た低エネルギー定理をも論じた．

Gürseyは，質量0のパイオン場をカイラル$SU(2)$ゲージ変換の位相として考えた[45]．そしてそのようなゲージ演算子を用いて不変なラグランジアンをつくりあげたのである．このモデルはGell-Mann−Lévyの非線型σモデルと，

見かけはちがうが，同等であることが分かった．2つは，パイオン場の非線型な定義がえによって，S行列要素を変えることなく，相互に移り合うことができる．これは，Weinberg(1968)[46][47]などが非線型の実現の理論を展開し，Colemanら[48]が最も一般的の形に到達したとき明らかになった．

その結果として生まれた新しいことは，非線型の実現と質量≠0のベクトルおよび軸性ベクトル場との結婚である．これはLee, Weinberg, Zumino (1967)[49]がはじめた．PCACとベクトル支配(vector dominance)とが統一され，エネルギーの高いパイオンの問題が扱えるようになった．

最終的には，すべてのハドロン過程におけるカイラル群の役割が理解されねばならない．カイラル群は（パリティ2重項として）線形にも（小さい質量のメソンを通して）非線型にも実現できる．バリオン共鳴のなかに前者に属するものがあるという可能性もある．もしそうだとしても，しかし，状態はいかにしてどちらかを選ぶのか？　どうしたらカイラル対称性は，矛盾する$SU(6)$型の対称性と折り合いがつけられるのか？　Weinbergの試み[50]やLovelaceによるカイラル対称性とVenezianoモデルとの関係の発見[51]は示唆的な可能性を提示しているが，明快な描像が得られるのはまだ先のことである．

5　自発的な破れのさらなる探索

非相対論的な現象を別にすれば，われわれは正真正銘の自発的な破れの例をもっていないようだ．質量0の粒子は重力子と光子，ニュートリノだけしか知られていない．どれも，対称性の破れなどなしに頼れる記述をもっている．それに，ニュートリノはフェルミオンだから破れの描像には合わない．電磁気学と重力には，自発的な破れの現象として定式化し直そうという試みがある．

どちらにしても，問題になる対称性は時空の対称性である．困るのは，自発的にせよいったん対称性を破ると，もはや普通の意味での対称性ではなくなってしまうことだ．少なくとも理論の目に見える時空不変性はなくなり，幸運がなければ実際の不変性もなくなってしまうだろう．幸運な状況は，しかし電磁気学の場合にはあるように思われる．時間的ベクトルη_μできまる特別な方向がそれに垂直なGoldstoneモード$A_\mu(x)$を生成し，これがベクトル・ポテンシ

ャルと同定できる．特別な方向 η_μ の選択は単なるゲージの選択に対応し，したがって物理的な予言の Lorentz 不変性を損なわない．Dirac ゲージ[52]を用いれば，これは最も明瞭に理解できる．そうすれば $A_\mu(x)A^\mu(x) = \text{const.}$ となるから，これを Lorentz 群の非線型な実現と見るのである[53]．こうして電磁気学は自発的な破れと両立するが，後者は前者を理解するのに必要なわけではない．

自発的な破れを利用するもっと野心的なプログラムは，Baker, Johnson, Willey[54] の量子電磁力学である．彼らは電子の質量を自発的に創り出そうとしている．しかし，電子の質量は γ_5 不変性を破るが，同時にスケール不変性も破るのだ．何故 Goldstome の定理の帰結から逃れられるのか分からない．それはおくとして，彼らの理論と無限大を引き算する通常の量子電磁力学との予言に違いがあるか，さがすのは興味深い．

私は，E. C. G. Sudarshan と Jagdish Mehra に感謝する．彼らは，私にテキサス大学に滞在し，この講演の一部分の準備をする機会をあたえてくださった．この研究は，部分的にアメリカ原子力委員会の補助を受けている．

文　献

(1) J. J. Sakurai: *Ann. Phys.*, **11**(1960), 1, 5 の脚注が引用している．

(2) この線上の私の初期の仕事は次の論述にある：*Group Theoretical Concepts and Methods in Elementary Particle Physics*, ed. F. Gürsey, Gordon and Breach, New York(1964); Lectures at the Istanbul Summer School, 1966(University of Chicago Preprint EFINS 66-107): The Amer. Phys. Soc. Meeting, Chicago, 1968 における講演．(Univercity of Chicago Preprint EFINS 68-11).

(3) M. Baker and S. L. Glashow: *Phys. Rev.*, **128**(1962), 2462.

(4) *Proc. Midwest Theoretical Physics Conference at Purdue Univ.*, (1960).

(5) J. Goldstone: *Nuovo Cimento*, **19**(1961), 154.

(6) P. G. O. Freund and Y. Nambu: *Phys. Rev. Letters*, **12**(1964), 714.

(7) J. B. Bronzan and F. E. Low: *Phys. Rev. Lett.*, **12**(1964), 522.

(8) H. P. Dürr, W. Heisenberg, H. Mittler, S. Schlieder and K. Yamazaki: *Z. Naturf.*, **14a**(1959), 441.

(9) W. Pauli: *Nuovo Cimento*, **6**(1957), 204.

(10) J. Bardeen, L. N. Cooper and J. R. Schrieffer: *Phys. Rev.*, **106**(1957), 162.

(11) P. W. Anderson: *Phys, Rev.*, **110**(1958), 827; **112**(1958), 1900. G. Rickayzen, *Phys. Rev.* **111**(1958), 817; *Phys. Rev. Letters*, **2**(1959), 91.

(12) 歴史的展望は：P. W. Anderson in *Superconductivity*, ed. R. D. Parks, Marcell Dekker, Inc. New York (1969), 1343.

(13) Y. Nambu: *Phys. Rev.*, **117**(1958), 827; **112**(1958), 1900.

(14) J. Schwinger: *Phys. Rev.*, **125**(1962), 394. 2次元の電磁力学には質量 $\neq 0$ の光子が現れる．この場合，電荷が質量の次元をもつことに注意．

(15) P. W. Anderson: *Phys. Rev.*, **130**(1963), 439.

(16) J. Goldstone, A. Salam and S. Weinberg: *Phys. Rev.*, **127**(1962), 965. Goldstone の定理の数学的な側面の詳しい総合報告は：*Proc. 1967 International Conference on Particles and Fields*, ed. C. R. Hagen et al. (Interscience, New York, 1967) の T. W. Kibble (p. 277) および D. Kastler (p. 305) の論文や *Advances in Particle Physics*, vol. 2, ed. R. L. Cool and R. E. Marshak (Interscience, New York, 1968) の G. S. Guralnik, C. R. Hagen, T. W. Kibble の論文を見よ．

(17) P. W. Higgs: *Phys. Letters*, **12**(1964), 132; *Phys. Rev. Letters*, **13**(1964), 508. F. Englert and R. Brout: *Phys. Rev. Letters*, **13**(1964), 321.

(18) P. W. Higgs: *Phys. Rev.*, **145**(1966), 1156.

(19) V. G. Vaks and A. I. Larkin: *JETP*, **40**(1961), 282 [*Soviet Phys.* **13**(1961), 192].

(20) Y. Nambu: *Phys. Rev. Letters*, **4**(1960), 380.

(21) M. L. Goldberger and S. B. Treiman: *Phys. Rev.*, **110**(1958), 1178.

(22) J. C. Taylor: *Phys. Rev.*, **110**(1958), 1216.

(23) Y. Nambu and G. Jona-Lasinio: *Phys. Rev.*, **122**(1961), 345; **124**(1961), 246.

(24) F. Gürsey: *Nuovo Cimento*, **16**(1960), 230; *Ann. Phys.*, **12**(1960), 705.

(25) Gell-Mann and M. Lévy: *Nuovo Cimento*, **16**(1960), 705.
J. Bernstein, M. Gell-Mann and L. Michel: *Nuovo Cimento*, **16**(1960), 560.
J. Bernstein, S. Fubini, M. Gell-Mann and W. Thirring: *Nuovo Cimento*, **17**(1960), 757.
Chou Kuang-Chao: *JETP*, **39**(1963), 703 [*Soviet Phys.*, **12**(1961), 492].

(26) 1969年頃の支配的な状況については次を見よ．*Proc. of 1960 International Conference on High Energy Physics at Rochester*, ed E. C. G. Sudarshan et al., Interscience (1960), 特に Gell-Mann (p. 508), Gürsey (p. 572), Heisenberg (p. 851), Goldberger (p. 733), Nambu (p. 858), Okun (p. 743), Vaks and Larkin (p. 873). Landau も PCAC の考えに寄与したことが認められている (pp. 741-749)

(27) S. L. Adler: *Phys. Rev.*, **B137**(1965) 1022; **B139**(1965), 1638.

(28) S. L. Adler: *Phys. Rev. Letters*, **14**(1965), 1051; *Phys. Rev.*, **B140**(1965) 736.

W. I. Weisberger: *Phys. Rev. Letters*, **14**(1965), 1047; *Phys. Rev.*, **143**(1962), 1306.

(29) Y. Nambu and D. Luriée: *Phys. Rev.*, **125**(1962), 1429.

Y. Nambu and E. Shrauner: *Phys. Rev.*, **128**(1962), 862. E. Shrauner: *Phys. Rev.*, **131**(1963), 1847.

(30) Y. Nambu and M. Yoshimura: *Phys. Rev. Letters*, **24**(1970), 25.

(31) 坂田モデルに基づく Baker-Glashow のプログラム(3), S. Glashow [*Phys. Rev.*, **130**(1962), 2132], および N. Byrne, C. Iddings, E. Shrauner [*Phys. Rev.*, B**139** (1965), 918, 933]の複雑な10重項モデルが興味ある結果を生まなかったのもこのためである.

(32) M. Gell-Mann: *Phys. Rev. Letters*, **8**(1964), 214; G. Zweig: CERN Reports Nos. 8182/TH401, 8419/TH412, 1964 (unpublished).

(33) M. Gell-Mann: *Physics*, **1**(1964), 63. より詳しい解説は，この節の多くの話題も含めて次にある. S. L. Adler and R. F. Dashen: *Current Algebra*, W. A. Benjamin, Inc., New York(1968).

(34) S. Fubini and G. Furlan: *Physics*, **1**(1965), 229.

(35) 初期には，カイラル対称の極限では$g_A/g_V=1$だという誤った推測もあった. これが，自発的な破れのもとで成り立つという証明はない.

(36) M. Suzuki: *Phys. Rev. Letters*, **15**(1965), 986.

M. Sugawara: *Phys. Rev. Letters*, **15**(1965), 870, 997.

C. G. Callan, Jr. and S. B. Treiman: *Phys. Rev. Letters*, **16**(1966), 153.

(37) F. Von Hippel and J. K. Kim: *Phys. Rev. Letters*, **22**(1969), 740.

Yuk-Ming P. Lam and Y. Y. Lee: *Phys. Rev. Letters*, **23**(1969), 734.

(38) Y. Tomozawa: *Nuovo Cimento*, **46A**(1966), 707.

S. Weinberg: *Phys. Rev. Letters*, **17**(1966), 616.

(39) M. Gell-Mann, R. J. Oakes and B. Renner: *Phys. Rev.*, **175**(1968), 2195.

(40) R. Dashen: *Phys. Rev.*, **183**(1969), 1245.

R. Dashen and M. Weinstein: *Phys. Rev.*, **183**(1969), 1261.

(41) R. Brout: *Nuovo Cimento*, **47A**(1967), 932.

(42) N. Cabibbo, in *Hadrons and Their Interactions*, ed. A. Zichichi, Academic Press, New York(1968).

(43) R. Gatto, G. Sartori and M. Tonin: *Phys. Letters*, **28B**(1968), 128.

N. Cabibbo and L. Maiani: *Phys. Letters*, **28B**(1968), 131.

(44) K. Nishijima: *Nuovo Cimento*, **11**(1959), 698.

(45) 同様の考えは, G. Kramer, H. Rollnik and B. Stech: *Z. Phys.*, **154**(1959), 564.

(46) S. Weinberg: *Phys. Rev.*, **166**(1968), 1568.
(47) 非線型の実現および関連した話題の概観には，S. Gasiorowicz and D. A. Gaffen: *Rev. Mod. Phys.*, **41**(1969), 531.
(48) S. Coleman, J. Wess and S. Zumino: *Phys. Rev.*, **177**(1969), 2239.
C. G. Callan, Jr., S. Coleman, J. Wess and B. Zumino: *Phys. Rev.*, **177**(1969), 2247.
(49) T. C. Lee, S. Weinberg and B. Zumino: *Phys. Rev. Letters*, **18**(1967), 1029.
(50) S. Weinberg: *Phys. Rev.*, **177**(1969), 2604.
(51) C. Lovelace: *Phys. Letters*, **28B**(1968), 265.
(52) P. A. M. Dirac: *Proc. Roy. Soc.*, **A209**(1951), 291.
他の文献については(53)を見よ．
(53) Y. Nambu: *Prog. Theor Phys. Suppl.* Extra, (1968), 190. ベクトル η は，Diracの仕事の文脈においてエーテルの速度と解釈することができる．次も参照．F. London: *Superfluid*, John Wiley & Sons, New Yoke(1950), vol. 1, 62.
(54) K. Johnson, M. Baker and R. Willey: *Phys. Rev.*, **B136**(1964), 1111.

新粒子について

 1974年11月11日は素粒子物理学の研究者たちに忘れられぬ劇的な事件が起った日である.アメリカのブルックヘーブン国立研究所(BNL)とスタンフォード大学の線形加速器施設(SLAC)とで新粒子が発見されたというニュースがこの日に発生し,その衝撃波は数日のうちに全世界に拡がった.しかも10日後にはSLACから第2の新粒子の発見が伝えられて,刺戟を一そう大きくした.私自身の経験によっても,これに較べられるような過去の事件は,Ω^-の発見(1964),パリティ非保存の発見(1956),V粒子の発見(1947～50)くらいのものである.では何故今度のニュースがこんなにショックを人に与えたのか? 一つには発見が二カ所で起ったこと,特にSLACの実験はわずか1,2日で決定的結果がでて,翌日には論文が作られ,BNLグループのものとほとんど同時に *Physical Review Letters* に送られたこと,更に数日後にはイタリアのフラスカチ国立研究所でSLACの結果が確認されたというような事情がある.しかしもっと根本的な理由は新粒子の性質が普通の不安定粒子(共鳴状態)と大分異なっていて,その理論的解釈について素粒子物理学者,とくに理論家が刺戟されたことである.その後も,新しいデータは非公式にいくらか報告されているが,信用度の高いものはないので,この辺で(12月30日現在)一応現状を総括して検討してみることにしたい.

 先ず実験の内容について.BNLのものはS. Ting(MIT)を指導者とするグループにより行われた[1].計画は1969年ころに始まったらしく,ぼう大且つ慎重を極めた実験である.陽子シンクロトロン(AGS)で作られる30 GeVのビームをベリリウムの的にあて,発生する粒子の中から電子対だけを検出する.

● 日本物理学会誌,**30**, no. 3(1975), 199-201.

$$p + Be = e^- + e^+ + X$$
(X は直接観測されない粒子を一括して表す)

Be は核子の集合だから，核子－核子の散乱で中性中間子が作られ，それが電子対にこわれる過程が考えられる(例えば $\rho^0, \omega^0, \phi^0 \to \Gamma \to e^- + e^+$)．電子対の静止質量の分布を見ればどんな親粒子が存在するかが分る筈である．Ting グループの実験では作られた親粒子が核子－核子の重心系(重心エネルギーは 7 GeV)で静止しており，電子対がビームと直角方向に出る場合だけを考える．すると実験室系では電子対は，親の質量によらず，ビームの両側に 14.6° の角度で出るから，この方向に二つのスペクトロメーターの腕を向けておく．実際の観測は数カ月前から始まり，その結果質量 $M = 3.1$ GeV のところに鋭い山が見出された．電子対を作る全断面積は 10^{-34} cm^2 の程度と見積もられている．この新しい粒子には J という記号が与えられた．

一方，SLAC の実験は，Richter(SLAC)，Goldhaber，Trilling(Berkeley)などを含むグループにより，電子－陽電子環(SPEAR)を使って行われた[2]．反対向きに走る電子と陽電子(エネルギー $E_- = E_+$)を衝突させて起る反応
$$e^- + e^+ \to e^- + e^+,\ \mu^- + \mu^+,$$
$$\text{hadrons}\,(\pi^- + \pi^+,\ \pi^- + \pi^+ + X,\ K^- + K^+, \text{etc})$$
即ち一般に $n(\geq 2)$ 個の荷電粒子の作られる反応を見る．既に述べたような，電子対と結びつく粒子があれば，それらの質量に相当するエネルギー $E = 2E_\pm$ で共鳴が起きる筈である．SPEAR による実験はここ数年間組織的に続けられており，特に $e^- + e^+ \to$ hadrons と $e^- + e^+ \to \mu^- + \mu^+$ の断面積の比 R の値がエネルギーと共に増えていることが大きな理論的問題になっていたのであるが，新しい共鳴状態らしいものは見つからなかった．しかし $E = 3$ GeV の付近で観測値に乱れがあるのを一部の人が数カ月まえから気にして原因をつきとめようとした努力の結果が今回の発見に至った．即ち $E = 3.1$ GeV のところで断面積が 2 桁も鋭くはね上る(第 1 図)．実験の性質上エネルギーの精度は非常によく，図に見られるように幅は 1 MeV 程度であるが，この大部分は輻射損失によるエネルギーのゆらぎで説明できるから粒子自身の幅 Γ_{tot} はもっとせまいと推定される．定量的見積りには Breit-Wigner の共鳴公式を積分したものと実

験的曲線の積分とを比べれば，見かけの幅を消去することができる．ただし中性粒子のみの最終状態が観測にかからないことによる不定性は残る．

　SLACでは上の粒子を$\psi(3105)$と命名した．BNLの実験とは全然違った条件で作られたが，Jとψが同一のものであることに疑いはないだろう．以後便宜のためψの名を用いSPEARのデータとJ.D. Jacksonによる分析に基いてψの主な性質を述べれば：

(1) $M = 3.105 \pm .003$ GeV

(2) $\Gamma_{tot} \approx 75(1+x)^2$ KeV　　(xは中性状態の寄与)

(3) $\Gamma(\psi \to e^-e^+) \approx \Gamma(\psi \to \mu^-\mu^+) \approx 5(1+x)$ KeV

(4) $\mu^-\mu^+$の角分布 $\sim 1 + \cos^2\theta$　　($60° \leq \theta \leq 120°$)

(4)からψのスピン・パリティは$1^{\pm}$となる．1^-ならば既知のベクトル中間子群(ρ^0, ω^0, ϕ^0)と同属と見られる．(3)の$\Gamma(e^-e^+)$もこれらの場合と同じ程度であるが，比$R \equiv \Gamma(e^-e^+)/\Gamma_{tot} \sim 6\%$ ははるかに大きい．いいかえれば，ハドロンにこわれる確率が異常に小さく，そのため全体幅が非常に小さくなってしまった．しかし一般のエネルギーにおける反応でこれに相当する量$\sigma(e^-e^+ \to \mu^-\mu^+)/\sigma_{tot} = 1/(2+R)$は15%の程度で，それとも異なっている．

　$\psi(3105)$はフラスカチの電子－陽電子環ADONEでも確認されたが[3]，SPEARからは続いて$\psi(3695)$の存在が報告された[4](以後ψ'と記す)．性質はψに似ているが，Γはより大きく(~ 800 KeV?)，$\Gamma(e^-e^+)/\Gamma_{tot}$はより小さい[エネルギーと共に実験精度がわるくなるのが難点]．ψ'の崩壊過程の中で特に注目すべきことは，

$$\psi' \to \psi + \pi^+ + \pi^- \quad (Q-\text{value} = 310 \text{ MeV})$$

が存在し，全体の30%を占める．$\pi^{\pm}$の運動量分布は等方的で，これから($\pi^+\pi^-$)系はスピン$J^P=0^+$，アイソスピン$I=0$，ψとψ'は同じ量子数($J^P=1^-$, $I=0$?)をもつことが推論される．

　以上が現在知れている"事実"である．それではこれらの"事実"の理論的意味は何であるか？ここで詳しく議論する余裕もないし，近い将来に新事実が現れて事件を解決するか，あるいは一層紛糾させるかもしれないので，三つの代表的な解釈を挙げるに止めておこう．

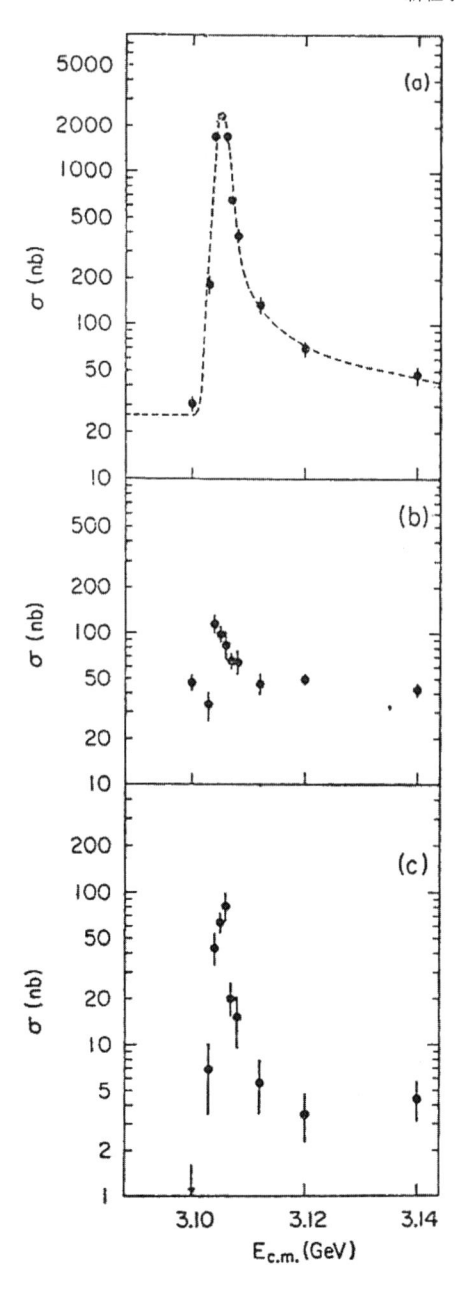

第1図　a) ハドロン, b) e^-e^+, c) $\mu^-\mu^+$, $\pi^-\pi^+$, K^-K^+.

(1) "弱い"中性中間子．ψ（及び ψ'）が弱い中性的相互作用を媒介するものと考える．中性的相互作用は普通のフェルミ型の荷電をおびた弱い相互作用と兄弟関係にあり，その存在を示す高エネルギーのニュートリノ-核子散乱の実験が最近いくつか報告されている．実際，ψ のデータを使って電子同士の相互作用を計算すればフェルミ定数と同じ程度の値が得られる．しかし質量が小さすぎて Weinberg, Salam のゲージ理論の枠には入らず，ニュートリノ散乱データとも矛盾しそうである．

(2) "Color" 励起状態．韓-南部模型によれば，クォークの荷電は整数で，普通の $SU(3)$ と，"色"の $SU(3)$ （赤，白，青— Gell-Mann による）の自由度とをもつ．普通のハドロンは無色の状態で，ψ と ψ' が色の励起状態（color octet）に属すると考えられる．この模型では前述の比 R が 4 となる等で，実験値〜5 と大体合う．また $\psi \to$ hadrons の幅の小さいことを説明するにも好都合だが，$\psi \to$ hadrons $+\gamma$ を押えるのが困難である．

(3) "Charm" 模型．クォーク（p, n, λ）にもう一つ charmed quark c（荷電は p と同じ）を加えるいわゆる四元模型で原，牧，Glashow，その他によって提唱されていた．弱い相互作用の模型を作るために非常に有効である．ψ, ψ' は $c\bar{c}$ 型の束縛状態と考えられる．c の質量は普通のクォークよりずっと重い（〜1.5 $-$ 2 GeV）とすれば，いろいろな性質が大体理解できる．今のところこの模型が一番 ψ, ψ' の解釈として有力のようである．

いずれにせよ，素粒子の世界に，新しい質量のスケールをもつグループが現れてきた．理論的にはいろいろな意味で予期されていたことだが，その出現の仕方は意外にドラマチックであった．これから実験家も理論家も残りの新粒子を追うのに忙しくなるだろう．

文　献

(1) J. J. Aubert, et al.: *Phys. Rev. Letters*, **33**(1974), 1404.
(2) J.-E. Augustin, et al.: *Phys. Rev. Letters*, **33**(1974), 1406.
(3) C. Bacci, et al.: *Phys. Rev. Letters*, **33**(1974), 1408.
(4) G. S. Abrams, et al.: *Phys. Rev. Letters*, **33**(1974), 1453.

素粒子論研究

1.

　私の研究生活は戦争の終了とともにはじまったから,もう30年以上になるが,過去の仕事や事件を記録しようと試みたことは殆どないので[1],思い出を語るのは一寸不安である.けれども私の経歴の特殊性を認めれば多少不正確でもこの記念号に載せる意義があると思い,いくつかの時期と研究問題をひろって書き綴ってみることにした.

　旧制大学を2年半で切り上げ3年間の軍隊生活をしたあと,私は幸いにして予め決まっていた職──東大理学部物理学科の嘱託──につくことができた.これは1946年の正月ごろだとおもう.敗戦のあとの悲惨な生活環境は今からではとても如実に描写できそうもないが,そんな環境が却って私の研究者としての土台をつくるのに役立ったかもしれない.この期間は今の制度ではドクターコースのレベルに相当するとおもうが,教授からわれわれに至るまで第一の関心事は如何にして毎日食べて行くかということで,研究の方は自然放任の状態であった.従って衣食住は最低を維持する以上の野心はなく,残りのエネルギーがあれば物理のいろいろな概念を咀嚼し,自分のペースで自分の考えを発展させようとした.この点東大理学部1号館の305号室で自炊生活をしたのは理想的であったといえる.同僚の助手,嘱託の連中がいくつかの部屋を占領して机を並べ,夜でもとなり部屋の住人を訪ねて議論することができた.［シカゴ大学でも研究生活はこれに近い.学生も教授も大てい歩いて通える距離に住んでいるからである.］

　同僚の中で特に私に大きな影響を与えたのは,同室者の岩田義一さんと故木庭二郎さんである[2].岩田さんからは数学(その外にフランス文学やラテン文

● 日本物理学会誌, 32, no. 10 (1977), 773-778. 日本物理学会創立百周年記念「日本物理学会のあゆみ」特集号において「わが研究の思い出」と題された記事のひとつ.

学などの雑学も），木庭さんからは朝永理論を吸収した．Ising 模型の有名な Onsager の解はその頃の大きなトピックで，久保亮五さんを指導者とする物性論グループがつついていたが，私もそれにとりつかれたあげく，簡単な代数的解法を見つけたのが私の最初の"成功"であった．これは 1947 年の春ごろだったとおもうが，発表に値するようなものとは考えなかったし，まもなく Lamb, Retherford の実験が出てそちらの方に巻き込まれてしまった．

あとで伏見，庄司の独立な理論がでたとき，伏見先生に激励されてやっと論文を書くことになったが，そのおかげでプリンストンの B. Kaufman 女史との連絡もはじまり，彼女が Einstein の助手をしていた関係から，私がプリンストンに行ったとき Einstein との面会をとりもってくれるという御利益も生じた．忘れないうちに付け加えておくが，伏見さんに負うところはこれだけでなく，1973 年に書いた Generalized Hamiltonian Dynamics の論文も，そのアイディアは大阪時代に伏見さんに聞いて頂いたものである．

木庭二郎さんは私と机を向い合わせていた．謹厳な彼は毎朝誰よりも早く出勤して来るので，机をベッドにしていた私はいつも恐縮した．朝永さんと協力してむずかしい計算をしていたようだが，はじめは朝永理論とはどんなものかさっぱり分からなかった．けれども文理大（教育大）で行われた朝永さんのセミナーに出入りするようになって，少しずつ素粒子論の手ほどきを受け，また朝永グループの人たちとも親しくなることができた．例えば木庭さんが計算ちがいをして頭を丸坊主にそったことは，私もその目撃者だが，あまりに有名な話だから説明する必要はあるまい．このほか東大で親しくなった人たちの中に"向うどなりの住人"中村誠太郎さんがある．内職のあっせん，待遇改善，"素粒子論研究"の発刊[3]など，中村さんがわれわれの福祉につくした貢献は忘れられない．また武谷三男，渡辺慧などの名士がときどき中村さんや木庭さんを訪ねて現れたので，彼等の火花の散るような会話を拝聴することができたのは大きな刺激であった．

朝永理論の発展を語る資格は私にはないが，自分の近辺に起こったことについて一寸述べておこう．当時 *Physical Review* のような外国雑誌は占領軍図書館に行くか，朝永，武谷など特別の人たちを通じてしか見られなかった．Lamb, Retherford の実験，Bethe や Schwinger の理論を最初に知ったのはタ

イム誌からだったとおもう[L−Rの実験は1947年6月]．Betheの論文を読んだあと，私は輻射補正の直観的解釈をしようといろいろ考えた．その結果友人の小野健一さんと共同で1947年秋京都の物理学会シンポジウムで発表した．私の最初の講演である．同じ会場で朝永さんは繰込み理論に基く取扱いを発表された．いわゆるnormal orderingの概念が出て来たと記憶するが，それ以上のことは理解できなかった．これに気おされて，私の方の仕事は論文にせずにしまった．しかし考え方はT. A. Weltonが後に*Physical Review*に出したものと同じであった．電子の異常磁気能率の方は，繰込み理論以前にBreitの現象論などを知っていたが，輻射補正としてこれが出て来るかもしれないと気がついた日にSchwingerの計算がタイム誌に報道されているのを見てがっかりしたのを覚えている[Schwingerの論文は1948年2月の*Physical Review*に出ている]．

　このように日本の理論グループが実際の計算に関して一足おくれていたのは残念だが止むを得ないことだろう．Feynmanダイヤグラムの概念も木庭さんがある程度近くまで行っていたし，*S*マトリックスをnormal productに展開するDyson−Wickの方法も朝永さんが独立にはじめて，木庭さんや私などが発展させようとしたが肝腎なところは先にやられてしまった．しかしわれわれの方もだんだんアメリカ側に追いついて，ときには先を越すというところまで進んだとおもう．その例としておもい出すのは福田博，宮本米二のπ^0メソンのγ崩壊の計算(1949)で，これはSteinbergerと競争になった．

　私が新設の大阪市立大学に移ったのは1949年秋ごろとおもう．東京から私と早川幸男，山口嘉夫，西島和彦，阪大から中野董夫が渡瀬譲先生の世話で一挙に理論の講座を占領した．助手級だったわれわれがあっという間に教授から助手までの席に年令順でつけられたのは実に痛快なことであった．実際にグループが全部赴任するまでには大分時間がかかったが，学生もまだ殆どいなかったから講義の必要もなかった．[同じころ木庭さんは阪大の助教授になった．]

　市大理工学部は扇町の元小学校を仮校舎とし，われわれは校庭に建増したバラックの中にいた．いわゆる武者修業ということがこの頃はやり出し，東京からも宮沢弘成，小柴昌俊など元気のいい若手が見えて，研究室のソファーの上に寝たりしたものである．大阪にいた3年ほどの間に起きた主な事件はV粒

子(strange particles)の問題であろう．市大グループや大根田定雄などの仕事がでて，アメリカ側におくれをとらずに理論が進んだことは最後の中野，西島，Gell-Mann(N–N–G)の法則に到るまで続いたといえよう．われわれが仁科，朝永グループに接触して宇宙線を勉強し，order of magnitude の物理になれていたので，こういう新しい現象に平気でとびついたのかもしれない．あの頃出た Fermi の多重発生の理論や原子核物理の講義録なども私の考え方に少なからぬ影響を与えたとおもう．早川さんは市大に赴任早々アメリカへ留学し，絶えずニュースをわれわれに伝えてくれたことも大いに助けになった．N–N–G が出たときには私がプリンストンへ来ていたので，Gell-Mann の理論を市大に中継したあとで中野，西島の独立な仕事があることを知ったわけである．

　もう一つ，いわゆる Bethe–Salpeter 方程式について一言しておきたい．これは私の方が先に発表したことは事実であるが，力のポテンシャルに関する論文の最後に式を書いただけで，その導き方も応用も議論していない．［もう少し詳しいことは素粒子論研究に書いた(1950)．また喜多秀次，宗像康雄，林忠四郎などの人たちもこれを取り上げてくれた．］私が続編を書かなかったのは病気になったためもあるが，もっと主な理由は大して有用性を認めなかったことである．例えばいわゆる梯子近似をやったのでは Breit の公式も正しく出ない．数学的に優雅なだけでは満足できなかった．

　このころやったことでもう一つ思い出すのは S マトリックスの WKB 近似である．これは朝永振一郎，福田信之の"拡散方程式"(素粒子論研究，3 (1951) No. 2)から出発したもので，素粒子論研究には発表したが内容はおぼえていない．後に chiral dynamics でこの概念が役に立つようになったとき (1968)はじめて英文にした．

2.

　1952年から木下東一郎さんと私は朝永先生の推せんで Oppenheimer を所長とするプリンストン高級研究所に2年留学した．その後私はシカゴ大学に移り，それ以来ずっとここに留まっている．プリンストン時代は私の第二の試練期で

ある.はじめて国外に出て,国際舞台で第一級の人たちと競争することになったからである.そのころは研究所の黄金時代で,Pauli, Pais, Yang(楊), Lee(李), Van Hove, Källen, Thirring などの顔ぶれと知合いになった.量子電磁力学やV粒子が最大のトピックであったにも拘わらず,私は何故か多体問題に熱中してしまい,Bohm-Pines のプラズマ理論や,核力の飽和性,核物質の状態方程式などにこった.木下さんの協力を得て,Hartree-Fock の方法の拡張に関する論文は書いたが,どうしても実際の核力の問題を理解できる自信がなく,その外のアイディアも何一つうまく行かなかったので私は絶望的心境に陥った.これから私を救ってシカゴへ連れてきてくれたのはM. L. Goldbergerである.宮沢さんも東京から直接やって来て彼のグループに加わった.

1950年代の後半はGoldbergerがはじめた分散式やそれから発展したSマトリックスの解析性の問題の全盛期であった.私は完全にそれにまき込まれ,単独でも共著でも論文はかなり書いたが,玉石混交といってよいだろう.今思い出しても冷汗の出る論文があり,そのためPauliの信用をおとしたと思われるふしもある.彼の有名な文句 "It is not even wrong." があてはまるような仕事だから無理もない.問題は多変数のグリーン関数に関して無鉄砲な解析性を仮定したことで,後にその誤りを自ら発見したときはまたがっかりして,そのためその中にあった玉をK. Symanzik が正しく指摘してくれ論文を書こうと主張したにも拘わらず石と一緒に流してしまった.Symanzik の指摘したものは今 Mandelstam 表現として知られている.

もちろん失敗ばかりではなく,anomalous threshold の発見,グリーン関数のパラメター表示のようなまともな仕事もある.しかし私の名が売れたのはChew, Goldberger, Low, Nambu の共著(π核子散乱などの分散理論)が出たからであろう.実をいうとこれは私以外の3人がプリンストンで書き上げたもので,私の貢献があるとすればGoldbergerの頭に私の考えをいろいろ吹き込んでおいたことかも知れない.

このころ一方ではパリティの非保存とか,強い相互作用の対称性など,大局的にもっと重要な問題が発展していたが,私にはこれらに力を入れる余裕はなかった.しかしその中に私の東大以来培った物性論への興味が役立つ事件が起きた[1].それは例のBardeen-Cooper-Schrieffer(BCS)の超伝導理論(1957)

である．シカゴからあまり遠くないイリノイ大学は昔から物性論に強く，そこのBardeen, Pinesなどとも知己であったが，ある日大学院学生のSchriefferがやって来て，そのころ進行中のBCS理論の話をした．出席していた長老のWentzelも懐疑的であったとおもうが，何より私をいらだたせたのはBCSの波動関数が電子の数を保存しないことである．こんな近似に何の意味があるかと疑った．しかし一方彼等の大胆さに魅惑されてBCS理論を理解しようと努力した結果，私はそのとりこになってしまったわけである．Schrieffer はまもなく助教授としてシカゴに赴任し，密接な接触を保ったが，私の関心はゲージ不変性など純粋に理論的な問題にあり，自分に納得が行く解釈に到達して論文にするまでに2年ほどかかった．その間にBogoliubov, Andersonなどの専門家がどんどんBCS理論を精密化して行ったが，私はできるだけ独立に仕事を進めた．

　対称性のspontaneous breakdownという用語はBakerとGlashowに由来するが，この概念が私の心に芽ばえたのは上の論文を書いたころであろう．この現象には主な要素が三つある．即ち

(1) 真空(媒質の基底状態)の縮退，
(2) これに伴うゼロ質量の励起状態(いわゆるGoldstoneモード)の存在，
(3) クーロン場(遠達場)があるときにはGoldstoneモードがプラズモンに吸収されること．

BCS理論には上の三つの要素がみな存在するというのが私の趣旨であった．外の現象，例えば結晶格子や強磁性の問題に適用することも考えたが，これを一般原理としてアナウンスすることは物性論の専門家でない私はちゅうちょした．しかしマイスナー効果のゲージ不変性を分析することに全力をそそいだことは，$\pi \to \mu\nu$ 崩壊に関するGoldberger–Treimanの関係が出たときに直ちに役立った．これがMeissner効果のゲージ不変性を示す関係と同じだということに気がついたからである．これから先はDirac粒子の質量と超伝導体のエネルギーギャップとの類似に至るのは一足とびである．その頃はまだクォーク模型以前であり，窮極的素粒子の理論がどんな形をとるか誰も予測もしていなかったので，私の目的は適当な模型をとってBCS現象が起こり得ることを示すことにあった．一つの可能性は量子電磁力学のような正統的な場の理論で

Dyson–Schwinger–BCS の方程式を解くことである．光子の自己エネルギーを無視すれば解がありうることは分かったが，光子の方の問題を処理する自信がなかったのでやめることにした．［後に K. Johnson のグループが独立にこの問題に取り組んだ．］そこで第二にえらんだのが BCS 理論をそのまま相対論化した非線形スピノル場模型である．たまたまこれが Heisenberg 理論の一例であるのはあまりいい気がしなかった．こんなエレガンスのない勝手なハミルトニアンが物理法則の窮極を表すとは信じていなかったからである．しかし Heisenberg の論文を真剣に読まざるを得なくなり，その中に spontaneous breakdown の概念が使われているのを発見して，さすがはと感心した．［もっとも彼のやり方はあまりに形式的且つ強引で受け入れがたい．］要するに非線形模型をとった理由は，はじめから cut off を入れて，他の下らぬ手品をやらなければ数学的取り扱いは非常にすっきりしているからである．そこでローマから来たばかりの G. Jona-Lasinio を助手として仕事を慎重にはじめた．最初の予備発表はパーデュー大学で開かれた Midwest Theoretical Physics Conference においてで，家族の病気のため Jona-Lasinio さんにしてもらった．そのプレプリントが出てまもなくロンドンの J. Goldstone からプレプリントがとどいた．これが彼を有名にした論文で，私のアイディアから出発して簡単な場の理論の例を議論し，最後にゼロ質量の励起状態の一般的存在を予想している．この最後の点については，前からどんな形で発表しようかと考えていたのでとんびに油揚げをさらわれたような気がしたが，結局 γ_5 不変性とゼロ質量のパイオンとの関係に話題を限って詳しく議論することにきめたわけである．

しかし，こんな力学的模型は当時の流行であった Chew 一派の S マトリックスの思想などとは無縁であった．また Goldberger–Treiman の関係についても Gell-Mann–Lévy の形式的な方法もあったから，その後数年は Lurié, Shrauner などの協力を得て私の考えの実験的験証を見つけることに骨折った．その結果が例の soft pion の定理で，後に Gell-Mann が唱えたカレント代数の考えも既に入っていた．この定理を K メソンの崩壊などにも使うことを試みたが，その頃はまだクォーク模型がなかったので不定性が多すぎ何も言えなかった．クォーク模型やカレント代数の有望性がはっきりしてきた 1965 年ごろになって soft pion の定理は S. Adler その他の人たちによって再発見され，chiral dynamics の大流行がはじまった．ドクターをとったばかりの鈴木眞彦，菅原寛孝の仕事が出たのもこの時代で，私のグループでも原康夫，J. Schechter, 学生の J. Cronin, L. Clavelli などが活躍した．

　上のと別の系統に属する仕事ではクォーク模型の拡張（整数荷電の三色クォーク）がある．これや 1969 年ごろからはじまったハドロンのひも模型などは未だに生きている問題だが，紙面の都合で私自身の研究について語るのはこのくらいに止めておいて，以下は日本物理学史の立場から見た一般的感想を述べることにしよう．

3.

　日本の素粒子物理学は長岡，仁科，湯川，朝永，坂田などの名で代表される特殊の伝統をもっているが，これが如何にして発生したかを説明したものを読んだことがない．科学史に興味をもっている人に掘り下げて頂きたい問題である．特に外国から見ていると，湯川，坂田などで代表される考え方が大分異質的であるのが目立つようで，そういうコメントをよく聞く[4]．私は直接これらの先生の門下に育ったわけではないけれども，その影響は圧倒的であった．これは戦争の直後に出て来た人たちが誰でも認めることだとおもう．既に述べたように，朝永グループの仕事を学んだのは，私の友人を通じたり，学生時代以来理研や文理大で行われた朝永，仁科グループのセミナーを傍聴したりした結果である．朝永の理論グループと仁科の実験グループとの協力が実に緊密であったのは注目すべきことである．これがその後なくなってしまったのは経済的事情によって実験物理の伝統が中断されたからであろう．今だになかなかその打撃から立ち直れないようだ．ことに素粒子の実験設備はますます大規模になり，国際協力までも必要となったが，日本はその点地の利を得ていないし，国際協力の観念自体も非常にうすい．このことは理論についてもいえるとおもう．坂田，武谷などの強力な指導者の主張された素粒子物理の方法論は戦後のわれわれには日光のようなもので，たとえ意識的でなくてもそれから受けた影響は大きかった．むしろ大きすぎたともいえる．方法論は物理学自体ではない．初期の大成功のあと，それに匹敵する発展が続いていないのは競争的立場の強

いグループが他に発生しなかったからではないかとおもう．

湯川にはじまる素粒子論の著しい特徴は，力の場＝粒子という関係を指導原理にしたことであろう．これは一方では vector meson dominance (桜井純)，bootstrap (Chew)，Regge 極などの理論に至る道をひらくと共に，理論的要請から素粒子を"発明"するという強力な方法を提供した[5]．この思考方法は湯川以前にも Pauli のニュートリノ仮説などに見られるが，現在では理論屋の常套手段になってしまった．例えばチャーム粒子の存在の予言に牧二郎や Glashow, Iliopoulos, Maiani などがこれを意識的に使ったといってよいだろう．しかしヨーロッパの科学の伝統には既製の枠で行けるだけ行くという保守的な一面があるから，上のようなやり方は簡単には受け入れられない．坂田，井上や Marshak, Bethe の二中間子論が出るまでの紆余曲折もそうだが，私の経験した例では核子の形状因子を説明するためのベクトルメソン仮説(1957)ははじめ反感をもって迎えられたようだし，三色クォーク模型も 1970 年代になるまで無用のものと見られていた．

坂田模型からクォーク模型に至る過程は歴史的にも方法論的にもそう簡単ではない．後者では新しい階層の粒子が導入されているからである．けれども $SU(3)$ を最初に取り上げたのが坂田学派の池田，小川，大貫であったのは当然であろう．更に坂田の影響はクォークの $SU(6)$ 理論をはじめた崎田文二にも見られるとおもう．

現在の素粒子論はレプトンとクォークを素粒子とし，ゲージ場の理論を力学的原理とする立場が主流をなしている．ゲージ場の理論は重力場をも含むもので，いわゆる統一場理論の夢にわれわれは一歩近づいて来た．私自身の感想を述べれば，これを可能ならしめたのは，素粒子物理と固体物理との類似性，即ち真空が普通の物質的媒質と非常に似ていることだとおもう．この類似性の程度は私が超伝導模型をはじめたときの予想をはるかに越えたものになってしまった．Weinberg-Salam の W 粒子の理論をはじめ，ハドロンのひも模型や単磁極に至るまで，超伝導，超流動の現象に緊密な対応が見られるのはおどろくべきことである．

しかしまだわれわれは素粒子を理解したとはいえない．それは二つの大きな偶然的要素があるからである．一つはレプトンやクォークの種類の数が分から

ぬ，即ちそれを決める原理が分からぬこと，もう一つはレプトン，クォーク，W粒子などに質量を与える根本的メカニズムが分からぬことである．現在の理論は上の二つの問題に関してはまだ現象論にすぎない．

もちろんレプトンやクォークが最終的素粒子であると考える理由はない．実験的にこれらの種類がどんどんふえて来れば，またもう一段下層のレベルに下りなければならぬかもしれない．しかし一方クォークが絶対に遊離して存在しないという見方がもしも実現されれば，今までの素粒子概念に別の意味での大改革が必要となるであろう[6]．

もう10年ほど前とおもうが，ある日 E. C. G. Sudarshan とシカゴ郊外をドライブしながらこんな会話を交したことがある．彼は私がなぜ重力場に関して仕事をしないのかというような質問から出発して，物理学の目的は一般的原理を見出すことだと思わないかと詰めよって来た．そこで私はこう答えた．私は原理よりも実体にいま関心をもっている．例えば水素原子の準位を理解するには $SO(4,2)$ の群と無限成分波動方程式で足りるかもしれないが，それは窮極の行き方ではない．陽子や電子などの実体をその背後に追及すべきであると．これは私自身が取り上げた無限成分波動方程式に対する本心を明かすつもりでもあった．私は Heisenberg が物理学の本質は対称性の原理であるとどこかで言っていることをちらと思い出した．そして私が日本の湯川，坂田的思考に影響され，Sudarshan がおそらくインド哲学的思考に影響されていることを感じたわけである．

実をいえば素粒子物理学には実体的な要素も原理的な要素も必要である．どちらの面でも過去数年の間に大きな進歩が起こったのは注目に値する．この二つは Heisenberg 理論や bootstrap のような立場では同じものに帰一されてしまうが，現在の主流的立場は二元論に止まっている．一元論は素粒子論屋の用語を借用すれば asymptopia に属するものであるかもしれない．

文 献

(1) ただし一種の記録として，Y. Nambu: *Fields and Quanta*, **1** (1970), 33——Symmetry breakdown and small mass bosons, *The Past Decade in Particle Theory*, ed. E. C. G. Sudarshan and Y. Ne'eman (Gordon and Breach, New York, 1973) p. 33

がある.
(2) 木庭二郎については,野上茂吉郎,他:素粒子論研究,**48** no.3(1973),朝永振一郎:科学,**44** no.6(1974),梅原千治:医科芸術(1975) 5,6月号などの追憶記がある筈だが全部は参照できなかった.
(3) "素粒子論研究"は私の愛読雑誌である.シカゴ大学図書館にある古い断片がこの文を書くのに役立った.
(4) 坂田,武谷学派に対する西欧側の批判の一例として,Y. Ne'eman: Concrete versus abstract theoretical models(submitted to the Jerusalem Conference on the Historical Interaction between Science and Philosophy, 1971)がある.
(5) 以下の観察には友人のLaurie Brownとの会話に負うところが多く,彼に感謝の意を表したい.
(6) この節を書いている間にも新しい重いレプトンや分数荷電粒子(クォーク)の発見が報告されているが,まだ信頼度の高いものではない.

高エネルギー物理の現状と展望

　私が今ここでお話しようとしていることは，今日までの6日間の実り多かった会議をふり返り，成果を評価し，要約し，今後の展望を述べようということです．しかし，おわかりいただける通り，すべての話題を一様に取り上げることはできませんし，それは望ましいことでもありません．私は，重要だと考えているテーマだけを取り上げてお話して，残った時間に将来への予想をしてみたいと思います．

I

新粒子の発見

　あの1974年11月から，ほとんど4年経ちました．この短期間に高エネルギー物理学がなしとげた長足の進歩は，私たちを興奮させるものでした．まず，代表的な新粒子を発見の順に並べてみましょう（第1表）．これらの粒子は新しいクラスに属しています．というのは，第一に質量が大きく，それなのにかなり安定しているからです．いいかえれば，従来知られていたハドロンの質量の尺度より，大きな質量やその間隔の尺度が存在するらしいのです．著しいことに，レプトンもまた，同様の傾向を示し始めています．これらの発見は，新世代の高エネルギー加速器の発展の直接の成果です．エネルギーの範囲を次のレベルに移したところ，直ぐにこのように豊かな新現象がみつかってきたことは，すばらしいことです．絶えず経費と努力を増加させて，エネルギーの増大を追求することに価値があるか否か，それが賢い方法か否か，いつでも問いかけることができます．しかし，今これについてためらったり，疑問を持つ人がいるとは思えません．

● 自然, **34**, no. 12(1979), 26-41. 1978年8月に東京で開催された第19回高エネルギー物理学国際会議の最終日におこなわれた総括報告．小沼通二訳，見出しは訳者による．

第1表　代表的新粒子の発見年代順リスト

J/ψ	(1974)
χ	(1975)
τ	(1975)
D	(1976)
Υ	(1977)

　しかし，実験的発見の真の意義は，それが理論の発展と結びつく時にのみ評価されるのです．事象が姿を現してくる一般的シナリオを，理論家たちが多かれ少なかれ予測していたことは，本当にすばらしいことです．しかしこのシナリオが一義的でないのは当然です．進展のためには，厳しいテストを行って，種々の可能性を一つずつ狭めていかねばなりません．今回の会議について一つの文で要約せよといわれれば，こういう言い方になるでしょう．今年は多数の精度のよい実験が完了したため，真理を求めて可能性を狭めていく過程について重要な進歩のあった年であり，これらの実験は相互に矛盾なく合い，特定の理論の枠組と見事に一致したのだ，と．この一致は定量的ですから，これは本当に決定的な前進の一歩なのです．

弱相互作用と電磁相互作用の統一

　私がここでお話しているのは，おもに，弱相互作用と電磁相互作用を統一したS. WeinbergとA. Salamの理論[1]のことであり，比較しているのは，最初のモデルと，それを一般化し複雑化したモデルについてです．よくあることですが，後者は，実験データの初期の混乱か，理論の改善をめざす希望かのどちらかの動機によって作られました．けれどもこれらは，途中ですべてだめになり終ってしまいます．そして自然は結局簡単さを好むということを発見して安心するのです．つい最近の数カ月の発展によって，もともとのWeinberg-Salamの模型が，種々の"低エネルギー"実験で生き残る唯一のものだと思われるに至っています．私は，"低エネルギー"という言葉を相対的な意味で使っています．このように突然選択の余地を狭めるのに決定的だったのは，電子と重陽子および電子と陽子の散乱でのパリティの破れを示したスタンフォードの見事な実験結果です[2]．それにおとらず重要なのは，多くのニュートリノ反応の実験で示されたすばらしい一致です[3]．実際ニュートリノ物理は成年

に達したのです．低エネルギー弱相互作用過程，すなわち中間ベクトルボゾン W, Z, Higgs ボゾン H を生み出さない過程は，すべて一つのパラメータだけで矛盾なく記述できるという状況になったように思います．

もっと現象論的な方法では，中性弱カレントは

$$J^0_{L,R} = \rho \left(I_3 - Q\sin^2\theta_W\right)_{L,R}$$

という形に書けます．ここで ρ は中性カレントと荷電カレントとの比を表します．現在明らかになっていることをまとめると，こうなります．

(a) $\rho \approx 1$ （0.98 ± 0.05） （文献(3)参照）

(b) $\sin^2\theta_W \approx 0.2 \sim 0.3$ （0.23 ± 0.02） （文献(3)参照）

(c) クォークとレプトンの左巻き成分は(弱相互作用について) 2 重項，右巻き成分は 1 重項，いいかえれば，ゲージ群は $SU(2)_L \times U(1)$．

このうち，(a)と(c)が Weinberg–Salam 模型にすでに組込まれていたことは著しいことです．(a)と(b)を結びつけると，

$$m_W \approx 75\,\text{GeV}$$
$$m_Z \approx 85\,\text{GeV}$$

と予言することができます．そこでわれわれは，J. Schwinger, S. L. Glashow, Salam, Weinberg のような名前と結びついている，電磁カレントと弱カレントのかなり簡単で素朴な統一が示されたことに満足すべきです．本日の Salam の講演での提案に従って，これからはこの二つの統一された相互作用を電弱相互作用(electroweak interaction)と呼ぶことにしましょう．これは，ややぎこちないと思われますが，たしかに用語を簡単にします．

ここで述べた発展は，クォークとクォーク・パートン模型が一層成功を収めたのだとみなすこともできます．チャーム粒子とみなせるデータがますます蓄積しているので，弱相互作用の理論の発展にとって本質的な要素であったチャーム・クォークは，今や存在が確立されています．しかし，自然はここでわれわれにちょっとしたいたずらをしています．一番簡単な弱い相互作用の理論にとって，4 つのレプトンと 4 つのクォークが必要だったのですが，これだけでは十分でないようです．今や，τ と Υ (ウプシロン)が存在するのです．

Υ は，J/ψ が最初発見された時と同じく，$e^+ - e^-$ 相互作用と p–p 相互作用

で観測されました．新しいレプトンτは，今のところ電子反応でみつかっているだけです．これらの"望まれない"粒子は，レプトンとクォークの世界が，われわれが考えていたより大きいこと，多分はるかに大きいことを，疑問の余地なく示しています．理論家も実験家も，さらに多くの粒子と，さらにいろいろな理論を求めて，いそがしい将来にたち向うことでしょう．あとでまた，私はこれらの将来の問題にもどるつもりですが，次に強相互作用の物理の状況をみてみることにします．

強相互作用の状況

強い相互作用は，ハドロン反応だけでなく，私が今お話してきた電弱相互作用に関係するセミレプトニック過程にも影響します．量子色力学(QCD)のテストの一つは，スケール則，すなわち，素朴なクォーク・パートン模型からの特徴的なずれと関係しています．こうしたずれは，これまでにも時々みえました．そしてこのずれは，少なくとも定性的には，QCDの予言と一致していました．今やこれらのずれは，QCDの予言と定量的にも一致しているらしいという印象を私はもっています．これは，たとえば，まだ仮のものと考えなければならないのかもしれませんが，パートンのx分布のq^2依存性にみることができます[4]．計算可能な特徴をもつジェットの存在のようなQCDの別の側面もテストされ始めています．こうして高エネルギーすなわち短距離でのふるまいに関する限り，漸近的自由という性質をもつQCDは，強相互作用の力学の基礎として，ますます信頼をかち得ています．しかし本当に決定的なテストをするためには，私たちはさらに高エネルギーに向わなければならないでしょう．けれども強相互作用現象を，高エネルギーに関係する部分と低エネルギーに関係する部分とに，別の言い方をすれば短距離と長距離に，完全に分離することは不可能だという問題があります．そして不幸なことに，QCDの低エネルギーの性質は，はるかに困難な問題であり，私たちはまだそれを確実に手にしていません．しかしそれにもかかわらず，私たちは，QCDの長距離かつ強結合の領域でのふるまいについて，多くの研究が進められているのをみています．

中心問題は，クォークの閉じ込めを真とするクォーク閉じ込めの力学です．少数派の人たちが考えているように，それは真でないのかもしれません．しか

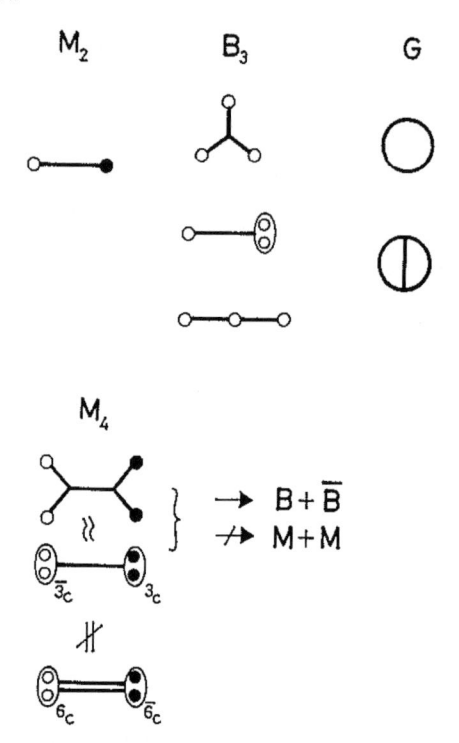

第1図 ハドロンの現象論的模型の種々の考え. 白丸と黒丸は, それぞれクォークと反クォークを表わす. Mはメソン, Bはバリオン, そしてGはクォークのないメソンを表わす. $3_c, \bar{3}_c, 6_c, \bar{6}_c$ は, カラーの自由度のもつ対称性の違いを示している. M_2, B_3, M_4 などについている数字は, ハドロン中のクォークと反クォークの数の和である.

し, 少なくとも部分的には閉じ込められていることは, 疑問の余地がありません. 一方, 私たちが, 今低エネルギーのハドロン力学に対してもっているのは, ひも模型とバッグ模型です. 本当のところは, これら2つは, 同じ一つの基礎的模型の別々の見方, すなわち"厚いひも"="変形可能なバッグ"と考えるのが安全かもしれません. けれどもいったん, 詳細な点に入っていくと, いくつかの異なる変種が出てくるのです.

現象論的かつ定性的段階では, これらの模型は一般によく合っているように思えます. 私たちは, 化学構造が $q^2\bar{q}^2$, $q^4\bar{q}$, q^6 など[5]のエキゾティック・メソンとエキゾティック・バリオンの証拠についての報告をこれまで次々に聞き

ました．存在すると期待されているこれらのクォークの化合物は実際に存在するようです．"ひも‐バッグ模型"では，これらの粒子が特別の分子構造や結合構造をもつときに相対的に安定だと説明することができます．これは，直観的な化学の，たのしいそして歓迎すべき再来をあらわします．しかし今のところ，互いに競争するいくつかの異なる考えや仮説があり，そのどれもまだ定量的な，信頼できる予言をする能力をもっていません．それが過大な要求だとしても，少なくとも，もっとも成功している模型をどれか選びたいのです．異なる模型の例を次に図示しておきます（第1図）．

現状のまとめ

ここまでお話してきたことが，私たちがクォーク，レプトンとそれらの弱，電磁，強相互作用について現在知っていることの要約です．最初にお見せした新粒子の表に加えて，私たちの知識を示すいくつかの数字があります[*]．

$\sin \theta_C = 0.22$　　（文献(6)参照）
$\sin^2 \theta_W = 0.23$　　（文献(3)参照）
$1/\alpha = 137.035987 \pm 0.000029$　　（文献(7)参照）
$1/\alpha_S \approx 1.5 \ln(Q/\Lambda)^2, \ (Q/\Lambda \gg 1, \ \Lambda \approx 0.4 \sim 0.8 \text{ GeV})$　　（文献(4)参照）
$1/\alpha' \approx 1.1/\text{GeV}^2$

この最後の数字は，通常のハドロンに共通した Regge 軌道の傾きです．記号にも数字にも著しい簡単さがあることにお気づきでしょう．しかし一方で，私は記号の使用についての物理学者の構想力の貧困にいささか失望させられています．

II

理論の諸問題

次に私は，私たちが直面している主に理論的な問題に移り，今回の会議で報告された最近の発展を議論したいと思います．

---

[*] 1.5 という係数は，実験から決めた数字ではなく，理論的に "香り" ($n_f \approx 3$) に関係する数を近似的に表わしたものである．

出発点として，次の命題をあげることには，異論がないでしょう：
(a) レプトンとクォークは今日の基本構成子である；すなわち，これらは，点状であり，現在のエネルギー領域で知られている物質粒子——レプトンとハドロン——をつくりあげている粒子である．
(b) 重力，弱，電磁，強の4種の相互作用が存在する．

基本構成子の数

　新種の構成子や相互作用が存在するといってもよいかもしれません．しかし私たちは確かなことは知りません．はるかに高いエネルギーでは，レプトンとクォークは基本的ではないかもしれません．もっとも，基本性(elementarity)の定義は，決して明確でも正確でもありません．現在のところ確立しているのは，レプトンとクォークの2つの2重項に出てくる4つの"香り"と，第5のレプトンτそれにΥに必要な第5のクォークです．最後の2つにν_τとtとを補って，6つの"香り"すなわち3つの2重項が存在するとすることは安全でしょう．レプトンの数とクォークの数との対応は面白そうです．この対応は，"香り"が3つしか知られていなかった時に，A. Gamba, R. E. Marshakと大久保進[8]が強調した規則性または対称性を示しています．しかし結局いくつあるのでしょうか？　今のところ推測以上のことはわかりません．

　いずれにせよ，少なくとも3つ"香り"の2重項が存在することは人生を楽しくしてくれます．一つには，小林誠と益川敏英[9]が最初に指摘したように，CPの破れが複素質量行列を通して生じます．また「ν_τとtの質量はどれだけか」という興味をそそる質問もあります．

　もしも，ν_τの質量がゼロならば，多分第4，第5，…の世代のレプトン2重項に出てくるものも含めて，すべてのニュートリノが質量をもたないという，恐ろしい(あるいは多分歓迎すべき)事態を生じます．他方，宇宙論の議論[10]によると，もしも宇宙の進化の際の原子核合成の筋書きを変えないようにしようとすると，質量の小さいニュートリノの数はあまり多くてはいけないということ(ヘリシティの2重項が4つまで)になっています．また，

$$e^+ + e^- \longrightarrow \gamma + \nu + \bar{\nu}$$

の反応からニュートリノの数が決められるかもしれないという見事な着想があり[11], これから質量の小さいニュートリノについて, 回答が得られるかもしれません. しかし逆に, ν_τ が質量をもっていれば, ν_e と ν_μ についても, 質量が厳密にゼロであって2成分になっているという理由はなくなります. この問題はまた, 実験的にも理論的にも重要な意味をもつことでしょう. bを含む粒子より軽いところには共鳴状態がみつかっていないのですから, tクォークの質量は, 多分bより重いでしょう. そうだとすると, (c, s)と(t, b)の2重項においては, 最初のメンバーが重く, (u, d)とレプトンの2重項においては, 第2のメンバーのほうが重いということになります. なぜか？ 私は知りません.

さて, レプトンとクォークの数がエネルギーと共に増加し続けるならば, その基本性について, 私たちの前提を問いなおさなければならないでしょう. しかしこの数は, 一部の人たちが信じたがっているように, 有限であって, 6とか8という程度に小さいのかもしれません. もし有限なら, 何故それが特定の値であるのかについて, 意味のある理由が存在するかどうか知りたいでしょう. 私がお話している数は, 実験をする立場についていうと, より大きい加速器を用いて, より高いエネルギーを調べていく時に, 第1表にリストしたような粒子がくりかえして出てくる数のことです. (次のような仮定の質問を出すこともできる:

$$R = \sigma(e^+e^- \to X)/\sigma(e^+e^- \to \mu^+\mu^-)_{QED}$$

が次々に増加したあとで, 低い値に下がるということがおこれば, どういうことなのだろうか？)

しかし多分, 事態はそれほど簡単ではないでしょう. 弱相互作用は, エネルギーとともに強くなりつつあります. この相互作用は, 重心系エネルギーが100 GeVのあたりで, 電磁相互作用と同程度になるでしょう. そうすると, 上記の繰返しが多分出てくるほかに, 何か新現象が出てくるのではないでしょうか. もしも, 上記の繰返しがそれまで続くなら, レプトンとクォークの数についての先の質問は, 混乱の泥沼の中に入ってしまうかもしれません.

構成子間の相互作用の基本概念

次にこれらの構成子間の相互作用に話を移しましょう. 普通仮定されているのはこういうことです.

(1) すべての既知の相互作用は, ゲージ場によってひきおこされている. ゲージ場は, 完全な対称性原理と, 保存荷電に関係した遠達的な力によって特徴づけられている.

(2) 弱相互作用と強相互作用がこういう特徴を示さないらしいという事情は, 自発的な対称性の破れと, 荷電の遮蔽(プラズマ発生), その他の特別な効果によるものである. いいかえれば, 真空を, 多くの側面を示しうる複雑な媒質とみなすのである.

(3) ゲージ場は基本的(elementary)であり, 場の理論においてくりこみ可能であることが非常に望ましいと考える. ただしこの最後の点は, 重力については, まだ達成されていない.

ここで, ある程度周知のことである第4の前提をつけ加えてもよろしいでしょうか.

(4) 異なるゲージ場は, 単一の大きな群構造の下に統一され(大統一および超大統一), それが段階を追って, 観測されている対称性にまで破れているということは, 絶対に必要ということではないが, 理論的に望ましいことである.

近年の著しい進歩は, 明らかに, 私たちの理論的成果の中にある, 上記の初めの3つの基本概念を結びつけることによっています. 私たちは電弱ゲージ原理の立証をみてきましたが, すべての証拠は一般的描像の成立に向っています. 次期世代の加速器が弱ボゾンを生成し, QCDの予言に従って私たちの理論の枠組のその他の要素を探求することが, 期待できます.

クォークは閉じ込められているか

ここで私は, あとで議論する電弱相互作用と強相互作用の大統一理論の問題の一つなのですが, 強相互作用について異なる考えをもつ2つの学派についてふれたいと思います. 主流派は次のように仮定しています.

(a) "香り"すなわち電弱相互作用については, 通常のプラズマ媒質, 群は

$SU(2)_L \times U(1)$である.
(b) 漸近的(または,もしかすると一時的)自由の性質とクォークの閉じ込めが成立っている,"色"に対する特殊の対称的な$SU(3)$の媒質.これは普通のQCDである.

少数派は,その中ではJ. C. PatiとSalamが最も熱心な擁護者ですが,次のように主張しています.
(a) 上と同じ.
(b) カラー対称性は,プラズマの相でも破れ,"香り"と"色"が混ざり合う.光子に対してこういう事情がおこれば,クォークは整数荷電となる.
(c) 閉じ込めは当然不完全である.したがってレプトンは第4の"色"を持つクォークである.クォークとグルーオンは,リアルな粒子としても存在する.それらの質量はあまり大きくないかもしれない.

この2つの可能性を実験で区別してどちらが正しいか決めるのは,あなた方が考えられるほど簡単な仕事ではありません.ゲージ理論のすばらしい性質は,すでに双方に組み込まれています.第2の模型にとって決定的なテストは,何といっても色つき状態のクォークとグルーオンをみつけることでしょう.しかしこういうテストは,理論の詳細に頼らなければならないのです.この点について,私の個人的立場はあまりはっきりしていません.というのは,私は,どちらの可能性にも少々関係しているからです.私にとってのおもな課題は,閉じ込めの問題です.最近になって,私は第一の可能性にやや傾いてきました.その理由は,
(a) 私たちが色の励起状態の徴候を見ていないことと,
(b) プラズマ的なグルーオンを用いて,不完全でありながら高度に閉じ込めることを,ひも模型が成立つ場合に説明するのは困難なように思われるからです.

しかしこのことは,閉じ込めの機構の理論的導出がどれだけ信頼できるかに,完全に関係しているのです.閉じ込めの模型を,低次元模型や,超伝導媒質中においた磁荷をもつクォークの模型のように,作り上げることは可能です[12].

最初のうちは閉じ込めは,赤外幽閉[13]の結果だと考えられてきました.しかし,私たちは,長波長領域でのQCDに正確なところ一体何が起っているの

か，確かなことを知りません．基本的には，私たちは，クォークを閉じ込めるために，超伝導に似た考えで，磁気的に非可換な場合を扱うことが必要です．数学的にこういう媒質をつくり出すこと，特に標準的な QCD の枠の中でやることには，困難があります．最近一般的になっている閉じ込めの一つの考えは，プリンストン・グループが熱心に追求してきた[14]ように，真空を形成している可能性のあるインスタントンやメロンの作用に帰することです．彼らは閉じ込めを証明したとはいっていませんが，彼らの物理的描像は，"色"の電荷から遠く離れると，誘電率がゼロになるような，インスタントンに満ちた媒質になっているというものです．一方，単磁極が満ちた媒質のモデルという，磁気的超伝導の考えにもっと近い別のモデルもあります．これは最初 S. Mandelstam が提出し[15]，最近非常に一般的な形で G. 't Hooft が調べた[16]ものです．しかし不幸なことに，この理論と，インスタントンの真空に基礎をおくプリンストン・グループの理論との関係は，今のところあいまいなままです．

ゲージ理論の一般的性質

次に私は，ゲージ理論のもっと一般的な性質をとりあげることにいたします．過去数年間のすばらしい発展の一つは，ゲージ理論はトポロジカルに問題にするに値する構造に富んでいることが明らかになったことです．これとは別の関連する問題に，V. N. Gribov の最近の仕事[17]から始まったものがありますが，それによると，非可換ゲージ場は，非常に複雑な大きな位相空間をもち，その結果非常に大きなエントロピーをもっています．ここでいっているのは次のような意味のことです．ゲージの自由度は，ゲージを選んで，量子化された作用関数の中でくくり出してしまうことはできず，ゲージ自由度のエントロピーは，古典論における作用密度$-L$ではなく自由作用密度

$$\Theta = -L - g^2 S$$

の最低に対応する真空の性質を決めるのに，非常に重要な役割を演ずる可能性があるということです．この熱力学的類推においては，結合定数 g^2 は温度の役割を果しています．普通の量子論では，古典的真空 $L=0$ から出発し，そのまわりの量子的ゆらぎ S を計算します．しかし $-L>0$ である，トポロジカル

に問題にするに値する構造においては，それにともなう大きなエントロピーによって，特に高"温度"のときに，もっと低い作用値を得ることができるでしょう．そこで，温度が変るのに応じて，異なる真空間の"相転移"について語ることができます．しかし種々のトポロジカルな構造すなわちソリトンの重要性は，まだ研究が始められたばかりの段階にあります．インスタントンによってひきおこされるその他の物理的効果の中には，CP の破れやアキシォン[18]の問題があります．単磁極とひもについては，それらが有限エネルギーを持つ対象として存在しうるためにはヒッグス場の存在が必要です．さらに，これらの現象すべての詳細は，ゲージ群とその表現のとり方に大いによっているのです．

　このことから，私は，超高エネルギー物理と，電弱相互作用と強相互作用の大統一理論とに導かれます．ここでは，私はとくに Higgs 場の性質が気にかかっています．現在とり上げられている模型形式の考えの中で，もっとも任意であいまいな要素が Higgs 場です．それが，ゲージ理論の必然的な簡単さをこわしています．今のところは，2重項の Higgs 場が1つだけ必要とされています．これはきわめて簡単です．しかしこの場と，クォーク，レプトンとの湯川型結合は，全く現象論的です．大統一理論では，必要な対称性の破れの様子を出してくるために，たくさんの Higgs 場が必要となるのです．

　このやっかいな事情の基本的理由は，私には，私たちが質量の起源をまだ知らないためだと思われます．レプトンとクォークの質量は，まだ，水素のエネルギー準位やハドロンの Regge 軌道が示したようには，私たちの前に何らの規則性を示していません．私の見方では，Higgs 場は，ゲージ理論で質量を扱う一つの現象論的方法を表わしているだけだと思います．超伝導にたとえると，私たちはまだ V. L. Ginzburg と L. D. Landau の段階にいるのであって，まだ BCS 理論の段階には達していないのです．たしかに，Ginzburg と Landau の理論はとても有用です．さらに，Higgs 型理論のくりこみ可能性は，相対論的問題に特有な重要な要素です．それにもかかわらず，各段階の対称性の破れを達成させるのに，どんどん Higgs 場を入れるのは，昔つぎつぎと周転円を書き加えていったことのように思えるのです．たとえ必要な Higgs 場の数がわずかに数個だけだということがわかったとしても，その背後に BCS 理論があ

るかどうか尋ねるべきことは当然だと思います．Higgs 場は何からつくられたクーパー対なのか？　非常に単純に考えれば，それはレプトンとクォークの対であり，特に重いものの対だということになるでしょう．しかし，L. Susskind が最近いっている[19]ように，おそらく Higgs 場は，新しい相互作用と，新しい Regge 軌道をもった，新しいものからつくられているのではないでしょうか．

将来の高エネルギー物理

　ここで，ちょっと白昼夢にふけることにいたしましょう．場面の時代はたしかではありませんが，すぐ前の E. L. Goldwasser が示した将来の加速器のリスト（本会議での Goldwasser の報告）から予想することができると思います．すでに PETRA や PEP でいくつかのクォークとレプトンの"香り"を発見しています．種々の型式の数百 GeV クラスの陽子加速器がいくつも動き始めています．重いベクトル中間子やスカラー中間子の発見が続いています．これは 100 GeV 領域の W, Z, H の性質と合っているようです．ところがさらに高エネルギーに行くと，驚くべきことがあります．数個の W, H, Z の不変質量分布をみると，TeV 領域に達する一連の重い粒子の存在を示しています．ハドロン・スペクトルのパターン全体がくりかえされているようにみえます．一部の理論家たちは，単磁極と Z と H の場のひもの構造からできているトポロジカル・ソリトンが，回転する亜鈴やドーナツの状態（第2図）の Regge 系列の形で存在するはずだという予言[20]があったことを思いおこしています．他の理論家たちは，Susskind の考えをふたたびとりあげて，新しい相互作用をもつ新しい重い構成子の導入を始めています．これらと比べると，古いハドロンとレプトンは，単に一般化されたレプトンとなっています．Higgs 場 H は（いくつかあるかもしれませんが）この模型では，$J=0$ の最低複合粒子です．W と Z とは $J=1$ の複合粒子です．こうしてふたたび桜井純のベクトル・ドミナンス模型がすべてくりかえされています．ゲージ結合定数の小ささや光子の状態（が複合粒子か否か）について不安に思う人がいるかもしれません．しかしこれは将来の問題に残しておきましょう．ゲージ理論の精神は，元来対称性原理を述べたものですから，失われてはいません．人々は，π や σ のかわりに H を

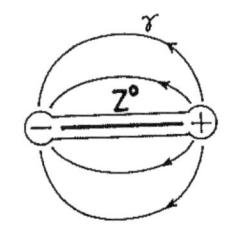

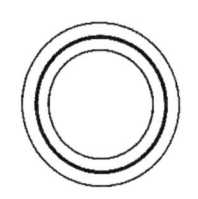

第2図　亜鈴とドーナツ.

用いてカイラル対称性の議論をくりかえすかもしれません．質量の小さい凝スカラー粒子は存在するでしょうか？　たしかに TeV 領域の物理はたいへん興味深そうです．

III

統一理論の諸問題

さて，ほかの理論的考察に戻ることにいたしましょう．その中には，既知の粒子と場から未知のものまでを一気に統一する究極理論にまで導くあらゆる体系の理論を含んでいます[21]．こういう理論は，3種に大きく分類することができます．

(1) "香り"の群とその表現内容の拡充．
$SU(2)_L \times U(1) \subset G_f$
(2) "色"と"香り"の群の大統一．
(3) 重力から Higgs 場に至るすべてのボゾンとフェミオンの場の超大統一．

分類の第一は，"香り"の数が増加することが，部分的な動機になっています．ここで次のように質問してよいでしょう．

"香り"の部分ではどうして左と右とでそれほど違うふるまいをするのか？

何か左右の対称性があるべきではないか？

統一理論では，結合定数は一つだけでなければならないのではないか？

理論的見地からは，"香り"と"色"を分けることは多分不可能です．そしてそのどちらを理解するにも大統一理論か，超大統一理論にまで行かなければな

りません.実際,結合定数を一つだけもった大きな統一群の可能性はあるのです.そしてそこでは,すべての結合定数が,大きな統一エネルギーの領域で,その唯一の値に到達するのです.これまでに提唱されたこの種の理論の最小のものには,$SU(5), SU(6), SO(10), E_6$ などの群があります[21].ここでは,くりこみ可能な場の理論の基本的性質,特に,エネルギーと共に結合定数が変化するという概念は,Landau が始めて示した[22]ように,論理的に導かれる結論に追いやられています.統一エネルギーは,通常(対数的尺度で) Planck 質量 $\sim 10^{19}$ GeV(すなわち 10^{-5} g)の程度です.そしてこの値は,重力も統一しようという動機を与えます.Salam と Pati が提唱しているような理論では,この値はわずかに 10^4 GeV の程度です.この場合には,この理論の支持者たちは,彼らが生きている間に,彼らの夢がかなえられるか,はずれるかを見る希望をもっているかもしれません.

こういう大統一理論はどれであっても,バリオン数非保存の可能性が自然に出てきます.といいますのは,T. D. Lee(李政道)と C. N. Yang(楊振寧)[23]がかつて指摘したように,バリオン数と結びつく到達距離の長いゲージ場の証拠がないからです.そこでバリオン数は,

破れた局所的な(ゲージ)対称性,
全体的な(非ゲージ)対称性

のどちらかに対応しなければなりません.どちらの場合にも,保存則が破れている可能性があります.陽子の寿命の現在の限度は,10^{30} 年程度です[24].そこで,陽子の寿命が有限であって十分長くなる理論をつくる可能性がありそうです.寿命が実際に有限であって,測定可能だということになれば,これはすばらしい出来事ではないでしょうか.別の魅力的な問題として,宇宙の全バリオン数に関することがあります.何故この数は $\sim 10^{80}$ というきわめて大きい非対称の値をもち,光子数と比べると,(10^{-9} ほどの)小さな割合をもっているのでしょうか.この問題は,ゲージ理論の枠の中で答が出るかもしれません[25].

統一理論の段階で,ほかに何がいえるでしょうか.Weinberg 角は,

$$G_{\text{flavor}} \longrightarrow SU(2)_L \times U(1)$$

の連鎖のところで，クォークが分類される方法によっていますから，相互作用が統一されるエネルギーから外れてくるときのくりこみ補正を除くと計算できます．基本的には $\sin^2\theta_W$ の値は 1/4 からそれほど離れてはいないと思います．もしも，すべてのフェルミオンの左巻き成分が 2 重項をつくり，右巻き成分が 1 重項をつくっていれば

$$\sin^2\theta_W \approx 3/8 = 0.375$$

となりますが[26]，これはくりこみ効果があることを考慮すると受け入れうるように思います．低エネルギーで，4つの"香り"に整数電荷を与えるなら，

$$\sin^2\theta_W \approx 1/4$$

となります[27]．これはよい値だと思います．

　私がすでに述べました通り，基本的問題は，私たちが質量スペクトルを生成する力学，すなわちなぜスペクトルは，明白な規則性をもたず，現在知られているようになっているのかの理由を知らないことにあるのです．現在のゲージ理論では，フェルミオンの質量のために，Higgs のパラメータを持ち込んでいるだけなのです．もっと満足できる方法は，フェルミオンと Higgs 粒子とを統一した見方でとりあげることによって，見出されるのかもしれません．

　Higgs 粒子の複合模型そしておそらくクォークとレプトンの複合粒子も，もちろん，私がすでに議論した可能性の一つです．とくに，ボゾンはすべて，E. Fermi – Yang – W. Heisenberg – 坂田昌一型の理論の中のフェルミオンの複合粒子だということになります．これらは，粒子と場を分離する二重性とは違う，一元論的見方になっています．私自身の見解も含めて，現在まで広く用いられてきた見解は，今述べた二重性に沿うものでした．これは，場は普遍的な指導原理すなわちゲージ理論をもっているのに，物質の部分は，こういう原理をもたず，ひどく複雑で，勝手だと思われるからです．こういう事情は，かつて，A. Einstein が，彼の方程式

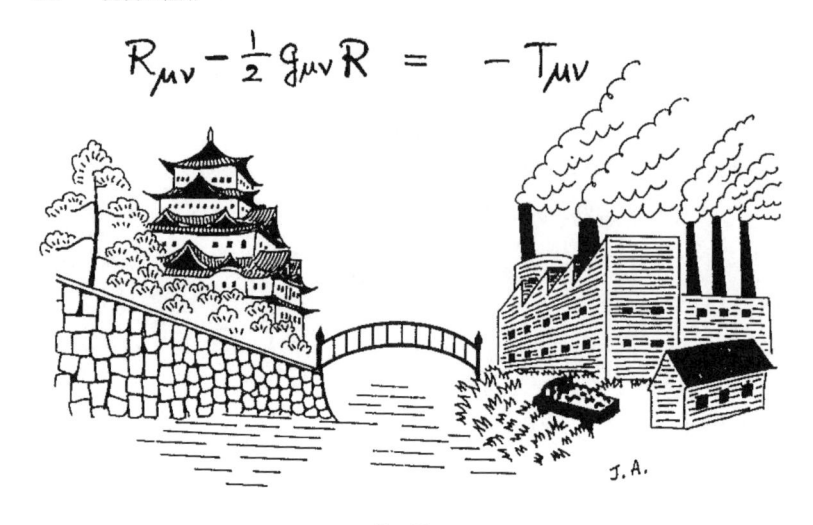

第3図

$$R_{\mu\nu} - \frac{1}{2} g_{\mu\nu} R = -T_{\mu\nu}$$

について，気にしていたことの中にありました．引用してみますと：

"(この方程式は)左翼が美しい大理石でできており，右翼が安物の木材でできている建物のようなものであります[28]"．

ここで，高エネルギー物理学研究所の荒船次郎氏がEinsteinのテーマを絵に直したものをご覧ください(第3図)．こういう見方からすると，Heisenbergと坂田の方法は，あらゆるところで大理石を木材でおきかえて，建物全体を対称にする試みです．しかし，それにはそれなりの魅力があり得ます．非常に小人数ですが，この道を追求する人たちがいます．おそらく私もG. Jona-Lasinioと共に，BCSとHeisenbergの処方を借りて超伝導模型を提出したときには，無意識のうちにこの傾向に寄与したことになったのです[29]．

建物をすべて大理石のものにすることにあたっており，今回の会議で私たちが最近の発展をきいた別の一つの進み方は，超対称性(supersymmetry)と超ゲージ理論(supergauge principle)を用いた統一理論です．この理論は，重力子，グラヴィティーノ(重力微子)，ゲージボゾン，クォーク，レプトン，Higgs粒子を含む，スピン2から0までのすべてのボゾンとフェルミオンを扱

う能力を持っています．新しく現れてくる唯一のものは，スピン 3/2 のグラヴィティーノ場です．この枠組の魅力の一つは，すでに知られているもの以外に，重力も含めて，すべてをくりこみ可能にする可能性をもっていたことでした．不幸にして，この希望は今のところあまりうまくいっていないようです．さらに質量の問題がまだ残っています．通常の理論にせよ，超対称理論にせよ，ゲージ理論は，出発点が質量をもたない場の理論ですから，力学的につくり出される質量スペクトルの様子を予言することは容易ではありません．この物質と場を統一するすばらしいゴールが，大理石を用いるにせよ，木材で作るにせよ，本当に意味のある方法でつくりあげられるかどうか確かではありません．しかし重力が素粒子物理の重要な材料にならなければならず，その逆も成立しなければならないことは疑う余地もありません．たとえば，トポロジカル・ソリトンは，すでにこういう拡ったゲージ理論で調べられています．ゲージ原理の幾何学的な豊かさは，量子化された重力について，興味ある，測定可能な結果を導くだろうと予想してよいのかもしれません．重力子というより前に，重力波の測定が残されています．私たちの道は，ばら色ですが，たしかに長く続く道でしょう．私たちがここで行ってきた会議のような会合の精神を表わしていると，私が信じている言葉を引用させていただいて，この報告を終らせていただきます．

"われわれがこの上なく愛したわれわれの科学が，われわれを結びつけた．それは，われわれにとってあたかも花咲く庭園のごとくであった．この庭の中には通いなれた小道があり，いそがずに歩みを進めながら労することなく楽しむことができた．気の合った友と歩みを共にする時には，また格別の楽しさが味わえた．しかしわれわれは隠された小道を探し当てることをも好み，そこで数多くの思いもよらぬ情景に出合って目を楽しませた．そして，われわれの中の一人がその情景を指さし，二人が共にそれを愛でることができた時，われわれの歓喜は完きものであった".
——David Hilbert (Hermann Minkowski の追悼演説[30])

文　献

(1) S. Weinberg: *Phys. Rev. Letters,* **19**(1967), 1264; *Phys. Rev.,* **D5**(1971), 1412; Abdus Salam in *Elementary Particle Theory: Relativistic Groups and Analiticity,* ed., N. Svartholm, Almqvist and Wiksell, Stockholm, 1968, 367.

(2) R. E. Taylor：本会議での報告, *Proceedings of the 19th International Conference on High Energy Physics,* Tokyo, 1977（日本物理学会, 1979：以下,『報告集』と略記) p. 422, および *Physics Letters,* **77B**(1978), 387.

(3) G. Altarelli：本会議での報告,『報告集』p. 411, および C. Baltay：本会議での報告,『報告集』p. 882.

(4) たとえば本会議での E. Gabathuler と K. Tittel の報告をみよ.『報告集』p. 841 と p. 863.

(5) たとえば本会議での原康夫の報告(『報告集』p. 824).

(6) 本会議での S. Weinberg の報告(『報告集』p. 907) と, R. E. Schrock and L. L. Wang: *Phys. Rev. Letters,* **41**(1978), 1692.

(7) 本会議での木下東一郎の報告(『報告集』p. 571).

(8) A. Gamba, R. E. Marshak and S. Okubo: *Proc. Nat. Acad. Sci.,* **45**(1959), 881.

(9) M. Kobayashi and T. Maskawa: *Prog. Theor. Phys.,* **49**(1973), 652.

(10) G. Steigman, D. N. Schramm and J. E. Gunn: *Phys. Letters,* **66B**(1977), 202. 本会議での S. Weinberg の報告(『報告集』p. 907).

(11) E. Ma and J. Okada: *Phys. Rev. Letters,* **41**(1978), 281; D. N Schramm: Chicago 大学 Enrico Fermi Inst. preprint, 78-25. 本会議での S. Weinberg の報告(『報告集』p. 907).

(12) 本会議での崎田文二の報告(『報告集』p. 921).

(13) S. Weinberg: *Phys. Rev. Letters,* **31**(1973), 494.

(14) C. G. Callan and also D. J. Gross：本会議での報告(『報告集』p. 481, p. 486).

(15) S. Mandelstam: *Extended Systems in Field Theory,* Proc. of Meeting held at Ecole Normale Supérieure, Paris, June 16-21, 1975 ed. J. L., Gervais and A. Neveu, *Phys Rep.,* **23C**(1976), 237 中の論文.

(16) G. 't Hooft: *Nucl. Phys.,* **B138**(1978), 1.

(17) V. N. Gribov: *Nucl. Phys.,* **B139**(1978), 1. 上記文献(12)も参照.

(18) R. Peccei and H. Quinn: *Phys. Rev. Letters,* **38**(1977), 1440; *Phys. Rev.,* **D16** (1977), 1791; S. Weinberg: *Phys. Rev. Letters,* **40**(1978), 223; F. Wilczek：ibid. **40** (1978), 279.

(19) L. Susskind: Dynamics of Spontaneous Symmetry Breaking in the Weinberg-Salam Theory. SLAC preprint SLAC-PUB-2142(1978).

(20) Y. Nambu: *Nucl. Phys.*, **B130**(1977), 505; M. B. Einborn and R. Savitt: *Phys. Letters*, **77B**(1978), 295.
(21) 本会議での A. Salam の報告(『報告集』p. 933).
(22) L. D. Landau: *Niels Bohr and the Development of Physics*, ed. W. Pauli (McGraw-Hill Co, New York, 1955), 52.
(23) T. D. Lee and C. N. Yang: *Phys. Rev.*, **98**(1955), 1501.
(24) F. Reines and M. F. Crouch: *Phys. Rev. Letters*, **32**(1974), 493; L. Bergamasco and P. Picchci: *Lettere Nuovo Cimento*, **11**(1974), 636.
(25) この方向への試みについては, M. Yoshimura: *Phys. Rev. Letters*, **41**(1978), 281.
(26) たとえば H. Georgi and S. L. Glashow: *Phys. Rev. Letters*, **32**(1974), 438.
(27) J. C. Pati and A. Salam: *Phys. Rev. Letters*, **31**(1973), 661. 上記文献 19 も参照.
(28) A. Einstein:『晩年に想う』(中村誠太郎・南部陽一郎・市井三郎共訳)(講談社文庫, 1971), 105.
(29) Y. Nambu and G. Jona-Lasinio: *Phys. Rev.*, **122**(1961), 345.
(30) D. Hilbert: Göttingen Gesellschaft der Wissenschaften における演説, 1909. 〔『基礎科学』no. 27(弘文堂, 1952 年 8 月), p. 2 と C. リード『ヒルベルト——現代数学の巨峰』, 彌永健一訳, 岩波書店, (1973), p. 228 とに訳がある〕. ここでは彌永氏の訳を利用させていただいた.

素粒子物理学，その現状と展望

1. 素粒子物理学におけるパラダイム

　物質の基本構成粒子に対する近代科学的な意味での探究は19世紀の化学および物理学の分野においてはじまったが，真の進展は本質的には今世紀になってからであった．1930年代の初頭までに原子の基本構造が確立された．すなわち，電子，陽子，中性子の存在すること，および，陽子と中性子とが原子核の構成粒子であることがわかり，ひきつづいて物質を構成するすべての元素も正にこれら3種の粒子だけでき上がっているように思われた．さらに，美しくかつ大きな成功をもたらした理論形式，すなわち量子力学が確立し，構成粒子間に作用する既知の電磁力によって原子の力学的性質を説明することができたのである．

　しかし，本会議の目的にとっては，これらのことは単なる先史にすぎない．現在，素粒子物理学と呼ばれているものについて議論するに際しては，それはおよそ50年位前2人の物理学者 E. O. Lawrence と湯川秀樹の偉業と共に始まったといっても許されるであろう．これら2人の物理学者は，以後素粒子物理学研究のバックボーンともなっている基本的な手段，すなわち一方は実験的な，そして他方は理論的な手段を導入したのである．今日では Lawrence の建設したサイクロトロンの100万倍ものエネルギーの加速器が作られているが，基礎となる原理は依然として同じである．湯川は核力の説明のために，今日パイ中間子として知られている一つの新しい粒子の存在を仮定した．それ以来発見された粒子は現在では数百にも及んでいる上に，われわれはさらに多くの新しい粒子や新しい力を導入しようとしている．

● Concluding Remarks, XVIIIth Solvay Conference, "Higher Energy Physics. What are the Possibilities for Extending our Understanding of Elementary Particles and their Interactions to Much Greater Energies?" (Proceedings edited by L. van Hove, Nov. 1982, Texas Univ.), *Physics Reports*, **104**, no. 2, 3, 4 (1984). 科学, **54**, no. 6, 8, 9 (1984). 中川寿夫・牲川章訳．

これらの, 一つは実験的な他方は理論的な, 二つの方法は互いに協力し合って非常な成功をもたらしてきた. このような状況は今後も引き続いていくであろうか？　明らかに建設可能な加速器の大きさには実際上限界があり, また, その限界はすでにわれわれの視界内に入っている. それとは対照的に, 理論の力および理論家の想像力には明白な限界といえるものは存在しない. この事実と符合してか否かは別として, ここ10年かそこらの理論の急速な進歩は実験的な進展のペースを凌駕しつつある. 幸運にも (少なくとも理論家にとっては) 正にその理論的進展が宇宙論の領域の探索をも可能としてきている. 理論家は今や宇宙論の問題に取り組むための装備を身につけたと感じており, 宇宙論的および天体物理学的証拠をその道しるべとして利用している. 素粒子物理学の理論的側面はその性格を変えつつある.

　このような転換期に際して, 過去50年間にわたって発展し続けかつ非常な成功をおさめてきた素粒子物理学の基本的なパラダイムについて, 今一度評価し直してみることは全く当を得たことと思われる. ここでは私は, T. Kuhn の定義した意味においてパラダイムという語を用いることにする[1]. Kuhn によれば, 科学的業績 (または諸業績の根幹部) は以下の条件を満たすときパラダイムとなる：その科学的業績が, それと競い合う他の研究活動の諸様式から大きくかけはなれていて, その業績を支持する人々を永続的に引きつけていくのに十分なほど独創的であり, それと同時にその業績はあらゆる種類の問題が新たに形成された研究者集団の手による解決にゆだねられているほどに十分発展性を有している, ことである.

　上に述べたことは, とりわけ現今の事態によくあてはまるように思われる. しかし, ここではまず過去50年間全般をふり返り, 基本的パラダイムとしてはどのようなものがありうるかを私の考えるところで明らかにしておこう. それらは次のようなものである.
　(1) モデル構築. 主として新粒子の導入によるもので, これは物質の下部構造に関しての絶えず深化する系列へと導く.
　(2) 場の量子論. くりこみの概念を伴ったもの.
　(3) 対称性, および, 対称性の破れ. これは自然界に広範に存在する現象である.

(4) ゲージ原理，および，力の統一．

以下では，これらのおのおのについて詳述する．

1.1 新粒子の導入によるモデル構築

ここでは，湯川[2]，坂田[3]，Gell-Mann[4]，Zweig[5]たちの仕事によって代表され，最近のクォークの下部階層のモデルの研究はもとより大統一理論における研究活動へと導いてきた思考の流れについて述べることにする．

確かにこのようなモデル構築それ自身の伝統というものは新しいものではない．実際，それは物質の基本構成粒子に対する探究の正に基礎である．しかしながら私は，湯川のアプローチの中には何かしら新しいものがある，と常日頃感じてきた．湯川以前は，物理学者たちは物質の構成粒子として日常生活の中に存在し，かつ，永久に安定であると思われる物質を探していた．それゆえ，電子もそして陽子もまた永久に安定でなければならなかった．もしこれら二つの粒子からすべての元素を作り上げることができれば，物質の構造の問題についてはそれで終りであろう．

ひるがえって一方湯川の場合は，核力の従う力学の理解のために新しい粒子を導入する理論的必要性を感じたわけであり，さらに，その新粒子は日常世界の物質中にはみつかっていなかったがゆえに不安定でなくてはならなかった．永久に安定ではないような基本構成粒子を仮定することには誰しも何がしかの不安を感じざるをえない．しかしながら，いったんこれが受け入れられるや，湯川の方法は素粒子物理学における強力な手段となる．事実この手段こそが新粒子の絶えざる一大増産へと導いてきたのであり，理論と実験とは手をたずさえてこのことを確証してきたことになる．

基本構成粒子——素粒子——に対する態度の変化はけっして抽象の産物ではない．それには二つの要因があるように思われる．一つは相対論的場の量子論であり，これによれば，粒子が力に（およびその逆に）自然に関連しているだけでなく，また粒子の対生成・対消滅も可能となる．もし量子力学および相対性理論の両者を共に真剣に考えるならば，これらの帰結をもまた受け入れなくてはならない．

他の一つの要因は，ずっと早い時期にまでさかのぼる弱い相互作用の発見で

ある．放射能，特にベータ崩壊は，粒子を不安定にするようなよく知られていない相互作用の形態がある，ということをぼんやりとではあるが暗示していた．今日では，われわれはほとんどの粒子が不安定であることを当然のことと思っている．ほんの少数の粒子がたまたま安定なのであり，これらこそが通常の物質を構成しているわけだ．しかしながら，根本的なところではなぜこうであるべきなのかという点についてわれわれは何も理解していない．

以下の点については指摘しておくべきだろう：ベータ崩壊の問題を解決しようとしてPauliは中性微子の存在の仮定へと導かれ，Fermiがベータ崩壊の明確な場の理論を与えた．彼らこそは確かに湯川への道を切り拓いた先哲たちであった．

湯川の成功の後，彼の考えは坂田(彼は湯川の共同研究者であった)によって意識的に方法論にまで発展させられた．この点は，日本国外では依然としてほとんど知られておらず，やっとつい最近になって正当に評価され始めている[6]．日本におけるこの素粒子物理学の揺籃期に教育を受けた者の一人として，私(および私の同時代人)が坂田の哲学から受けた多大なる影響というものを告白しておかなくてはならない．

坂田は2種の粒子(今日のパイ中間子およびミュー中間子)の存在を仮定した二中間子仮説[7]の提唱者であるが，この仮説は，新しい粒子の導入により謎を解決するという典型的な例である．彼はまたFermiとYangの考え[8]を拡張して，中間子はもはや素粒子ではないとする強粒子(ハドロン)の複合模型を提唱したのであるが，この方向に向かっての決定的な一歩はGell-MannおよびZweigによるクォーク模型(そこでは構成粒子は強粒子自身よりも一段低い階層に位置づけられた)によって踏み出された．

Gell-MannおよびZweigのクォークは，それ以来徐々に発展を遂げてきた．カラー(色)の属性は，量子統計の観点からの純粋に理論的な必要性によって付与された[9]．4番目のフレーバー(香り)すなわちチャームの存在も同様の理論的理由，すなわち最初カビボ混合[10]により，後に中性弱カレントの現象論[11]に触発された理由によって予想された．小林・益川の3世代クォーク模型[12]において，とらえどころのない糸口(CPの破れの問題)に対して新粒子導入という単純な論理を適用していくことの予言能力の大きさというものを再認識さ

われわれは今日,基本的フェルミ粒子としてはクォークおよび軽粒子(レプトン)おのおのの3世代が存在するという状況の中にいるわけであるが,この世代の起源については何らの理解ももちあわせていない。さらに今度は,4番目以上の世代,あるいは次の階層の下部構造に関しても,それらの存在を支持するような何の証拠も現時点では存在していないように思える。それに代わって,湯川のアプローチは弱い相互作用の領域へと転用されて成功をおさめている。Weinberg[13] – Salam[14]理論は,湯川が強い相互作用においてなしたことを弱い相互作用に対して成し遂げたのであるが,今度は場の理論のより洗練された手段の助けをかりて行なったのであった。次はこの場の理論の話題にうつることにする.

1.2 くりこみ理論

場の量子論の困難は,本質的に場の無限大の自由度と関係しているが,その困難のうちの一つである自己エネルギーの問題はすでに古典理論においても現われている。実際にはWeisskopf[15]が,量子電気力学においては真空の偏極可能性のゆえに電子の自己エネルギーの発散は古典論の場合ほどひどいものではなく単に対数的であるということを発見した。しかしながら,くりこみ(それが有限であると否とを問わず)の本質的必要性を認識するためにはさらなる一歩が必要であった。くりこみの概念は1930年代に生じた(例えばDirac)と思われるが,その完成のためには質量や電荷というような発散はするけれども観測可能である量を任意性なしに確定することを可能とする完全に共変な摂動理論(朝永[16],Schwinger[17],Feynman[18],Dyson[19]たちによって発展させられたような)を必要としたのである.

このくりこみ理論は,場の量子論に対するむしろ保守的ともいえるアプローチである。この立場は1930年代に広くゆきわたっていたと思われる立場(Heisenberg[20]によって典型的にのべられたように),すなわち量子論は核力のスケールあたりで破綻をきたしているのではないか,そして核力は新しい力学によって取り扱われなくてはならない,という立場と対照をなしている(HeisenbergはこのS限界というものを意識してS行列理論を作り上げた[21].

強い相互作用の真の起源がわからなかった1950年代，60年代においてS行列理論が極めて有効であった，ということは決して単なる偶然ではない)．しかしながら，真の進展は，場の量子論をいきなり根本的に変更するのではなく，例えば中間子理論，電子シャワー理論，量子電気力学等の場合のように，場の量子論の論理的帰結を忠実に追い求めた人々によってなされた．革新的側面での進歩は，量子論を変更するということによってではなく，前述したパラダイム，すなわち素粒子のモデル構築を通じて成し遂げられたわけである．もちろん，後者によってすべての問題が解決されたわけではなかったのであるが．電子の自己エネルギーを二つの場の寄与で相殺させて有限にしようとする試み(Pais[22]および坂田[23])は，くりこみ理論にとってかわることはできなかった．最近の超対称性は，偶然にもこの問題といくばくかの論理的つながりを有している．

　くりこみ理論の成功にもかかわらず，当時の人々がこれでもって完全に満足していたとは思われない．それはむしろ一時しのぎの解決だとみなされていた(朝永はしばしば，くりこみのことを称して放棄の原理と述べていた)．確かにこれはまた，私自身の感じるところでもある．心理的抑圧を払いのけて，くりこみという操作を率直に受け入れるためには，人間的な意味と同時に実際の時間としても実質的に一世代を必要とした，ということは述べておきたい．量子電気力学以降，真の進歩とよびうる重要な出来事が二つほどあった．一つはWilson[24]によって主として発展させられたところのくりこみ概念の統計力学への応用であり，これはくりこみ概念の具体的な例と共にその確固とした物理的基礎を与えた．他の一つは't Hooft[25], Gross-Wilczek[26], およびPolitzer[27]による非可換ゲージ理論における漸近自由性の発見である．私は，量子色力学こそがくりこみ理論の真にためされる場であると思っている．本質的にスケールの存在しない理論におけるスケールの出現，およびクォークの閉じこめ(または少なくともその可能性)を導き出す非古典的な逆遮蔽性は，まぎれもなく量子色力学の新しい帰結である．

　量子色力学は本質的には強い相互作用の正しい理論であると思われる．その上述した主要な特徴は定量的な実験的検証に耐えてきている．さらに，閉じこめ機構に対しての十分な解析的記述は依然できていないにしても，強粒子の質

量スペクトルさえも,格子ゲージ理論の定式化[28]の下で計算され成功をおさめている. このことは,湯川から 50 年経過してなお,中間子理論に基づいた上での首尾一貫した原子核の結合エネルギー(例えば,重陽子,三重陽子の)の導出に未だ成功していない,という事実を思いおこすとき,なお一層印象的なことである. これは,クォークおよびグルーオン(膠子)の従う力学の方がより単純であり,かつより基本的であることの証左である.

くりこみ理論の本質は,理論のパラメータ(例えば,電荷など)がエネルギー・スケールに対数的に依存する,という点にある. 量子電気力学においてはこの依存性は正の符号を伴って現われ,したがって極端な高エネルギーにおいては,くりこみ理論が潜在的には破綻しているという事実に直面する. このような破綻は,フレーバーの数にも依存するが,Planck エネルギーかそれを超えた領域のエネルギーでおこる. この事実は Landau[29] によってはじめて認識された. 現代の大統一理論[30][31][32]は,その漸近自由性のゆえにこのような困難とは無縁である. とはいうものの,大統一理論も,くりこみ理論をつきつめてその論理的帰結を得ていくという意味で依然として同じ精神の上に成り立っているといえるし,さらに,もし重力をも含めて考えるときには困難はぶり返してくる. というわけで,統一理論を研究している人々は,それを強調はしないにしても,暗黙のうちにくりこみ理論の限界を認識しているわけである. むしろそこで強調されていることは,そのような限界に到達するまではくりこみ理論は有効である,という点である. かくしてついに,巡り巡って Heisenberg の基本的長さへと戻ってきつつあるのだ! とはいっても,その長さは Planck スケールにまで押しやられたわけではあるが(Heisenberg[20] は,Planck の長さについて言及していた). 歴史は繰り返しつつあるのであろうか? これは興味深い問題であろう.

1.3 対称性および対称性の破れ

対称性は基本的には幾何学的概念である. 数学的にはある種の操作の下での幾何学的パターンの不変性として定義されるのであるが,しかしいったん抽象化されてしまうと,その概念はあらゆる種類の状況に対して適用できる. こうしたやり方は,人間の知性が自然の秩序を認識していく方法の一つである. こ

の意味で対称性は，それが意味をもつためには必ずしも完全なものであるという必要はない．近似的な対称性でさえも，それは人々の注意を引きつけるし，またその背後に深い理由があるのではないか，と思わしめるものである．

対称性は，厳密であれ近似的であれ，物理学において重要な位置を占めており，非常に有用な概念である．第一には，対称性はNoetherの定理により保存則の存在を示唆する．かくして時空の一様・等方性は，エネルギー・運動量並びに角運動量の保存を保証し，これは物理学における最も基本的な所説の一つである．第二には，物理学者たちは近似的対称性の中にもその意味するところを読み取ろうとしてきており，いわば類推とでもいうものによって新しい秩序を発見する．フレーバー対称性はその好例であろうと思われる．この対称性が真の対称性であるか否かは別として，種々のフレーバーがこのような推論に基づいて発見された．陽子と中性子の質量の近似的一致は，何かしら示唆的なものとして人々の心をとらえる．これを単なる偶然として無視するか，あるいはもっとまじめに受けとるかはもちろん物理学者の自由である．しかしながら陽子と中性子が互いに変換しうる[33]ことを知れば，対称性というものはもっと意味の深いものとして映ってくる．

2種類の対称性——一方は厳密であり他方は近似的である——は基本的に同じ性質のものであろうか？ あるいは一方は真の対称性であり，他方は架空のものなのであろうか？ 私はその答を知らない．ともあれ通常は，対称性が厳密でないときは，それは小さな摂動のせいによるものだと仮定している．この手順は概してうまくいくし，そのときは対称性それ自身のみならず，その破れ方も意味のある設問となる．こうした観点からすれば，対称性とは摂動を止めたとき，あるいは全ハミルトニアンの一部のみを分離したときに実現されるような理想化にすぎない．つまり，対称性とはある種の人工物である．この摂動が外部的に制御できるものであればもっと満足できるかもしれないが，通常はそうはなっていないか，または少なくともそうなっているとはみえない．

そうはいうものの，対称性をきちんと保持している基本的物理法則からでも，明らかにその対称性が欠如している状況が帰結できる場合がある．これは，ラグランジアン，あるいは運動方程式の有している対称性と，ある状態の有している対称性とは二つの全く異なるものだ，という事実によっている．この状態

は，総体として対称性を表現しているところの多重項のうちの一つの項であるかもしれないのだ．系の基底状態がこのような多重項に属している場合には，みかけ上のパラドックスが出現する．有限系における例としては，分子におけるJahn‐Teller効果[34]があるが，このような現象がより劇的なものとなるのは無限系においてであり，そこでは強磁性や超伝導など数多くの例が存在する．系の非対称的な基底状態(真空)の出現は，通常，対称性の自発的破れと呼ばれている．このことは基底状態が実際に縮退していることを意味しており，無限系においては縮退度も無限でありうる．各基底状態は一群の励起状態を生成し，異なる基底状態から生成された異なる励起状態の諸群は互いに直交している．通常，無限系は無限体積を占有するので，局所的な摂動でもってある基底状態を他のそれに移すことは操作上不可能である．それゆえ，われわれはある特定の真空の上に構築された世界に住んでいることになり，他の世界をみることはできないことになる．この事実のために，他の世界の存在をともかくも知っている場合には自発的破れは顕著な現象となるが，そうでない場合には特に目立つこともない現象である．後者の場合には，失われた対称性の唯一の痕跡といえば，Goldstoneモード[35][36]だけである．しかし，前者のような場合も，例えば，対称相と非対称相との間の相転移とか，領域構造の形成の場合などのように非常にしばしばおこっている．

　自発的破れは，ゲージ化された対称性はもとよりゲージ化されない対称性においてもおこりうる．ゲージ化された場合についての詳しい議論は後にゆずらねばならないが，この二つの場合においてはGoldstoneモードは全く異なった現われ方をする．すなわち，ゲージ化された場合では，よく知られたプラズマ現象の場合のように誘導されたゼロ質量モードはゲージ場と混合することができて，その結果，質量を有限の値にもち上げることができる．

　自発的破れの考え方は，素粒子物理学では広範に応用されてきている．その多くはWeinberg‐Salam理論に基づいてWやZ中間子の質量を生成する場合のように，弱い相互作用やフレーバーの力学の分野に関係している．この効果がフレーバーの力学の分野に現われているということは別に驚くに当たらない．というのも，この分野こそが最も規則性の欠如したようにみえる領域だからである．そこでは，対称性については一顧だにされていないようにみえるが，

そのことの究極的な原因はわかっていない．

というわけで，次のような疑問に行き当たる：仮に対称性は実在のものであるとしたとき，自発的破れだけですべての対称性の破れを説明するに十分であるだろうか？　私見によれば，その答は否である．というのも，くりこみ可能な場の理論には，対称性の破れを誘起するための機構(それは特性上量子効果である)が本来内包されているからである．このような機構としては次のようなものがある：くりこみに伴うスケール・パラメータの出現，カイラル異常によるカイラル不変性の破れ，そしてインスタントン，(磁気)単極子などによるトポロジー的効果，そしておそらくもっとあることだろう．しかし，これについて議論する前に次の話題に移ろう．

1.4 ゲージ原理

ゲージ原理という言葉で，私は以下のような観点を意味している：力学がある種の幾何学的原理から導かれるという観点であって，これは二つの模範例，すなわちマクスウェルの電磁理論およびアインシュタインの一般相対性理論，にならって創案されたものである．狭義には Maxwell 型および Yang‒Mills 型(可換型および非可換型)ゲージ理論をさしているが，しかし Einstein の重力理論こそは通常の意味での幾何学ということでは，最も幾何学的なものである．力学の幾何学的観点は，実際にはこれらのゲージ理論の範囲を越えて拡張されている．例えば超対称性も幾何学的な言葉で定式化できる．統一場理論は，自然界のすべての力(または相互作用)は一つの内包的原理から導かれ，そして統一的な記述に従っているという観点に基づいている．過去20年間かそこらの発展は，ゲージ理論がこれを成し遂げることができるという期待を抱かせている．

統一という考え方は，もちろんずっと古くにまでさかのぼる．時空の幾何学に基づく Einstein の重力理論に触発されて，Weyl[37]や Kaluza[38]は，各自 Einstein の幾何学を拡張することにより重力と電磁気を合体させようと試みた．Einstein 自身も後半生を正しい統一理論の探究に捧げた．すべてのこれらの試みは失敗したが，ゲージ変換とか高次元空間などという重要な概念は彼らのおかげで確立されたのである．

実際には，1930年代以降の素粒子物理学の流れは統一理論という理想とは逆の方向に向かって展開した．すでに述べたように，強・弱双方の相互作用において，より多くの粒子，そしてより複雑な現象が現われてきた．明らかに重力と電磁気だけがすべてではないが，一方，他の力がゲージ理論に起因するものであることをうかがわせる片鱗さえも姿を現わさなかったのである．それでもこの時期は，1970年代の理論的発展に備えてより一層の実験的知識が蓄積された時代であったともいえるし，また非可換ゲージ理論というような新しい理論的概念も産み出されたのであった．

　ゲージ理論の重要な特性の一つは，力学がある種の保存量と本質的に関連しているということである．かつてWignerが指摘したように，保存則を確証するには2種の異なる方法がある．一つは種々の反応における選択則を用いる方法であり，他方は直接に保存量を測定する方法である．後者の方法は，保存電荷に結合する長距離場を随伴するゲージ化された対称性の場合にだけ可能である．YangとMills[39]がMaxwell理論の非可換$SU(2)$ゲージ群への拡張を発見したときには，その物理学との関連は明確ではなかった．なぜなら，この種の厳密な非可換対称性，および随伴する長距離場などは存在しているとも思えなかったからである．エネルギー・運動量および電荷以外では，厳密な保存則に従う唯一の候補は重粒子数であったが，LeeとYang[40]によって指摘されたように，それに随伴する可換ゲージ場は存在しなかった．実際，今日の観点によれば，唯一の厳密な対称性はゲージ化された対称性であり，それゆえ物質の極めて高い安定性にもかかわらず重粒子数が厳密に保存するとは期待されていない．今日，物理学者が陽子崩壊実験に向ける関心の強さこそは，ゲージ原理がいかに強く物理学者の心に定着しているか，ということの指標でもある．

　YangとMills以外では，内山[41]の貢献も言及に値する．彼は独立に非可換ゲージ場の考えを発展させ，Einstein重力も同一の原理から導出できることを認識した．内山は場の理論における相互作用を二つの種類に分類した：第1種の相互作用はゲージ原理から導出されるものであり，第2種はそうでないもので，例えば湯川相互作用がそれである．論理的には第1種の方が第2種のものよりも好ましいことは明らかであるが，同じく明らかなことは，湯川型相互作用が強粒子間に確かに存在しているということである．しかし今日の見方から

すれば，2つの型の相互作用を，むしろ1次的および2次的という風に区別する方がよいと思われる．湯川相互作用は2次的であり，中間子や重粒子（これらはカラー・ゲージ場による1次的相互作用によりクォークから構成された複合系である）の間に働く現象論的相互作用である．残念なことに，この再定義も目下のところは完全に満足のいくものではない．というのも弱い相互作用のWeinberg-Salam 理論が依然として両方の型を基本的相互作用として含んでいるからである．今日の大統一理論（GUT's）——それは Higgs 場および Higgs 結合を含んでいる——は，ゲージ理論純粋主義者（彼らに対して今や私も共感をおぼえるのであるが）を満足させるものではないようだ．

　非可換ゲージ理論は，その導入以来いくつかの段階を追って発展してきた．強・弱相互作用に適用するに際して直ちに明らかであったことは，ゲージ場は質量をもたなくてはならないこと，そしてその対称性は厳密なものではありえないことであった．一つの方法は，これらのことを盲目的に仮定し，ゲージ場を種々のフレーバー量子数を荷ったベクトル中間子に同定することであった．このアプローチは強い相互作用のベクトル中間子支配模型[42]や，$SU(2) \times U(1)$群に基づく弱い相互作用での初期の試み[43]などにみられるように，確かに有用かつ啓発的なものであった．もう少し理論的な側面に関していえば，プラズマ現象は電磁気学における質量生成の例としてただちに認識されたのであるが，その機構の完全な理解はそれが自発的破れと結びつけられたときになって初めてえられたのである．たまたまではあるが，弱い相互作用の理論の構築に対しては，超伝導が理想的な模型として役に立った．超伝導の Ginzburg-Landau 理論形式[44]はゲージ場の質量生成に対する Higgs 模型[45]の直接のひな型であるし，また一方，Weinberg-Salam 模型においても Fermi 粒子の質量生成（この部分は必ずしも対称性の自発的破れを帰結はしないのだが）に対して BCS 的な機構[46][35]を用いている．

　非可換ゲージ理論の次なる重要な一歩は，その量子化にからんでいる．漸近自由性の発見は，クォークのカラー・ゲージ理論が1次的強い相互作用の正しい理論であるという可能性を開いた．しかしここに到るためには非可換ゲージ場の量子論に対する洗練された数学的機構[47]が整備，展開される必要があった．そしてこの機構を用いることで，Weinberg-Salam 理論は自発的破れ

の後においてもくりこみ可能であることがわかったのである[48].

　ここから大統一理論に到る歩みは極めて論理的かつ意義深いものである．可換理論と非可換理論とではくりこまれた結合定数のスケール依存性が異なっているがゆえに，われわれの現実の世界では明白に強さの異なる強・電磁・弱ゲージ場が高エネルギーでは一つにまとまっていくことが可能なのであり，そして実際この統一は 10^{15} GeV のあたりのスケールでおこっているように思える．つまり，重力以外でわれわれの知っている三つの力の統一は，非可換ゲージ理論，くりこみ理論，そして対称性の自発的破れ，という三つの要素を結びつけることによって可能となったのである．

　もう一つの重要な発展は，ゲージ場のトポロジーに関係している．これは Dirac の(磁気)単極子理論[49]から始まった．彼はゲージ場のトポロジー的に自明でない配位(configuration)を導入したわけであるが，この配位はトポロジー的量子数，すなわち磁荷によって特徴づけられている．ゲージ理論は，数学者が独立に発展させたファイバー束という一般的数学理論の枠組みにおさまる理論となっている．London[50]によって指摘されたように，本質的には同じトポロジー的問題が超伝導体内に閉じこめられた磁束という現実の例においても現われているのであるが，幾何学と量子力学におけるゲージ場との間の密接な関係を深遠な方法によって例証してみせたのは Aharanov と Bohm であった[51]．Aharonov–Bohm 効果は，今日では理論家にとっては自明のこととみなされているが，この効果の明瞭な実験的証明が最近になってなされた[52]ことは喜ばしいことである．トポロジー的な現象は，非可換ゲージ場を含めて考えるとき，より豊富なものとなる．われわれは今日では障壁，紐，単極子，インスタントンといった配位の存在することを知っている[53]-[56]．人為的に導入された Dirac 単極子と違ってこれらの配位は，適当な物質場と相互作用している(インスタントンの場合は物質場は不要)ゲージ場の方程式の自然な解であり，したがって，これらはゲージ理論の予言と考えねばならない．

　もちろん，トポロジー的な問題というものは非常に古いものであり，時空間自身のトポロジーを取り扱う重力理論においてより広範に研究された．素粒子物理学は幾何学的原理に特徴的なこれらの現象を再発見しているにすぎない．

2. 問題点および論点

　以下しばらくはわれわれが現在直面している特定の問題および論点について議論する．私としては状況の包括的概説をするのではなく，むしろ一般的展望を与えた上で私が関心を寄せているいくつかの個々の問題に焦点をしぼってみたい．われわれの努力の性格上，問題は素粒子物理学やその関連諸分野に特定のものに限定されず，どうしても物理学のより全般の分野にまで及んでくることは避けえない．

　未解決の問題や疑問は山積しており，それらは種々な方法で分類できる．例えば実験的に確立されている事実であって依然として説明または理解されていないものがあるし，また理論それ自身によって創り出される問題もある．別の観点からすれば，実在的な性質の問題と理論的枠組に関する問題とに分けることもできるだろう．必ずしも両者への分類が完全に一意的に行なえるわけではないが．これらの点を考慮に入れた上で，問題を個々に取り上げる前にまず以下のように分類してみよう．

　(a) 一般的な実在的疑問．
　・自然界にはどのような種類の粒子と場が存在しているのか．
　・それらの間の相互作用はどのようなものであろうか．
　・基本的対称性としてはどのようなものが存在するのであろうか．
　・今日のパラダイムの中に入らないような，新しい力，場，あるいは粒子が存在しているであろうか．

これらは極めて一般的な疑問であって，本質的には素粒子物理学本来の全目的を総括するものである．というわけで，より特定の論点に立ち入らずしては実際これ以上議論できることは多くない．

　(b) 実在的であると同時に理論的でもある特定の疑問．
これらの中には，まさに当面している問題のうちでも最も理解し難く，しかしさしせまったものが含まれる．
　・質量および質量スペクトル一般の起源．
　・世代の問題．

- 階層性の問題.
- 下部階層の構成子の問題.
- 対称性の破れの根元的起源.

(c) 理論的枠組に関する疑問.

これらはわれわれの理論的努力によって産み出された疑問であり，あるものは物理学とは関係ないことがわかってくるかもしれないし，またあるものは深遠な新発見につながるかもしれない．

- 量子力学に関する一般的疑問.
- くりこみ可能性，局所性等々で特徴づけられる場の量子論の限界.
- トポロジー的励起および他の非摂動論的効果.
- カイラル異常および関連する現象.
- 拡がった対象の量子力学.
- 高次元時空間.
- 超対称性および超重力.
- 大統一および究極的統一.

上掲の諸問題は複雑に相互に関連し合っているために，きちんと整理された議論をすることは不可能である．しかし概して理論的枠組に関する一般的疑問から取りかかって，順次素粒子物理学における特定の話題へと進む方が容易であろう，もちろん必ずしも論理的順序に固執する必要はないのであるが．

2.1 量子力学に関する一般的疑問

前述したように量子力学が 10^{-13} cm (エネルギーでいえば 10^8 eV)という原子核の拡がりのスケールで破綻をきたすのではないかと予想された時期があった．しかしながら私としては量子力学それ自身——それは物理学諸法則のうちで最も整然とし，かつ深遠な具現の一つである——に対して疑義を呈するつもりはない．量子力学に代わる理論を構成しようとする種々の試みは，さして適切とも，また建設的な目的に役立つとも思えない．

第1の疑問は，量子力学の二つの定式化，すなわち正準 (Heisenberg-Schrödinger) 形式および汎関数 (径路) 積分 (Feynman) 形式に関するものである．実際には確率的量子化[57]という名でもって最近第3の形式が導入された

が，これについては私には多くを語るだけの準備がない．というわけで最初の二つに限定させてもらうとして，両者は少なくとも素朴な意味においては等価であると一般的にはみなされている．しかしながら多くの面において，汎関数形式の方が正準形式よりも，より一般的であることは間違いない．両者の間の差異を例示するために，汎関数形式における量子論的作用と統計力学における分配関数との類似性に訴えるのは教育的であろう．量子論的作用は概略

$$Z = \int \exp\left[\frac{i}{\hbar}I\right] D[\psi]$$

と書け，ここにIは力学変数ψを含む古典的作用積分である．場の理論におけるように自由度が無限大である場合には，通常の量子力学は関数空間を古典的停留値の近傍に制限することによって導出されるが，これは統計力学においてはある特定の熱力学的相に対応するものである．明らかにもともとの関数空間は一般的にはもっと大きくかつ豊富なものであり，多くの異なる相および諸相の間の転移をも内包しうる．正準形式は，この関数空間の局所接空間だけを取り扱うものである．

この点は今日では周知のこととなっており，場の理論においては例えば自発的対称性の破れとか，トポロジー的励起等々の例において全関数空間の真の豊富さが明らかにされかつ探索されてきている．これらの例のいくつかについては以下でさらに議論するとして，ここでは量子力学の解釈に関連した疑問を提出しておきたい．例えば観測問題のような量子力学の基礎に関しての伝統的な議論は，ほとんどが正準形式に基づいてなされている．汎関数形式がこれらの問題に光明をもたらすか否かについては私にはわからないが，しかし論点をもっとこみ入ったものとすることは考えられる．例えば物理状態の通常のヒルベルト空間は接空間だけに対して適用されるものであって，完全性とかユニタリー性という問題はより大きな関数空間においては明白なものとは思えない．というわけで私はこれらの古くて新しい問題を真剣に調べることを提唱したい．

もち出したい今一つの点は，上述した量子論的作用と統計的分配関数との間の類似である．統計力学においてはエントロピーや温度といった熱力学的概念が基本的かつ深い意味を有しているということを知っており，極めて一般的で重要な帰結がしばしば熱力学的原理だけから導かれる．類似の論法を単なる類

推としてではなく，むしろもっと建設的な意味において量子論的作用に対しても適用することは可能である．ここでその対応関係は，大まかにいって以下のようなものである：エネルギー E →古典的作用 I_C，自由エネルギー F →量子論的作用 I_Q，温度 T →プランク定数 $\hbar$，エントロピー S →量子論的補正 S_Q であり，次の関係式としての対応が成立する．

$$F = E - TS \longrightarrow I_Q = I_C - \hbar S_Q$$

ゲージ理論においては結合定数 g^2（重力理論の場合は κ^2）を温度として解釈でき，g^2 は実際，変数であるために状況は一層興味深いものとなる．上述の諸点は新しいものではなく，この類推はゲージ理論の問題において頻繁に用いられてきているものである．私の力説したいところは，もっと一般的な原理としての問題である．これについての具体的議論には後で立ち入ることにしよう．

2.2 くりこみ可能な場の理論の限界

くりこみ可能な理論（RT）について前に述べた節では場の量子論全般に関しては何も議論しなかったので，ここではこの一般的な主題について論評することから始めるのが適当であろう．相対論的場の量子論（以下 QFT と略記）は，局所的相互作用をする局所場で構成され，相対性原理および量子力学の原理を満足する理論形式である．QFT の公理論的構造およびその帰結については長年にわたって研究されてきており，そのうちにはスピンと統計の関係，CPT 定理，分散関係などいくつかの基本定理がある．このような一般的定理の基礎の上に立って QFT は確固として実験的検証に耐えてきた．ここではその詳細に立ち入る必要はないが，QFT は，RT（これは力学的な問題を取り扱うものであって，公理論的アプローチ本来の主題ではないのであるが）が確立された後になって多くの成功を収めた，という点は注目されることである．

QFT はかなり厳密な制約の下に構成された理論形式であって，いずれの公理とも矛盾をきたさず，したがって健全な物理的原理と両立しうるようなもっと一般的な場の理論（例えば，非局所場理論など）を想像することは実際上不可能である．くりこみ可能な場の理論こそが，少なくとも摂動論的な意味においてはこれらの公理と明白な形で両立しうる理論であり，RT にとって替わるべ

きものを発見することの困難さは即座にわかるところである.

そうはいうものの, RT は量子重力を取り扱うには明らかに不適当である. ここに至って, RT そしてさらにおそらくは QFT の明白な限界に遭遇することとなる. この限界のスケール, すなわち Planck の長さ 10^{-33} cm あるいは Planck エネルギー 10^{19} GeV は大統一理論の領域のかなたにある, という事実は重要である. 大統一理論についてはわれわれが現在もちあわせている素粒子物理学の知識の延長上にある理論として信用しうるが, それと同時にその限界もわかっている. 私は, このことは原子レベルの現象と古典物理学とを調和させようとした際に遭遇した困難にも比肩しうる歓迎すべき状況であると思いたい. しかし不幸なことに, この限界たるやわれわれの接近しうるスケールからはるかにかけ離れており, 目標に到達する前に探索すべき未知の問題が山積している.

こうした究極的な問題はひとまずおくとしても, QFT そして RT には依然として解決されるべき, あるいは理解されるべきいくつかの問題がある. まず第 1 には, RT は非摂動論的領域にまで満足のいく形で拡張されなくてはならない. 非摂動論的効果は, 強結合領域および場のトポロジー的に自明でない配位において姿を現わす. 格子理論は前者を取り扱うために考案された. 今一つの問題はいわゆる異常 (anomaly) に関したものであり, これについてはもっとよく理解される必要がある. これらの 2 点について別々に議論しよう.

(a) 格子理論

QFT の格子形式は, 単なる数学的手段としてのみならず, とりわけゲージ場の場合においては, 基本的原理へのより深い洞察をも与えるものである. と同時にそれは時空間の連続性, およびそれに付随する不変性を犠牲にしている. これらについては最終的には極限操作により回復すると仮定されているのであるが, しかし, この仮定の正当性については完全に明らかというわけではない.

ゲージ場はファイバー束である:時空の各点には抽象的なコンパクト空間が付随しており, それは, いわば時空がより大きな多様体に埋めこまれた際の, 時空に直交する自由度を表わしている (同様の状況は束縛条件のある場合には他の場に対しても生ずる). 簡単な例として, x 方向にのび y-z 面内に断面を

有する円筒を考えてみよう．ただし，x は $1+1$ 次元時空における空間次元を表わし，y および z 方向は余分の自由度を象徴的に表わすものとする．質点は円筒の表面上 $y^2+z^2=a^2$ のみを動きうるとすれば，一般には螺旋状の径路上を動き，その運動量は x 成分および角成分をもつ．量子力学では角運動量は量子化されて，エネルギーは次のように与えられる．

$$E = \left[p^2 + p_\theta^2\right]^{1/2},$$
$$p_\theta = n/a, \quad n = 0, \pm 1, \pm 2, \cdots$$

ここでゲージ場を導入して各 x での $y-z$ 断面の円筒表面上の諸点がゲージ変換の下で等価となるようにすると角運動は観測にかからなくなり，これは上記の式で a を無限大にもっていくことと同等である．よってきたる無限大の縮退は非物理的なものである．すなわち，空間1次元時空においては物理的なゲージ場の自由度は存在しない．

　格子化した場合には円筒はきざみの距離 b でもって x 方向に繰り返す円の集合でおきかえられる．傾斜角が

$$\tan\theta = 2\pi na/b, \quad n \neq 0$$

で与えられるような古典軌道は格子上では $n=0$ とおいた直線軌道と区別できない．したがってエネルギー・スペクトルは連続理論の場合と異なってくる．他方，ゲージ化された理論では $n \neq 0$ という場合は明らかに本質的なトポロジー的意味を有している．というわけで，もし望むならばラグランジアンに余分のゲージ不変な項を付加してこのような配位に余分のエネルギーを与えることができるが，これは連続理論においては不可能なことである．それゆえ連続理論と不連続理論との間には定性的にも差異があることがわかる．格子理論の方がより豊富な物理的可能性を秘めているのだ．しかしそのためには Poincaré (特に Lorentz) 不変性の喪失という代償を支払わなくてはならない．トポロジー的に自明ではないような特徴を保持したままで，任意性なしに連続極限 $b \to 0$ をとることは難しいだろう．

(b) トポロジー的励起

　類似の現象はずっと一般的におこることが知られているのであるが，ここではゲージ場に関係したトポロジー的配位だけを考察することにする．このような配位は，トポロジー的特異性の次元でもって障壁，紐，極，インスタントン（それぞれ次元 3, 2, 1, 0）に分類される．これらが勝手にもちこまれたものではなく局所場理論の自然な解であるためには，インスタントンの場合を除いては実はそれらにスケール・パラメータを与えるための補助場（Higgs 場）の導入が必要である．この点は前述の格子形式に関する議論から理解できる．したがってこれらの解はトポロジー的量子数によって特徴づけられるソリトンである．

　トポロジー的ソリトンに関しては古典論の段階では多くのことが知られているが，その量子論については今なお極めて初歩的な段階にある．おのおののトポロジー的ソリトンは，関数空間内での自明ではない停留状態に対応し，そのまわりでの量子的ゆらぎを調べることは可能である．しかし他方ではまた任意多数個のソリトンおよびそれらの生成・消滅過程をも取り扱わなくてはならない．各ソリトンは十分に局在化しているので（長距離現象を取り扱う際には）もともとの場に加えてソリトンの量子場も導入された有効ラグランジアンが定義できると考えられるかもしれないが，これは容易なことではない．単極子の場合には電荷と磁荷とはそれぞれが互いにある種の双対性関係を満足している局所場で表わされなくてはならないが，満足すべきこの種の理論は今のところみつかっていない．

　電荷と磁荷とは一般に Dirac の関係式

$$eg = \frac{1}{2} n\hbar c$$

により関係づけられている．非可換ゲージ理論ではこの関係は電気的および磁気的な二つの双対的ゲージ群の間の関係に一般化される[58]．もし有効局所理論が存在するとすれば，それはこのような関係を実現していなくてはならない．このような理論でもまた電荷や磁荷のくりこみは遂行可能であろうか？ これら二つのくりこみは Dirac の条件が保持されるように互いに逆比例的に行なえると期待しているのであるが，電気的ゲージ群と磁気的ゲージ群のいずれもが漸近的自由，非自由の境界的な状況にある場合を除いては，このことは電

気的ゲージ群と磁気的ゲージ群のどちらか一方が，すなわち電気的ゲージ群が漸近的に自由である場合には磁気的ゲージ群が，またその逆の場合には電気的ゲージ群が，漸近的に自由ではないということを意味している．

トポロジー的励起における量子効果のうちで重要でありかつ興味深いものは量子的ゆらぎのスペクトル，とりわけゼロ・モードのそれである．一般にゼロ・モードはある特定のトポロジー的励起に関連した縮退，すなわちエントロピーを反映している．以前指摘したように量子効果は本質的にはエントロピー効果であるのでトポロジー的励起の重要性はその作用はもとよりそのエントロピーに決定的に依存している．例えば量子色力学においては真空状態はしばしば仮想単極子や仮想インスタントンに起因した大きなカラーのゆらぎを内包したものとして描写される．クォークの閉じこめはこのような媒質の磁気的マイスナー効果の結果としておこる．

上述の熱力学的類推を例でもって示してみよう．ゲージ理論では(適当な境界条件を設定した) 4 次元体積 V 上での(ユークリッド的な)量子論的作用積分は次の形をしている．

$$Z = \int \exp\left[-\frac{1}{g^2}\int_V G^2 - \int_V \mathcal{L}_{\text{matter}}\right] D[A/g] D[\psi]$$
$$\equiv \exp[-F/g^2]$$

ここで G はゲージ場を，A/g はゲージ・ポテンシャルを，g は結合定数を，ψ は物質場を表わしている．また F は

$$F = E - g^2 S, \quad E = \int_V G^2$$

と表わせ，E は関数空間における停留状態で計算したゲージ場の作用，S は適当なゲージ固定条件の下で求めたエントロピーである．物質場の寄与はすべて S に含まれる．明らかに F, E はそれぞれ熱力学における自由エネルギー，エネルギーの役割を果たし，g^2 は温度の役割を果たす：$g^2 \to T$．さらにくりこみの概念もともかくも導入できる．例えば体積 V をスケール変数 V_0 を単位として測ることにして $V \to V/V_0$ ととりかえ，そのとき V およびそれに関連した T の変化の下で自由エネルギーは不変に留まると仮定しよう．ただし内部自由度は固定しておく．このための条件は

$$dT/dV = -p/S$$

と表現される．ここで特に理想気体型の仮定

$$pV = RT, \quad E = \alpha RT \quad (C_p/C_V = 1+1/\alpha)$$

を採用すると上の条件より次式をうる．

$$-F = RT\ln(T^\alpha V/V_0) = \text{const.} = cR.$$

スケール変数 V_0 は通常の"可変質量" μ でおきかえることができて $V/V_0 = k\mu^4$ と書ける．低温および高温極限では上の関係式は次式に帰着する．

$$c/T \approx \ln\mu^4 \quad (T \ll 1)$$
$$kT^\alpha \approx \mu^{-4} \quad (T \gg 1)$$

最初の式は弱結合領域での正しい振舞を与えるのに対し，第二式は $\alpha=2$ の場合にのみ(ハミルトン形式での)強結合領域での結果と一致する(実は，c および α は Callan–Symanzik の β 関数を弱結合展開した際の最初の2項を決定する)．

　上の演習でやったことは導出というよりもむしろ観察とでも考えるべきものである．私がやろうとしていることはくりこみについての異なるまたは他にとりうる解釈を探すことである．もっと形式的なアプローチではスケール・パラメータ μ およびその共役量を新しい熱力学的変数として導入する．そのときはくりこみという操作はある熱力学関数 ϕ を不変に留めておく，すなわち $d\phi = dT(\partial\phi/\partial T) + d\mu(\partial\phi/\partial\mu) = 0$, という形に表現される．しかしこの場合には，$\mu$ の意味についての適切な物理的洞察が必要とされる．上の例では次のような議論が可能かもしれない：汎関数積分を遂行する際に効く典型的な配位は，ある体積 V_0 程度の局所的励起でもって構成されていると考えられ，それは体積エントロピーに $\ln(V/V_0)$ 程度の寄与をし，運動エントロピーへは $\ln T$ 程度の寄与をなす．正しい理論では低温極限，$T \to 0$，でエントロピーが有限な正の値をとると想像される．ついでながら同様の計算はインスタントン気体に対しても行なうことができる．

(c) カイラル異常およびそれに関連する現象

カイラル異常[59][60]は少々異常なあるいは病理的な量子効果であって，くりこみ可能性をそこなう．その物理的意味は明白とはいいがたいが，くりこみ可能性に関する一般的な疑問に触れており，また他の問題への手がかりとして役立つ可能性があるという意味で重要な効果である．

Fermi粒子場を含むラグランジアンがカイラル不変性を有しているような理論では，Fermi粒子がゲージ場と相互作用したときには量子論的作用は一般にはカイラル・Noetherカレントの非保存をひきおこしうる．ゼロ質量のディラック場を考えると，そのときは左巻きおよび右巻きの各カレントは別々に保存される．あるゲージ場が与えられれば，それぞれのカイラル成分に対してDirac演算子 $\gamma_\mu D^\mu$ の固有値を求めることによりフェルミ場の量子論的ゆらぎを計算することができる．しかし，この演算子は二つのLorentzスピノール $D(1/2, 0)$ と $D(0, 1/2)$ とを相互に転換させるので，固有値方程式は逆のカイラリティをもつ二つの場あるいはある場とその複素共役場とに関する連立方程式にならざるをえず，したがってそれらはゲージ群の同一の表現に属していなくてはならない．そうした望ましい相棒が得られないときは，ローレンツおよびゲージ不変性と両立する形ではくりこみは遂行できないことになる．このことはくりこみ可能な理論を考えるに際しての強い制限条件であり，さまざまな方法で利用することができる．驚くべきことには，自然は（少なくとも標準的な $SU(5)$ 型の理論に従えば）この要求を満足するに当たって極めて非凡な方法を選んでいるようにみえる．

くりこみ可能性の規準に適合した場合でも，CP変換の下で不変でないゲージ場の配位が存在するときゲージ化されない対称性には依然カイラル異常が存在しうる．換言すれば，ゲージ場はあたかも一つのカイラル（ヘリシティ）カレント χ_μ

$$\chi_\mu = c\,\mathrm{tr}\,\varepsilon_{\mu\nu\lambda\rho}\left(A^\nu G^{\lambda\rho} + \frac{2i}{3} A^\nu A^\lambda A^\rho\right),$$
$$\partial_\mu \chi^\mu = c\,\mathrm{tr}\left(G_{\mu\nu}{}^*G^{\mu\nu} + 2A_\mu k^\mu\right),$$
$$^*G_{\mu\nu} = \frac{1}{2}\varepsilon_{\mu\nu\lambda\rho}G^{\lambda\rho}, \qquad k^\mu = D_\lambda {}^*G^{\lambda\mu}$$

を有しているかのごとくふるまう．$\partial_\mu \chi^\mu$ には単極子からの寄与があることに

注意しよう．この事情のために，いわゆる θ 真空においてラグランジアンに $\theta c \, \mathrm{tr}\, G^*G$ という項を付加すると単極子は有効磁荷 $2c$ を得る[61]．

カイラル異常の起源は Dirac 演算子のゼロ固有値(ゼロ・モード)の存在に求めることができる．このことはインスタントン配位に対してはよく知られているが，最近では単極子に随伴した異常が重粒子数の非保存と関係がありそうだ[62][63][64]というので重要な話題となってきている．一般にゼロ・モードの存在はある種の縮退もしくは対称性の存在を意味しており，したがって，フェルミ粒子のゼロ・モードはある種の超対称性と関係していると思われる．この点についてはさらに調べてみる必要があり，後でもう一度立ち戻ることにする．さし当たって強調しておきたいことは，異常は重要な物理的帰結を伴う広くいきわたった現象だという事実である．

2.3 拡がった対象の量子力学

拡がった対象は，局所場理論においてはトポロジー的励起を含む種々の集団モードとして出現しうる．例えば強粒子は拡がった系のようにふるまい，この事実のために強粒子を現象論的な意味でもまた本質的な意味においても非局所的対象として記述しようとする種々の試みが活発に行なわれた．実際のところは，局所場理論によってはすべての現象を記述することはできないと信ずるに足るだけの何の根拠もないのであるが，一つの理論的挑戦として局所場理論の一般化ないしはそれに代わるべきものを発見しようとする努力がなされている．

この意味での最も興味深い例は "紐" の理論[65]，すなわち1次元的に拡がった系(時空でいえば2次元)の理論である．これは元来は強粒子の双対共鳴模型から派生したものであって，後では量子色力学の長距離での振舞を理想化したものとみなされるようになってきた．この観点からすれば，紐は非常に限定されたゲージ場の自由度を表現している，とともにトポロジー的特性をもつ磁束管[66]を理想化したものをも表わしている．いずれにせよ問題は，立ち戻って考えたときに理想化された紐の幾何学的自由度だけを保持することで無矛盾な量子論に到達できるか否かということである．

今までのところはこのプログラムは失敗に帰している．一般にその系がある臨界次元数(単純な紐の場合は26)をもつ空間にうめこまれたときを除いては，

量子化が共変性と矛盾をきたす．加えて質量スペクトルにタキオンが現われるという問題がある．Polyakov[67]による最近の紐理論のエレガントな再定式化がこれらの困難を解決するのか否かは明らかではない．本質的にはこれらの困難の根本の原因は，数学的な紐は制御不可能なゆらぎを示す，というところにあると思われる．おそらくは完全に無矛盾な拡がった対象の量子論は構成不可能なのであって，基本的な段階では局所場だけが存在しているのかもしれない．

そうはいうものの，紐理論は今なお依然として意味のある3つの疑問を呈示している：(a) 質量スペクトル(Regge 軌跡)や量子(Casimir)効果としてのクーロン的クォーク間ポテンシャルの回復[68]で明らかなように，強粒子の紐模型は半古典的段階まではうまくいっている．通常の質点のハミルトン形式は測地線の場を取り扱っているので，今の場合にも最小表面積の場を記述するある種のゲージ(交代テンソル)場を定義することができる．数学的興味は別にしても，これは紐模型と QCD との中間的な強粒子の理論として役立つかもしれない．(b) ちょうど通常のゲージ場が自然に点状の源に随伴していたように，紐には新しいゲージ原理および新種のゲージ場を随伴させることが可能である．この Kalb－Ramond のゲージ原理[69]は，諸ゲージ原理の間の階層性の存在を示しているという点のみならず，また諸種のゲージ原理が実際に自然界に何らかの形で実現しうるという理由からも興味深いものである．(c) 紐は一般には平坦ではない2次元時空多様体を形成するので，紐理論は重力理論と多くの点で類似の特徴を有している．最近復活してきた[70][71] Kaluza や Klein のアイディアでは，われわれの時空間自身さえもが高次元空間の部分多様体であると考えられてきている．上述の(b), (c)の2点について今少し詳しく立ち入ってみよう．

Kalb－Ramond のゲージ原理は，渦の相対論的流体力学として物理的に自然に解釈できる．反対称2階テンソル・ポテンシャル A，およびそれから導出される3階テンソル場 V は(閉じた)渦糸により生成される流体の速度ポテンシャルおよび速度場に対応する[72](この解釈は，速度が有界でないために完全なものではない)．それらは次式を満たしている．

$$V_{\mu\nu\lambda} = \partial_\mu A_{\lambda\nu} + \partial_\lambda A_{\nu\mu} + \partial_\nu A_{\mu\lambda},$$
$$\partial_\lambda V^{\lambda\nu\rho} = S^{\nu\rho}, \qquad \partial_\nu S^{\nu\rho} = 0$$

ただし，S は Dirac 紐の場を表わす．速度場は渦糸間の流体力学的相互作用を媒介し，Dirac 場の量子は質量ゼロのスカラー（ゼロ・ヘリシティ）粒子である．

自然はどうしてこの美しい理論的可能性を用立てようとしないのだろうか．もしこのような場が存在しないとすれば，それは源 S が本質的に非局所的であり，したがって荷電粒子のような基本物質ではありえないからなのであろうか．あるいはそのような場は自発的対称性の破れによって質量をもってしまうためかもしれない．この場合は，理論は通常の磁束管や紐状の強粒子を記述するものに帰着してしまうのだが，しかし依然として，渦やそれに随伴する長距離場がミクロ的か，またはマクロ的か，あるいはさらに宇宙論的なスケールでのどこかに実際に存在しているということは考えられるところだ．

今度は Kaluza-Klein 理論の現代版に目を転じてみよう．そこでは通常の時空間および内部対称性（ゲージ群）の空間は単一の高次元空間内の別々の部分空間であると考えられている．ある種のモデルでは二つの部分空間の分化は自発的対称性の破れの結果として生ずる．世界はあたかも縦方向に 4 次元的な巨大な拡がり（時空間）を有した流管の内部のようなもので，その（Planck の長さ程度のスケールの）小さな断面が内部対称性のコンパクト空間である．（プランク質量よりも小さいような）通常の粒子は管内に閉じこめられているが，管から洩れ出すモードも存在しうる．ここで注を 2 つほど列挙しよう．

まず第 1 に，もしこの種の理論が意味をもつものであるのなら重力方程式に宇宙項が存在しないこと（これは紐模型での類比では紐の張力がないことと同等である）をぜひとも説明するものであってほしいと思われる．このことからして，重力と紐との二つの場合では，力学は幾分異なったものであるにちがいない．第 2 は，種々のトポロジー的不変量（量子数）が解を特徴づけるのに利用できるとともにその解の安定性をも保証するということである．例えば，2 次元的な断面をもち縦方向には N 次元的にのびた流管はトポロジー的不変量

$$\int F^{(2)}_{12} dx_1 dx_2$$

をもつ．ただし $F^{(2)}$ は $SO(2)$（$U(1)$）群のゲージ場であり，x_1 と x_2 は断面の座標である．同様に次元 $M=4, 6,$ etc. の断面に対してはおのおのの不変量は

$$\int \mathrm{tr}\, F_{ij}^{(4)} F_{kl}^{(4)} \varepsilon^{ijkl} d^4 x,$$
$$\int \mathrm{tr}\, F_{ij}^{(6)} F_{kl}^{(6)} F_{mn}^{(6)} \varepsilon^{ijklmn} d^6 x, \text{etc.},$$

となろう．例えば10次元空間はこのようにして$N=4$, $M=6$の場合に帰着できる．奇数次元に対してはポテンシャルAを余分の因子としてもちこむことで不変量を構成できる．高階テンソルを用いての同様の構成もまた適切なものであるように思える[73]．

2.4 超対称性

超対称性[74]は，美しくはあるが少々わかりにくいところのある主題である．それは何を意味しているのか：今までの物理的概念でもってそれを簡単に理解する方法はあるのだろうか．その答は明確ではないが，この目新しさゆえに超対称性が素粒子物理学の未解決の問題に迫る鍵を与え，それゆえ新しいパラダイムとなるという真の可能性がある．しかし今までのところでは，この考えに基づいてのモデル構築に関してなされた多大なる努力にもかかわらず超対称性の妥当性については明白な形では証明されていない．厄介なことに超対称性の構造は，認知できる形ではたとえ近似的なものといえども既知の素粒子の間には存在していない．超対称性の起源に関して，例えば力学に基づいて，より進んだ物理的理解がえられれば，事態はもっと進展しうるのかもしれない．この点に留意してこの問題に何らかの形で関連のありそうな2,3のモデル系を議論してみよう．

(a) 超対称的振動子およびWigner-Yang振動子

超対称性の非相対論版では，ハミルトニアンは超対称性演算子の自乗で与えられる：$H=Q^2$．したがってHのスペクトルは負ではありえず，また通常はQはゼロ固有値を有している．例として，スピンをもつ1次元系を考えてみよう．

$$Q = \sigma_3 p + \sigma_1 W(x), \quad p = -id/dx,$$
$$H = Q^2 = p^2 + W^2 + \sigma_2 W'(x)$$

$W(x)=x$のときは，これはスピン項が付加された調和振動子を表わし，磁場

中に存在する電子の場合に似ている．Q がゼロ固有値をとるか否かを調べるために $Q\psi=0$ とおいてみる．すなわち

$$i\sigma_3 Q\psi = [d/dx - \sigma_2 W]\psi = 0,$$
$$\psi = \exp\left[\sigma_2 \int_{x_0}^{x} W dx\right]\psi_0$$

この関数 ψ は，$x \to \pm\infty$ に対して指数の肩が $-\infty$ にゆくなら，すなわち W が x の奇関数（ただし $W(\pm\infty)\neq 0$）でありかつ σ_2 の符号として適切なものを選んだならば規格化可能である．上述の調和振動子はこれを満足しており，したがってゼロ固有値を有する．

上で調べたハミルトニアンは場の理論で広く議論されている超対称的ハミルトニアンのひな型であるが，こんどは以下のようなことを考えてみよう． Wigner はかつて次のような疑問を呈した[75]：Heisenberg の正準交換関係 $[p,x]=-i$ は，古典論的および量子論的運動方程式は形式上同一であるべしという要求から一意的に決まるものであろうか．そして Wigner は，簡単な調和振動子 $H=(p^2+x^2)/2$ の場合には交換関係は一意的ではない，ということを見出した．すなわち，一般には次のようにおくことができる．

$$[p,x]_- = -i - iF,$$
$$[p,F]_+ = [x,F]_+ = 0$$

なぜならば，このとき

$$i\dot{x} = [x,H]_- = [[x,p]_-,p]_+/2 = ip,$$
$$i\dot{p} = [p,H]_- = [[p,x]_-,x]_+/2 = -ix$$

を得るからである．F は次のように表現できる．

$$F = \alpha R, \quad p = p_0 - A, \quad A = (1/2)iFx^{-1}$$
$$(p_0 = -id/dx)$$

ただし，R はパリティ演算子である．$p\pm ix$ は，この場合でもやはり昇降演算子なので，すべてのエネルギー準位が $-\alpha/2$（ただし $0<\alpha<1$ のとき）だけずれて，したがってゼロ点エネルギーが任意に小さくできる，という点を除いて

はスペクトルに変化はない.

Wigner-Yang 振動子のハミルトニアンは完全には超対称的ではないが,それに何らかの意味で関係していると思われる.パリティ演算子が幾分かはスピンに類似の働きをしているし,調和ポテンシャルは任意の適当な偶関数に一般化できる.しかし残念なことに,これをさらに多振動子系へ拡張するのは自明な方法を除いては困難に思える.

(b) トポロジー的励起に伴う Fermi 粒子的ゼロ・モード

一般に場の理論の古典論的トポロジー解には種々のゼロ・モードが付随し,これは古典解が対称性を破っているという状況を反映している.しかし,これらのゼロ・モードは一体どのような対称性を回復しようとしているのであろうか.これは常に明らかというわけではない.破れているのはかくれた対称性であるかもしれない.ここでは Fermi 粒子的ゼロ・モードに話を限定しよう.というのも,それは超対称性,すなわち Bose 的および Fermi 的状態の質量スペクトルの間の縮退に何らかの光明をもたらす可能性があるからである.インスタントンは Fermi 粒子的ゼロ・モードを有し,これが指標定理に関連しており異常の原因でもある,ということはよく知られている.しかし以下の議論の主たる焦点は他の対象である単極子,渦,キンクなどにある.これらの場合もやはり Dirac 方程式はゼロ・エネルギー解を有する,ただしこれはその質量項がこれらのトポロジー的対象を作り出したのと同一の Higgs 機構によって生成された場合にである[76]が.

この状況は,すぐ前で議論した超対称的ハミルトニアンのそれに極めて似かよっている.特に,二重に縮退した真空をもつ Higgs 場に結合した空間 1 次元の Dirac ハミルトニアンを考えてみれば,それは W を Higgs 場と読みかえるとき,まさしく超対称性演算子 Q そのものである.キンクに対しては W は $x \to \pm \infty$ に対して $W \to \pm W_0$ となるような x の奇関数であり,この振舞はゼロ・モード条件を満足している.渦や単極子の場合には事情は幾分複雑である.この場合は非可換($SU(2)$)ゲージ場が存在するが,Dirac 方程式を動径成分に制限すれば本質的には同一の数学的構造が現われてくる.さらに,荷電スピンがトポロジーを通じて空間の方向と相関をもっているために,角運動量に組み

入れられてしまうという注目すべき現象がおこり，これに応じて単極子‐粒子系の統計も変化してしまう[76]．

最近，このスピンと内部スピンとの結合が重粒子数異常を導くということが論じられている[77][78][79]：$SU(5)$ 単極子は d+u→e$^+$+ū といった重粒子数を変化させる過程をひきおこした．この現象の大ざっぱな説明は以下の通りである：Fermi 粒子多重項内の種々の物理状態は内部スピンの局所系に関して決まるが，この局所系は単極子の付近では変化し原点では一意的でなくなる．したがって Fermi 粒子は原点に到達すると不可避的にその独自性を失うことになる．あるいはまた，Fermi 的真空状態は単極子の存在下ではきちんと定義できず，ゼロ・モードはこうした状況の反映であるともいいうる．

Fermi 粒子的ゼロ・モードは，トポロジー的励起においてはある種の超対称性——たとえこうした対称性がその系に明白な形では組みこまれていない場合においても——が存在することを暗示している．この点については以前指摘されていた[80]が，まだなされるべきことは多く残されている．〔ゼロ・モードはともかくも Goldstone モードと関連している．本節の初めの項で述べた1次元的な例では，ゼロ・モードは対称性を破る項 $W_{\sigma 3}$ に関して正しい Goldstone 方向 σ_2 内に存在していることに注意しよう．〕

(c) 非相対論的現象における準超対称性

上にみた考察からすれば，Dirac 方程式を必要としないもっとよく知られた非相対論的な状況でもゼロ・モードあるいは超対称性の例があるのではないか，と思われる．実際，そのような一例として磁束管内に捕束された超伝導電子（BCS 準粒子）がある[81]．

BCS 理論における準粒子は，エネルギー・ギャップ関数 $\Delta=\Delta_1+i\Delta_2$（これは Dirac 方程式における質量と同じ役割を果たす）をもつ2成分方程式に従う．そのハミルトニアンは

$$H = \sigma_3\left\{\frac{1}{2m}(p-\sigma_3 eA)^2-E_F\right\}+\sigma_1\Delta_1+\sigma_2\Delta_2$$

で与えられ，E_F はフェルミ・エネルギーを表わす．磁束管のまわりでは Δ は量子化された磁束（$eA_\theta \sim n/2\rho$, $n=\pm 1$, …，と表わせる．ただし ρ は軸から

の距離)に依存した位相因子 $e^{in\theta}$ を有する．状況は Dirac 電子の場合に似かよってはいるが，方程式が2階微分方程式であるためにゼロ固有値が存在することは自明なわけではない．とはいえ，n が奇数の場合は $|\Delta^2/E_F|$ ($\ll |\Delta|$)程度の大きさの固有値(これは $|\Delta/E_F| \to 0$ の極点でゼロに近づく)が存在することがわかっている．〔ついでにいえば，磁束は凝縮対(クーパー対)に対してのみ適切に量子化されているので n が奇数の場合にアハラノフ－ボーム効果が生ずる．〕

同じような事情の成立する別の例も考えられる．例えば，原子核内での核子の対形成の記述に BCS 機構が用いられていることを想起してみればよい．さらに，最近の Iachello と Bars の仕事[82]は，ある種の偶－偶核と偶－奇核とのエネルギー準位は近似的な超対称性の関係で結びつけられていることを示している．Iachello の例では超対称群 $U(6/4)$ の一つの表現を構成している Bose "粒子"($j=0$ および2)と Fermi "粒子"($j=3/2$, $l=2$)とでもって原子核励起が形成されている．Fermi "粒子"に対する方程式としては8成分波動関数 ($\psi_{3/2}, \psi_{3/2}^+$)を含む BCS 型のものがとれる．対形成関数(pairing function)はここでも原点に近づくにつれてゼロになっていく．しかし今の場合は，前述の例でいえば磁束量子数 n が偶数の場合に類似していることがわかり，したがって低いエネルギーのモードが存在することは先験的には期待できない．

上の考察では，超対称性は，ボーズ的な状態にはそれと縮退したまたは近似的に縮退したある Fermi 的状態が随伴している，という意味においてのみ取り入れられているにすぎず，他の状態については何も述べていない．しかしもう一方で，(破れた)超対称性に対する今一つの可能性として，自明ではないトポロジーを必要としないものがある．これは Fermi 粒子的および Bose 粒子的励起を記述するに際して，超伝導に関する BCS および Ginzburg－Landau 理論を結びつけて用いる場合に生ずる．対応するラグランジアンは，素粒子物理学における Fermi 粒子を含む σ 模型のそれに類似のものである．超伝導の場合には，理論のパラメータはすべて計算可能であり，σ 模型における π 中間子，Fermi 粒子，および σ 中間子の各状態に対応する諸状態の質量の比が $0:\Delta:2\Delta$ で与えられることが示されており[83]，この事実は実験的にも支持されている．この事情は質量公式

$$\sum m_{\text{Fermi}} = \sum m_{\text{Bose}}$$

を満足するような破れた対称性の存在を示唆している．相対論的な超対称性においては m を m^2 で置き換えた同様の関係式が現われる．一方，超伝導の場合の伝播速度は両者で等しくない．

$$v^2{}_{\text{Fermi}} = 3v^2{}_{\text{Bose}}$$

〔付記：この種の簡単な Bose 粒子 – Fermi 粒子間の関係は BCS 型の理論には一般に存在し，上述した原子核物理での例に対しての一つの説明の可能性を暗示している．〕

3. 推測的展望

これまで理論的枠組に関係した問題で，素粒子物理学のより実在的な疑問に取り組む際に関連をもってくるようなものを提示した．今度はこれらの実在的疑問，あるいは少なくともこの種の疑問の代表的なもののいくつかについて議論することにしよう．今日では，粒子や力(それらに関しては実験的にはほんの一部分しか知られていないのだが)に関する無矛盾な統一理論を見出そうとして多くのモデル構築にかかわる研究活動が続けられている．この計画は総体としては極めて興味深いものであり，また説得力のあるものであるが，本当に自然でありかつ満足のいく案は今のところ見出されていない．これらの魅力的な特徴も現実に適合させようとして複雑な技巧を弄さざるをえなくなるや，とたんに色あせてしまう．おそらくこのことは，われわれは正しい方向に向かってはいるにしても，依然として何かある鍵となる要素がみつかっていないということを意味しているのだろう．私としては諸活動の詳細に立ち入ることは避けて，もっと一般的な性質の疑問を提示することに限定したい．

3.1 質量および質量スペクトル

質量および質量スペクトルの起源は，最も古くかつ最もわかりにくい疑問の一つである．実際には基本粒子の数が増大するにつれて——それらの質量は何

らの明瞭な規則性も示してはいない——事態はますます悪化してきている．明らかに質量は自己エネルギーの効果によって支配される力学量であり，カイラル対称性またはゲージ不変性の自発的破れに関連して生成されうるのかもしれないが，しかしそれによってすべてを説明することはできないだろう．われわれの期待することは，水素原子や強粒子などの複合系に対して成功した（後者については QCD や紐模型によってなされた）ように少数の基本的パラメータによって力学的に質量公式を導出することである．しかし今までのところでは，軽粒子やクォークの質量についてはこのことは達成されていない．大統一理論においては質量間のある種の関係が得られるが，現実世界の複雑さは結局のところ Higgs 場に付随して現れる任意パラメータの組に帰着させられているだけで，したがって本質的な意味での進歩があるわけではない．さらには Fermi 粒子の複数個の世代についてもその存在理由は依然不明である．自己エネルギーのような発散量は力学の極短距離での性質を反映したものであることからすれば，質量の問題は最後になってやっと理解されるものであるのかもしれない．しかしそれと同時に，この問題は短距離における物理を解明する鍵をわれわれに与えてくれるかもしれない．というわけで，この問題はひとまずおいて，これに関連した次の問題に移ろう．

3.2 破れた対称性

　素粒子物理学を専攻する学生の抱くであろう素朴な疑問の一つは，おそらくは，なぜ弱い相互作用は対称性や保存則をほとんど顧慮していないようにみえるのか，ということであろう．実際それは，エネルギー－運動量保存に関するもの以外には何ら自身の対称性をもちあわせていない．弱い相互作用に関する内部準拠系はなぜ強い相互作用の系に対してこうも気まぐれに傾いていて，フェルミ粒子のごたごたした質量行列を生成しているのであろうか．それは神の意匠によるものなのであろうか，それとも神の錯誤によるものなのだろうか．理由はともあれ，この問題は前述の質量スペクトルのそれと密接につながっているにちがいない．そして弱い相互作用や質量スペクトルのこれらの特性は，現実世界の複雑さを微妙にではあるがしかし決定的な仕方で支配している．Cabibbo 角がゼロであるような仮想的な世界を想像してみよ．あるいは中性子

と陽子との質量差が電子質量よりも小さい世界を思い描いてみよ．ミュー中間子がパイ中間子よりも重い，あるいはラムダ粒子の質量が現実よりも $40\,\mathrm{MeV}/c^2$ だけ軽いとしたらどうなるだろうか．こうした仮想的な状況下においては，日常的な物理現象のあるものは重大な影響をこうむり，素粒子物理学の歴史の推移は異なったものとなっていただろうということ，実際宇宙の全歴史が違ったものとなっていただろうということがわかる．同様の線をさらに追求して，例えばもし微細構造定数が実際の値と少し異なっていたとしたらどうなっていただろうか，化学や生物学などはどのように変わっていたであろうか，というようなことを推論することもできるだろう．

　こうした推測的な演習を経て，おそらく人々は，すでに基本粒子の段階でさえ十分に複雑であり，素粒子物理学は物理学の他の分野に比して決して単純なものではない，という結論に導かれる．そこで，これらの複雑さは宇宙の初期条件に起因しており，したがって合理的には説明できない，という可能性がある．あるいはまた，その原因はPlanckの長さ以下のあたりに隠されているともいえるかもしれない．もしこうした推論が受け入れられるなら，大統一の難しさに絶望する必要はないし，またその安易な解決を期待すべきでもない．

3.3　大統一の現象論

　私は大統一へ至る過程は完全には演繹的ではありえないと考えるようになってきた．そのためには多くの現象論を遂行せねばならないし，また実験に学ばなくてはならない．もしそうだとすれば，現在到達可能なエネルギーと統一エネルギーとの間のいわゆる広大なる"砂漠"は実は砂漠ではなく，多くの複雑な物理現象に満ちていると期待することもまた自然なことだと思われる．それらを知るためには，それらを実験的に探索しなくてはならない．素粒子物理学の過去50年間を通じて加速器のエネルギーは着実な割合で$1\,\mathrm{MeV}$から$1\,\mathrm{TeV}$にまで10^6(100万)倍も増大してきた．もしこのリビングストン曲線[84]を，やみくもに未来へと外挿すれば大統一エネルギー$10^{15}\,\mathrm{GeV}$に到達するのにあと1世紀，Planckエネルギー$10^{19}\,\mathrm{GeV}$に到達するにはさらに30年かかることになる．したがって見方によれば大統一は，そんなに近づき難いものでもないようにもみえるが，もちろんこの概算は全く非現実的なものである．したがって

われわれは，それがどんなものであるにせよ，加速器に頼らないで得られる証拠を捜さねばならず，おそらくは真の進展はこうした方向で今世紀中に達成される可能性があるし，また達成されるのだろう．

この観点からすると，三つの現在進行中の実験はとりわけ重要である．これらは，クォーク，単極子，そして陽子崩壊の探索である．もしも非常に重い単極子，あるいは陽子崩壊が実験的に確認されると，それは直ちに大統一理論の基礎をなす基本概念のいくつかが確証されたことになるだろう．他方，自由クォークの存在に関する少々当惑させられる実験結果は現在のパラダイムに対する潜在的脅威である．これらの結果を確証あるいは反証するための真剣な努力が要求される．

3.4 Planck 極限のかなた

単に推論するだけであれば(どちらにせよ，実際，より高エネルギーでの物理に関してはそれが私にできるすべてであるのだが)，何もプランク極限で留まっている必要はない．というわけでこの種の演習をいま少しやってみるのも悪くはないだろう．

すでに述べたように，私は Planck の長さとは，そこまでくると今日知られている理論的枠組が，ある破綻——古典力学と量子力学の間で生じたものにも比肩しうる破綻——を引きおこすに違いないところであると仮定している．基本的な長さのスケールの存在は，いくつかの理由で避け難いものと思われる．量子重力の問題はおくとして，素粒子物理学の内だけで考えても，質量の問題の最終的解決を，くりこみ可能な理論を頼みにしていつまでも引き延ばし続けておくことはできない．もし自明ではないトポロジーを真面目に考えるなら，例えば電荷と磁荷との双対的関係はくりこみ理論が破綻するスケールが存在する可能性を示唆している．このような領域では物質場の幾何学はもとより時空間の幾何学さえもすべて自明なものではなくなり，すでに高次元の場の理論では予想されているように両者は実際に統合している，ということはありうると思われる．かくして世界は高次元空間内部でのビッグ・バンにより生成された Planck の長さ程度のトポロジー的泡（または束管）であろう，と想像される．泡内に捕獲された Fermi 粒子はトポロジーに随伴したゼロ・モードである[71]．

〔Dirac 方程式 $(\gamma \cdot D - M)\psi = 0$, ただし M は余分な次元の空間内の演算子であってゼロ(または極めて小さな)固有値を有している, を思い描いてみよ.〕

実験的な可能性についてはどうであろうか. 確かに重力現象(ブラックホール物理学, 量子重力)はその一つであろうが, このほかにも大統一の場合の陽子崩壊や単極子に比肩しうるようなものはあるのだろうか. 単純な類推をもってすれば, おそらくは他の次元, あるいは自明ではないトポロジーの存在により, 保存則の最後の砦, すなわち電荷, カラー, エネルギー－運動量およびスピンの保存則も遂にはうち破られてしまう[85]ということも推測しうるのかもしれない.

文　献

(1) T. Kuhn: *The Structure of Scientific Revolutions*, University of Chicago Press (1962) p. 10. 邦訳：科学革命の構造, 中山茂訳, みすず書房 (1971).

(2) H. Yukawa: *Proc. Phys.-Math. Soc. Japan*, **17**, 48 (1935).

(3) S. Sakata: *Prog. Theor. Phys.*, **16**, 686 (1956).

(4) M. Gell-Mann: *Phys. Rev. Lett.*, **8**, 214 (1962).

(5) G. Zweig: *CERN Rep.* no. 8182/Th (1964) p. 401, 8419/Th (1964) p. 412.

(6) L. M. Brown: *Centaurus*, **25**, 71 (1981); in *Particle Physics in Japan, 1930-1950*, ed. L. Brown M. Konuma and Z. Mak:, Research Inst. for Fundamental Physics (U. Kyoto) publication RIFP-407 and 408 (1980). *Prog. Theor. Phys. Suppl.* no. 105 (1991).

(7) 坂田昌一：数物会誌, **16**, 232 (1943).

(8) E. Fermi & C. N. Yang: *Phys. Rev.*, **T6**, 1739 (1949).

(9) O. W. Greenberg: *Phys. Rev. Lett.*, **13**, 598 (1964); M. Y. Han & Y. Nambu: *Phys. Rev.*, **139B**, 1006 (1965); H. Fritsch et al.: *Phys. Lett.*, **47B**, 365 (1973).

(10) N. Cabibbo: *Phys. Rev. Lett.*, **10**, 571 (1963).

(11) S. L. Glashow et al.: *Phys. Rev.*, **D2**, 1285 (1970).

(12) M. Kobayashi & T. Maskawa: *Prog. Theor. Phys.*, **49**, 652 (1973).

(13) S. Weinberg: *Phys. Rev. Lett.*, **19**, 1264 (1967).

(14) A. Salam: in '*Elementary Particles*', ed. N. Svartholm, Almqvist, Forlag AB (1968) p. 367.

(15) V. Weisskopf: *Zeits. f. Physik*, **89**, 27 (1934); **90**, 817 (1934).

(16) 朝永振一郎：理研彙報, **22**, 545 (1943); S. Tomonaga: *Prog. Theor. Phys.*, **1**, 1

(1946).

(17) J. Schwinger: *Phys. Rev.*, **74**, 1439(1948).

(18) R. Feynman: *Phys. Rev.*, **76**, 749, 769(1949).

(19) F. Dyson: *Phys. Rev.*, **75**, 486, 1736(1949).

(20) W. Heisenberg: *Ann. Phys.*, **32**, 20(1938); *Zeits. f. Physik*, **110**, 251(1938).

(21) W. Heisenberg: *Zeits. f. Physik*, **120**, 513(1943); R. Oehme: in *'Collected Works of Werner Heisenberg'* Series A II, Springer(1989).

(22) A. Pais: *Phys. Rev.*, **68**, 227(1945).

(23) S. Sakata & O. Hara: *Prog. Theor. Phys.*, **2**, 30(1947).

(24) 例えば, K. G. Wilson & J. Kogut: *Phys. Rep.*, **12**, 75(1974)をみよ.

(25) G.'t Hooft, 未発表.

(26) D. J. Gross & F. Wilczek: *Phys. Rev.*, **D8**, 3633(1973).

(27) H. D. Politzer: *Phys. Rev. Lett.*, **30**, 1346(1976).

(28) H. Hamber & G. Parisi: *Phys. Rev. Lett.*, **47**, 1792(1981); E. Marinari et al.: *Phys. Rev. Lett.*, **47**, 1795(1981); D. Weingarten: *Phys. Lett.*, **109B**, 57(1982).

(29) L. D. Landau: in *'Niels Bohr and the Development of Physics'*, ed. W. Pauli, McGraw-Hill(1955), 52.

(30) H. Georgi & S. L. Glashow: *Phys. Rev. Lett.*, **32**, 348(1974).

(31) J. C. Pati & A. Salam: *Phys. Rev.*, **D10**, 275(1974).

(32) H. Georgi et al.: *Phys. Rev. Lett.*, **33**, 451(1974).

(33) 例えば, J. M. Blatt & V. F. Weisskopf: *Theoretical Nuclear Physics*, John Wiley (1952), p. 153 をみよ.

(34) H. A. Jahn & E. Teller: *Proc. Roy. Soc.*(London), **A161**, 220(1937).

(35) Y. Nambu & G. Jona-Lasinio: *Phys. Rev.*, **122**, 345(1961); G. Jona-Lasinio & Y. Nambu: *Phys. Rev.*, **124**, 246(1961).

(36) J. Goldstone: *Nuovo Cimento*, **19**, 155(1961).

(37) H. Weyl: *Space-Time-Matter*(Raum, Zeit und Materie, 3rd ed., 1919), Dover edition(1952). 邦訳: 空間・時間・物質, 内山龍雄訳, 講談社(1973).

(38) Th. Kaluza: *Sitzungsber. d. Preuss. Akad. Wiss.*, 966(1921).

(39) C. N. Yang & R. Mills: *Phys. Rev.*, **96**, 191(1954).

(40) T. D. Lee & C. N. Yang: *Phys. Rev.*, **98**, 1501(1955).

(41) R. Utiyama: *Phys. Rev.*, **101**, 1597(1956).

(42) J. J. Sakurai: *Ann. Phys.*, **11**, 1(1969).

(43) S. L. Glashow: *Nucl. Phys.*, **22**, 579(1961).

(44) V. L. Ginzburg & L. D. Landau: *Zh. Exp. Teor. Fiz.*, **20**, 1064(1950).

(45) P. W. Higgs: *Phys. Rev.*, **145**, 1154(1966).
(46) J. Bardeen, L. N. Cooper and J. R. Schrieffer: *Phys. Rev.*, **108**, 1175(1957).
(47) L. D. Faddeev & V. N. Popov: *Phys. Lett.*, **25B**, 29(1967); Kiev Report No. ITP67-36.
(48) G. 't Hooft: *Nucl. Phys.*, **B33**, 173(1971).
(49) P. A. M. Dirac: *Proc. Roy. Soc.*, **A133**, 60(1931); *Phys. Rev.*, **74**, 817(1948).
(50) F. London: *Superfluids* vol. 1, Dover edition(1961).
(51) Y. Aharonov & D. Bohm: *Phys. Rev.*, **115**, 485(1959).
(52) A. Tonomura et al.: *Phys. Rev. Lett.*, **48**, 1443(1982).
(53) G. 't Hooft: *Nucl. Phys.*, **B79**, 276(1974).
(54) A. M. Polyakov: *JETP Lett.*, **20**, 194(1974).
(55) A. A. Belavin et al.: *Phys. Lett.*, **59B**, 85(1975).
(56) G. 't Hooft: *Phys. Rev.* Lett., **37**, 8(1976); *Phys. Rev.*, **D14**, 3432(1976).
(57) G. Parisi & Y. S. Wu: Scientia Sinica, **24**, 81(1982), また次の文献をみよ. E. Nelson: *Phys. Rev.*, **150**, 1079(1966); *Dynamical Theories of Brownian Motion*, Princeton Univ. Press(1967).
(58) P. Goddard et al.: *Nucl. Phys.*, **B125**, 1(1977).
(59) J. S. Bell & R. Jackiw: *Nuovo Cimento*, **60A**, 47(1969).
(60) S. L. Adler: *Phys. Rev.*, **177**, 2426(1969).
(61) E. Witten: *Phys. Lett.*, **86B**, 283(1979).
(62) V. A. Rubakov: *Pis'ma Zh. Exp. Theor. Fiz.*, **33**, 658(1981)(JETP Lett., **33**, 644(1981)).
(63) F. Wilczek: *Phys. Rev. Lett.*, **48**, 1146(1982).
(64) C. G. Callan: *Phys. Rev.*, **D26**, 2058(1982).
(65) 例えば次のレビューをみよ. C. Rebbi: Phys. Reports, **12**, 1(1974).
(66) H. B. Nielsen & P. Olesen: *Nucl. Phys.*, **B61**, 45(1973).
(67) A. M. Polyakov: *Phys. Lett.*, **103B**, 207(1981).
(68) M. Lüscher: *Nucl. Phys.*, **B173**, 365(1980).
(69) M. Kalb & P. Ramond: *Phys. Rev.*, **D9**, 2273(1974). なお, 次の論文に完全な文献がある. P. G. O. Freund & R. I. Nepomechie: *Nucl. Phys*, **B199**, 482(1982).
(70) Y. M. Cho & P. G. O. Freund: *Phys. Rev.*, **D12**, 1711(1975). およびその引用文献；L. N. Chang et al.: *Phys. Rev.*, **D13**, 235(1976); E. Cremmer & J. Scherk: *Nucl. Phys.*, **B108**, 409(1976).
(71) L. Palla: *Proc: XIX Intern. Conf. on High Energy Physics*, Tokyo(1978), 629; E. Witten: *Nucl. Phys.*, **B186**, 412(1981)

(72) Y. Nambu: in *Quark Confinement and Field Theory*, ed. by D. R. Stump & D. H. Weingarten, John Wiley (1977) p. 1.

(73) E. Cremmer: *Nucl. Phys.*, **76B**, 409 (1978); P. G. O. Freund & M. A. Rubin: *Phys. Lett.*, **97B**, 233 (1980); F. Englert: Phys. Lett., **119B**, 339 (1982).

(74) 例えば次のレビューをみよ. P. Fayet & S. Ferrara: *Phys. Reports*, **32C**, 250 (1977).

(75) E. Wigner: *Phys. Rev.*, **77**, 711 (1950); L. M. Yang: *Phys. Rev.*, **84**, 788 (1951); Y. Ohnuki & S. Kamefuchi: *Quantum Field Theory and Parastatistics*, Univ. Tokyo Press (1982) Chap. 23.

(76) R. Jackiw & C. Rebbi: *Phys. Rev.*, **D13**, 3398 (1976); R. Jackiw: *Rev. Mod. Phys.*, **49**, 681 (1977).

(77) V. A. Rubakov: *Pis'ma Zh. Exp. Teor. Fiz.*, **33**, 658 (1981) [*JETP Lett.*, **33**, 644 (1981)].

(78) F. Wilczek: *Phys. Rev. Lett.*, **48**, 1146 (1982).

(79) C. G. Callan Jr.: *Phys. Rev.*, **D26**, 2058 (1982).

(80) 例えば, P. Rossi: *Phys. Lett.*, **71B**, 145 (1977) とそこにあげられている文献をみよ.

(81) C. Caroli et al.: *Phys. Lett.*, **9**, 307 (1964); L. Fetter & P. C. Hohenberg: in '*Superconductivity Vol. 2*', ed. R. D. Parks, Marcel Dekker (1969) p. 888.

(82) F. Iachello: *Phys. Rev. Lett.*, **44**, 772 (1980); A. B. Balantekin et al.: *Phys. Rev. Lett.*, **47**, 19 (1981); *Nuclear Phys.*, **A370**, 284 (1981).

(83) P. B. Littlewood & C. M. Varma: *Phys. Rev. Lett.*, **47**, 811 (1981).

(84) M. S. Livingston: *High Energy Accelerators*, Interscience (1958) p. 149; W. K. H. Panofsky: *Phys. Today*, **33**, no. 6, 24 (1980).

(85) P. G. O. Freund: 私信.

超伝導と素粒子物理

　物性物理と素粒子物理の目標は非常に異なっており，そのために研究する物理学者たちにも異なった態度を要求する．物性物理では，原子とか電子のレヴェルで基本的な物理は既に知られているということを疑わない．それでも物性物理では，非常に大きな自由度からくる複雑さのために興味深い，しばしば予期されなかった現象がつぎつぎにおこってきた．この状況は今日でも続いているように思われる．他方，素粒子物理では物質とそれを支配する物理法則に次々に新しい階層が現れて新しい現象が見つかってきた．

　しかし，上に述べた通常の区別は，かなりの程度まで幻想であるかもしれない．もう何年にもわたって，物理の2つの分野の間には大きな共通部分のあることが認識されてきた．この傾向は実際，過去20年間にますます明らかになった．その基礎をなす理由は，この世界の真空は空ではないという事実にある．それは非常に大きな実質上の自由度をもち，この意味で物性物理における媒質と異ならないのである．ただし，真空は特別な静止座標系をもたず，全宇宙に広がっている点で異なっている．どの自由度が励起されるかはエネルギーと励起の仕方による．いわゆる素粒子は準粒子や集団励起のようなもので，ソリトンさえもあるエネルギー・スケールでは立ち現れる．では，個々の原子や電子に対応するものは何だろうか？　真空から抜け出すことはできず，またそれらが現れるエネルギー・スケールがあまりに大きいため，考えをめぐらすことしかできない．現在，理論的にはそのエネルギー・スケールはPlanckエネルギー 10^{28} eV (10^{-33} cm) とか GUT (大統一理論) のエネルギー 10^{24} eV (10^{-29} cm) になるだろうと考えられている．これに対して物性物理のエネルギー・スケールは1eVである．

● *Physica*, **126B** (1984), 328–334, Proc. of the 17th International Conference on Low Temperature Physics LT-17, Universität Karlsruhe and Kernforschungszentrum Karlsruhe, 16–22 August 1984. (編者訳)

素粒子物理には，もう一つ作業上の困難があって，真空を外から観察することができず，それに操作を加えて性質を変えることもできない．われわれは地球をテコで動かそうとした Archimedes の状況にいるのである．それでも宇宙が進化する間に真空が一つの型から他の型に相変化することは理論的には考えられる．その結果を歴史の文脈で検証することは可能だろう．ちょうど生物の進化が検証可能であるように——．これが最近，素粒子論と宇宙論が接近している理由である．

さて，物性物理と素粒子論の相互作用にもどると，超伝導という現象とその背後にある理論的な問題が，素粒子物理の開発のお手本として役立ってきたことに気づく．それから学んだ大きな教訓は，今日ではよく知られているが，ゲージ不変性の微妙さと対称性の自発的な破れである．Kuhn に従って，これらをパラダイムに数え，過去 20 年間にわたって素粒子物理学を導いてきたということもできよう．

これから私は，この発展を 2 部に分けて振り返ってみよう．第 1 部では，基本的な理論的な問題とモデルの構築について述べ，Weinberg と Salam による電弱相互作用の統一理論におよぶ．第 2 部では，大統一理論と，それをめぐって起こってきたいろいろの話題について述べよう．

第 1 部

1.1 London, Ginzburg‐Landau そして BCS

超伝導は，その歴史を通して広く通用する深い理論的な原理を明らかにした．これは，われわれの超伝導の理解に寄与した 3 つの歴史的転換点の理論を見ればわかる．すなわち，London[1]，Ginzburg‐Landau(GL)[2]，および Bardeen‐Cooper‐Schrieffer(BCS)[3] の理論である．簡単にいえば，London の理論はゲージ場とゲージ不変性のもつ種々の意味に気づかせてくれた．GL 理論はオーダー・パラメタに対する有効場の理論を教えた．BCS 理論はエネルギー・ギャップ生成のメカニズムを示し，対称性の自発的な破れの概念を強調した．

ゲージ不変性について，London は主に 2 つのことを教えた．一つは，質量

なしの Maxwell 場を質量ありの Proca 場に変えたこと．この場が Meissner 効果をおこし，同時にそれをいかにしてゲージ不変性と両立させるかの問題を提起した（もちろん，Bohm-Pines 理論で記述されるプラズマにもおこるが，やや軽い）．もう一つは，非自明なトポロジーの下におけるゲージ不変性の役割に関わる．これは磁束の量子化に導き，Aharonov-Bohm[4]の提起した問題に明らかに密接に関連している．

GL 理論は London 理論と同じく現象論的であるが，超伝導の媒質に対する力学的な場と相変化を可能にするラグランジアンを導入する点で，一歩進んでいる．

London と GL 理論の真の微視的起源は BCS 理論で明らかになった．加えて BCS 理論は新しい要素ももっている．すなわち，Cooper 対の凝縮によるエネルギー・ギャップの生成である．BCS の媒質の中を動く電子は，電荷の固有状態にはなく，Bogoliubov-Valatin 方程式で既述される．

BCS 理論は微視的な理論なので，それ以前の理論より基本的なレヴェルにあり，いま挙げた理論的問題を真剣に考えるよう刺激した．その結果，以前の現象論的な諸理論の意味もよりよく理解できるようになったのである．

この線にそう活動は主に 1960 年代に行われた．それに参加した人びとの多くが素粒子物理学者であったことは驚くに当たらない．彼らは，自分の分野での意味を見いだそうとしたのだ．この観点から私は，個々の論点の発展を簡単に見てみたい．

1.2 対称性の自発的破れ一般

対称性の自発的な破れという名前は（Baker と Glashow が名づけた[5]）簡明ではないが，よりよい呼び名もないまま定着した．その背後にあるのは，物理法則の対称性と状態の対称性とは異なり，特に系の基底状態が問題の対称操作で不変とは限らないという認識である．この最後のことは有限な系でも無限の系でもいえる．有限系では，ゼロでないスピンをもつ粒子というつまらない例があり，もう少し興味深い例としては分子の Jahn-Teller 効果がある．もっと劇的なのは無限系での効果であって，自発的な破れという言葉は普通この場合に使われるのだが，理想化された強磁性体とか理想化された結晶のような親

しみ深い例もある．問題になる対称性は，前者では回転不変性，後者では並進（無限小並進）不変性である．

無限の媒質における対称性の自発的な破れの特質は，対称性を回復する励起（Goldstone モード[6]）の存在である．これについてはあとで説明するが，いま挙げた例ではスピン波と音波がそれである．

だから，ここで真に新しいことは一般原理をそれとして認識したことであって，それは超伝導にも当てはまり，その拡張として素粒子物理にも可能性が開ける．実際，自発的な破れは既に Heisenberg の，素粒子の非線型理論[7]に現れている．それは光子を Goldstone 粒子としてみなそうとする試みを含んでいた．この理論の衝撃は，しかし長続きしなかった．

1.3 Goldstone モード

対称性が自発的に破れた媒質では，オーダー・パラメタは始めから対称性がなかった場合と同じく対称操作の下でスカラーではないから，対称性は実際に破れているように見える．しかし，対称性があった系と始めからなかった系とは，低エネルギー励起のスペクトルにちがいがある．前者の系では局所化された対称操作が引き起こすオーダー・パラメタの微小変化は，直観的にも明らかなように，質量ゼロの励起をおこす．それに対して後者の系では，それは期待されない．この命題は Goldstone らによって定理に高められた[8]．

この定理は，しかし他に Goldstoe モードが混合しうる長距離力がない場合に限ってなりたつ．それがある場合には，混合のために質量がゼロではなくなる．

BCS 理論によれば，超伝導体は電荷の固有状態ではないが，Goldstone モードは Coulomb 場と混合して普通のプラズモン・モードになる．

この状況は最初，BCS 理論の分析で明らかになった[9]．しかし，一般的な定理として認められたのは Schwinger, Anderson, Brout と Englert および Higgs の仕事による[10]．この関係で，全局的な，すなわちゲージ化されていない対称性とゲージ化された対称性の区別をするのは教訓的である．後者は前者を特別の場合として含んでいる．自発的な破れは全局的な対称性にのみ関わる．そのために，上に述べた Goldstone の定理への例外が生ずるのである．

1.4 カイラル対称性とパイオンの物理

対称性の自発的な破れという考えを意識的に，直接的に素粒子物理に応用したのは南部-Jona-Lasinio(NJ)のモデルが最初であり[11]，これは BCS 理論に直接に刺激されて生まれた．同様のモデルは Vaks と Larkin も考えた[12]．アナロジーは完全であって次の対応がある：Dirac 方程式 vs. Bogoliubov-Valatin 方程式，Dirac 質量 vs. エネルギー・ギャップ，電荷 vs. カイラリティ．NJ モデルでは問題にする粒子は核子 N であり，パイオンは，元はほとんど質量ゼロであった核子が質量をもつことでカイラリティが破れ，その結果として現れる Goldstone モードとしてパイオンをみることになる．有限なパイオンの質量は小さな裸の核子の質量 m_{N0} に帰せられる：

$$m_{N0} = O(m_\pi^2/m_N).$$

(この裸の質量は電弱相互作用から生まれるとして Weinberg-Salam 理論に組み込まれている．)

パイオンのこのような解釈を直接に支持するのは，Goldberger-Treiman の関係式，軸性ベクトル(カイラル)流の部分的な保存，ソフト・パイオン(soft pion)の定理などである．これらを用いると，Ward の恒等式や流れの代数(current algebra)により，パイオンの種々の結合定数を互いに関係づけることができる．これは，たとえばパイオンの放出を伴う弱崩壊に応用され成功している．

元の NJ モデルは素粒子としての核子を基礎としていたが，直ちにクォークのレヴェルに移植できる．とにかく，このモデルはパイオンが特別の役をすることからハドロンを狙っていた．そのようなボソンがレプトンに対して存在するとは思われない．

1.5 有効ラグランジアンによる記述

現在の言葉でいうと Ginzburg-Landau 理論は，対称性の自発的な破れをあからさまに示す有効ラグランジアンによる場の理論である．場(オーダー・パラメタ)は，BCS 理論における Cooper 対に当たる複合演算子とみなされ，し

たがって GL 理論は BCS 理論から抽象化によって導き出すことができる．しかし，それ自身として立つこともできる．(自発的な破れという名前は，この"Higgs(あるいは GL)メカニズム"に対して——BCS レヴェルでおこる"力学的な破れ"と区別して——用いられることがある．）これが素粒子論におけるモード構築の原型として用いられるようになったのは，この文脈においてである．

　GL 理論は，対称性を破るメカニズムの例として Goldstone[6] と Higgs[10] によって，それぞれゲージ場あり，なしで，相対論的な形に再発明された．しかし，同様な構成は，より早く Gell-Mann と Lévy (GML)[13] によりパイオン物理でなされた．これはフェルミオン(核子)とボソン(ギ・スカラーのパイオンとスカラーのシグマ・メソン)を含んでいる．同様の記述を超伝導でするとしたら，BCS と GL 理論を合わせたものになり準電子や集団励起が現れることになろう．

　ここで議論したモデルの類は，その起こりからシグマ・モデルとよばれるものの例である．シグマ・モデルは，非線型なボソンのモデルで，しばしば，フェルミオンに結合し，自発的に破られる内部対称性をもつとして定義される．（破れた対称性の数学的実現と見るとき，パイオン物理のためのこの型のモデルは，F. Gürsey も構成した[14]．）

1.6　Weinberg–Salam 理論

　上に論じたパイオンの物理は BCS メカニズムの，強い相互作用への，ゲージ化されていない対称性に関わる応用であるといえる．もっと劇的な成功は Weinberg[15] と Salam[16] のモデルでおこった．彼らは，それを弱い相互作用と電磁的相互作用に適用したのである．これらの，非常に異なっているように思われる 2 つの相互作用を，彼らは $SU(2) \times U(1)$ 対称性をもつ一つの非可換なゲージ場を介しておこると見た．この対称性は自発的に破れ，場の 4 つの成分は 3 つのプラズモン (W^+, W^-, Z^0) と質量ゼロの光子になる．前 3 者は弱い相互作用を媒介し，特に中性の Z^0 はベータ崩壊を媒介する．光子については対称性は破れない．

　電弱相互作用の統一の夢は新しくはないが (Glashow[17])，対称性の自発的

な破れを用いて実現したのは新しい．そのために Higgs 場を導入し GL メカニズムによって元の質量ゼロのゲージ場を質量ありの弱いボソン場に変える．この質量 m_W は Fermi 結合定数 F と微細構造定数 α は

$$F \sim \alpha/m_W^2,$$
$$m_W^2 \sim \alpha \langle h \rangle^2$$

のように関係している．したがって，$F \sim 1/\langle h \rangle^2$ は α に無関係である．ここに $\langle h \rangle$ は Higgs 場のゼロでない期待値で，つまり真空における Cooper 対の凝縮体のオーダー・パラメタである．上の第2の式は，よく知られたプラズマ振動数の式

$$\omega^2 \sim \alpha N/m$$

に対応する．ここでプラズマ中の電子の密度と質量を N, m とした．$\langle h \rangle$ の値は 250 GeV となり，これは弱い相互作用が下部構造を露わにするエネルギー・スケールである．（超伝導のエネルギー・スケール 10^{-4} eV，パイオン物理の 10^2 MeV，と比較せよ．）他方，W と Z ボソンの質量の精密な値は別のパラメタ（Weinberg の混合角）に依存し，$SU(2)$ と $U(1)$ のゲージ結合定数の比に関係する．そして荷電および中性の弱カレントの強さをきめる．いうまでもなく中性弱カレントの存在，W および Z ボソンの存在は実験で確立されている[18][19]．W と Z の質量はおよそ 80 GeV くらいで，理論的な関係に合っている．

Weinberg–Salam 理論にはもう一つの要素があって，これは弱い相互作用には必要でなく論理的には独立しているが，われわれの BCS 理論やカイラル力学の経験から見れば自然なものである．それは，同じ Higgs 場が基本的なフェルミオン（クォークとレプトン）に結合し，それらに $\langle h \rangle$ が質量をあたえるということである．そこで Weinberg–Salam のラグランジアンは BCS–GL の融合理論のそれと似てくる．ただし，クォークとレプトンは力学的には Higgs 部分の対称性の自発的な破れには関わらず単にその結果を受け継ぐのみである．この意味では，このモデルは Gell-Mann–Lévy モデルにより近い．

フェルミオンの質量に関する Weinberg–Salam 理論のこの側面は，Higgs

の結合をフェルミオン・フレーヴァーごとに調節して質量を観測値に合わせなければならないという点で不満足である．Higgsの質量も任意パラメタで，弱い相互作用の低エネルギー現象論とつながっていない．常識的には，それは$\langle h \rangle$の程度と思われるが，これは理論的には出てこない．とにかく，電弱相互作用を統一するゲージ原理の簡単さと優雅さは，粒子の質量スペクトルの実情と妥協せざるを得ない．質量の真の起源はまだ分からないままである．

第2部

2.1 GUTSの基本

弱い相互作用と電磁相互作用の統一が実現したら，次の目標は明らかに強い相互作用を取り入れることである．2つの理論的な発展によって，それが可能となった．

第1に，ハドロンの力学がクォークの量子色力学に帰着された．その状況は分子と原子の場合に似ている．ハドロンはクォークからできていて，電子と原子核からできている中性の(イオン化されていない)分子や原子に似ている．ハドロンの間の相互作用は，中性の原子たち，分子たちの相互作用に似ている．複雑な力(たとえばvan der Waalsの力)は，ゲージ場に支配されている構成体の力学の二次的な効果である．ゲージ場は，クォークの場合，色の$SU(3)$ゲージ場(グルーオンの場)であり，電子と原子核の場合には電磁的なゲージ場である．

第2の発展は，'t Hooft, Gross, Wilczekによる非可換ゲージ場の漸近的自由性の発見である[20]．これはQED(量子電磁力学)のような可換ゲージ理論とQCDのような非可換ゲージ場の相違だ．前者では，試験電荷の有効電荷は——真空の仮想粒子(virtual particles)の遮蔽作用のため——遠くにゆくほど小さくなる．一方，後者では，仮想的なグルーオンは反遮蔽を行うように作用し，問題にする現象の運動量のスケールを大きくすると色価(color charge)は減少するが有効電荷は大きくなる．これは2つのことを意味する：遠距離に行くと，あるいは低エネルギー・スケールではグルーオンの力はより強くなる．その結果，クォークの閉じ込めがおこる．反対に短距離にゆくと，小さかった

電磁的な結合と大きかったグルーオン結合とが近づくことになる．また，Higgs メカニズムを備えた Weinberg と Salam のゲージ理論はくりこみ可能であることを 't Hooft が証明した[21]．この理論は一人前の場の量子論であることが分かったわけである．

このような状況の下，3つの観測された相互作用，すなわち WS 理論の $SU(2)$ と $U(1)$ 結合およびグルーオンの $SU(3)$ 結合は，理論的に外挿すると 10^{24} eV というエネルギー・スケールで合流することが Georgi, Quinn および Weinberg によって証明された[22]．

この大統一形式はあからさまに構築され $SU(5)$ モデルとして Georgi と Glashow によって与えられた[23]．$SU(5)$ のゲージ対称性は自発的に2段階に破れて

$$SU(5) \to [SU(3)] \times [SU(2) \times U(1)]$$

となり，さらに Weinberg–Salam の段階

$$[SU(2) \times U(1)] \to U(1)$$

が続く．結局，色と電荷のゲージ群が破れずに残ることになる．第1段階は大統一のエネルギー・スケールで超重 Higgs 場によっておこる．これで $SU(5)$ ゲージ場の全体としての漸近的自由性は中断され，3つの部分群がそれぞれの仕方で低エネルギーに向かう．部分群 $SU(3)$ は，そのまま残る．もし破れるとクォークの閉じ込めが崩れるからである．

もっと複雑なモデルも提案されているが，どの大統一理論（GUTS）も対称性を破るために GL–Higgs メカニズムを用いるので，より多くの現象論的な要求を取り入れようとすると現象論的パラメタが増えるという困難をかかえている．

関係するエネルギー・スケールが大きいので GUTS を制約する実験的な手がかりは多くない．定性的な特徴とか陽子の崩壊のような稀な事象しかないのである．その代わり，GUTS は宇宙論や天文学で大きな役割を演ずるようになってきた．ここから GUTS への制約が得られるであろう．この関連でGUTS の重要な特徴は，宇宙の進化の間に，すなわち Planck スケールのエネ

ルギーから膨張し，冷える間に相変化がおこる可能性である．ここでは物性論，素粒子物理学，宇宙論が分かちがたく結ばれる．しかし，この話題はこの報告の範囲を超える．

2.2 QCDにおけるカイラル対称性の破れ

$SU(5)$ ゲージ場を3つの物理的に異なった部分に分けるにはHiggs場を動員する必要があった．他方，カイラル力学の背後にある考えはQCDの枠組みの中で現象論的な仮定なしで検証することができる．つまり，クォークの質量を強い色の力で生成することはGL理論でなくBCS理論のレヴェルでできたのである．実際，Wilsonの格子ゲージ理論[24]と最近の計算機利用の進歩によって閉じ込めの問題もカイラル対称性の破れもかなり定量的に調べられるようになった[25]．どちらの現象も格子色力学では実際におこり，しかも有限温度では2種類の相転移がおこることが示された．一つは閉じ込めの解除，もう一つはカイラル対称性の回復である．前者は中性の気体からイオン化された気体への転移に，後者は超伝導から常伝導への転移に似ている．これらの転移は互いに無関係なように見える．カイラリティ対称性の回復は一般に閉じ込めの解除より高温でおこる．

カイラル転移はクォークの表現に強く依存する．基本表現に対しては2つの温度は同じであると思われる[26]．

2.3 トポロジカルな配位

トポロジーは，量子力学でも場の理論でも，境界条件を通して重要な役をする．その表われは，本来幾何学的であるゲージ理論において特に興味深い．超伝導には磁束の量子化のような典型的な例があるが，そのほかにも物性論には多くの例がある．素粒子論でも過去10年の間に種々のトポロジカルな現象が見いだされた．これまでのところ理論の範囲を出ないが，基礎におかれた理論やモデルからの不可避的な結論である．代表的な例をいくつか挙げてみよう．

(a) 弦

NielsenとOlesenの力束管(flux tube)[27]は，相対論的なHiggsモデルにおいて，超伝導におけるAbrikosovの磁束管[28]に比べるべきものである．

NielsenとOlesenはクォーク間の力の現象論的な表現であるハドロン弦の力学的なモデルとしてAbrikosovの磁束管を再生させた。弦の両端についたクォークは弦の一定の張力によって引き合う。NielsenとOlesenの解釈では，この力は管に捕らえられた磁束から生ずる。磁束は，ゲージ群の下ゼロでない巻き数をもつので量子化され安定である。クォークは超伝導体のなかにおかれた磁気単極子のようである[29]。QCDにおいては，クォークは電荷型の，非可換ゲージ群の色荷(color charge)をもち，QCDの真空は磁気的超伝導体に似ていて有効電束管が形成される(Higgs場は必要ない)。このメカニズムはWilsonの格子ゲージ理論では明らかに見てとれる。

力束管にもっと直接的に似ているものが，Higgs場をたくさんもっているGUTSに見いだされる。少なくとも，端のない管(閉じているか無限に長いか)は，GLの状況に似て安定な$U(1)$群があれば可能である。GUTの超重Higgs場からなり，全宇宙に張られた宇宙弦(cosmic string)の存在が提案されている[30]。

(b) 単極子

Diracの単極子は電磁気学に後から加えたものである。それに対して't Hooft-Polyakov単極子[31]はHiggs $SO(3)$ (Yang-Mills)ゲージ理論の帰結であって，可換の場合には実現できない。状況は，スピン系の異なる位置のスピンSが小さな孔のまわりで動径方向にそろっている場合に比べられよう。ここに，スピンはベクトル型オーダー・パラメタ(Higgsの凝集体)を表わし，回転は$SO(3)$ゲージ群の操作である。スピンは，それ自身のまわりの回転では変わらないから対応するゲージの自由度はMeissner効果なしであり，孔は磁気の強さ(magnetic charge) g'の源としてはたらき，Diracの場合と同様に，もとのゲージ結合定数gに反比例する。広がった系であるから，この単極子は

$$g'S \sim S/g$$

のオーダーの質量をもつ。GUTSにおいては，'t Hooft-Polyakov単極子は非常に重い。最近，そのような単極子の存在が宇宙論でも実験室でも問題になっている。たくさんありすぎると理論的には頭痛の種になる。

2.4 新 Kaluza-Klein 理論

Kaluza-Klein 理論への動機の重要な一つは重力と電磁気のような他の力とを統一することである．後者を空間次元を増やして幾何学にとりこむのだ．この余分の次元は時空の各点に直交補空間として付け加える．それらは，見えないのだから，コンパクトで小さくなければならない．

Kaluza-Klein (KK) 理論は過去10年の間に復活した[32]．内部対称性が増したので余分の次元も増やさねばならない．しかし，もっと興味深いのは，高次元空間の，普通の空間とコンパクトな空間への分離を力学的現象と見ようという試みである．Abrikosov の磁束管がその要点を示す簡単なモデルになる．管の中がわれわれの住む空間である．それは管に沿って2つの次元——一つは時間，一つは空間——をもつ．管の小さな断面が，余分の次元に対応する．そのトポロジーが $U(1)$ 対称性を生み，基準モードの量子化に導く．管から出るには，断面の大きさに反比例する大きなエネルギーが要るので，出られない．その大きさは Planck 長の程度にとるのが自然だろう．そうすれば励起エネルギーは 10^{26} eV のオーダーになる．しかし，ゼロ（事実上ゼロの）モードもあって，これが普通の粒子を表わす．これらのモードは，de Gennes[33] たちが見いだした Abrikosov 管の中の電子に比べられよう．

もう一つ，最近の KK プログラムは次元，トポロジカルな性質，コンパクトにする仕方，の探求である．超対称性や超重力は，この報告の範囲を超えるが，KK 理論の拡張に関わり興味深い．（たとえば，全体の次元は11を超えられない．）

2.5 低エネルギーと高エネルギー物理の界面

非常に思弁的（speculative）な話から身辺の世界にもどると，すでに議論した現象に再会する．以下は，その例である．

Ginzburg-Landau 型の理論は2種類の集団モードをあたえる．位相モードと振幅モードである．前者は Goldstone モードで，質量ゼロに留まるか，プラズモンに変換されるかである．後者はスカラー励起で準電子の2倍の質量（エネルギー・ギャップ）をもつ．こうして，フェルミオン的な1つとボソン的な

2つ，あわせて3つの低エネルギー励起の間には簡単な関係がある[34]．この関係は BCS 型の理論では一般的な帰結である．これを Gell-Mann–Lévy や Weinberg–Salam といった相対論的なモデルと比べてみよ．こちらでは，質量のあるボソンに対応するのは，それぞれシグマ・メソンと Higgs ボソンであるが，それらの質量は任意パラメタでフェルミオンの質量とは関係がない．これは，こちらの理論が BCS のような力学的なレヴェルにないからである．

上に触れた振幅モードは，超伝導体では最近になって検出された[35]．状況は超流動ヘリウム 3 でも同様である．ここでは Cooper 対は p 状態で 3 重項をなすから集団モードの数が超伝導体より多い．それらの質量は，やはりフェルミオンの質量パラメタと簡単な関係にある[36]．理論と実験はかなりよく合っている．

そこで話は BCS 理論が有効なもう一つの領域に移る．それは核物理で，核子の対形成が Cooper 対の形成として解釈されている．したがって，フェルミオン (1 粒子) 励起と簡単な関係にあるボソン励起の存在が期待される．言葉をかえれば，核子 1 個だけちがう偶–偶核と偶–奇核のボソン的励起の間に簡単な関係があるだろうということになる．その結果は，偶–偶核と偶–奇核の (破れた) 超対称性として解釈され，核物理において Iachello ら[37]が見つけた経験的な超対称性の説明になるだろう[38]．

2.6 近い未来を見据えて

上の議論は，われわれを高エネルギー物理に連れもどす．Weinberg–Salam 理論における Higgs ボソンはどうか？ それは，超伝導体におけるような集団モード (あるいは結合状態) ではないのか？

まさにこの観点からテクニカラー・モデルが提案された[39]．まず 100 GeV から 1 TeV といったスケールの重いフェルミオン (テクニ・フェルミオン) があって，強いゲージ相互作用をもつと仮定し，ハドロン物理を 1000 倍も大きいエネルギー・スケールにおいてくりかえす．Higgs ボソンはテクニ・フェルミオンの，シグマ・メソンのようなスカラーの結合状態となる (これは構成要素であるフェルミオンの 2 倍の質量をもつ？)．そうすると，他にもたくさんの粒子があることになる．W や Z も同種の粒子となろう．

こうしたシナリオは，現行の標準モデルの外にあるが，素粒子物理の発展を追ってきた者には，おそらく自然に見えるだろう．実際，すでに新しい物理のいろいろを示唆する兆しがCERNやDESYの実験からいくつも現れている．

他方，WS理論は，弱い相互作用の構造についての予言に関する限り極めてよく機能している．このエネルギーで複合性が姿を現しているとすれば何故こうなのだろうか？

これからが楽しみである．

文　献

(1) F. London: *Superfluids*, vol. 1, Dover(1961).
(2) V. L. Ginzburg and L. D. Landau: *Zh. Exp. Teor. Fiz.*, **20**(1950), 1064.
(3) J. Bardeen, L. N. Cooper and J. R. Schrieffer: *Phys. Rev.*, **108**(1957), 1175
(4) Y. Aharonov and D. Bohm: *Phys. Rev.*, **115**(1959), 485.
(5) M. Baker and S. L. Glashow: *Phys. Rev.*, **128**(1962), 2462.
(6) J. Goldstone: *Nuovo Cimento*, **19**(1961), 155.
(7) H. P. Dürr, W. Heisenberg, H. Mitter, S. Schlieder and K. Yamazaki: *Z. Naturf.*, **14a**(1959), 441.
(8) J. Golstone, A. Salam and S. Weinberg: *Phys. Rev.*, **127**(1962), 965.
(9) P. W. Anderson: *Phys. Rev.*, **110**(1958), 827; **112**(1958), 1900: G. Rickayzen: *Phys. Rev.*, **111**(1958), 817; Y. Nambu: *Phys. Rev.*, **117**(1960), 648.
(10) J. Schwinger: *Phys. Rev.*, **125**(1962), 394; P. W. Anderson: *Phys. Rev.*, **130**(1963), 439; F. Englert and R. Brout: *Phys. Rev. Lett.*, **13**(1964), 321; P. W. Higgs: *Phys. Rev. Lett.*, **13**(1964), 508.
(11) Y. Nambu and G. Jona-Lasinio: *Phys. Rev.*, **122**(1961), 345; G. Jona-Lasinio ans Y. Nambu: *Phys. Rev.*, **124**(1961), 246.
(12) V. G. Vaks and A. I. Larkin: *JETP*, **40**(1961), 282.
(13) M. Gell-Mann and M. Lévy: *Nuovo Cimento*, **16**(1960), 705.
(14) F. Gürsey: *Nuovo Cimeno*, **16**(1960), 230.
(15) S. Weinberg: *Phys. Rev. Lett.*, **19**(1960), 1264.
(16) A. Salam in *Elementary Particle Physics*,(Nobel Symposium no. 8), ed. N. Svartholm, Almquist and Wiksell, Stockholm(1968), 367.
(17) S. L. Glashow: *Rev. Mod. Phys.*, **52**(1980), 539を見よ．
(18) G. Arnison et al.: *Phys, Lett.*, **122B**(1983), 103. M. Banner et al.: *Phys. Lett.*,

122B(1983), 476.
(19) G. Arnison et al.: *Phys. Lett.*, **126B**(1983), 398.
(20) G.'t Hooft(未刊); D. Gross and F. Wilczek: *Phys. Rev.*, **D8**(1973), 3633; D. Politzer: *Phys. Rev. Lett.*, **30**(1973), 1346.
(21) G.'t Hooft: *Nucl. Phys.*, **B33**(1971), 173.
(22) H. Georgi, H. R. Quinn and S. Weinberg: *Phys. Rev. Lett.*, **33**(1974), 451.
(23) H. Georgi and L. Glashow: *Phys Rev. Lett.*, **32**(1974), 438
(24) K. Wilson: *Phys. Rev.*, **D14**(1974), 2455.
(25) J. B. Kogut: *Rev. Mod. Phys.*, **55**(1983), 775 を見よ.
(26) J. Polonyi et al.: *Phys. Rev. Lett.* **53**(1984), 644.
(27) H. B. Nielsen and P. Olesen: *Nucl. Phys.*, **B61**(1973), 367.
(28) A. A. Abrikosov: *Dokl. Akad. Nauk USSR*, **86**(1952), 489.
(29) Y. Nambu: *Phys. Rev.*, **D10**(1974), 4262.
(30) Y. B. Zel'dovich: *Mon. Not. Roy. Astron. Soc.*, **192**(1980), 663; A. Vilenkin and Q. Shafi: *Phys. Rev. Lett.*, **18**(1983), 1716.
(31) G.'t Hooft: *Nucl. Phys.*, B**79**(1974), 276; A. M. Polyakov: *JETP Lett.* **20**(1974), 194.
(32) Y. M. Cho and P. G. O. Freund: *Phys. Rev.*, **D12**(1975), 1711: L. N. Chang, I. I. Macrae and F. Mansouri: *Phys. Rev.*, **D9**(1974), 2273; F. Cremer and J. Sherk: *Nucl. Phys.*, **B108**(1976), 235.
(33) C. Caroli, P. de Gennes and J. Matricon: *Phys. Lett.*, **9**(1964), 307; Y. Nambu: *Phys. Rep.*, **104**(1984), 254.
(34) P. B. Littlewood and C. Varma: *Phys. Rev.*, **B26**(1982), 4883; C. A. Barseiro and L. M. Faricov: *Phys. Rev. Lett.*, **45**(1980), 662.
(35) R. Sooryakumar, M. V. Klein and R. R. Frindt: *Phys. Rev.*, **B23**(1980), 3213, 3222.
(36) P. Woelfle: Physica, **90B & C**(1977), 96; *Prog. LTP*, **7A**(1978), 191.
(37) F. Iachello: *Phys, Rev. Lett.*, **44**(1980), 472; A. Balantekin, I. Bars and F. Iachello: *Phys. Rev. Lett.*, **47**(1981), 19: *Nucl. Phys.*, **A370**(1981), 284.
(38) Y. Nambu: *Proc. of the Los Alamos Workshop on Supersymmetry*, Dec. 1983. ed. A. Kosteleck and D. K. Campbell, North Holland(1985); *Physica* **D15**(1985)147.
(39) S. Weinberg: *Phys. Rev.*, **D19**(1979), 1272; L. Susskind: *Phys. Rev.* **D20**(1979), 2619.

乱流するエーテル

Feza Gürsey との出会い

最初に Feza に会ったのは 1959 年の夏で，ブルックヘブン国立研究所においてだった．ともに夏の客だった．かれの Pauli–Gürsey 変換についての研究は知っていたし，彼については西島を通してたくさん聞いていたので，研究室のドアにかかった彼の名前を見て，私は入ってゆき自己紹介をした．私は，たちまち親しみを感じた．それから何年もたつが，彼は少しも変わっていない．彼に対する私の感じも変わらない．

彼との関係は仕事のこともあるが個人的にもある．私は，イスタンブールの夏の学校には 2 度も招いてもらった．トルコの学生は 2 人とった．それにも増して，彼からはたくさん学んだ．彼の独自の研究ばかりでなく，彼の数学と物理の広い知識からも学んだのである．彼は，私にとって知識の泉であり啓示であった．彼に負うところは私の論文に参考文献や脚注として頻繁に現れている．

もっと直接的で重要だったことは，彼の物理への寄与が私の考え方に影響したことである．ある種の対称性を具現化した有効ラグランジアンという考えは，最初，カイラル対称性に関する彼の仕事に現れた．これは，1960 年代後半に他の人々によって展開され洗練されてカイラル・ラグランジアンの方法となった．最近，有効ラグランジアンの方法は，GUTs，すなわち大統一理論の関連で，広い意味で復活しているように思われる．Pauli–Gürsey 変換もありふれたものになった．そのあらゆる部分に Feza の色と香りが染みついている．それは Willard Gibbs にさかのぼるイェールの伝統に見事に適合する．Feza はコネチカットのヤンキーとは正確にはいえないにしても，ニュー・ヘヴンに生

● Itzhak Bars, Alan Chodos and Chia-Hsiung Tze ed.: *Symmetries in Particle Physics*, Proceedings of a symposium celebrating Feza Gürsey's sixtietth birthday held April 11, 1981, at Yale University, New Haven, Connecticut.

きる Arthur 王の振りをすることができる.

エーテルの実在性

　私が取り上げたい問題は，間もなく分かるように，少なくとも部分的にはイェール学派との接触から生まれた．しかし，これはエーテルの歴史を議論する場所ではない．それに私は大して歴史を知らない．だから，すぐ現代にとぶことにしよう．

　Maxwell と Einstein の後，20 世紀の物理学者たちは電磁気学や重力を物質的なモデルなしに理解し説明することを学んできた．これらの現象を説明するのに必要な性質は，時空そのものに備わっている．これは，しかし，エーテルの概念が完全に消去されることは意味しない．

　私は，物理学においても構成物質と法則を分離することには意味があると思う．Einstein と量子力学の原理が明かした時空の内在的な性質は，どんな構成物質も適合すべき物理法則であるということができよう．後者は前者に対する基本的な枠組みを与え，より永遠で，普遍的，強要的である．これに対して前者は進化し，変更され，追加を受けることができる．

　今日，われわれは多数の異なった種類の粒子と場があることを知っている．その数は過去 50 年間に大幅に増え，さらに増えそうに見える．一体それらは何故あるのか，結局のところ何種類になるのか，あるいはそれらは，もっとより基本的な要素に分解されるのか，わからない．それはとにかく，いろいろな粒子や場は，すべて量子力学の原理にしたがって記述され，時空を伝播する種々の励起とみなされる．

　こうして，時空は非常に複雑な媒質で満ちているように見える．これを私は古い名前でエーテルとよびたい．その複雑さは近年いよいよ増している．励起の数が増しただけでなく，励起の型が時空自身の時々の条件次第で——普通の物質が温度や圧力の変化に応じて気体から液体へ，固体へと変わるように——変化し得るという可能性が考えられるようになったからである．残念なことに，われわれは，まだそのようなエーテルの相変化は観測していない．いつの日か，その現象が確かめられたら，めざましい事件になるだろう．

他方，Einstein 以来，物理学者たちはあらゆる物理法則を時空の幾何学に帰着させようとたゆまぬ努力を続けてきた．この努力は統一場の理論とよばれている．永年の停滞のあと，ゲージ理論が進み，電磁気学と弱い相互作用の統一が成功したいま，この方向に大きな変化と進歩が見えてきた．

このプログラムが遂行された暁には，エーテルとは実に豊富な複雑な幾何学を備えた時空そのものであるということができよう．それには，しかし，上に述べた相変化，あるいは対称性の自発的な破れと普通いっているもののメカニズムを組み込むことができなければならない．物質の基本をなす電子や陽子のような質量のある粒子が自然界に存在するという事実を説明できるものとしては，このメカニズムしか知られていないからである．

重力や電磁場といった質量のない場は，幾何学に容易に組み込むことができる．質量は，物理法則の幾何学像の優雅さを損なう，つまづきの石である．この点は，Einstein が彼の場の方程式

$$R_{\mu\nu} - \frac{1}{2} g_{\mu\nu} R = T_{\mu\nu}$$

についてした注意に要約できる．彼は言った，あるいは愚痴をこぼした．「この方程式はつりあいが悪い．左側は大理石で，右側は木でできた家のようだ．」大理石の側は，もちろん，時空の曲率，すなわち重力場を指し，木造の方は時空に存在するそれ以外のもののエネルギー・運動量テンソルを指している．右辺から電磁場を抜き出して，これは一般化された幾何学の曲率として解釈できるから，左辺に移すことはできる．でも，質量のある粒子はどうする？ もし，なんとかしてそれらが幾何学に還元できたら，それらも一つ，また一つと左辺に移し，右辺に何も残らないようにしよう．家は全部，大理石製だ．でも，これは美しいだろうか？ 片側だけが重く見える．対称性がなくなった．でも，これがあるべき姿なのかもしれない．自然も左右の対称性をもたないのだから．

今日，人々は，この雄大なゴールを大統一理論や超対称性理論の形で達成しようと努力している．それらは概念としては非常に優雅で訴える力がある．私も，ある点まではこれでよいと思う．しかし，何かが欠けている．Einstein の方程式の右辺を左辺から区別する何かである．この区別の背後にある原理は簡単で優雅であるべきだ．それから出てくるものは表面的には醜く複雑であろう

とも——．

乱流するエーテル

　私は，いま私自身に課した問題の答えを持ち合わせない．答える代わりに，もう一つ問題をだそう．上に言ったとおり，質量のない場，すなわち重力や電磁気力のような長距離力は幾何学原理の自然な表われである．この原理は，今日ではゲージ原理とよばれている．数学者 Hermann Weyl が，電磁気の統一理論をつくる試みの中でつけた名前である．

　重力と電磁気力が，われわれの知っている長距離力のすべてである．これ以外は質量のある場で，短距離力として質量のある粒子を介して現れる．唯一の例外はニュートリノで，質量なしと考えられているが，この仮定はいまや疑わしくなっている．明らかなゲージ原理を欠いているので，ニュートリノは，非常に小さいにしても質量をもっているかもしれない．

　ほかの型の力や物質は？　これが私の問題である．過去10年の間に興味深い理論的な発展があり，私がいまの問題を考えたのもこのためである．私が言っている力とか物質は，われわれが慣れ親しんできたものとは違う．その物質は粒子，あるいはエネルギーが点状に集中したものではない．線状に延びた弦である．弦は二つの粒子を結び一つにすることができる．弦は切れたり，つながったりできるが，常に端には粒子がついている．弦が切れたり，つながったりするときには粒子が創られたり消滅したりする．閉じた弦は，それ自身で存在し，粒子がついている必要はない．

　実験は，ハドロンが実際に弦で結ばれたクォークのように振舞うことを示唆している．さらに，量子色力学(quantum chromodynamics)は，これらの弦が——二つの電極の間にとぶスパークの軌跡のように——細い管にしぼりこまれた力線(chromoelectric lines of force)であるとする．これは確からしい．弦は，磁束線——超伝導体に閉じ込められた Abrikosov の磁束線——のようでもある．このアナロジーでは，電場を磁場に，クォークを磁気単極子におきかえる．磁気単極子とは，Dirac が50年前に導入した仮説的な粒子である．

　磁気単極子は，まだ見つかっていない．しかし，最近のゲージ理論によれば，

理論の詳細によることだが，これは一般的には存在すべきことが示される．これは対で存在し弦で結ばれているかもしれない．これは普通のハドロンのように見えるだろう．単極子，あるいは弦でつながった単極子はハドロンより非常に重い．統一ゲージ理論によれば，それらは 1 TeV 以上と期待される．これは加速器のエネルギーを超えているが，その存在はビッグ・バン宇宙論にとって重要な意味をもつ．

ハドロンの弦モデルのもう一つのアナロジーは流体力学の渦である．渦は日常に普通に観察される現象で，流体の運動一般の特性をなす．容器が無限に大きい場合，渦の芯は閉じた輪になるので，これを閉じた弦(chromo-electric string)——グルー・ボール(glue ball)とよばれる——に比べることができる．このアナロジーは非常に興味をそそり考えさせる面をもっている．渦の線は，そのまわりに回転する流れのパターンを伴う．そのため，2 本の渦線は回転の向きが同じなら反発し，反対なら引き合う．2 本の電流と同じだが，力の符号が反対である．

時空に電磁場が存在して電荷の間，電流の間に力がはたらくように，流体力学的な場がエーテルの内在的な性質であって，渦の芯の間に力がはたらくということはないか？

私は，イェールの元メンバーである Pierre Ramond が最初に出した問題を言い換えているのである．電磁場は質点に普通に伴っている．ベクトル・ポテンシャルは質点の世界線の接線ベクトルに結合し，この相互作用はポテンシャルにスカラー場の勾配ベクトルを加えても変わらない．

Ramond と学生の Kalb は問題を出した：質点でなく弦に力をはたらかせる場は何か？ 弦は時空に 2 次元の面を掃きだす．したがってベクトル場ではなく反対称なテンソル場が面の各点の 2 次元接平面に結合するだろう．これから数学的に出てくるのが，私が上に流体力学の言葉で述べたことなのである．この Kalb-Ramond 理論が真空中を(エーテル中を)伝播する質量ゼロの場の存在を予言することを言っておかなければならない．ちょうど Maxwell 理論が電磁波を予言したのと同じことだが，ただし流体力学的な波動は縦波である．

Kalb-Ramond 理論は，電磁気や重力と同様，幾何学的な理論である．質点でなく弦にあてはまるゲージ原理を基礎としている．ポテンシャルにベクトル

場の渦度(curl)を加えても物理は変わらない．

　ここしばらく，私は母なる自然が，この幾何学的原理を他の既知のものに加えて採用しているのではないかと考えてきた．もしそうだとしたら，エーテルは，いろいろな大きさの渦で一杯になって乱流していなければならない．事実，この考えは古くからある．Whittaker のエーテルの歴史に関する本には，この線にそう 19 世紀の物理学者たちの活動が書いてある．特に W. Thomson(Kelvin 卿)は原子は渦輪であると言った．彼は，また渦輪で満ちたエーテルを考え "渦のスポンジ" とよんだ．もちろん，彼らの道は間違っていた．彼らが追究したのは電磁気ではなかったのだ．しかし，結局のところ彼らは正しかったということになるかもしれない．

　私は，渦の存在とその相互作用の手がかり，あるいは証拠を探してきた．典型的な渦はどのくらいの大きさだろうか？　原子の大きさか，人間くらいか，それとも天文学的な大きさか？　ハドロンやグルー・ボールは，いろいろな面で渦のように振舞うが，それらは長距離力は生み出さない．開いた弦は Kalb-Ramond のゲージ原理を破り，場を質量ありにする．

　わたしは，いま渦が見つかる望みが最も大きいのは宇宙論だと考えている．ここで問題になる渦は天文学的な大きさだろう．それらと普通の物質との相互作用は非常に弱いだろうが，少なくともそれは重力と結合するはずだ．内在的に広がりをもつので，それらは普通の物質とは異なった仕方で宇宙の進化に影響し得る．このような可能性は，宇宙に銀河があるという不均一性を説明するために最近 Zeldovich が示唆している．彼は大統一理論で期待される磁束線，電束線を論じているが，Kalb-Ramond の巨視的な渦を考えてみるのも興味があろう．

弦の数学的記述

　数学的な形式の話を少しして，締めくくりとしたい．質点の古典力学は，よく発展した物理学の分野である．これは Hamilton の運動方程式，あるいは Hamilton-Jacobi の偏微分方程式で扱える．これらは量子力学に移るのにも役立つ．全体の定式化は質点を扱うのに極めて自然なものである．弦は，質点

が連続的に集まったものと見ることができ，同じ形式で扱うこともできるが，これは自然なものではない．質点は一つの体内時計(固有時)をもって世界線を描くが，弦は二つの体内時計をもつ．その一つは時間的，もう一つは空間的で，あわせて世界面を織りなす．二つの"時間"を対称的に扱えばHamilton方程式の拡張が得られ，面がいかにして二つの方向に発展するかが定まる．質点が測地線を描くように，面は(石鹸の泡のような)極小曲面をなす．したがって，理論形式は極小曲面を扱う新しい方法となる．

Hamilton－Jacobi方程式とのアナロジーを追究すると興味深い場面が現れる．質点たちに対しては，それは一群の，相互に交わらない測地線をあたえ，スカラー場，あるいはHamilton関数で表わされる．このスカラー場の勾配(gradient)は測地線への接線をあたえ運動量ベクトルを表わす．量子力学では，このスカラー関数はSchrödingerの波動関数に翻訳される．

弦に対するHamilton－Jacobi系はどうなるか？　それは重なり合うことのない極小曲面の一群となり，ベクトル場で表わされる．このベクトル場の渦度(curl)は形の上では電磁場のように見えるが，極小曲面への接2次元面を定める．電磁場との類似は著しいが，しかし重要なちがいがある．それを(1)質点，(2)弦，(3)電磁場に対する方程式を書いて示そう．

質点

$$\frac{dx_\mu}{d\tau} = \frac{\partial H}{\partial P_\mu}, \quad H = -L = \frac{1}{2}(P_\mu - eA_\mu)^2 \quad P_\mu = \partial_\mu S$$

$$\frac{dP_\mu}{d\tau} = -\frac{\partial H}{\partial x_\mu} = \text{const.} \quad (\partial_\mu S - eA_\mu)^2 = \text{const.}$$

弦

$$\frac{\partial(x_\mu, x_\nu)}{\partial(\tau, \sigma)} = \frac{\partial H}{\partial P_{\mu\nu}}, \quad H = -L = \frac{1}{4}(P_{\mu\nu} - \Omega_{\mu\nu})^2, \, P_{\mu\nu} = \partial_\mu B_\nu - \partial_\nu B_\mu \equiv F_{\mu\nu}(x)$$

$$\frac{\partial(P_{\mu\nu}, x_\nu)}{\partial(\tau, \sigma)} = -\frac{\partial H}{\partial x_\mu},$$

$$\partial_\mu F^*_{\mu\nu} = 0 \tag{1.a}$$

$$\partial_\mu(\phi F_{\mu\nu}) = h_\nu \quad (h_\nu:\text{端の点での流れ}) \tag{1.b}$$

$$F^*_{\mu\nu} F_{\mu\nu} = 0 \quad (\phi:\text{スカラー場}) \tag{1.c}$$

$$(F_{\mu\nu} - \Omega_{\mu\nu})^2 = \text{const.} \quad (\Omega_{\mu\nu}:\text{Kalb–Ramond 場}) \tag{1.d}$$

電磁場

$$-L = \frac{1}{4} F_{\mu\nu}^2, \qquad F_{\mu\nu} = \partial_\mu A_\nu - \partial_\nu A_\mu$$

$$\partial_\mu F^*_{\mu\nu} = 0 \tag{2.a}$$

$$\partial_\mu F_{\mu\nu} = j_\nu \tag{2.b}$$

弦の変数は，われわれの意味では(1.c),(1.d)があるので電磁場より強い制限を受けている．しかし，別の意味では(1.b)に"誘電係数"ϕが入っているので制限がゆるい．

弦の場合に可換なゲージ場が現れたことは非常に示唆的である．実際，それはうまく利用できる．QCDの非可換なゲージ理論を，ある誘電係数をとって有効的に可換なものにすることができるのだ．誘電定数は，場自身の関数と考えたQCDの走る結合定数(running coupling constant)に関係する．この方法はまったく新しいわけではないが，この形式では有効ゲージ場は可換になり，その方程式は強結合の極限における弦の式になる．有効ラグランジアンは

$$L = \frac{1}{4} g^2 S_{\mu\nu} S_{\mu\nu} + \frac{1}{4} f S_{\mu\nu} S^*_{\mu\nu} - \frac{1}{2} S_{\mu\nu} F_{\mu\nu} - j_\mu B_\mu$$

$$F_{\mu\nu} = \partial_\mu B_\nu - \partial_\nu B_\mu$$

の形になる．ここにj_μは場の源になる外部的な流れ，B_μと$S_{\mu\nu}$は独立な可換な変数である．g^2はもとのQCDの走る結合定数，fはもう一つのパラメタで，両者ともに一般にはS^2と$(S \cdot S^*)^2$の関数である．もし，$S \cdot S^* = 0$かつ$f = 0$であれば運動方程式は簡単になって

$$\partial_\mu(\varepsilon F_{\mu\nu}) = j_\nu, \qquad S_{\mu\nu} = \varepsilon F_{\mu\nu}, \qquad \frac{1}{\varepsilon} = \frac{d(g^2 S^2)}{dS^2}$$

となる．εが媒質の誘電係数の役をする．強結合の理論によれば，小さいSに

対して (g^2S^2) は $1/S$ のようになり，$\varepsilon \sim S$. この極限では F は定数に近づき，これは正しく弦の振舞いである．ラグランジアンの f の項は T も P も破るので不適当で不必要である．それでも残しておいたのは，それが $S \cdot S^* = 0$ の場合にも弦の一般的な記述を許し，またインスタントンがある場合の QCD の Θ 真空の問題に関係することもあろうからである．

あきらかに，この有効可換理論は弦の古典力学と量子色力学の中間にある．ここで注目すべきは，量子弦力学は何の力学かという疑問が避けられていることである．弦の力学のこのような量子化には立ちはだかる問題が多く，厳密には意味をなさないかもしれない．

有効ラグランジアンの性質は，まだ詳しく調べられていない．二つの点状の湧き出しがあるという典型的な問題では，解は期待どおり袋のようになる．電気変位 D は袋に閉じ込められ，境界に近づくと0になる．境界では $\varepsilon = 0$ となり，強結合の極限に到達する．重要な問題は袋の外に何があるか，である．外では D と H の場は0だが，E と B は有限に残らねばならない．QCD の真空状態はグルーオンなしではなく場のゼロでない密度 $\langle B^2 - E^2 \rangle \neq 0$ に対応するという議論がある．いまの可換理論でもこうなっているように思われる．これらの場の方向は，しかし定まっていないだろう．ここでも真空は乱流しているのである．

格子ゲージ理論の最近の発展によれば，QCD には相が一つしかないと言われている．袋のように内と外を区別する明確な境界はないというのである．これは，ありそうなことだ．われわれの理論は平均場理論の局所近似のようなものなのだから．

私の議論を要約しよう．エーテルは，最近まで考えられてきたのよりはるかに複雑な媒質である．それは散逸的ではないが，さまざまに乱流している．乱流のスケールは宇宙の規模から原子以下におよぶ．原子以下の現象においては，ゲージ場の走る結合定数はレイノルズ数に当たる．

対称性の力学的な破れ

　対称性の力学的な破れという概念を概観し，固体，原子核および素粒子の物理における例をあげ，電弱統一理論における Higgs 場の性情についてスペキュレーションを述べる．

1　はじめに

　私の学生時代，仁科芳雄といえば畏敬をもって語る崇高な人の一人であった．当時，彼は理研の宇宙線と原子核研究のグループを率いていた．あの有名な理化学研究所で，これは2つの世界大戦にはさまれた時期に日本における科学と産業の発展にユニークな役割を果たした．私の属した東京大学には素粒子物理学を教える教授が，もしいたとしても，ごく少数だったので，私たち学生は仁科と彼の理論の仲間である朝永振一郎の開いていた毎週のセミナーにしばしば出かけた．こうして私は宇宙線物理学の手ほどきを受けたのである．例えば，いかに仁科グループが地下や太平洋上の宇宙線強度を測っているかを学んだ．また，朝永，湯川，坂田に代表される当時の理論の偉大な学派の活動を身をもって体験し，彼らが宇宙線中間子について考えを展開する様子に触れた．そのセミナーの一つで，朝永が坂田からの手紙を読んだときのことを思い出す．坂田は，宇宙線"中間子"(いまはミュー粒子とよぶ)と湯川の中間子(いまはパイオンとよぶ)とは異なる粒子だと提案していた．しかし，これは仁科には直接の結びつきの少ない理論的な論議であった．

　対称性の原理は，われわれの物理法則の追究のなかで重要な位置を占める．しかし，いま対称性原理一般について網羅的な議論をしようとは思わない．そ

● M. Suzuki and R. Kubo ed.: *Evolutionary Trends in the Physical Sciences*, Proc. of the Yoshio Nishina Centennial Symposium, Tokyo, Dec. 5-7, 1990 (Springer, Proceedings in Physics, 1991), 51-66. （編者訳）

れに，私の話は素粒子物理が私の専門だという避け難い事実を反映することになろう．湯川が核力の起源をもとめて中間子論をはじめ新しい理論のパラダイムを開いたとき，対称性の概念は何の役もしなかった．彼のパラダイムを私は湯川モードとよびたいと思うが[1]，これは新しい現象の背後にはそれを説明する新しい粒子があるという仮説を立てる．素粒子物理学の探求は新粒子の探索である．素粒子物理学といった物理の分野が探索の段階にあるときには，この方法論は非常に有効であった．実際，今日でもそれは続いている．しかし，その間に対称性原理も力を発揮し，分野の成熟とともに重要性を増してきた．近年では，私が Einstein モードとよぶものが徐々に現れ，理論物理学の方向をきめるほど優勢にすらなってきた．その鍵となった要素が対称性原理である．

この論文の目的は，対称性原理の一つの特別な側面，すなわち対称性の力学的な，あるいは自発的な破れを論じることである．しかし，現代物理学における対称性原理にはいろいろな面があって，その中には場の量子論が発展して初めて認識されたものもある．それ故，これらいろいろの側面を手短にまとめることから始めるのがよいであろう．

(a) 対称性は，物理学とそれが記述する自然世界に審美の感覚を添える．数学的にいえば対称性は物理法則を不変にする合同変換の群を意味する．その群は連続的でも離散的でもよく，それぞれに加法的，あるいは乗法的な保存則を伴う．対称性のパターンを見いだすことは規則性や保存則を見いだすのに役立ち，逆に対称性は自然法則の統一的な記述をさがすとき指導原理となる．

(b) 大域的な対称性と局所的なゲージ化された対称性がある．Wigner は，私の記憶では，こう言ったことがある．保存則を立てるのに二つの方法がある．一つは初期状態と終状態の間に成り立つ選択規則を見いだすことであり，もう一つは場をつくりだす荷電の保存を直接に測定することである．これは確かに大域的対称性とゲージ対称性を区別するよい特徴づけだ．ゲージ化された対称性は時空の各点での対称性の無限積であるだけに大域的な対称性より豊富で制限がきつい．Einstein の重力理論もゲージ理論に属する．（大域的な対称性には，いわゆる力学的な対称性も含めてよい．たとえばケプラー運動を調和振動に写像する対称性だが，これは相空間での対称性であって，Noether の定理は適用されない．）

(c) 物理法則は局所的な微分方程式の形をとり，これに独立な物理的考察によって境界条件，初期条件を加えるのだということが，しばしば強調される．対称性は普通，前者に関していわれ必ずしも後者ではない．しかし，場合によっては物理的な空間のトポロジーが問題にする群の多様体に結びつき，境界条件，初期条件が対称性の欠くべからざる部分となることがある．トポロジーの考察はソリトン，単極子，弦といった概念につながった．

(d) 対称性は縮退を意味する．一般に，合同操作で互いに結びつく同等な状態の多重項があり，そのメンバーは，弱く結合し対称性を破る外的な環境との関係でのみ区別される．局所ゲージ化された対称性は，このようにしては破られない．それは，そのような外的な環境が許されないからで，すべての状態は一重項となる．すなわち，多重項は，大域的な部分は別として，観測されない．

(e) 実際には，大域的な対称性は完全であるか，近似的であるかにより保存則も厳密か近似的かになる．近似的な対称性が階層をなすことがあり，対称性が破れるパターンにも対称性と同じくらい意味があり興味深い．対称性がひどく破れて，対称性よりも非対称性に意味があり重要である場合もある．弱過程におけるパリティの破れがその例である．

(f) 2つの対称性が衝突する場合もある．異なる相互作用が異なる対称性をもち，それらが両立しないといった場合で，衝突がある種の現象に著しい特徴をあたえる．弱い相互作用と強い相互作用がその例であって，事実それらの対称性はいわば互いに傾いている．

(g) 対称性と付随する保存則が古典論的に厳密であっても，量子異常によって破られる場合もある．すなわち，対称性が"オン・シェル"でのみ成り立ち，量子的作用が定義される場の関数空間全体では成り立たないという場合で，カイラル異常性が著しい例である．異常性がないことは，ゲージ対称性にもとづくくりこみ理論の必要条件と考えられている．

(h) 物理法則に内在する対称性が力学的に，あるいは自発的に破れる場合もある．すなわち，それらが実際の現象に現れるとは限らない．これを，これからもっと詳しく論じよう．

2 対称性の力学的な(自発的な)破れ

結晶や分子，原子が対称性と同時に非対称性を示すという事実は，前世紀に数学者が群論を展開していたとき物理学者の注意を引いていたようである．Radicati[2]によれば，Pierre Curie は，結晶とその外力に対する応答に関して現代的な言葉で対称と非対称を論じた最初の物理学者の一人であった[3]．

対称性の自発的な破れは，Baker と Glashow[4]がそう名づけた1960年代より前から考えられていたものだが，一般的な概念になったのは最近のことである．この名前は長すぎるし内容を正しく言い当てているともいえないが，よりよい名前もなくて定着した．その意味の理解は人によって微妙にちがうようだ．対称性の自発的な破れという代わりに対称性の力学的な破れという場合もある．力学的なメカニズムによる破れだからというのだが，それが目に見えて明らかでもない．しかし，私は，この区別はどうでもよいことだと思う．対称性が破れるかどうかは常に力学的な問題である．2つの呼び名はどちらを用いてもよいのだ．どちらにもよい点がある．しかし，私は主に"力学的"の方を使おう．それを狭い意味に使うのである．分子のような，小さい有限の系の非対称性(Jahn-Teller効果)は含めない．私は，群論や統計力学，場の量子論からとった概念を用いて対称性の力学的な破れを定義することからはじめよう．

すでに言ったように，対称性はエネルギー準位の縮退を意味する．状態の多重項は群 G の表現をつくる．多重項の各メンバーは一群の量子数でラヴェルされる．ラヴェルには一連の部分群の生成子と Casimir 不変量を用いればよい．あるいは，G の表現をなす観測量を用いてもよい．基底状態，あるいは最も安定な状態が一重項，すなわち最も対称な状態であるかどうかは力学の問題である．

自由度 N の大きい系を考えよう．基底状態は縮退しているか，あるいは N の増加とともに準位の間隔がつまり多重度が増して漸近的に縮退するかである．普通は一様な系を考えるので，N は構成要素の数に比例して増し，空間的な広がりも N とともに増す．$N\to\infty$ の極限(熱力学的極限)では縮退した多重項のどの一つの状態をとって系の基底状態とよんでもよい．その状態の量子数は

無限大だが，単位体積あたりにした密度をオーダーパラメタとよぶことができる．

この系におこる物理的な現象は状態の Hilbert 空間を張る．そこには考えている基底状態が含まれる．この空間は，N が有限のときの空間の部分空間に過ぎない．というのは，他の基底状態は，構成要素たちの部分集合にのみ作用する局所的な摂動によっては到達できないからである．2つの基底状態は，いわば直交している．有効 Hilbert 空間は，基底状態から局所的な摂動のみによる励起でつくられる．系は，あたかも基底状態が縮退していなかったように振舞う．この基底状態の対称性は減っている．その対称性は（残っているとしたら）群 G の，オーダーパラメタを不変にする部分群 H のものである．G の表現としてのオーダーパラメタは剰余類の空間 G/H に属する．

上のように考えれば，Hilbert 空間を簡約する超選択則が対称性の力学的な破れの本質である．私は，この定義をとりたい．N を無限大とすることが決定的であるが，対称性は漸近的でもよく，縮退は無限大である必要はない．実のスカラー場 $\phi(x)$ に対してよく扱われる二重井戸型のポテンシャル密度[5][7]

$$V(\phi) = G^2(\phi^2 - v^2)^2 \qquad (1)$$

は2つの極小 $\phi = \pm v$ をもつ．もし空間の次元の数 N が有限であったら2重の縮退はトンネル効果によって解ける．2つの極小の一方に中心をもつ非対称な状態に対してトンネル効果をおこす運動エネルギーは対称性回復のはたらきをする．しかし，$N \to \infty$ ではそれはきかず，2つの縮退した状態の間の混合はおこらない．

連続的な対称性の場合，大きい N の極限はより微妙になる．上の例の実場 ϕ を複素場でおきかえると $U(1)$ 対称になる．オーダーパラメタ $\langle \phi \rangle$ は任意の位相角 θ (mod 2π) を除いて定まることになり，θ は縮退した真空をラヴェルする．2つの異なった θ でラヴェルされた真空は直交する．しかし，位相角 θ も場とみなすことができ，与えられた定数からの θ の変化は励起状態をつくる．変化の範囲が大きく，フーリエ変換の波長も比例して大きくなれば定数の（したがって非局所的な）変化に近づき，これは異なる真空への移行であるからエネルギー変化はなくなる．こうして，長波長の極限でエネルギー・ギャップ

のない励起モード，すなわち Goldstone モードがあるという推論ができる．相対論的な理論では，Goldstone モードは相対論的な質量のない粒子として振舞う．

対称性の破れと付随するギャップなしのモードの存在という上の命題には例外がある．それは対称性を回復する力の有効性に関わる．言いかえれば，対称性の破れた状態を隔てる壁の大きさの問題である．連続的な対称性の場合には，ポテンシャルは障壁をもたず運動エネルギーによる障壁のみがある．その結果，長波長のゼロ点搖動がオーダーパラメタを洗い流し対称な1重の基底状態に引き戻してしまうということがおこり得る．Goldstone モードが赤外不安定性をもつのである．これは低次元の系で実際におこる．

もうひとつ注目すべき例外はゲージ対称性の場合におこる．上の複素場 ϕ が $U(1)$ ゲージ場と相互作用すると θ はゲージパラメタとなり，これを定数に固定するとゲージ対称性が破れる．θ を力学的な Goldstone 場にすると，これは同じくギャップなしのゲージ場と相互作用する．2つのギャップなしのモードの混合は縮退を解き3つの偏極をもつ質量ありのモードをつくりだす．こう考えてもよい．ゲージ場は構成要素の間に長距離相関をつくりだすので，もはやオーダーパラメタをゆっくり変えることができなくなる．つまり変化が遮蔽される．

対称性の力学的な破れの，しばしば挙げられる例は強磁性，結晶の生成，超伝導である．等方的な Heisenberg の強磁性体ではスピンの総和は保存される．力学は隣あうスピンの向きをそろえようとするから，基底状態ではすべてのスピンが何か一つの向きを向く．対称性は $SU(2)$（あるいは $O(3)$）から $U(1)$（あるいは $SO(2)$——選ばれた向きのまわりの回転）——に落ちる．どの向きを系が選ぶかは，初期条件と境界条件あるいは環境による．典型的な処方はいったん弱い磁場をかけて，ゆっくりと消すことである．Goldstone モードはスピン波(磁化の軸に垂直な偏極)で剰余類 Lie 代数 $o(3)/o(2)$ に属する．

結晶は $O(3) \times T(3)$ のユークリッド不変性を破り離散的な部分群，すなわち結晶の空間群に落とすという．それは結晶は空間に固定されると考えるからである．結晶のハミルトニアンの重心の運動エネルギーの項は対称性を回復するはたらきをするところだが，結晶の全質量を無限大とする極限でゼロとなり，

無限小の力で系は局所化され，運動量と角運動量の保存は破られる．ユークリッド群は半直積だから $o(3)$ と $t(3)$ の Goldstone モードは結合し 3 つのモードだけが残る．長波長の極限では音の等方的な縦波と横波とである．

超伝導は，Bardeen–Cooper–Schrieffer 理論[6]，あるいは先行者 Ginzburg–Landau 理論[7]によって記述されるが，自発的な対称性の破れのトリヴィアルでない例である．BCS 理論は微視的なもので，現象論的な GL 理論より基本的である．しかし，どちらも固体，原子核，素粒子の物理の原型として役立った．BCS 理論の本質は Cooper 対の生成である．フォノンの引き起こす引力によって Fermi 面の近くで互いに逆向きのスピンをもつ不特定多数の電子が対を組む．それによって相関関数 $\langle \psi_{\mathrm{up}} \psi_{\mathrm{dn}} \rangle$ がゼロでなくなり，強磁性体が磁化した場合と似た状況になる．この複素場は電荷を運び，その位相はゲージパラメタとなる．

上に述べた特性をもつ対称性の力学的な破れという概念は，初め BCS 理論のもつゲージ不変性の疑問を解決する試みから生まれた[8]．縮退した真空の概念と強磁性とのアナロジーは Heisenberg[9]の早期の仕事でも用いられていた．彼は素粒子の非線型理論では，アイソスピンやストレンジネスといった素粒子の内部量子数は場の基本的な属性ではなく，貯蔵庫としてはたらく縮退した状態から拾い上げられた見かけの量(spurion, 運動量もエネルギーもゼロの，力学的でない一種の Goldstone モード)であるとしたのである．

3 BCS メカニズム

BCS メカニズムという言葉で，私はここではフェルミオンの間の引力(典型的には短距離型の引力)によりオーダーパラメタとして Cooper 対の凝縮体が形成されることを意味する．その著しい特徴をあげれば[10][11]：

(a) フェルミオン的およびボソン的励起モードがある．オーダーパラメタは反対符号のチャージ(粒子と反粒子)の混合をおこし，分散関係にギャップを生み出す．ボソンはフェルミオン対の集団運動状態で，"Goldstone" モード "π" と "Higgs" モード "σ" の 2 種類があり，それぞれ，対の場の位相と絶対値の変調に対応している．

(b) 構成粒子の力学とエネルギー・ギャップとの2つのエネルギー・スケールがあり，普通，後者は前者より小さい．後者は力学的に非摂動的な解としてギャップ方程式できまる．短距離的で，かつ弱い相互作用の極限では，フェルミオンとボソン・モードの質量は関係式

$$m_\sigma : m_f : m_\pi = 2 : 1 : 0, \tag{2a}$$

$$m_1^2 + m_2^2 = 4m_f^2 \tag{2b}$$

をみたす．第1の関係は第2のものの特別の場合で，第2のものは ^{3}He における p 波対のような余分のボソン・モード（m_1 と m_2）にも当てはまる．

(c) これらのモードの間には相互作用が誘導され，その強さはギャップと構成粒子のエネルギーとの比に依存する一つのパラメタできまる．したがって，BCSメカニズムの低エネルギーの内容は制限つきでGinzburg–Landau–Gell-Mann–Lévy[12]の系に翻訳できる．こちらは現象論的なフェルミオンと複素ボソン("Higgs")の場および無次元の結合定数，質量のスケール("Higgs" 場 σ の真空期待値 $v = \langle \sigma \rangle$）を含む．

(d) 私が準超対称性とよぶもの[13]が存在して，質量の関係はその帰結である．その意味は，GLハミルトニアンの静的な部分が，超対称的な量子力学や場の量子論におけると同様，フェルミオンの複合演算子の積で書けるということである．詳しく言えば，これらの演算子は密度

$$Q = \pi \psi + W(\phi) \psi^\dagger, \text{ およびその Hermite 共役} \tag{3}$$

の空間積分である．ここに π と ϕ は互いに正準共役で $n \times n$ 行列としてフェルミ場 ψ に作用する．W は Higgs ポテンシャル $V = \mathrm{tr}\, W^2$ の平方根である．フェルミオン演算子はスペクトルを生成する超代数を生成する．BCSメカニズムの背後にある準超対称性の物理的起源は分からないが，準超対称性を相対論的場の量子論に広げて，超代数の Poincaré 部分がフェルミオン，Higgs場，ゲージ場の組で実現されるようにすることはできる．

BCSメカニズムの例には，超伝導，^{3}He の超流動および核物理における核子対の形成がある．質量の関係(2)をみたすボソン・モードは超伝導体や ^{3}He に見いだされている[14]．

核子の対形成について，私は最近[15][11]，核の励起に関する相互作用するボソンのモデル(IBM)[16]は BCS メカニズムの GL による記述の表われと考えられると述べた．しかし，一つ注意すべきことがある．原子核は有限な系だから対称性の自発的な破れは文字どおりには適用できない．それでも，力学のかなりよい描像を与えるのである．原子核における原子価殻状態の多重項は近似的に縮退しており，対応するスピン 0 と 2 の対ボソン状態をつくりだして，核子とボソンの場で GL ハミルトニアンの基底をつくる．典型的な例は，6 つの複素ボソンの $U(1) \times SU(4) (\sim O(6))$ 対称性が対状態の一つへの凝縮で自発的に破れて $Sp(2)(\sim O(5))$ となり，これによってバリオン数の $U(1)$ が破れる．実際には核が有限なため $U(1)$ は破れないので，対称性の破れた状態を破れていないものに射影する．これによって見かけの状態は消去される．こうして得られるボソン–ボソン相互作用は IBM の現象論的な公式の対応する部分を，核の密度と体積のみによってかなりよく再現する．

素粒子物理においては，重いクォーク，パイ中間子，シグマ中間子などからなるハドロンのカイラル力学は，一般に QCD における BCS メカニズムの実現として解釈される．さきに述べた短距離型の弱い相互作用の例とは別の話だけれど——．質量 0 のクォークは，それぞれカイラル (γ_5) 不変性をもっている．グルーオンとの相互作用で自発的に生成される質量は普通 "構成子の質量" とよばれる．ギ・スカラーのパイオンは本質的に付随する Goldstone ボソンであるが，その質量は厳密にゼロではない．なぜなら，カイラル不変性は，すでに電弱相互作用として存在する小さい "カレント質量" によって破れるのだからである．さらに，カイラル対称性は一般に異常であって，カイラル変換したものの特定の線形結合で異常が相殺する場合を除いて，質量がゼロ，あるいは近似的にゼロとなることは期待できないのである．

同様に，電磁的相互作用と弱い相互作用を統一する標準モデルは，より基本的な，Higgs 場が複合的であるような力学理論の低エネルギーの有効理論であろうと，しばしば考えられている．最近私は，Higgs 場は，テクニカラー理論がいうような新しい重いフェルミオンからできているのではなくて，トップと反トップからできていると示唆した．これを次に議論しよう．

4 タンブリングとブーツストラップ

これからは対称性の自発的な破れに関係した新しい理論的可能性をとりあげる．その一つはタンブリング[17]とよばれる．もうひとつはブーツストラップとよぶことにしよう．

BCSメカニズムでは，質量ゼロのフェルミオンは質量を得て，同時に複合ボソンがつくられる．基本的な，カイラル対称性をもつ一組の場を考えよう．たとえば，大統一理論で，これは大きいエネルギー・スケール E_1 で成り立つ．いま，カイラル対称性が破れ，小さなエネルギー・スケール $E_2<E_1$ が生じたとする．いろいろな複合ボソンがフェルミオンの間で（"t チャネルで"）やりとりされる．もし誘導された相互作用が引力型であれば第2ラウンドのCooper対を（s チャネルに）生み出し，新しい質量のスケール $E_3<E_2$ が生ずる．これは引力が最も強いチャネルで直ちにおこるだろう．原理的には，この過程は何度でもくりかえされ，質量の階層ができる．これを"タンブリング"というのだが，この可能性は素粒子物理のモデル構築で探求されてきた．しかし，タンブリングの過程は，知られている現象の中にすでに存在するのだ．一つの例は結晶の形成から超伝導にいたる連鎖である．フォノンは結晶の形成に伴うGoldstoneボソンであるが，これが次にCooper対を形成するはたらきをし超伝導を招く．この過程はさらに一歩進められるかと問うこともできる．

タンブリングのもう一つの例は核物理に見いだされる[18]．まずクォークのQCDがハドロンの質量スケールをつくる（いわゆる Λ パラメタのオーダーで，ここでQCDの相互作用はカイラル対称性を破るに十分なだけ強くなる）．核子やいろいろな中間子がここで生まれる．核子間の σ 中間子交換は引力をもたらし，σ 場は中性スカラーであるため核子の多体系でコヒーレントに増幅されるので，核子を集めて原子核をつくらせることができる．要するに σ は原子核の存在，殻構造のような核の基本的な性質，スピン軌道相互作用，そして対形成の原因になっている．このうち対形成はタンブリングの第2段階にあたる．

タンブリングはエネルギー・スケールを小さくしてゆく対称性の破れの連鎖であるのに対して，ブーツストラップは輪になった鎖で自己保全的である．

Higgs 場が BCS メカニズムの原因であり同時に結果であるという理論的な可能性をいっているのだ．これはハドロン力学における Chew のブーツストラップ仮説に似ている[19]．もっとも一般に言えば，彼のブーツストラップは s と t チャネルの双対性を意味し，ハドロンは，つまり相互に構成しあう複合系である．双対性の原理は，Veneziano モデルと引き続く弦モデルで数学的に実現された．

ブーツストラップ BCS メカニズムは原理的には(高い T_c の?)超伝導体など多くの系でおこる．しかし，$SU(2) \times U(1)$ の電弱統一理論に関して私が提案した特別の仮説は次のようである[20]．

(思い出しておくと) Salam と Weinberg の標準モデルでは複素 Higgs 場を導入して $SU(2) \times U(1)$ が自発的に破れて電磁気に対応する部分群 $U(1)$ になるとする．物理的にいえば，実現される粒子は電磁気に対する光子，弱い相互作用に対する 3 つの重いゲージ・ボソン，$W^{\pm}$，Z^0，重いクォークおよびレプトンである．それらの質量は

$$m_i = g_i v \tag{4}$$

であたえられる．g_i は適当に定義された結合定数である．定数 $v \sim 246\,\mathrm{GeV}$ は Higgs 場の絶対値の真空期待値(オーダーパラメタ)で，全体の質量のスケールを定める．

標準モデルは，これまでのところ弱い相互作用と電磁的相互作用の実験データを非常に精密に記述している．くいちがいもなく，モデルを超える新しい現象の兆しもない．電荷と Fermi 定数という 2 つの入力データおよび混合角から v と 2 つのゲージ結合定数が定まり，W と Z の質量が現在知られている 80 GeV と 91 GeV と定まる．他方，フェルミオンと Higgs ボソンの質量は湯川相互作用と Higgs の自分との相互作用の強さに依存し，これらは任意なので，モデルはこれらの質量に関しては予言能力がない．

そこで，BCS メカニズムではフェルミオンと Higgs (σ) ボソンの質量が 2 対 1 の比をなしたことを思い起こそう．標準モデルの多くのフェルミオンのうちただ 1 つの自由度だけが BCS メカニズムに関わったとしたら，くりこみによる補正は別として(これは比を小さくする)この比が成り立つだろう．また，

それは Higgs 場が，問題の特定のフェルミオン対の結合状態に対する現象論的な代用品であることを意味する．ちょうど，ハドロンのカイラル力学におけるのと同様である．

この解釈が正しかったとしても，Cooper 対形成の原因は分からない．あるいは，統一理論に原因があるのかもしれない．そこには電弱相互作用のエネルギーでは隠れて見えない余分のゲージ場や他の自由度がある．

しかし，もう一つの可能性があって，それがブーストラップである．この場合には，湯川相互作用が強ければ対形成の相互作用も強くなり，フェルミオンの質量も大きくなる．したがって，レプトンとクォークのうち質量の最も大きいものが Higgs 場の形成と $SU(2) \times U(1)$ の $U(1)$ への破れをおこしているといえるだろう．これは，まだ発見されていないトップ・クォークが他のフェルミオンに比べて非常に重いという事実ともつじつまが合う．質量の現在の下限はトップ・クォークで 89 GeV，Higgs ボソンで 40 GeV である．要するに，Higgs ボソンはトップ・クォークと反トップ・クォークの結合状態であって，これらの湯川結合の定数は〜1/3 となる．Higgs ボソンの質量 m_H は，荒っぽく言ってトップの質量 m_t の 2 倍である(あるいは，それより小さい)．同様の考えは Miransky，山脇，棚橋も述べている[21]．

ブーストラップを正確に定式化するには，まだ自由裁量の余地がある．Bardeen, Hill, Lindner[22] はトップ・クォークの間の Higgs 交換の相互作用を局所的極限(弱い相互作用の Fermi の形と同じ)として出発し，BCS 形式を標準的な形で適用して 2 次の発散のあるギャップ方程式を得る．結果は切断パラメタ L に依存するが，一般に質量は大きく出る($m_t \gtrsim 200$ GeV，m_H は m_t よりいくらか大きい)．

私は標準モデルそのものから出発し，ただし真空期待値 v を力学的に扱った[20]．すなわち，v はポテンシャルの期待値とする．ポテンシャルとは，いわゆるオタマジャクシ(tadpole)・ポテンシャルであって，Higgs 等を媒介にフェルミオン，Higgs およびゲージ場のゼロ点搖動がフェルミオンに結合し，これに質量を与える(普通はオタマジャクシは与えられた v に対する補正とみなし，くりこみで消してしまうのだが，ここではまるまる残す)．オタマジャクシそのものが v に比例するので，これで v に対するギャップ方程式ができる

が2次の発散をする係数をもつ．これは，Higgs理論は現象論的なもので切断エネルギー Λ で破綻し，それ以上のエネルギーでは，発散の弱いより基本的な理論におきかえねばならないのだと解釈する．他方，ブーツストラップ仮設は，低エネルギーの有効理論は閉じていて自身でつじつまがあい，切断パラメタで象徴される隠れた下部構造には影響されないとする．そこで，2次の発散はフェルミオン，Higgs, ゲージ場のオタマジャクシたちの間で互いに相殺することを要求するのである．そうすると，一つのギャップ方程式は2次の発散の部分と対数発散の部分の2つに分かれる．2次の発散の相殺という条件はVeltmanが提案した[23]．

2つの方程式は v/Λ および種々の結合定数に対する条件を与える．v/Λ とゲージ結合定数を与えると，湯川相互作用とHiggsの自分との相互作用の定数という2つのパラメタが定まり，したがって m_H と m_t が定まる．これらの方程式は

$$\sum c_i g_i^2 Z_i^{-1} = 0, \qquad \sum c_i' g_i'^4 Z_i'^{-1} \ln \frac{\Lambda}{m_i} = g_H^2 \qquad (5)$$

の形をしている．ここに，c_i と c_i' は定数のウェイトであり，Z_i と Z_i' はくりこみ定数でオタマジャクシに寄与する種々の場に関係し $g_i^2 \ln(\Lambda/m_i)$, g_i^2, $\ln g_i$ の関数とみられる．最低次の近似では，すべての Z は1とおき，ゲージ結合定数（あるいは m_W と m_Z）は与えられたとしてトップとHiggsの結合定数 g_t と g_H（あるいは m_t と m_H）について解いてよい．そうすると2組の解が得られる．$m_t \sim 80$ GeV, $m_H \lesssim 60$ GeV と $m_t \gtrsim 120$ GeV, $m_H \gtrsim 200$ GeV である．これらの値は正確には Λ に依存し，Λ を小さくとると大きくなる．質量の小さいほうの解は実験に合わないように思われる．Λ をPlanck質量の程度かそれより小さくとると質量の大きい方の解は実験の下限より非常に大きい．しかし，くりこみの補正が大きいように思われる．その計算は，まだなされていないけれども——．

電弱相互作用について，対称性の破れと質量の生成の起源としてブーツストラップの仮設が実験に合うかどうかは，今後の問題である．その検証は主にトップ・クォークとHiggsボソンの質量が合うか，標準モデルとくいちがわないかを見ることになる．

より野心的なプログラムは, フェルミオンの質量行列の全体の起源を探ることであろう. ブーツストラップの観点からは, トップ・クォークが特別な役目をつとめ今日までのところ最大の質量をもつことに興味がある. 実際, W, Z, t, H はどれも弱い相互作用の質量の同じエネルギー・スケールに属するように見える. そこで, 問題は他のフェルミオンは何故そんなに軽いのかである. いまのエネルギー範囲でも, すでに階層性の問題があるのだ. これらの軽い質量はここで提案したBCSメカニズムの高次の補正であると期待するのも不合理ではなかろう. とにかく, フェルミオンの階層性を理解することは, より高いエネルギー・スケールにおける階層性の問題に手がかりを与えるであろう.

対称性と対称性の破れに関する歴史的文献についてのLaurie Brownとの討論は, 学ぶところが多く有益であった. この研究は部分的にNSF, PHY 90-00386の援助を受けている.

文　献

(1) Y. Nambu: *Prog. Theor. Phys. Suppl.* no. 85(1985), 104. *Particle Accelerators*, 1990(Gordon and Breach, New York, 1990), vol. 26, 1. 本書, 第1部,「素粒子物理学の方向」.

(2) L. A. Radicati, in *Symmetries in Physics*(1600-1980), Proc. 1st International Meeing on the History of Scientific Ideas, Catalonia, ed. M. G. Doncel et al.(Univ. Autonoma de Barcelona, 1987), 197.

(3) 歴史に関してもっと知るには, 例えば: Y. Nambu: *Fields and Quanta*, **1**(1970), 33. 本書, 第2部,「対称性の破れと質量の小さいボソン」; *The Past Decade in Particle Theory,* ed. E. C. G. Sudarshan et. al.(Gordon and Breach, 1983), 33, *Dynamical Gauge Symmetry Breaking*, ed. E. Farhi and R. Jackiw(World Scientific, Singapore, 1982), 33.

(4) M. Baker and S. L. Glashow: *Phys. Rev.*, **128**(1962), 2462.

(5) J. Goldstone: *Nuovo Cimento*, **19**(1961), 155. P. Higgs: *Phys Rev.*, **145**(1966), 1156.

(6) J. Bardeen, L. N. Cooper and J. R. Schrieffer: *Phys. Rev.*, **106**(1957), 162.

(7) V. L. Ginzburg and L. D. Landau: *Zh. Exp. Teor. Fiz.*, **20**,(1950), 1064.

(8) P. W. Anderson: *Phys. Rev.*, **110**(1958), 827; **112**(1958), 1900. G. Rickayzen: *Phys. Rev.*, **111**(1958), 817; *Phys. Rev. Lett.*, **2**(1959), 91. Y. Nambu: *Phys. Rev.*,

117(1960), 648.
(9) H. P. Dürr, W. Heisenberg, H. Mitler, S. Schlieder and K. Yamzaki: *Z. f. Naturf.*, **14a**(1959), 441.
(10) Y. Nambu ans G. Jona-Lasinio: *Phys. Rev.*, **122**(1961), 345; **124**(1961), 246.
(11) Y. Nambu: Physica, **15D**(1985), 147.; "Mass Formulas and Symmetry Breaking" *From Symmetries to Strings, Forty Years of Rochester Conference*, Symposium in honor of S. Okubo, World Scientific, Singapore(1990), 本書, 第2部, 「質量公式と対称性の力学的な破れ」.
(12) M. Gell-Mann and M. Lévy: *Nuovo Cimento*, **16**(1960), 705.
(13) Y. Nambu, in *Rationale of Beings, Festschrift in honor of G. Takeda*, ed. R. Ishikawa et al. (Word Scientific, Singapore, 1986), 3; "Supersymmetry and Quari-Supersymmetry", *Elementary Particles and the Universe:* Essays in honor of Murray Gell-Mann. Cambridge Univ. Press(1991).
(14) (11)およびそこに引用されている文献を見よ.
(15) Y. Nambu and M. Mukerjee: *Phys. Lett.*, **209**(1988), 1: M. Mukerjee and Y. Nambu: *Ann. Phys.*, **191**(1989), 143.
(16) A. Arima and F. Iachello: *Phys. Rev. Lett.*, **35**(1975), 1069: *Ann. Phys.*, **99**(1976), 253.
(17) S. Dimopoulos, S. Raby and L. Susskind: *Nucl. Phys.*, **B169**(1980), 493.
(18) Y. Nambu, *Festi-Val*, Festschrift for Val. Telegdi, ed. K. Winter (Elsevier Science Publishing B. V., 1988), 181；および(11)の第2の文献.
(19) G. F. Chew: *Proc. 1960 International Conference on High Energy Physics*, ed. E. C. G. Sudarshan et al. (U. Rochester/Interscience Publishers, 1960), 273.
(20) Y. Nambu: in *New Theories in Physics*, Proc. XI Warsaw Symposium on Elementary Particle Physics, ed. Z. A. Ajduk et al.(World Scienific, Singapore, 1989), 1; *1988 International Workshop on New Trends in Strong Coupling Gauge Theories*, ed. M. Bando et al.(World Scientific, Singapore 1989), 2; *Plots, Quark and Strange Particles*, Proc. of Dalitz Conference, July 1999, Oxford(World Scientific, 1991); "More on Bootstrap Symmetry Breaking", *1990 International Workshop on Strong Coupling Gauge Theories and Beyond, July, 1990, Nagoya* (World Scientific, Singapore, 1991).
(21) V. Miransky, M. Tanahashi and K. Yamawaki: *Mod. Phys. Lett.*, **A4**(1989), 1043; *Phys. Lett.*, **B221**(1989), 177.
(22) W. Bardeen, C. Hill and M. Lindner: *Phys. Rev.*, **D41**(1990), 1647.
(23) M. Veltman: *Acta. Phys. Polon.*, **B12**(1981), 437.

質量公式と対称性の破れ

物理学のいろいろな分野において質量を生成する BCS メカニズムについて概観する．特に，フェルミオンと集団励起ボソンの間に生ずる質量の関係など，その特徴を強調する．

1 はじめに

エネルギー準位あるいは質量を理解することは，物理学の多くの分野で最も明らかな課題である．多くの場合にスペクトルは基礎にある物理への決定的な手がかりを与え，あるいは理論の最初の試金石となる．典型的な例は，ハドロンの質量に対する Gell-Mann‒大久保の公式である[1]．これは $SU(3)$ 対称性を基礎に導かれた．この対称性は完全ではないが，しかし破れは規則的なパターンに従っていた．ベクトル中間子を扱った第2の論文[2]において，大久保は付加的な仮説――いわゆる OZI (大久保‒Zweig‒飯塚)の規則をもちこんだが，それはより力学的な説明を要求した．それは，やがて QCD に適用された．

原子や原子核，ハドロンの場合とちがって，基本的なクォークやレプトンの質量スペクトルには根本的な理解が得られていない．手がかりとなる明らかな規則性がないのだ．5つのクォークの質量は知られているが，第6のクォークであるトップの質量は予言すべくもない．

私は，質量と質量スペクトルの力学的な起源を対称性の自発的な破れという概念を基礎に論じてみたい．これは何年にもわたって興味を持ち続けてきた概念である．とりわけ，いわゆる BCS メカニズムは，いろいろなエネルギーにおけるいろいろな現象に対して役に立つ概念であることが分かってきた．この

● A. Das ed.: *From Symmetries to Strings, Forty Years of Rochester Conferences*, A Symposium to Honor Susumu Okubo in His 60th Year, Rochester, New York, 4‒5 May 1990 (World Scientific, 1990), 1‒12. (編者訳)

概念が，基本フェルミオンの質量の謎，もっと一般的にすべての粒子と場を統一しようと試みるとき出会う質量の階層構造の起源に光を投げることを私は希望する．この論文は，私が多くの論文[3]で発表してきた最近の仕事を一つの展望のもとにまとめる試みである．

2 BCSメカニズムの基本

まず，BCSメカニズムの特徴づけから始めよう．BCSメカニズムとは，フェルミオン間の短距離型の引力相互作用により媒質の中でCooper対の凝縮がおこることである．理想的な極限では，相互作用は4つのフェルミオン場の接触型で表わされる．普通の超伝導体（おそらく高温超電導体は別）では，引力はフォノンによっておこるが，ここでは相互作用の物理は特定しないでよい．

フェルミオン対のゼロでない相関，$\langle\psi\psi\rangle$ および $\langle\psi^\dagger\psi^\dagger\rangle$, が凝縮体を特徴づけるオーダー・パラメタを定義する．凝縮体の基底状態の上にはフェルミオン的およびボソン的な低い励起状態がある．フェルミオン的なものはBogoliubov–Valatin準粒子，すなわち元のフェルミオンの粒子と孔の混合で，エネルギー・ギャップ m_f をもつ．ボソン的なものには π (Goldstone)型と σ (Higgs)型の2種があって，それぞれオーダー・パラメタの位相と振幅の変化に対応している．

当分，非相対論的な媒質を考える．エネルギー・ギャップのパラメタ Δ はBCSのギャップ方程式

$$1 = N\langle V\rangle \sinh^{-1}(\Lambda/\Delta), \quad \langle V\rangle = g^2/M^2 \tag{1}$$

から定まる．N はフェルミオンのフェルミ面における運動学的状態密度である．有効ポテンシャル $\langle V\rangle$ は湯川相互作用に対しては——W–交換過程のフェルミ極限におけるように——その結合定数 g と質量 M で与えられる．

対数関数のなかの切断パラメタ Λ は M に等しいとしてもよいが，ここでは独立としておく．弱い結合の極限とは $N\langle V\rangle$ が小さいか，比 Λ/Δ が大きいかを意味する．

Bogoliubov–Valatinフェルミオン場 ψ と $\psi^\dagger$ に加えて，ボソン的な集団励

起があり複合場 $\psi\psi$ および $\psi^\dagger\psi^\dagger$ の伝播を見ることで得られる．BCS メカニズムの重要な特徴は，これらの低エネルギー励起の質量が簡単な関係をみたすことである．多くの場合，それは

$$m_\pi : m_f : m_\sigma = 0 : 1 : 2 \tag{2}$$

となる．m_π を別として，これは対称性にもとづく正確な関係ではなく，短距離かつ弱い結合の極限，あるいは $1/N$ 展開で成り立つ力学的なものである（しかし，私が擬超対称性[4]と名づけたもので特徴づけられる）．実際，式(2)は，より一般的な関係[5]

$$m_1^2 + m_2^2 = 4m_f^2 \tag{3}$$

の特別な場合である．ここに，m_1, m_2 は $\psi\psi$ と $\psi^\dagger\psi^\dagger$ の線形結合でつくられるノーマル・モードの対の質量である．たとえば，^{3}He における Cooper 対は p 状態でおこり $j=0, 1, 2$ に応ずる3種の複素集団モードをもつ．そのなかには Goldstone 型でも Higgs 型でもないものがあるが，式(3)は成り立つのである．

これらの理論的な関係は BCS 理論と同じくらい古いものであるが，実験で確かめられたのは最近である．図1はレーザー・ビームにさらした超伝導フィルムの励起スペクトル[6]を示す．理論的な解釈は，すぐ後で与えられた[7]．

臨界温度より下では σ モードに対応するエネルギー $\omega = 2\Delta$ の鋭いピークが観測される．臨界温度の上下ともに観測される幅広い山は大きな CDW 型の歪みによるもので，この歪みは Fermi 面を変え電磁場の集団モードとの結合を強める．

図2は超流動 ^{3}He$-B$ に関する同様なデータであり，超音波の減衰から得られた[8]．対の形成は $j=0$ 状態でおこっている．普通でないモード ($j=2$) が2つ観測されているが，これらは式(3)を近似的にみたしている．理論的な比は $m_1^2 : m_2^2 = 2 : 3$ である[9]．

フェルミオン型のモードもボソン型のモードもそれぞれの間で内部的な相互作用をもつ．フェルミオンとそれらのボソン型の集団モードの間には湯川型の結合があり，ボソンの間にはフェルミオン・ループによる相互作用がある．質量の関係を与えた弱結合の極限では湯川型，3ボソン型，4ボソン型の相互作

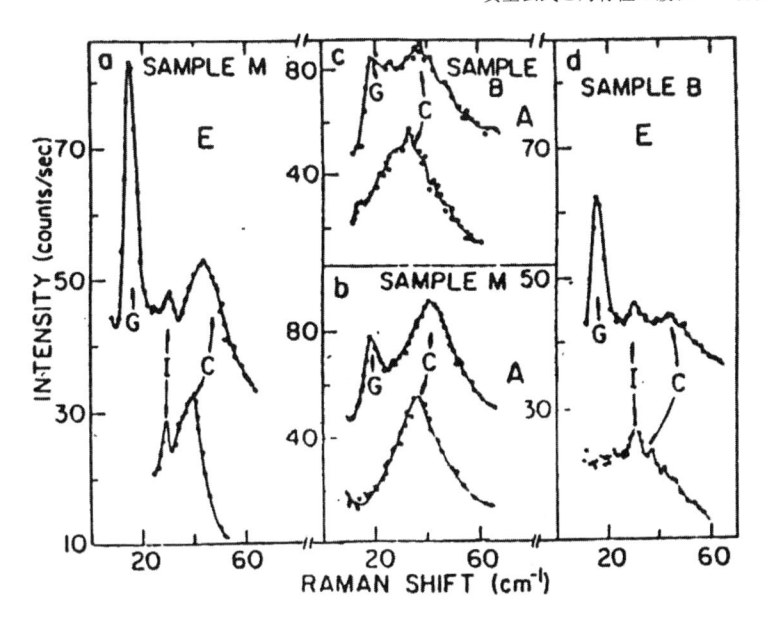

図1 超伝導薄膜における σ モードのデータ(文献(4)). 標本 M および B のラマン・スペクトルを示す. 各グラフ(a)-(d)において下の曲線は 9 K の, 上の曲線は 2 K のもの. ラマン対称性(偏極)は $E|(xy)|$ および $A|(xx)-(xy)|$. C は CDW モードを指す. G はギャップ励起, I は 2H 多形の層間モードの特性である.

用のみが重要であって, これらは1つのパラメタ $\Delta/\sqrt{N}$ に支配される. 言いかえれば, 結合は2つのエネルギー・スケールで定まる. 状態密度できまる高いエネルギー・スケールとギャップという低エネルギーのスケールである. あるいは, 低エネルギーの現象論は1つの質量パラメタと1つの結合パラメタに依存するといってもよい. これらを知れば, もとの BCS メカニズムに無関係に低エネルギーのフェルミオン的およびボソン的なモードのラグランジアンを書き下すことができる. 弱結合の極限で破れた対称性の相における Landau-Ginzburg-Gell-Mann-Higgs 型ラグランジアンを得ること, これが σ 場をずらすことで目に見えて対称的な形に引き戻されることは, 明らかではないとしても驚くにはあたらない.

ハミルトニアンの相互作用の部分は

$$H_{\text{int}} = \frac{G^2}{2}(\sigma^2+\pi^2-v^2)^2 + G\{\psi\psi(\sigma+i\pi)+\text{h.c.}\} \qquad (4)$$

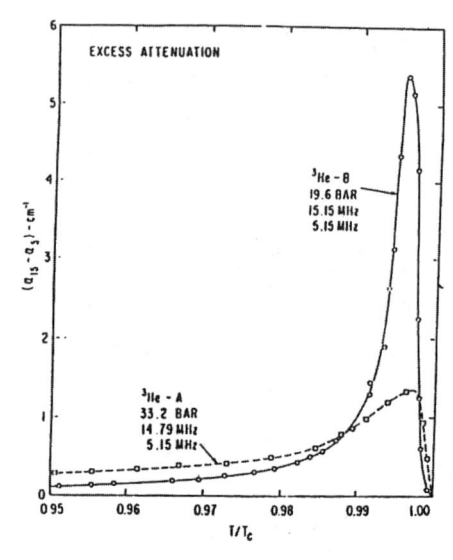

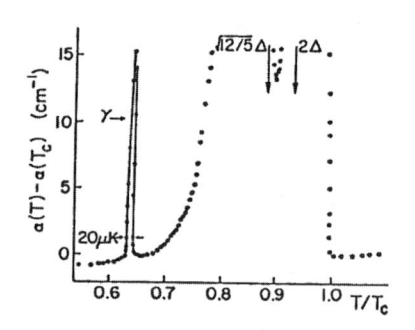

19.6 バールの $^3\mathrm{He}-B$ における 15.15 MHz と 5.15 MHz の超音波の振幅減衰率の差，および 35.2 バールの $^3\mathrm{He}-A$ における 14.79 MHz と 5.15 MHz の超音波の振幅減衰率の差を，臨界温度近くで T/T_c の関数として示す．文献(8)，Wheatley, *Rev. Mod. Phys.* の Paulson, Johnson, and Wheatley (1973a) の測定による．

5.3 バール近辺における 60 MHz 波の相対的減衰．矢印は，集団モードと「対の分解」による減衰の予想位置を示す．γ ピークの高さは，$>16\,\mathrm{cm}^{-1}$ の相対減衰の信号が失われたため不明である．

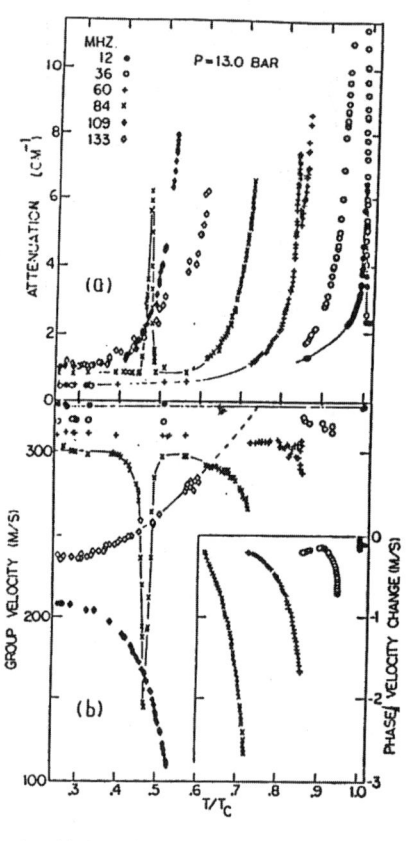

音の(a)減衰と(b)群速度を温度 T/T_c の関数として示す．低温における減衰はゼロと見るべきである．実線は見やすくするために加えた．(b)における破線は 123 Hz から常流体への外挿である．これは，対の分解がおこる $\omega=2\varDelta$ でおこるはずである[10]．

図 2 $^3\mathrm{He}-B$ におけるボソン型モードのデータ．(a) $m_1=\sqrt{12/5}\,\varDelta$ モード (Wheatley[8] より)，(b)と(c)は $m_2=\sqrt{8/5}\,\varDelta$ モード (Gianetta ら[8] より)．

表1 BCSメカニズムの例

名　前	$v=\langle\sigma\rangle$(eV)	Δ(eV)	G
超伝導体	$5\cdot 10^{-3}$	10^{-3}	10^{-7}
^{3}He	10^6	10^{-6}	10^{-12}
QCD-カイラル・ダイナミクス	10^8	10^9	10
核における対の生成	10^8	10^6	10^{-2}
標準模型	$2.5\cdot 10^{11}$	10^6(第1世代)	10^{-5}
		$>10^{11}$?(トップ)	$>1/3$?

で与えられる．Higgsの真空期待値 v，あるいは σ 場のずれは

$$v = \sqrt{N}/2, \quad m_f = Gv, \quad m_\sigma = 2Gv \tag{5}$$

となる．こうして，上に述べたとおり $G=m_f/v$ は2つのエネルギー・スケールの比となる．

　表1には，いろいろなBCSメカニズムの例をあげ，それらパラメタの大きさを示した．そこには標準電弱理論も含めたが，これについては最後に論ずる．湯川結合が一般に小さいことに注意．これは質量の関係がよく成り立つことを意味する．例外は，もとのパイとシグマのカイラル・ダイナミクスの場合で，クォークの質量 m_f とパイ中間子の崩壊定数 v とが代表するエネルギー・スケールの大きさが逆になっている．この解析がQCDにそのまま当てはまるとは誰も期待しないだろうが，比 $m_\sigma/m_q=2$ は π-π 散乱が σ と同様に強められることの解釈とコンシステントである．

3　核物理における諸現象

　次に表1にあげた核物理の例を論じよう．私の意見では，これはまだよく探求されていない．これを論ずるには，BCSメカニズムに新しい概念を加える必要がある．それをタンブリングとよぶことにしよう．統一理論で質量の階層構造をつくりだすために Dimopoulos, Raby, Susskind [10] が導入した言葉を用いるのであるが，私は，それには既に知られた例があると言いたいのである．

　一次的な理論におけるカイラル対称性が高いエネルギーで破れて重いフェルミ粒子と低い質量スケールの複合ボソンができたとしよう．そうすると Higgs

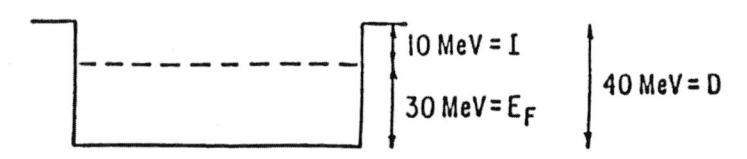

$$1 = N\langle V\rangle \sinh^{-1}(1/\Lambda), \quad \langle V\rangle = D/\rho, \quad N = 3D/8E_F,$$
$$N\langle V\rangle = 3D/8E_F = 1/2, \quad \Delta \approx 3\,\text{MeV}$$

図3 核における対形成エネルギーの計算.

ボソンは Fermi 粒子の間に引力相互作用を生み出して第2の対称性の破れをひきおこし，…，ということを繰り返してますます低いエネルギーにいたるだろう．これがタンブリングの考えの本質である．

　強い相互作用の通常のカイラル・ダイナミクスを考えよう．QCD はクォークの閉じ込めとクォーク質量の力学的な生成に導くと一般に思われている．後者は Goldstone 粒子としてパイ中間子を生みだし，そのカイラルな相方としてシグマ粒子を生む．閉じ込めは核子をつくり，シグマは核子のあいだに強い引力をつくりだす．核子たちは引力が強めあうので結合して原子核をつくり，個々の核子は共通の平均ポテンシャルを感じることになる．このポテンシャルに対する相対論的補正はスピン軌道力をひきおこす．共通のポテンシャルに加えて2つの核子の間に引力が残り，陽子と中性子から Cooper 対ができる．このように見てくると，原子核の殻模型は第2代の BCS メカニズムの結果となる．

　BCS 方程式を立て，走り書きの計算をすることは容易である．式(1)に必要なパラメタは核物質のバルクな性質，すなわち核物質の密度 ρ と仕事関数 I（図3を見よ）から得られる．すると，$N\langle V\rangle \sim 1/2$ となり，これは非常に小さいとはいえない．得られるギャップは ~ 3 MeV で，実際の値 ~ 1 MeV から遠くはない．

　次の課題は励起スペクトルを調べることである．これは，有馬-Iachello[11]の相互作用するボソンの模型(IBM)から考えた．この模型は，Gell-Mann-大久保の質量公式と同じく群論的な考察によって原子核の低いエネルギー準位を現象論的にうまく組織立てたものである．図4に IBM の成功の程度を例示す

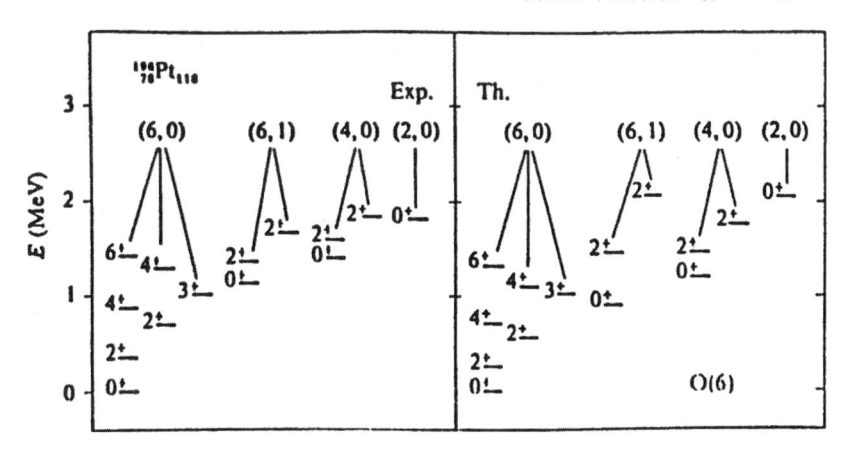

$O(6)$ 対称性の場合のスペクトルの例：$^{196}_{78}\text{Pt}_{118}$, $N=6$.

図4 IBMによる公式と実験データの対比（Arima and Iachello, *Ann. Phys.* **123** (1979), 468 による）．括弧内の数字は $O(6)$ の表現とその $O(5)$ の簡約を示す．

る．この模型は，原子核の集団励起を表現するため6個の自分と相互作用する複合ボース量子を導入し，系は $U(6)$ に始まる部分群の系列に沿う対称性の階層をもつと仮定する．ハミルトニアンは，それぞれの部分群の Casimir 演算子の重みつきの和とする．ここに示した例では部分群の系列は $U(6) \rightarrow O(6)(\sim SU(4)) \rightarrow O(5)(\sim Sp(4)) \rightarrow O(3)$ である．$O(5)$ と $O(6)$ の Casimir 演算子のウェイトが大体 $1:-1$ であって，小さい数ではないことに注目していただきたい．

IBMの物理的な起源は基本的には BCS メカニズムであるように見える[12]．言いかえれば，対称性の破れの系列の $O(6) \rightarrow O(5)$ の部分は力学的である．これを示すには，まずIBMに従ってこの場合の6個のボソンは $SU(4)$ 対称性をもつことに注意する．それは，Fermi 面にある Cooper 対は $j=3/2$ の原子価殻にあるフェルミオンに対応し 4×4 の反対称行列とみなせるからである．一つの部分状態（たとえば，$j=0$）に Cooper 対をつくると $SU(4)$ は自然に破れて $Sp(4)$ になる．これは6個の複合ボソンに対する Higgs ポテンシャルによって実現される．そこで，対称性の破れの後，ボソン–ボソン相互作用をトリー近似で計算する．σ 模型で中間子–中間子相互作用を計算したようにするのである．

厳密に言えば，対称性の自発的な破れは原子核のような有限系には適用できない．バリオン数の保存は破れず，Cooper対の形成に伴うGoldstone粒子の意味もはっきりしなくなる．大きさが有限であることは，散乱の相互作用がエネルギーのズレをおこすという望ましい効果ももつ．ズレは系の体積に反比例して小さくなるのである．しかし同時に，相関距離あるいはCooper対の大きさが核の大きさと同程度になるという問題もある．これは形状因子の効果とも考えられる．詳細には立ち入らないが，基本的には有限数の問題は結果を数を対角化する基底に射影することで処理する．その結果，σとπモードの区別が失われ，自由度の半分が消去される．

有効ハミルトニアン，あるいは質量公式は生成・消滅演算子で書くと，最終的には$O(6)$と$O(5)$のCasimir演算子の和の形にまとめられる：

$$H = C\{-N^2 - O(6) + (3/2)O(5)\}, \qquad (6)$$
$$C = e/8v^2V \sim 40c/A \mathrm{MeV}, \quad (A = 質量数)$$

ここに，$O(6)$および$O(5)$はそれぞれのCasimir演算子であり，Nは核のもつCooper対の総数であり，魔法の数を超えるものを数える．頭の係数のcは形状因子の抑圧効果を表わす．驚いたことに，残りの因子は対形成のエネルギーには無関係で，核のバルクなパラメタのみで表わされる．

質量公式に対形成のエネルギーおよび結合定数が現れないのは少々驚きである．しかし，それらは以前の議論により核のバルクなパラメタの関数であることを指摘したい．

4 対称性のブーツストラップ的な破れおよび標準模型

Weinberg-Salamの標準模型に移ろう．ここで，もうひとつ概念を導入する．それはブーツストラップで，何年も前にハドロンの力学にChewが導入した考えを借りるのである．それは，BCSメカニズムに適用するとき次のことを意味する．タンブリング・メカニズムは，対称性の破れが連鎖をなしておこり，その度ごとに新しいエネルギー・スケールと新しいモードをつくりだすことを意味した．対称性のブーツストラップ的な破れというメカニズムは，

Higgs ボソン自身がフェルミオン間に引力相互作用をひきおこして対称性の破れを導き，フェルミオン対の結合状態として Higgs を形成する．

これは理論的な可能性であって，電弱過程あるいは他のどんな現象においてもおこらねばならぬというアプリオリな理由はない．しかし，それは少なくとも可能性としてあり，私はそれを追究したいと思う[13]．実際，これは意味のあることで，というのはトップはとても重いようなので湯川相互作用が強く，したがってトップ－トップ相互作用も強いはずだからである．そこで私は，何故かは問わずに，トップ・クォークが標準模型に従って $SU(2)\times U(1)$ 対称性を破る BCS メカニズムで特別な役割を果たし，Higgs 場は独立な存在ではないと仮定して始める．これは，その倹約性からサブスタンダード模型とよぶことができよう．同様の考えは Miransky[14] たちおよび Bardeen たちも提出している[15]．

練習問題として，まずギャップ方程式 (1) の M と g に Higgs の質量と結合定数を入れ，N に関係式 (5) から代入する．すると，$N\langle V\rangle=1$ がでて $\Lambda/m_f \sim 1$ となる．言いかえれば，ブーツストラップは（非相対論的な）ギャップ方程式と，弱い相互作用の領域でではないけれども，両立する．問題の実際的な場合にブーツストラップ条件を定式化するには，どうしたらよいか？ それには別のアプローチがある．私は次のように議論を進める．

スカラーのボソンの交換によるフェルミオンの自己エネルギーは2つのダイアグラムからなる：フェルミオン・ループをもつオタマジャクシと QED におけるような普通の自己エネルギーである．前者は2次の発散をして優勢であり質量の生成のために正しい符号をもつ．後者は対数的に発散し間違った符号をもつ．標準模型では，フェルミオンの質量は Higgs ポテンシャルの裸の真空期待値 v_0 およびオタマジャクシと通常の自己エネルギーからくる．オタマジャクシは，また Higgs ボソンとゲージ・ボソンのループを含み，2次の発散をするがフェルミオン・ループとは符号が反対である．ブーツストラップは，いまや次のことを示唆する：

(a) 質量は力学的に生成されるべきだから $v_0=0$ とおく．
(b) オタマジャクシ・ダイアグラムの2次の発散は互いに相殺すべきである．ブーツストラップ・メカニズムは下部構造をできるかぎり隠蔽すべき

だからだ.

これらの要請からゲージ, 湯川, Higgs 相互作用の結合定数を含む 2 つの方程式がでるが, それらは質量に対する方程式に書き直せる. 第 1 の方程式は質量に対する 2 次の総和則である:

$$m_t^2 = m_H^2/4 + m_W^2/2 + m_Z^2/4. \tag{7}$$

これは 2 次の発散がないことを表わす. 第 2 の方程式はギャップ方程式

$$m_t^4 \approx m_H^4/8 + m_W^4/2 + m_Z^4/4 - v^2 m_H^2 \ln(A/\langle m \rangle)/(2\pi^2/3) \tag{8}$$

であり, 質量に対する 4 次の総和則で $\ln(A/\langle m \rangle)$ を係数にもつ. これらからの主要な結果が, 式(7)からトップの質量に $\sim 70\,\mathrm{GeV}$ という下限が出て, 式(8)からはその上に 2 つの許容範囲

$$70\,\mathrm{GeV} \lesssim m_t \lesssim 80\,\mathrm{GeV}, \quad m_H \lesssim 60\,\mathrm{GeV}$$
$$m_t \gtrsim 120\,\mathrm{GeV}, \quad m_H \gtrsim 200\,\mathrm{GeV} \tag{9}$$

が出ることである. 低い方の領域は, おそらく実験で排除されるだろう. 第 2 の領域はトップの質量を現在の理論から期待される上限におく. そこでは Higgs 対トップの質量比は 2 より小さい. 定性的には同様な結果が Bardeen たち[15]によっても得られている. 詳しいことは別のところに発表する. 上のブーツストラップ条件について研究すべく残された問題は, より高次における 2 次の発散をいかに制御するかである. フェルミオンの質量行列の全体を理解することは, より遠い目標である. なお, トップクォークの大きな質量はもう一つ, 階層性の問題を提起しており, これは以前に知られたものより, 更に核心に迫る問題であることを言っておきたい.

この研究は, 一部, 国立科学財団の補助金 PHY 90-00386 に支えられている.

文 献

(1) S. Okubo: *Prog. Theor. Phys.*, **27**(1962), 949.

(2) S. Okubo: *Phys. Lett.*, **5**(1963), 165.

(3) Y. Nambu: Refs. 4, 9, 13; *Festi‐Val*, Festschrift for Val Telegdi, ed. K. Winter

(Elsevier Science Publishers B. V., 1988), 181; *Themes in Contemporary Physics II*, Essays in honor of Julian Schwinger, ed. S. Deser and R. J. Finkelstein (World Scientific, Singapore, 1989), 51.

(4) Y. Nambu: *Rationale of Beings*, Festschrift in honour of G. Takeda, ed. R. Ishikawa et al. (World Scientific, Singapore, 1986), 3; "Supersymmetry and Quasi-Supersymmetry", U. Chicago preprint EFI 89-30, to appear in *Murray Gell-Mann Festschrift*.

(5) Y. Nambu, Ref. 9.

(6) R. Sooryakumar and V. Klein: *Phys. Rev. Lett.*, **45**(1980), 660.

(7) P. M. Littlewood and C. M. Varma: *Phys. Rev. Lett.*, **47**(1951), 811; *Phys. Rev.*, **B26**(1982), 4883.

C. A. Balseiro and L. M. Falicov: *Phys. Rev. Lett.*, **45**(1980), 662.

(8) J. C. Wheatley: *Rev. Mod. Phys.*, **47**(1975), 415; *Progress in Low Temperature Physics*, ed. D. F. Brewer (North Holland, Amsterdam, 1978), vol. 7.

R. W. Giannetta, A. Ahounen, E. Polturak, J. Saunders, E. K. Zeise, R. Richardson, and D. M. Lee: *Phys. Rev. Lett.*, **45**(1980), 262.

D. H. Mast, Binal K. Sarma, J. R. Owers-Bradley, I. D. Calder, J. K. Ketterson, and W. P. Halperin: *Phys. Rev. Lett.*, **45**(1980), 266.

(9) P. Woelfle: Physica, **90B**(1977), 96: V. E. Koch and P. Woelfle: *Phys. Rev. Lett.*, **46**(1981), 486.

Y. Nambu: *Physica*, **15B**(1985), 147.

(10) S. Dimopoulos, S. Raby, and L. Susskind: *Nucle Phys.*, **B169**(1980), 493.

(11) A. Arima and F. Iachello: *Phys. Rev. Lett.*, **5**(1975), 1069; **40**(1978), 385; *Ann. Phys.*, **90**(1976), 253; **111**(1978), 201; **123**(1979), 436.

(12) Y. Nambu and M. Mukerjee: *Phys. Lett.*, **209**(1988), 1; M. Mukerjee and Y. Nambu: *Ann. Phys.*, **191**(1989), 143.

(13) Y. Nambu in *New Theories in Physics*, Proc. XI Warsaw Symposium on Elementary Particle Physics, ed. Z. A. Aiduk et al. (World Scientific, Singapore 1989), p. 1; *1988 International Workshop on New Trends in Strong Coupling Gauge Theories*, ed. M. Bando et al. (World Scientific, Singapore, 1989), 3; *Proc, 1989 Workshop on Dynamical Symmetry Breaking*, ed. T. Muta and K. Yamawaki (Nagoya University, 1990), 2 (U. Chicago preprint EFI 90-36).

(14) V. Miransky, M. Tanahashi, and K. Yamawaki: *Mod. Phys. Lett.*, **A4**(1989), 1043; *Phys. Lett.*, **B221**(1989), 177.

(15) W. Bardeen, C. Hill and M. Lindner: *Phys. Rev.*, **D41**(1990), 1647.

追記 物理のいろいろな分野における BCS メカニズムに関する一般的な議論は M. Scadron: *Ann. Phys.*, **148**(1983), 257 および **159**(1985), 184 にも見られる. 特に, 第2論文は核内での対形成を扱っている.

超伝導から Higgs ボソンまで

　名古屋には余り来たことはないのですがそれでも過去何十年かの間に数回こ
こにまいりました．若い方は直接は知らないでしょうけれども，坂田昌一先生
がここに長い間居られまして，坂田先生の影響，つまり物理学，素粒子の物理
をやるやり方，方法論というものについて私は非常な影響を受けました．
　先にちょっと坂田先生の思い出を話させて頂きます．私が物理を勉強始めた
のは東大でした．戦争前ですが，その頃は東大には原子核物理までしかなくて，
素粒子というものは全然なかった．素粒子をやっていたのは，専ら，京都学派
ですが，京都の湯川さん以外に，東京には，文理大と理研があり，仁科先生と
朝永先生が非常に強力に協力しておられまして，定期的にセミナーをやってい
ました．そのころ仁科さんは，特に宇宙線の実験的研究に力をそそがれ，朝永
さんもその非常に良き協力者として理論的にいろんな議論をして居られた．
我々は，東大では初め，素粒子を勉強したい，と教授に申し込んだんですけれ
ども，そう言うものは天才じゃなかったらやるべきではない，といわれまして，
相手にされなかった．それで我々はしゃくにさわって，我々のグループがぐる
になって勉強を始めた．理研にも時々セミナーを聞きかじりに行き，それで多
少手ほどきを受けたわけですが，その中で印象に残っているのは，朝永さんが
時々，席上で，一番新しいニュースをいろいろ披露される，たとえば坂田さん
が名古屋から手紙をよこして，こういう考えがあると言っていると，その内容
のディスカッションをされました．
　一度この様なことがありました．πメソンすなわち湯川中間子がそのころは
まだ実際に確定されていなくて，スピンが何であるとか，アイソスピンが何で
あるとか，いろいろな議論があったわけです．それで，もしπメソンのアイ
ソスピンが1で，荷電を持ったものと中性なものがあるとすれば，それでは，

● 素粒子論研究, 82, no.3(1990), 197-215. 1989年12月14日に名古屋大学物理学教室でおこなわ
れた特別講義．

中性のπメソンをどうしたら実験的に見つけることができるか，という問題が生じます．坂田さんの指摘では，πメソンの中性の奴が，もしスピンが1であったら，それが3つのγには壊れるけれども，2つのγには壊れられない．もしスピンが0ならば2つのγに壊れる．それで，実験的には区別がつくわけですが，初めてそのときに，Furryの定理，今でいうと荷電共役という概念，があるということを習いました．特に，理論を立ててればすぐにどうして実験的に確かめるかということを議論された．そう言うことに非常に感銘を受けました．

その次には，もう一つこれはもっと有名な仕事ですけれども，坂田さんが二中間子論というのを出されました．そのころは，初めにAndersonが宇宙線の中で発見したいまのμというものは，湯川さんが予言したπ中間子と同じものだと，解釈されていました．しかし，そうするといろいろな理論的な矛盾が出てくる．中間子が上層で宇宙線の中の陽子が空気の核に衝突して作られたとすると，かなり大きな断面積で，作られねばならない．ところが，実際にはそれが，地上まで下りてきて，そこで観測されている．もし強い相互作用で作られれば下りてくる間にまた相互作用して，吸収されるとか，なくなってしまう可能性がある．矛盾が出るわけです．それをどう解釈するか，その頃の理論屋がいろいろ頭を悩ませて，強結合の理論など，いろいろな理論を作って説明しようとしたんですがうまくいかなかった．一番簡単な解決というのが，坂田さん達の解決，つまり，先にできたものと地上で観測されているものは同じものではなく，二つ別なものであるという二中間子論です．最初にできたのが湯川中間子で，それがすぐに崩壊して別の中間子になる．それをいまはμというのですが，そう言うモデルで見事に解決された．そのπとμの違いですが，それが実験的に見つかったのは，戦後で，Powell達がエマルジョンの中で実際に，πがμに壊れ，μが更に電子に壊れるという現象を見たわけです．その頃の湯川・坂田の立場としては，現象を説明するためには，素粒子というのは幾らでも必要に応じて勝手に仮定する．それまでは，素粒子というのは非常に限られた少ないもので，例えば陽子とか電子とか，それ以外はない．できるだけ少ないものであらゆるものを説明しようというのが物理の立場だ，と考えていた．二中間子論はそれと正反対のことをして見事に成功した例で，そういう

物の考え方というのは，湯川学派に始まったものと言っていい．現在はもう日常茶飯事になってしまって，誰でもすぐに考えることでしょうけれども，その頃は非常に画期的なことでした．

坂田先生に関する思い出はそれくらいにいたしまして，今日の話題は，"超伝導から Higgs ボソンまで"といたしましたが，これは，私がここ 30 年以上も考えていることを，今でもこれから素粒子の最先端の物理に応用でき，またほかの分野でも意味があると信じています．特にここ過去数年間，いろいろと考えてきましたので，今日は技術的な細かいことはやめますが，むしろ教育的な意味で超伝導の BCS 理論というのは，あるいは，BCS の機構というのはどういうものであるか，それが，物理のいろいろな分野にいかに現れてくるかということをご紹介したいと思います．ご承知のように，BCS 理論というのは，超伝導を説明するために 31, 2 年まえに出たものですが，最初に BCS の機構が何であるのか，一般的な特徴が何であるかを，先ず説明します．

最近の高温超伝導とふつうの BCS 理論とどの程度関係があるかは，まだよく分かっていませんが，高温超伝導にも大体 BCS 理論的な考え方が当てはまるということは，いえると思います．

狭い意味で，BCS 機構というときには，電子がフォノンの媒介によって引力を生じ，それで Cooper 対をつくることを意味するのですが，ここでは何によってというのを指定しないで，ただ引力があってフェルミオンの間に Cooper 対の形成が起こる．そう言うものを BCS 機構と考えます．

ですから，第一の特徴としては，なにか Cooper 対の形成が起こる．超伝導の場合では，スピン上向きの電子と下向きの電子が Fermi 面のうえで相関して凝縮し，オーダー・パラメタ $\langle \psi_\uparrow \psi_\downarrow \rangle$ をつくる．その結果として，いろいろな low energy mode ができます．基底状態は超伝導状態ですが，その近くにエネルギーの低い励起状態がいろいろある．一つはフェルミオン的なもの，即ち電子対ではなくて電子を一つだけ付け足した場合で，これは，Bogoliubov-Valatin の準粒子と呼ばれるのですが，mass parameter $\Delta \propto \langle \psi \psi \rangle$ というエネルギー・ギャップをもっている．つまり，mass parameter の分だけ Fermi 面の上に少し gap ができてその上にしか上げられない．このギャップは，オーダー・パラメタに比例する量ですが，後で述べる σ モデルあるいは Ginzburg

-Landau モデルを使うときには σ の真空期待値 $\langle\sigma\rangle$ に比例する量にもなっている．ですから，もし Cooper 対を壊そうとするとフェルミオンを二つ上に上げねばならないので，2Δ というエネルギー・ギャップが生じる．これはちょうど真空の中から電子と陽電子の対を作るときに少なくとも電子質量の2倍のエネルギーが必要であるということと同じ事情ですが，電子－陽電子の場合と異なる点は，Cooper 対が $2e$ の電荷をもっていることで，そのため媒質は電荷の厳密な固有状態ではない．つまり対称性(すなわち保存則)の自発的な破れ (spontaneous symmetry breaking) が起こっています．

その次に，ボソン的な集団運動のモード．これには二つ種類があって，一つは物性論の人たちが phase モード，素粒子の人たちが Goldstone モードまたは π と呼んでいるもの，もう一つは物性の人たちは amplitude モード，素粒子の人たちは Higgs モードまたは σ と呼んでいるものです．オーダー・パラメタは空間的にはどこでも一定ですが，これを空間的にすこし modulate すると，modulation の波長によってエネルギーが変わる．それが伝播するのがこういう mode です．phase を modulate したときに生ずるのがいわゆる Goldstone モードで，これは質量がないフォノンに似たようなスペクトルをもつ．それに対し，絶対値の大きさを modulate したときにできるのが amplitude モードまたは Higgs モードで，質量をもっている．その質量の大きさが，ちょうどエネルギー・ギャップ 2Δ とおなじになっている．これが BCS 理論の特徴です．

それでは，具体的にエネルギーのスケールがどうなっているかというと，BCS 理論では二つのスケールがある．一つは，対の形成が起こる前のエネルギーのスケール．これは構成物質のもっているエネルギーのスケールで，一般に高い方のスケールなのですが，Fermi 表面での電子の状態密度 N で代表される．これはあとで Ginzburg-Landau のハミルトニアンになおす時には，σ の期待値 $\langle\sigma\rangle$ あるいは，素粒子論では π の崩壊定数というものと本質的に同じものです．もう一つは，低いエネルギーのスケールで，これは，Δ で代表される．そして3種類の mode の質量の間には $m_\sigma : \Delta : m_\pi = 2 : 1 : 0$ という非常に簡単な関係がある．ただし，これは S 波の Cooper 対の場合で，もっと一般には $m_\sigma^2 + m_\pi^2 = 4\Delta^2$ という形をとります．もちろんこれらの関係は，厳密な

ものではなくて，媒介する力が結合が弱く短距離の極限で成り立つわけですが，実際には大体このようになっています．私はこれに準超対称性という名前をつけました．超対称性と言うのはボソンとフェルミオンの間にある対称性で，ここ十数年間素粒子論では非常によく研究されているものです．そのときにはボソンとフェルミオンの質量が完全に同じですが，これはそれを少し破ったような近似的な超対称性で，そういう意味で準超対称性という名前をつけたわけです．それからこの様なボソンとフェルミオンの間に湯川的な相互作用があるが，その結合定数は二つのエネルギースケール比 $G=\Delta/\langle\sigma\rangle$ になっている．ですから Δ が $\langle\sigma\rangle$ よりも小さいときにはこれは小さい．

これだけのことが分かると，低エネルギーの励起状態の性質と，その間の相互作用が決まるので，それを有効ハミルトニアンというものに書き直すことができる．すなわち，高いエネルギーのスケールでの構造を忘れてしまって，低いエネルギーの現象だけを議論することができる．それがいわゆる σ モデルです．これはいろいろな名前で呼ばれていて，BCS 理論が出るまえの Ginzburg–Landau の理論から，Goldstone–Higgs のモデル，Gell-Mann–Lévy，そしてさいごに Weinberg–Salam の統一模型に到るまで，私の考えでは，これらはすべて概念的には同じものです．

ではどういう実例があるのかというのを簡単におみせします．

	$\langle\sigma\rangle=\frac{\sqrt{N}}{2}$	Δ	G
Superconductor	5 KeV	10^{-3} eV	10^{-7}
^{3}He	0.1 MeV	10^{-7} eV	10^{-12}
Chiral dynamics	100 MeV	1 GeV for Nucleon	10
		300 MeV for quark	3
Nuclear pairing	100 MeV	1 MeV (1st generation)	10^{-2}
Weinberg–Salam	250 GeV	1 MeV	10^{-5}
		$\gtrsim$ 100 GeV? for top	1/3

第一は，いわゆる BCS の超伝導，低温超伝導です．この場合の二つのスケールと結合定数を並べてみたのですが，Fermi 表面での状態密度の平方根 $\langle\sigma\rangle=5$ keV くらい，ギャップ Δ は臨界温度の数 K という程度で，この比が湯川結合定数 G です．次の超流動の ^{3}He の場合には，これは He の原子どうしが Cooper 対をつくするもので，そのときの臨界温度は非常に小さい．一方，

状態密度は原子の Fermi 面での状態密度ですから，ものすごく小さい結合定数をもっていることになります．

それに反して，おなじことをクォーク－反クォークの対形成に当てはめて，いわゆるハドロンの力学にもっていきますと，$\langle\sigma\rangle\sim 100\,\mathrm{MeV}$ はよく知られている π の崩壊定数です．Δ というのはクォークがハドロンの中で実際にもっている質量，クォークの構成質量と呼ばれるもので，陽子(p)，中性子(n)の質量が $1\,\mathrm{GeV}$ であれば，三つのクォークはその $1/3$ ずつもっている．これで $G=\Delta/\langle\sigma\rangle$ を計算するとこの場合には 1 より大きな値になっている．すなわちハドロンの場合にはエネルギーのスケールが逆転して，そのために π の湯川定数が大きなものになっています．

次に原子核に移りますが，よく知られているように殻模型によれば，各々の核子が共通のポテンシャルの中で動いて，そのいろんな準位に詰め込まれている．またスピンと軌道の結合が大きく，それが準位を決めるのに大きな役割をする．さらに二つ同じ核子，すなわち p どうし，n どうしが同じ殻の中に入ったときにはそのあいだに引力が働いて，対をつくってエネルギーが下がる．これは昔から BCS の Cooper 対と同じものだと考えてよいといわれていました．原子核内の核子の状態密度を計算すると，$\langle\sigma\rangle$ は π の崩壊定数と同じくらいになる．そして，対形成のエネルギーは $1\,\mathrm{MeV}$ の程度ですから，G は 10^{-2} 程度です．

さいごに素粒子論で，Weinberg－Salam の標準モデルにもっていきますと，$\langle\sigma\rangle$ はよく知られている Higgs 場の期待値で，これはフェルミの β 崩壊の定数から決まるものです．Δ はいろいろなクォークやレプトンのもっている質量，構成質量ではなくて，カレント質量と呼ばれるもので，グルーオンによる自己エネルギーを除いたものと考えればよい．例えば電子とか，u, d クォークの場合には $1\,\mathrm{MeV}$ 程度の大きさですから $G\cong 10^{-5}$ になる．一番面白いのは，まだ見つかっていないトップクォークです．未だに出てこないというのは，質量が非常に重いからで，少なくとも $100\,\mathrm{GeV}$ 以上あるだろうと思われます．そうするとその G はかなり大きいものになっている．トップについては最後にまたお話します．

そのつぎに，さきほど 2 対 1 という比があると言いましたが，これは実験的

に本当かどうか，この関係は理論的には，私たちがいわゆる Nambu‒Jona‒Lasinio モデルを作って素粒子論に適用したときに，もうすでにわかっていたことです．ただ，誰も実際に超伝導の場合にこうなるべきだと言った人がいなかったのは非常に残念ですけれども，とにかく，σ に相当するモードが超伝導のなかにあるということが見つかったのはやっと 10 年前で，実験的にこれがわかってから，理論屋がそれはこうなんだろうと説明をつけたんです．どういう実験かといいますと，ある種の超伝導体の薄膜にレーザーの光を通すといわゆる Raman 効果をおこす．Raman 効果の波長の違いを見てやれば，励起状態のスペクトルがわかるわけです(Fig. 1)．

臨界点以下になると，Raman スペクトルの中に新しい山ができて，これが σ モードに相当する．そのエネルギーはちょうど，Δ の 2 倍です．臨界点の上でも下でも存在する広い山は，格子が歪みやすいことを示すもので，そのために Fermi 表面と Cooper 対との間の結合が強くなって，σ モードが励起されやすいわけです．少し技術的になりますが，BCS 理論は一種の Hartree‒Fock の近似によって，一つのフェルミオンにまわりのフェルミオンが及ぼす相互作用を平均ポテンシャルで表わすものです(Fig. 2)．

相互作用のハミルトニアンを $H_{\text{int}} = -g_0 \psi_\uparrow^\dagger \psi_\downarrow^\dagger \psi_\downarrow \psi_\uparrow$ とすると，平均ポテンシャルとして定数 $\Delta = -g\langle \psi_\downarrow \psi_\uparrow \rangle$, $\Delta^* = -g\langle \psi_\uparrow^\dagger \psi_\downarrow^\dagger \rangle$ を仮定する．すなわちスピン上向きと下向きのフェルミオンの間の相関がゼロでないとする．このポテンシャルのためにフェルミオンの運動方程式が変わり，フェルミ表面の近くで上向き（下向き）スピンのフェルミオンと下向き（上向き）スピンの穴が混った状態が固有状態，いわゆる Bogoliubov‒Valatin の準粒子になる．これらの固有状態から作ったスレーター行列について計算した平均ポテンシャルがはじめに仮定したものと同じになるという条件が，ギャップ・パラメタ Δ に関する BCS のギャップ方程式です．次に Δ が定数でなく，時間‒空間的にすこし変動したとすると，この変動は Cooper 対の励起状態として伝播することが分かりますが，それが π と σ のモードです．さてこれらのボソン的モードは Bogoliubov‒Valatin のフェルミオンと湯川型の結合をするばかりではなく，ボソンどうしの間にも相互作用があるが，その中で 3 体及び 4 体の相互作用が最も重要で，その強さは，Δ と湯川結合定数 G だけできまる．すなわちこれらの

Raman Scattering by Superconducting-Gap Excitations and Their Coupling to Charge-Density Waves

R. Sooryakumar and M. V. Klein

Department of Physics and Materials Research Laboratory, University of Illinois at Urbana-Champaign, Urbana, Illinois 61801
(Received 24 March 1980)

$2H$-NbSe$_2$ undergoes a charge-density-wave (CDW) distortion at 33 K which induces A and E Raman-active phonon modes. These are joined in the superconducting state at 2 K by new A and E Raman modes close in energy to the BCS gap 2Δ. Magnetic fields suppress the intensity of the new modes and enhance that of the CDW-induced modes, thus providing evidence of coupling between the superconducting-gap excitations and the CDW.

PACS numbers: 78.30.Er, 74.30.Gn, 74.70.Lp

Structural phase transitions involving charge-density waves (CDW) in layered transition-metal dichalcogenides have been studied extensively in the last several years.[1] Neutron diffraction studies[2] on $2H$-NbSe$_2$ show a transition from a normal lattice to one with a three-wave-vector incommensurate CDW at the onset temperature T_d of 33 K. The CDW is only a few percent out of commensurability and the neutron data show that it remains incommensurate down to 5 K. From the modulus measurements of Barmatz, Testardi, and DiSalvo[3] it is concluded that incommensurability persists at least to 1.3 K. $2H$-NbSe$_2$ is a highly anisotropic type-II superconductor below 7.2 K.[4] The upper critical fields at 2 K may be estimated from published data[4] and are found to be 105 and 42 kG for fields parallel and perpendicular to the layers, respectively. Magnetoresistance studies on $2H$-NbSe$_2$ have been carried out by Morris, Coleman, and Bhandari.[5]

Figure 1 shows four pairs of Raman spectra [(a)–(d)] from two different samples of $2H$-NbSe$_2$, M and B, at two different temperatures, 9 K (lower curves in each pair) and 2 K (upper curves) for A and E Raman symmetries. The characteristic CDW-induced amplitude modes (C) are near 40 cm^{-1}.[6] On cooling below 33 K, they first appear, then harden, and get stronger.[7] The main purpose of this paper is to report that when the sample is immersed in superfluid helium at 2 K two new Raman-active modes are seen at 18 cm^{-1} (A) and at 15 cm^{-1} (E), close in energy to the BCS gap at 2Δ. These are labeled G in Fig. 1. It is also noted from this figure that the position of these new peaks (G) is sample independent while the position and strength of the CDW modes (C) are sample dependent. This may be explained by the work of Huntley[8] and Long, Bowen, and Lewis,[9] where it was shown that crystal growth techniques have a small effect on superconductivity whereas Hall-coefficient studies[10] indicate that defects and impurities inhibit the formation of CDW's.

From Figs. 1(c) and 1(d), where all curves have the proper relative intensities, we find that the CDW modes lose intensity when the new "gap" modes appear. This direct coupling between modes C and G is shown more dramatically in

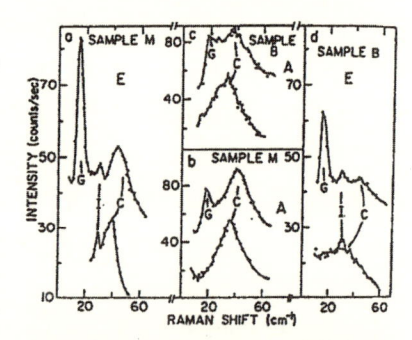

FIG. 1. Raman spectrum of samples M and B. The lower curve of each pair [(a)–(d)] is at 9 K and the upper at 2 K. Raman symmetries (polarizations) are $E[(xy)]$ and $A[(xx)-(xy)]$. C labels CDW modes; G, gap excitations; and I, the interlayer mode characteristic of the $2H$ polytype. Incident laser beam at 5145 Å and 30 mW power was spread into a line 40–50 μm wide. Light was incident at the pseudo Brewster angle; the scattered light collected along the c axis. Resolution was 3 cm^{-1}. Curves (a) and (b) were drawn by hand while (c) and (d) represent a five-point smoothed plot through original data points. The upper curves in the E spectra have been moved up by 20 counts/sec while the A curves in (b) and (c) by 40 counts/sec. The 9- and 2-K data for sample M in (a) and (b) are each from the same run. The same is true for sample B, with the addition that (c) and (d) have been normalized with respect to the intensity of the A_{1g} phonon at about 230 cm^{-1} (Ref. 7).

© 1980 The American Physical Society

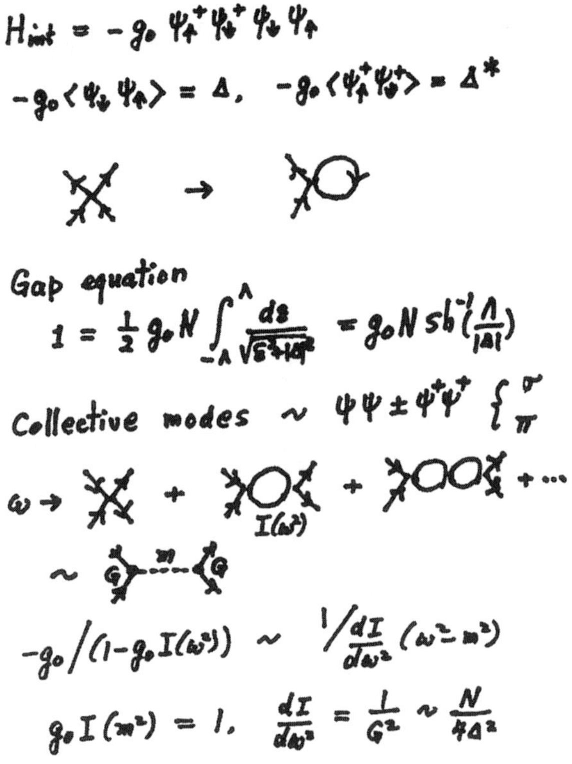

超伝導から Higgs ボソンまで —— 391

$$H_{int} = -g_0 \psi_\uparrow^+ \psi_\downarrow^+ \psi_\downarrow \psi_\uparrow$$

$$-g_0 \langle \psi_\downarrow \psi_\uparrow \rangle = \Delta, \quad -g_0 \langle \psi_\uparrow^+ \psi_\downarrow^+ \rangle = \Delta^*$$

Gap equation
$$1 = \frac{1}{2} g_0 N \int_{-\Lambda}^{\Lambda} \frac{d\varepsilon}{\sqrt{\varepsilon^2 + |\Delta|^2}} = g_0 N \, sh^{-1}\left(\frac{\Lambda}{|\Delta|}\right)$$

Collective modes $\sim \psi\psi \pm \psi^+\psi^+ \begin{cases} \sigma \\ \pi \end{cases}$

$$-g_0/(1 - g_0 I(\omega^2)) \sim 1 \Big/ \frac{dI}{d\omega^2}(\omega^2 - m^2)$$

$$g_0 I(m^2) = 1, \quad \frac{dI}{d\omega^2} = \frac{1}{G^2} \sim \frac{N}{4\Delta^2}$$

Figure 2

　相互作用だけを考えれば, もとの BCS 機能を忘れてしまって, Δ と G をパラメタとする有効ハミルトニアンを書くことができます (Fig. 3). これは Ginzburg–Landau 型のハミルトニアンで, ほかに σ モデル, Gell-Mann–Lévy, Higgs など, 時と場合によっていろいろな名前がついています.

　この G–L ハミルトニアンは, はじめから π と σ の場の間に対称性があるように作られていますが, 最低のエネルギーの状態では場はゼロではなく $\langle \pi^2 \rangle + \langle \sigma^2 \rangle = v^2 = (\Delta/G)^2$ の円の上にのっています. それで任意の一点, 例えば $\langle \sigma \rangle = v, \langle \pi \rangle = 0$ の点をえらべば, 対称性が破れ, そのまわりの σ, π の微小振動が実際の σ, π モードになります.

　その次にお話したいのは, こういう事を原子核に応用したらどうなるかとい

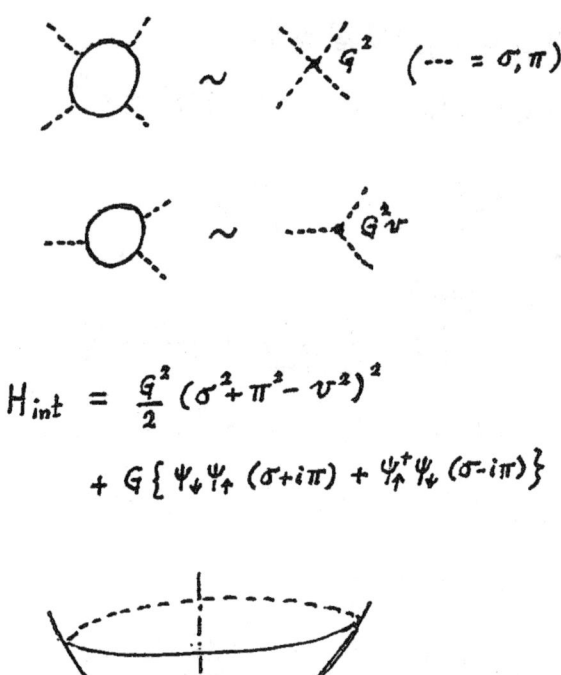

$$H_{int} = \frac{g^2}{2}(\sigma^2+\pi^2-v^2)^2$$
$$+ G\{\psi_\downarrow \psi_\uparrow (\sigma+i\pi) + \psi_\uparrow^+ \psi_\downarrow^+ (\sigma-i\pi)\}$$

Figure 3

うことですが,BCS 理論の上に,更に新しい物理の概念として,次のようなものを付け足します.BCS 機構はいわゆる対称性の自発的な破れの一例ですが,対称性が自発的に破れることは1回だけでなく,何回でも続けて起こる可能性があるということです.この考え自身はもともと,Dimopoulos, Raby, Susskind が素粒子のモデルを作るときに導入したもので,タンブリング(tumbling)という名前をつけました.それを簡単に説明すればこういうことです.
はじめに例えばクォークには質量がなかったとします.クォークの間にグルーオンの力が働いて,その力が強いためにクォークの閉じ込めが起こるばかりではなく左巻きのクォークと右巻きのクォークの Cooper pair ができてカイラル

対称性が破れ，クォークの質量が自発的に発生する．つまり最初の対称性の自発的な破れです．それから閉じ込めのために，三つのクォークが集まって核子すなわち陽子，中性子を作る．それ以外に，πとかσとかいうメソンができる．ここにσというのは，さっきの話のσと全然性質が同じで，スピンが0でだいたい質量がクォークの質量の2倍くらい．つまりクォークの質量を300 MeVとすればσの質量は600 MeV．実際にこれは二つのπにすぐこわれてしまうので非常にはばの広いものですから，はっきりこれが存在するということはわからないのですけれども，π-π散乱の断面積がその辺で上がって共鳴のような状態を起こしているのは事実です．

　それから先どうなるか，一度こういう対称性の自発的な破れが起こると，質量ができるばかりじゃなくてσメソンができる．それが今度は核子の間に交換されて引力，つまり昔の湯川さんが考えたような核力のもとになる．このσはアイソスピンも0，電荷も0，スピンも0ですから，たくさんの核子が集まったときに，その力が全部加わって強くなり，そのために原子核ができる可能性が生ずる．ですから，この考えでは原子核が存在するというそもそもの理由はσメソンがあるからです．つまりσメソンが原子核の中で平均場を作って，いわゆる殻模型的な記述を可能にし，またその相対論的効果として大きなスピン－軌道相互作用が出てくる．そればかりでなく，原子核の中の2つの粒子の間にまだ，平均場以外の引力が効き，そのために核子どうしがpairingを起こす．したがって，ここで第2回目のpairingが起こることになる．これがさっき言いました原子核の中での核子の対形成です．そのエネルギーははじめのエネルギー100 MeVよりもずっと小さい1 MeV程度です．これを形式化すれば，こういうことは一般的にモデルによって何回もくりかえされる可能性がある．それがタンブリングといわれるもので，始めに大統一理論のエネルギー領域から出発して，だんだんと対称性が破れ質量の小さいものがつぎつぎにでてくる可能性があるということを指摘したのがSusskindたちでした．

　少し脱線しますけれども，次のような例もあります．原子の間の電磁的な力のために結晶の生成が可能になる．結晶ができるとそれは並進不変性と回転不変性を破るから，それのGoldstoneボソンとしてフォノンが生まれる．フォノンが生まれると，それを媒介として電子がCooper対を作り，超伝導を起こす．

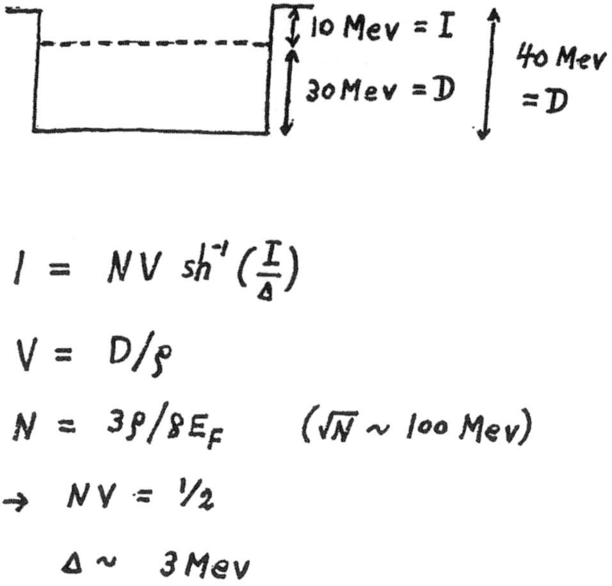

394──発展の経路

（手書き図：ポテンシャル井戸）
10 MeV = I
30 MeV = D
40 MeV = D

$$1 = NV\,sh^{-1}\left(\frac{I}{\Delta}\right)$$

$$V = D/\rho$$

$$N = 3\rho/8E_F \quad (\sqrt{N} \sim 100\text{ MeV})$$

$$\rightarrow NV = 1/2$$

$$\Delta \sim 3\text{ MeV}$$

Figure 4

これは，今の見方では2回目の対称性の自発的な破れです．

これだけのお膳立てをしまして，原子核の中での BCS 機構をもう少し詳しくお話します．

最初の問題は原子核の中での対形成エネルギーの計算です．

原子核のモデルとしては大きな共通のポテンシャルがあってその中に核子が Fermi 準位までつまっている簡単なものをとります(Fig. 4)．

原子核の密度 ρ から Fermi エネルギーの深さ E_F がわかる．これが E_F = 30 MeV です．また Fermi 表面での状態密度 $N = (100\text{ MeV})^2$ もわかる．それから核子を原子核の中から取り出すために必要なイオン化エネルギー I が大体 10 MeV くらいであることがわかっている．ですからポテンシャルの深さ $D = E_F + I = 40$ MeV となる．そこで BCS のギャップ方程式を

$$1 = VN\sinh^{-1}(\Lambda/\Delta)$$

とおくと，この中のパラメーターは上の量と

$$\Lambda \sim I$$
$$V = D/\rho$$
$$N = \frac{1}{4} N_o = \frac{1}{4}\frac{d\rho}{dE} = \frac{3}{8}\frac{\rho}{E_\mathrm{F}}$$

という関係で結ばれているから，引力の強さ（平均のポテンシャルの強さ）V と状態密度 N の積が $VN = 3D/8E_\mathrm{F} = 1/2$ となる．ただし引力は陽子どうし，または中性子どうしの間だけに効くことを考慮してあります．これから

$$\Delta = I/\sinh 2 \approx 3\,\mathrm{MeV}$$

となります．実際の対形成エネルギー 2Δ は，これより小さくて 2 MeV くらいですが，とにかくオーダーとしては合っている．このような考えで核子の対形成は BCS 機構として答えが簡単に出ることがわかります．

　次は励起状態についてですが，最近私と M. Mukerjee がやったことを紹介いたします．十数年前に東大の有馬さんとアメリカの Iachello が作られた IBM（Interacting Boson Model）という理論があります．これはどういうことかというと，重い原子核の中の非常に低い励起状態は回転励起状態のスペクトルを示しますが，それが水素原子の中のバルマー系列の様な構造をもっています．それを説明するためにつくられたものが IBM 理論です．

　ここにその例を示します（Fig. 5）．これはプラチナ（Pt）の原子核で，左は実験値，右が理論値です．ここでエネルギーのスケールは 1 MeV の程度ですが，非常にきれいな構造が見えます．有馬－Iachello の IBM 理論はそれを見事に記述してくれる．

　素粒子論には Gell-Mann－大久保の公式と言うのがありますが，結局ハドロンの質量に関する現象論的な公式で，群論的な考察にもとづいて，量子数に関する簡単な関数形を仮定したものです．有馬さん達がやられたのもこれに似ています．まず，励起状態の量子としてスピンが 2 のもの（四重極）と 0 のものを考える．すると自由度が 6 つ．第 0 近似としてそういうものが全部縮退しているとすれば，それは $U(6)$ の対称性になっている．しかし次の近似で対称性がこわれてその部分群の対称性が残り，更に再びそのつぎの低い部分群の対称性へと続き，いろんな連鎖ができる．実際にどんな連鎖ができるべきかは，殻模

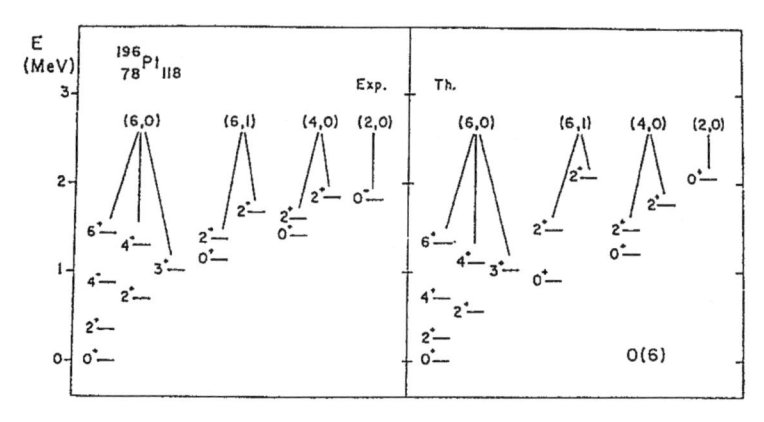

FIG. 8. An example of a spectrum with $O(6)$ symmetry: $^{196}_{78}Pt_{118}$ ($N = 6$). The energy levels in the theoretical spectrum are calculated using (3.7) with $A = 171$ keV, $B/6 = 50$ keV, $C = 10$ keV. The experimental spectrum is taken from Ref. [17].

from A.Arima and F.Iachello Ann.Phys. 123 (79) 468

Figure 5

型が個々の場合について教えてくれます．Pt の場合には $U(6) \to O(6) \to O(5) \to O(3)$ です．この破れの連鎖を仮定してこれに相当するそれぞれの Casimir 演算子に係数をかけてこれらを足し合わせる．この際，これらの係数は実験に合うように定める．ごらんのように見事に合いますけれども，一体それがなにから出てくるかということはわからない．そういうものに私が興味をもった理由は，その頃，超対称性とは何かと考え，いろいろな例を探していたときに有馬 - Iachello が原子核の中にも超対称性があること——ボソン的な励起(偶 - 偶核)とフェルミオン的な励起(偶 - 奇核)が同じ公式で，同じパラメーターで，表わせること——を指摘したことからです．結局私の考えでは有馬 - Iachello 理論は BCS 理論を Ginzburg - Landau 理論に書き直したものになっています．

　初めにある対称性例えば $O(6)$ を仮定して，Higgs のポテンシャルを作ってやる．スピン 0 のボソン(Cooper 対)ができるとそれが自発的に破れて，$O(6)$ から $O(5)$ に変わる．これに伴って π モードや σ モードがでると同時に核子もギャップエネルギーをもち，それらの間に 2：1：0 の関係が生じます．

　1960 年代の素粒子論で σ モデルというものが流行しました．これはボソン

としてメソン π(スピン 0^-, アイソスピン 1)と σ(スピン 0^+, アイソスピン 1), フェルミオンとして核子 N = (p, n)またはクォーク q = (u, d)(アイソスピン 1/2)をとったもので, いわゆるカイラル対称性 $SU(2)_L \times SU(2)_R$ をもっているが, これが部分群 $SU(2)_{R+L}$ に破れて質量が生れる. ただし BCS 理論から出発した場合とちがって, フェルミオン, ボソンの間の湯川定数とボソンどうしの結合定数は独立なものと考えられたのでフェルミオンの質量とボソンの質量との間に関係は出て来なかった. しかし $\langle\sigma\rangle = v$ は π の崩壊 ($\pi \to \mu + \nu$)の寿命を決める定数となり, いわゆる Goldberger-Treiman の関係式を説明することができました. さらにこのハミルトニアンに基づく Feynman ダイヤグラムから π-π, π-N の散乱振幅が導かれました.

　原子核の場合でもこれと同じことをやるのですが, 原子核は有限体積ですから, 散乱によって位相のずれだけでなく体積 V に逆比例するエネルギーのずれが生ずる. 実際に Feynman ダイヤグラムを足し合わせると, それ以外の係数として $G^2/v^2 \sim N$, すなわち核子の密度から計算できる量が出ます. しかも散乱のマトリックスをボソンの生成演算子と消滅演算子で表せば $O(6)$ と $O(5)$ の Casimir 演算子の和となり, それぞれの係数も決まります. 実際には核子の数が有限なことと, 核の体積が Cooper pair の大きさと同程度であることを考慮して補正をしなければならないのですが, 結果は大体 IBM の式を再現できます. 特に $O(6)$ と $O(5)$ の項の大きさが同程度 ($\sim -1:1$)となることは, $O(6)$ から $O(5)$ への対称性の破れが自発性があることを裏書きしているように思われます. さらに核子とメソンとの散乱を計算すれば $O(6)$ と $O(5)$ の群に関するスピン-軌道相互作用のような項がでる. すなわちフェルミオンとボソンを結合した超対称性の表現を思わせる構造が見られるのですが完全な超対称性ではありません.

　最後になりましたが, 素粒子物理で当面の一番の問題は未発見の top-クォークや Higgs 粒子の質量がどうか, ということであると考えます. 最近の LEP の実験で Z^0 の幅が精密に測定され世代の数が3個であることが確立されたという面白いニュースが伝わっています. これからさらに新しいデータがでることが非常に期待されますが, しかし未だにトップが見えないのは, トップの質量が予想以上に大きいためでしょう. Fermi Lab のデータによればその

質量はWのそれより大きいと考えられている．とにかく問題は，いろんなフェルミオンの質量がまちまちであって，その間にはっきりした規則性がないようにみえること，さらにどうやってその質量を計算できるのか，それに答える確固たる理論は未だに知られていないことです．私としては何とかしてこれらのことを理解したい．私だけのことではなくて，山脇先生とか，多くの人たちがずっと続けて熱心に研究されていて，その考えは私と近いところにありますが，理論屋としては実験屋が発見しないうちに，何とかしてtopなどの質量を計算したいと考えています．幸いにしてトップの質量は重たそうで，今の実験では当分見つからないであろうから，少しまだ時間的余裕がある．今のうちは息がつけそうだから，皆さん大いにやってください．残念ながら確固たる理論は現在のところないのですが，例えばBCS理論的に考えれば，Higgsボソンは何かのフェルミオンの対であり，その集団運動のモードに対応するものです．この考えに沿うものとして，いわゆるテクニカラーの理論がある．重いテクニ・フェルミオンが存在し，これがpairをなしてHiggsの場を構成する．第二段階として，このHiggsが普通のフェルミオンと湯川結合をする．そこでフェルミオンが質量をもつ．これがテクニカラーのモデルですが，しかし，湯川定数は任意のパラメータにすぎない．

　私は最近タンブリングの理論の変形に着目しました．既に述べましたようにタンブリングというのはBCS機構が高いエネルギーから低いエネルギーに向かって何度も繰り返されることですが，これをやめてはじめのBCS機構と次のものとが同じものだったと考えてみる．つまり初めに引力があってCooper対ができる．またHiggsボソンができて，それが新しい引力のもとになる．しかし最初にあった引力と結果として生ずる引力は同じものではないかという可能性を考えてみます．Higgsが自分自身の存在の原因となりえないか，このような考え方は1960年代にChewという人が主張してブーツストラップという名を付けたので，私はこの名を踏襲しブーツストラップ的な対称性の破れと呼んでいます．経験的にtopが重いということは湯川結合定数が強いということをしめす．とすればtopとHiggsの間の引力が強い．ですからトップとHiggsの間にブーツストラップが起こる．従ってHiggsはトップと反トップが対となってできたものであることになる．すなわちテクニ・フェルミオンを導

入しないで我々が知っているフェルミオンだけで閉じた理論となることを予想するわけです．それをどう表現するかが問題となるわけですが，一番ナイーブな立場では，Higgsの質量がトップの質量のおよそ2倍になるものと考えられる．もちろん，これは理想的な場合で，実際は輻射補正が加わるはずです．最近，山脇さんやMiranskyという人が同じような予想をされていますが，この立場ではHiggsとトップの質量は少なくとも同じオーダーとなるはずです．今まで述べた理論ではフェルミオンとHiggs場だけを扱っていたが，実際にはWeinberg-Salam理論の中にはゲージ場がはいっていて，ゲージ場とフェルミオン，ゲージ場とHiggsの相互作用があるため，それがもちろん強結合の力学に効いてくる．そのため理論が少し複雑にはなるが，それだけまた面白みもでてきます．

今，私が考えていることはBCS理論の中にフェルミオンやボソンの間の簡単な質量比を出すメカニズムの本質は何かということです．それをもう少し数学的に精密化して準超対称性と呼んでますが，これはある程度成功していまして，相対論的な準超対称性を作ることができる．湯川結合，Higgs結合，ゲージ結合の間に関係ができて，質量比が決まる．それがうまくいけば，これまでに知られているWやZの性質からトップやHiggsの質量が予言できる．ただ，これだけでは本当の問題が解決できたわけではなく，その他の軽いフェルミオンをどうするかという問題は残る．これについては今のところ手がかりはなく，小林-益川の質量行列が何故できたか未だにわかりません．

しかし皆さんに強調したいのですが，理論屋としてやるべきことはまだたくさん残っており，トップやHiggsが未発見のうちに大いに予言して頂きたいと思います．

基礎物理学——過去と未来

　たいしたタイトルですが，これは私が付けたのではなくて世話人の坂東(昌子)さんがつけたのです．私は責任をもちませんので．

　話の前に，ひとこと申しあげます．牧二郎先生が最近亡くなられまして，2日ほど前に追悼のシンポジウムがあったはずなのですが，私は残念ながら出席することができませんでした．ここで改めて追悼の言葉を申しあげたいと思います．

　みなさんご存じのように，牧さんは素粒子物理学に非常にたくさんの先駆的な貢献をされました．特に neutrino の問題とか，flavor physics の問題とか，たくさんあります．牧さんと私は昔からかなり親しくしていたので，それに関する追悼のお話を聞き逃したのはたいへん残念です．牧さんがもし生きておられたら，今回のことに関してまた，非常に貴重なお話をうかがえただろうと残念に思っております．

　どういう話をしていいかよくわからなかったので，坂東さんにもおうかがいしたのですが，だいたい昔のことを話してくれと頼まれました．将来のことを私が予想できるような資格はありませんので，昔の語りをさせていただきたいと思います．

　[slide 1] 私が参考にした資料をここに書いています．これらは多少参考にしたか，あるいは見たことのあるというものです．

　KEK インタビュー 2005 は，最近，KEK にプロジェクトができたようで，高橋嘉右さん，Gotow Kazuo (Virginia Polytechnic Institute) さん，それから東大の科学史専門家の伊藤憲二さん，これらの方がシカゴに来られてインタビューされました．それがまだ available かどうかは知りませんけれども，KEK

● 「学問の系譜——アインシュタインから湯川・朝永へ」，青木健一，坂東昌子，登谷美穂子編，素粒子論研究，112, no. 6 (2006), 77–91. 2005 年 11 月 7–8 日に京都大学基礎物理学研究所でおこなわれた研究会の報告のひとつ．

```
1. 資料
    KEK interview 2005
    (高橋嘉右@KEK、K. Gotow@VPI、伊藤憲二
    @Todai)
    AIP interview 2004 (Babak Ashrafi)
    Prog. Theor. Phys. Suppl 105(1991)
        Elementary Particle Theory in Japan
    1930-1960 (M. Brown, R. Kawabe,
                   M. Konuma, Z. Maki)
    朝倉現代物理学の歴史 I 2004
    20th Century Physics, AIP 1995
    長島順清、Butsuri, 2005
    Y. N, ibid. 2001, 1977
        Collected Papers 1995 (World Scientific)
```

[slide 1]

には記録があるはずです．同様にして，昨年 Babak Ashrafi（American Institute of Physics）さんからも2日間インタビューを受けました．これもいずれは available だろうと思います．それから私が知っていることでは，だいぶ前になりますけれども，アメリカと日本との合同のプロジェクトがありました．研究会を開いて直接に関わったそのころの人に，何回かインタビューをとった報告が Progress の Supplement に出ております．

最近のことでは，長島順清（阪大）さんから教わったのですが，『現代物理学の歴史 I』（朝倉書店）という本が出版されています．それから American Institute of Physics が，膨大な歴史の本を出しています．また，長島さんが物理学会誌に書かれた記事があります．最後のものは私が書いた memoir みたいなものです．

こういうものをいろいろ参考にして考えたのですけれども，べつに詳しい計画を立てたのではなくて，こちらに来てみなさんと interact しながら，何か質問などがあればそれに答えながら進行させていただきたいと思っております．だいたいの話の内容は，私の過去の経歴をたどって，どういうことが起きたかということのあらましを説明いたします．

[slide 2] 私は，戦前，戦争の始まる1年前の1940年に旧制の東大に入学しました．すぐ戦争が始まって，2年半で少し早めに出されて軍隊に入営したわ

```
2. 1940-1950
      東大--大阪市大
      仁科・朝永＠理研
      坂田・武谷哲学
3. 多体問題, 相転移, Cooperative phenomena, S-matrix
      Ising Model
      核力
      Plasma theory
      Dispersion theory
      超伝導、超流動
4. QED
5. Hadron physics
      対称性の追求
      Strange particles
      ハドロンspectrumとRegge軌道
6. Gauge invariance, SSB, and mass
         Sakurai vector dominance
         BCS理論とhadron physics
7. Colorの導入
8.. 弦理論へ
         infinite-component equations
         Veneziano formula
9. Sociology
10. Past and future
```

[slide 2]

けです．そして戦争が終わるまでの3年間，軍隊に勤めました．

そのころの東大にはまだ素粒子論がありませんでした．話によりますと，量子力学が始まったときにも東大というのは非常に保守的で，なかなかそれを取り入れなかったのだそうです．私が入学した時は，量子力学ができてからまだ15年でした．中性子が発見されて，原子核の実体がわかってきてからも，まだ10年目でした．それと比べますと標準モデルができたのは，いまから30年以上前になります．ですから，われわれ学生にとっても非常に新鮮な時代だったのですけれども，もう量子力学はほとんど完成していたのです．核力の理論，問題もどんどん解決されていました．

有名な湯川中間子論が発表されたのは5年前，muonが発見されたのは3年前でした．

そういう時代でしたが，素粒子論はもっぱら京大関係の独占でした．幸いにして理研が近くにありまして，そこには朝永さんや仁科さんがおられて，理論と実験とが相まって非常に緊密な共同研究をやられていましたので，われわれも，その恩恵をこうむりました．

東大には素粒子論はなかったけれども，物性論には強かったのです．当然ながら私も物性論の影響をかなり受けまして，のちのち，いまでもそうですけれども，私が比較的親近感をもってあたれるのは物性論関係の問題です．実は，私には先生というのは別になくて，おもに友人とか同僚から習ったことの方が多く，いろんなことに触れてきました．それはこれから話します．

4番目のQEDは，ご承知のように有名な朝永の繰り込み理論です．それができつつあった時代に運よく戦争が終わって，私は東大に戻ることができ，そこで勉強を始めたわけです．先生に直接ついたわけではないが，友だちが先生たちと一緒に研究していたので，幸いにだんだんとそれに入っていくことができました．これは私にとっては，非常に幸いなことだったと思います．

その先はアメリカに行ってからの話ですけれども，おもにハドロンの問題，強い相互作用の問題がまだわからなかった時代に，幸いに湯川研の研究の続きとしてそれに乗り換えることができたのです．あとでもう少し詳しくお話します．

その次にゲージ普遍性の問題とか，対称性の破れとか，これはむしろ偶然と言ってもいいかもしれませんけれども，それらの研究に入ることができました．Bardeenたちのグループが，シカゴ大学の近くのイリノイ大学にいたということが幸いだったと思っております．

それから，ハドロン物理の追求の後，カラー(色)という概念の導入ということがあります．特に坂東さんのご注文では，5, 6, 7, 8のことを話してくださいということでしたので，これについて少し立ち入ってお話したいと思います．

先ほど申しましたように，東大では，いわゆる素粒子物理はまだなかったが，原子核物理はありました．私の担当の先生はHeisenbergのところに留学された落合麒一郎先生でした．われわれは，同志4, 5人で一緒にセミナーやゼミ講でいろいろな本を読んだのです．例えばBetheの核力に関する有名な総合報告というのが1936年に出ましたけれども，それを台本にして勉強しました．

```
2. 1940-1950
    1940-42 @東大    原子核、核力理論、物性論
                     落合駿一郎、嵯峨根遼吉
                     小谷正雄、坂井卓三
                     林忠四郎、小野健一
    1942 @理研        仁科・朝永 宇宙線セミナー
                     (muon, pionの正体)
    1944-45@陸軍技研  岡部金次郎、伏見康治、永宮武夫、内山龍雄
                     radar technology,
                     S-matrix for wave guides (朝永)
                     theory of magnetron （朝永・小谷）
    1946-49@東大
    朝永の弟子たち     伊藤大介、田地隆夫、福田博、早川幸男
                     木庭二郎、宮本米二、木下東一郎、
                     武田暁、西島和彦、藤本陽一、山口嘉夫

                  +  岩田義一、久保亮五、中村誠太郎、
                     武谷三男、渡辺慧

    1950-52 大阪市大時代  早川幸男、山口嘉夫、西島和彦、中野董夫、
                        小田稔
```

[slide 3]

　余談ですけれども，1942年のときだと思いますが，私の同級生にenterprisingな学生がいまして，彼が写真版をつくる商売を始めたのです．いろいろな論文を大きな本に製版して，われわれにタダでくれましたが，ほかの大学には金を取って売りつけていました．彼とは非常に親しくなりましたが，実は秘密の共産党員でした．

　嵯峨根遼吉先生は，原子核実験の講義をされた先生です．実は彼は長岡半太郎の第5番目の息子さんでした．彼とも非常に親しくなりました．彼は戦前からローレンスのところに派遣され，サイクロトロンの技術を学んできて仁科研で原子核研究をしておられました．戦後にも，またローレンスのところに行かれたので，私がアメリカに渡ったときに，かなりお世話になりました．小谷正雄さんは，物性論の有名な先生です．坂井卓三さんは統計力学のご専門です．このような先生方にも接触しました．

　[slide 4, 5] この写真は私の同級生たちで，2人並んでいるのは林忠四郎さんと小野健一さんです．林忠四郎さんは，もともと京都の人なのですがどうい

基礎物理学——405

[slide 4]

[slide 5]

うわけか知りませんが東大に行かれました．私がなぜ東大に行ったかというのも，私はわからないのです．ただなんとなく東大がいいと親父が言ったから東大に行ってしまったのでしょうか．

　実は，そのころもうすでに，湯川さんの名は日本中で非常に有名になっていました．だから，それに刺激を受けたことは確かです．東大入学の前は第一高等学校といって，いまの駒場ですけれども，東大とは別のところにいました．そこにいた頃は，特に物理をやりたいという気はなかったのです．いろいろなものに興味があったのですけれども，問題は興味があるかどうかではなくて，自分に能力があるかということの方が先決なので，その自信ができないかぎり

は，なかなかどこかに入っていけないわけです．でもたしかに，湯川さんの影響は甚大なものでした．

この写真(slide4)は，われわれの仲間に林忠四郎さんがいたという証拠です．これ(最も背が高い)が林忠四郎さんです．これ(その右)が私で，これ(最前列)が落合駸一郎先生です．あとは，一緒に原子核理論などを勉強した仲間です．これ(slide5)は東大の物理教室の屋上で撮ったので，たぶん軍隊に入る1カ月ほど前の夏のことだったと思います．

それから，私は軍隊に取られまして，紆余曲折がありますけれども幸いにして最後は陸軍の技術研究所に回されました．軍の技術研究所は，初めは東京にあったのですが，後に宝塚に疎開しました．宝塚の近所に横浜正金銀行(後の東京銀行)のゴルフクラブがあったのでそれを接収して，一部は実験，一部は大学や会社と関係を取りながらレーダーの技術の研究開発をしておりました．月に1回くらい，研究会がありましたけれども，顧問として来られていた人たちの長老格として，阪大の岡部金次郎というマグネトロンを開発された有名な方がありました．理論屋としては，伏見康治，永宮健夫，内山龍雄といった方も絶えず，出入りしておられました．非常によかったのは，先生も生徒もみな一緒になって，ほとんど同等に一つの目的を持って研究に没頭するということでした．例えば非常におかしな話なのですが，私はそのときまだ22，23歳でしたが，陸軍中尉という名前を持っていました．そうすると，永宮先生がやって来て，「南部中尉殿」と言われるわけです．ですから非常に親しい立場になりました．同等ですからね．早川幸男さんからも，昔同じような話を聞いたことがあります．彼は宇宙線とか気象とかをやっていましたが，戦時中か戦後か，やっぱりそういうふうにいろいろな人と折衝をしていました．彼曰く，「偉い先生だと思っていたら，彼，何も知らないんだ」って．結局，付き合ってみると，案外何も知らないということがわかってくるのです．それで親しみを覚えるのです．

ここで一つ，私がいまでも覚えていることがあります．そのころ，朝永さん，小谷先生は静岡県の島田にありました海軍の技術研究所に出入りしておられ，陸軍とは直接関係なかったのですが，研究会のときに噂が流れてきました．そのときの一つの問題として，電波の導波管の問題がありました．そのころのマ

グネトロンは非常にパワーが弱かったので，なるべくロスがないようにしてアンテナにもっていくというのが大問題だったのです．例えば導波管が曲がっているとそこで反射が起きるので，どういう形に曲げて反射を少なくするかということをみなさんで一所懸命考えていました．東大の高橋秀俊先生といった専門家も参加されましたが非常に頭を悩まされたところです．またその一環として，そのころにできました Heisenberg の S 行列の理論が入ってきたので，朝永さんは，早速その概念を応用して導波管の理論をつくられたのです．導波管を，何かインプットがあって，それからアウトプットがあるという，いわゆるブラック・ボックスとみなし，インプットとアウトプットの関係を S 行列として表そうというものでした．そのときに例えば，ユニタリー性とか，時間反転不変とかが非常に大事な条件になりますが，朝永さんはそれをちゃんと考慮に入れて理論を作られたのです．私は，S 行列というものを何も知らず，初めて研究会でそれを聞きまして，それならば，その文献を仕入れてこいという命令が出たわけです．それは海軍の文書で極秘ではないですけれども，丸秘という判子の押してあるやつで，ほかの先生を通してうまく仕入れて勉強しました．

　もう一つは，朝永さんと小谷さんの共同の仕事ですけれども，マグネトロンがいかにして動作するかということの理論をつくられたのです．小谷先生が来られて報告されました．これも非常に有名なことで，戦後，お二人は学士院賞を貰われたと理解しております．アメリカでも Schwinger が，まったくほとんど同じことをやっていたということを後で聞きました．

　私はそのころ，東大の助手で嘱託という，いまのポスドクに相当する籍をもらっていました．戦争が終わったときに，そのポストに帰れるかどうか非常に疑問があったのですけれども，幸いに戻ることができました．そして戦争から復員したたくさんの我々の年代の人たちが，東大にたむろしていた時代があります．私も3年間ちょっとですけれども東大の中に泊り込んで勉強していました．それがいま，非常に私の将来のためになったと思っております．

　朝永さんは，東京文理科大学の教授でしたが，ちょうど戦争の終わった年に東大に兼任講師という形でおられまして，東大にも弟子をつくり始めたのです．そして朝永理論を展開されたわけです．ここ(slide 3)に書いてある人たち，伊藤大介，田地隆夫，は文理大関係，それから木庭二郎，早川幸男，宮本米二，

福田博，木下東一郎，武田暁，西島和彦は東大におられた弟子の方々であります．これらは全部私と同じ部屋にデスクを持つか，絶えず出入りしていた人たちです．

私はそこに泊り込んでいたので，それ以外に，同室の住人岩田義一さんや隣の部屋の会津晃さんと朝から晩まで付き合って，いろいろなことを習いました．岩田さんからはBelinfanteのUndor理論（一種の場の方程式）とか，OnsagerのIsingモデルの理論とか，数学とか，あるいはラテン語までも習いました．助手の久保亮五さんのグループは隣の部屋にたむろし，中村誠太郎さんは廊下を隔てた向かいの住人でした．中村さんはご家族で五歳ぐらいの娘さんを連れて泊り込んでおられました．

中村さんは湯川さんの弟子で，湯川さんが戦争中に東大で講義をされたときに一緒に連れて来られ，その後中村さんは東大に残ったと理解しています．また武谷三男さんは，もちろん京大の湯川グループの一人ですけれども，東京に家があって，ときどき中村さんのところにだべりに来られ，私の部屋にも押しかけてきました．それでしゃあしゃあと弁舌をふるって，いろいろな面白い話を聞かせてくれました．これも非常にためになりました．それとちょうど対照的なイデオロギーを持っておられた渡辺慧という先生は，東大の応用物理かどこかにおられた方ですが，フランスのde BroglieとドイツのHeisenbergのところに留学されました．学生時代に彼からCartanのスピノル理論とか，彼のお得意の多値論理などの特別講義を聴いたことがあります．いつも非常にモダンな颯爽たる格好で現れました．彼は武谷さんのような左翼的な人とは正反対の立場でしたけれども，なんとなく気が合って議論がかみ合うのです．あるとき二人が一緒に現われ，われわれの前でお互いにやりあいました．掛け合い漫才みたいな感じだったのですけれども，そういうものを聞いて非常に刺激を受けました．そして武谷さんを通じて，いわゆる坂田・武谷の哲学というものを吹き込まれたわけです．彼らはoutspokenで，自分の意見を強く主張され，宣伝されるわけです．我々の年代，特に山口嘉夫さんとか藤本陽一さんといった連中は非常に強い影響を受けまして，いわゆる坂田・武谷の哲学に取り込まれたという感じがしております．私もその一員でした．

最後に大阪市大時代ですが，1949年から新制大学が始まりまして，大阪に

も大阪市立大学の理工学部というのが発足したのです．定職にあぶれていた我々数人，すなわち私のほか早川幸男，山口嘉夫，西島和彦が幸いにして職を得ることができました．阪大から中野董夫さんも加わりました．大阪市立大学は，元大阪商科大学というのが杉本町にありまして，その一部に理工学部というのが新設されたのです．建物はなかったのですけれども，とりあえず梅田の近くの扇町小学校の，空襲で焼けた建物の残骸を修理して，そこに私たちは3年ほど一緒にいました．

それから宇宙線実験の方ですけれども，渡瀬譲という先生が阪大から物理の主任として移って来られ，宇宙線の研究をやっておられました．小田稔さんはそのグループの一人でした．乗鞍山に市大の宇宙線研究室もあって，我々理論屋もときどきそこまで遊びに行ってわいわいと騒いだのを覚えております．小田さんは，戦争中は海軍におられたはずですけれども，帰ったときに，海軍のレーダーアンテナをもらい受けて，それを小学校の建物の屋上に据え付けて太陽からくる電波の観測を始めたのです．そこで私は小田さんから多少電波物理の知識を得ました．

[slide 6] この写真はその頃の，いわゆる素粒子部分の若手も含めての主な幹部です．これは1952年だと思います．この建物（湯川記念館）が正式に発足したのが1953年かと思いますけれども，そのちょうど1年ほど前にまだ私は大阪市大におりました．そのとき若手を含めて準備委員会が設立され，準備委員として集まった人たちです．お顔は皆さん，判らないかもしれませんけれども，前列が右から坂田，朝永，湯川，荒木源太郎，後列は左から尾崎正治，内山龍雄，伏見康治，宮島龍興，武谷三男，中村誠太郎，木庭二郎，谷川安孝，小林稔，それから私です．

時間がないので，QEDの発展(slide 8)については話を始めたらきりがなく，ご存じの方も多いと思いますのでこれを飛ばします．ハドロンの対称性(slide 9)も同じだと思います．

私の学生時代以前に，量子力学が1925年に出て，それからたちまちDirac方程式や，場の量子論に発展しました．1930年代の初めごろからは原子核の構造や核力というものの性質がわかってきました．しかしながら，根本的には，まず場の量子論というのがどこまで信用できるかということすらまだ疑問であ

[slide 6]

りました．というのは，皆さんご存じのように，無限大の困難があるからです．それで Heisenberg などの学者たちは，量子力学というのは原子物理の問題を解くために生まれたものだが，核力となるとスケールが 100 万ほど違うので，そういう領域の問題を解くには，量子力学に代わる新しい力学が必要ではないかという先入観をもっていたと思います．すなわち現代のプランクの長さと同じような意味で，ただもっと低いところに適用限界がある，例えば電子の質量の 137 倍，そのへんが限界ではないかと Heisenberg は考えたわけです．それならば，一種の現象論的に，つまり核力の場というような具体的な理論によらないで，実際に観測できる粒子の反応過程をその一般的な性質から記述していこうという立場で，S 行列の理論を Heisenberg 自身が始めたわけです．原子核反応では，入ってきた粒子と，出てきた粒子があります．核の内部のどこに何が起こっているかは観測できないけれども，その散乱断面積の一般的性質は記述できるだろうと．その上，例えば束縛状態の存在という問題がありますけれども，これも S 行列の解析性から，散乱振幅を解析接続すれば出てくると

> 3. 多体問題, 相転移, Cooperative phenomena、S-matrix
>
>   Ising Model--Onsager solution (伏見、庄司、Kaufman)
>   　　場の理論と核力
>
>   Plasma theory--(Bohm-Gross, Bohm-Pines)(@大阪市大)
>
>   Dispersion theory--Goldberger, Low, Chew
>
>   超流動, 超伝導--(Feynman, Schafroth, Froelich,
>   　　　　　　　　Bogoliubov, Landau-Ginzburg)

[slide 7]

いうことを主張しました．ただしそれがいつも成り立つとは限らないことは，あとで解ったことです．

　それからもう一つの先入観といえば，素粒子の種類というのは，今我々が知っているものしかないということです．例えば電子，陽子はありますが，それ以上は考えていませんでした．素粒子の数は，非常に限られていたということです．それで例えば中性子の発見は，非常なショックだったようです．Dirac 曰く，素粒子が2つあるのでも少し多すぎる，だけど，2つあるなら，もう1つあってもいいのではないかと言って中性子を認めたらしいです．Dirac が Dirac 方程式を立てたときに，負のエネルギーのところを，陽子状態として同定しようとしたのは，そういう先入観があったからではないかと私は思っております．

　また今度は中間子というものが出たとすると，素粒子の新しい粒子が出たということでこれは非常な驚異だったのです．でもそうすると，中間子というのはたった1つであり，これが強い力を担う唯一の新しい場であるというふうに，また，考え始めたわけです．ですから，いつでも素粒子の数というのは，なるべく少なくという先入観が続いているのです．

　ところが，不思議ですけれども，坂田さんは素粒子の数はいくらあってもいい，無限にもあるかもしれないということを，平気で言っておられました．そういうひとつの先入観というのですか，在り方みたいなものの意識があると，どういう成果であっても非常に大きな影響を与えます．例えば，二中間子論と

いう問題がありまして，湯川さんが予言した中間子，いまではパイオンと言われていますけれども，それらしい新しい粒子を宇宙線のなかで Carl Anderson が見つけた．続いて仁科グループも，その質量が電子の 200 倍くらいだと決めた．だからこれはパイオンに違いないと考えるのは当然です．ところが実際にだんだんと調べてみるといろいろな理論的な矛盾も出てきたのです．それで湯川グループのみならず，ヨーロッパやアメリカのいくつかのグループが一所懸命，中間子のスピンとかパリティとか荷電の種類とか，いろいろな可能性を組織的に検討し，すべての現象のつじつまを合わせようとしたのですけれども，どうもうまくいかなかったのです．

ひとつの可能性として混合場の理論という，スピンの 0 と 1 とを組み合わせる考えがありました．なぜかというと，核力ポテンシャルの特異性がキャンセルされて少なくなるという御利益があるのが一つの理由だったのです．そういうことから，メソンには，多種類あってもいいのではないかという考えがだんだん出てきました．

谷川安孝さんはそのアイディアを発展させて，宇宙線の中の粒子には 2 種類あると考えたのですけれども，それを換骨奪胎して，坂田・井上が，片方はスピン 2 分の 1 と，片方はスピン 0 という割付をし，その予言がうまく的中したのです．

先週，大阪の科学館で，私は出席できませんでしたが，日下周一というプリンストンで亡くなった日本人の追悼のシンポジウムがあったはずです．日下という人は，実はもともと大阪出身で，お父さんと一緒に，小さいときにカナダに移住して，それからバークレーで Oppenheimer の弟子になった人です．それでそのころまで宇宙線の研究をしていました．R. F. Christy と日下，どちらも大学生ぐらいだったと思いますけれども，彼らは宇宙線と大気との相互作用の計算をして，宇宙線のスピンは 0 か 2 分の 1 でなければならないという結論を出しております．ですから，坂田さんが二中間子論を出したときも，そういうことが念頭にあったのではないかと思います．

話は少し戻りますけれども，私が東大にいたときには，前に言ったように素粒子論はありませんでした．素粒子論というのは，天才でなければ行くものじゃないと決め付けられまして，われわれ有志は少しがっかりしたのですけれど

```
4. QED の発展
        1946 Lamb shift
                南部・小野picture (J. Welton. 木庭)
        1943--1948 朝永理論の展開
                木庭、    (繰り込み理論)
                福田、宮本、(γ decay)
                武田、    (Dyson formalism)
                木下、南部 (spin 1 QED)
                坂田、梅沢 (renormalizability)
```

[slide 8]

も，それならば，くそと思って，われわれといっしょに勉強しようということで，林忠四郎さんもそうだったと思いますけれども，朝永・仁科合同セミナーというのが理研でありましたから，近くだったのでときどきそれを拝聴に行きました．朝永さん，仁科さんが，最近の情報を常に披露されるわけです．Christy‐日下の話もそこで聞きましたし，また，そのころ名古屋におられた坂田さんが，朝永さんに手紙を書いて2中間子論の報告をされました．それは私が卒業する直前なのですけれども，非常に印象が深かったので覚えています．核力のタイプについてもよく議論がなされました．そういうわけで，私が東大に戻ってからも，核力のポテンシャルを，場の理論からどのように導き出すか，ということをかなり勉強しました．

　しかしながら，それはそれとして，私の場合，シカゴに話が移るのですけれども，そのころの素粒子論では，まだ場の理論が正しいかどうか，使えるかどうかは確立されていませんでした．もちろん繰り込み理論が出たということが非常に大きな刺激を与えて，繰り込み理論が正しいだろうということになったのですけれども，ほかの場に対する適用という問題がありました．例えば繰り込み理論の可能性ということが問題になりまして，坂田さんとか，そこにおられた梅沢博臣さんとかがそれを強調されたことが印象に残っております．まだ場の理論は一般に使えるかどうかわからなかった時代でした．

　それで，相変わらず，S行列理論の研究が盛んだったわけで，その一環として分散理論というのがありました．これはつまり，S行列に条件を付けて性質を制限するわけです．まずユニタリー性．それから時間反転とか，そういうも

```
5. Hadron physics
    1947    pion、strange particles
            pair production theory
            (南部・西島・山口, A. Pais)

        対称性の追求
            1953 中野・西島, Gell—Mann
            SU(3) 1961 Gell-Mann-Ne'eman-IOO-YY

        ハドロンのスペクトルとRegge軌道
            坂田・武谷哲学
            Chew's bootstrap theory
            duality
```

[slide 9]

のがありますけれども，その上に，いわゆる解析性が，性質に大きな制限を与えます．それで，散乱振幅の実数部分と虚数部分との間に分散公式という関係式が成り立つのです．その結果，散乱の全断面積と，個々の反応の散乱振幅との間に関係が出てきます．それは私がシカゴにいたときに，私より1つぐらい若い教授の Goldberger が始めたもので，彼のもとに，東大から宮沢弘成さんも先に来ておられました．それで私もそれに関わって分散公式の追求に努めたわけです．それはそれなりに成功しましたけれども，だんだんと数学的な方向に走ってしまいました．

　私がアメリカに行った頃，いわゆるロチェスター会議というのが始まりました．これはロチェスター大学の Robert Marshak という新進気鋭の理論屋が，世界中の学者の協力を促進するために始めたものです．初めは国内だけでやって，20人くらいの会議だったのです．私が初めて行ったのは，その第2回か3回目だったのですけれども急激に膨張し，だんだん国際的になって，1958年には，できたばかりのCERNでロチェスター会議をやったのです．1959年にはロシアのキエフで開かれました．そのころは冷戦が始まっていましたが，Marshakの努力によってそういう会議が可能になったと思います．

　すでに申しましたように，そのころ分散公式の厳密な証明というのが一つの大きな課題になっていました．それを厳密に数学的に証明するのは，前方散乱なら簡単にできますけれども，角度がゼロでない散乱振幅についての解析性を

証明することはなかなか難しいのです．例えばロチェスター会議では，この分散公式をどの角度まで証明できたかが，重要な結果として報告されました．いまとなっては，そういうことはべつに問題にならないのですけれども，一方もっと物理的な考察を進める人たちもいました．

例えば，G. F. Chew はシカゴの近くのイリノイ大学にいて，われわれの協力者だったのですが，ブーツストラップ(bootstrap)という理論を提唱して流行になりました．彼は東洋哲学的思考を好み，坂田・武谷学派のように大きい影響を与えた人です．それに続いて，ロチェスター大学にいた学生の Tullio Regge が Regge 軌道の概念を導入し，それを Chew が彼の理論に取り入れました．そういう流れがそれから続いて，結局は弦理論が生まれました．ですから，正統的な場の理論はもちろん進んできましたけれども，それ以外に別の流れがあったということが言えると思います．

ここでまた立ち帰りますけれども，Yang – Mills – 内山のゲージ理論というものがあります．これは画期的なもので，私のプリンストン滞在の2年目でしたけれども，それを彼から聞いて非常に刺激されました．すぐ自分で reproduce しようとしたけれども，できなかったということを覚えています．

その後に内山龍雄さんがプリンストンにやって来られました．内山さんは，プリンストンに行くならどうせ論文を書かなくてはいけないから，それならば今から書いておこうと，それまでの仕事の成果をまとめて来られました．しかし向こうに着いたら，Yang が同じことをやったと聞き，彼はがっかりして発表を諦めてしまいました．ところが，実は内山さんは Yang – Mills 場の理論だけではなく，重力場の理論にも同じアイデアを適用していたので，2年ほど遅れてそのぶんを強調して論文にされたということを聞いております．

だいたい 1950, 1960 年代というのは，大きな加速器ができまして，それでハドロンの物理が爆発的に発達した時代です．いままで，核力の元になるのがいわゆる湯川のパイオンだけという先入観があったのですけれども，それどころではなくて続々とたくさん新しいメソンやバリオンが発見されました．もちろん，坂田さんたちの立場からすれば，素粒子の数はいくらでもあると言っておられたのですから，それを当然と思われたかも知れません．例えば，私が武谷さんと東大で話し合ったころには，ニュートリノというのは，いくつあって

> 6. Gauge invariance, SSB, and mass
>
>   Yang-Mills-Utiyama gauge theory (1953)
>
>   rho and omega meson
>
>   Sakurai vector dominance theory (1960)
>
>   BCS 理論の hadron physics への適用(1959-60)
>
>   Nambu-Goldstone theorem

[slide 10]

もいいということでした．ニュートリノは，フェルミオンであってもいいしボソンであってもいい．彼らはそういう非常に flexible な立場であったと思っています．ρ とか ω のメソンが出てきたのは，たしかに一つのショックであったのですけれども，考え方を変えればそれは当たり前だったとも言えます．

　私はそのころ，坂田・武谷の哲学というものに非常に影響を受けていました．湯川理論もそうですが，彼らの立場では，現象の背後に実体を仮定し，モデルを作って現象の解釈をしようとします．当時核力理論のなかにいろいろ問題がありました．例えば斥力がないと困る，つまり飽和性の問題，それから形状因子の問題です．細かい話になりますけれども，中性子の電荷形状因子というのは，どうもゼロらしいという結果が出ていました．私は，それを実体論的に解決するには，中性のスピン 1 のメソンがあればいいという考えを出して発表したことがあるのです．同時にこれが核力として斥力を与え，核力の飽和性を説明できるというご利益もあります．オメガ・メソンが実際に発見されたのは，それから少しあとでした．でも，私のアイデアはあまり注目されなかったと思います．私が学会で話したときに，Feynman が何か怒鳴ったらしいですけれども，何を言ったのかわかりませんでした．

　さきほど Yang-Mills の理論ができましたけれども，これのもともとの動機は，核力に対称性，つまりアイソスピン対称性があることに由来しています．1930 年代に核力の性質としてこういうことがだんだんとわかってきました．湯川さんが初めに提唱されたのは電荷を持った中間子で，核力は陽子と中性子

の間の交換力だけです．これは Heisenberg が言い出した，つまり強磁性の場合の交換力とのアナロジーから出てきたものですが，それだけでは困る．陽子と陽子，中性子と中性子の間にも，直接働く力がほしいわけです．それで，アイソスピン対称性を満たすために，アイソスピン 1 のパイオンとかを考えたほうがいいということになりました．それを理想化して考えたのが，Yang–Mills のゲージ理論だということです．けれどもゲージ場は，質量がゼロでなければならない．これをどう解決するかが大問題でありまして，それは誰にもわかりませんでした．

この問題を追及して行けば，最後には Weinberg–Salam のような理論に到達するわけですけれども，その前に J. J. Sakurai のベクトル中間子支配の理論が相当な影響力をもっていました．桜井純さんは，日本生まれですが，ニューヨークの高等学校へ行きました．それは Weinberg, Glashow なども出た，サイエンスに強い有名な学校です．彼はロチェスター大学の学生の頃から頭角を現して，ベクトル中間子支配理論のほか，V–A の理論に関しても，Feynman–Gell-Mann, Marshak–Sudarshan に似た考えをもっておられたようです．われわれは大学出たての彼を，すぐに助教授に採用しました．桜井さんはシカゴにいる間ずっと，ベクトル中間子支配の理論を展開していました．これは一種の現象論で，つまり ρ メソンのようなベクトルメソンをゲージ理論と同じような形で記述し，ただ質量の項があるという点だけを仮定して付け加えます．そういうことをやっていくと，いろいろな現象をうまく記述できるのです．後に坂東さんたちはこの考えをさらに発展されました．

それとは別に，直接関係はないのですけれども，私が偶然に接触したのが BCS 理論です．もともと，東大で物性論の影響を受けたおかげで，ずっと今まで興味をもっているのは，なぜか知らないけれども多体問題です．P. W. Anderson は「Many is different」ということをよく強調します．つまり，多体問題には 1 体問題や 2 体問題と違った新しい性質が表れるということです．なぜこんなものに私が興味をもったかというのは，やっぱりそういうことだったかもしれません．

これは余計な話かも知れませんけれども，私が高等学校の頃に読んだ本に，エンゲルスの『自然弁証法』というのがありました．そのなかで，彼は相転移

と社会革命とを比較して，同じ現象だということを強調しています．そのようなことは，つまらないアナロジーだと私は思いましたが，とにかく何かそういう種類の興味をもっていました．

まず Ising モデル（[slide 7]）について．東大に泊り込んでいたときのことです．戦争中に出た Onsager の有名な厳密解を久保さんのグループが取り上げて，隣の部屋で議論しておられました．私も Onsager の論文を同室の岩田義一さんから習って，一所懸命にそれを簡単にする方法を考えました．これが私の最初の仕事になりました．ほとんど同時に，阪大では伏見さんと，そのお弟子さんの庄司一郎さんも同じような理論を展開されました．しかし直後にパイオンと Lamb シフトが発見されるという大事件が起きたので，私は単なる数学的問題と思われた Ising モデルをすてて，直ちにこれらの新しい問題に取り組むことにしました．

そういう因縁で私はアインシュタインと話をすることができました．私がプリンストンにいたとき，Onsager の学生であった Bruria Kaufman も有名な論文を書きましたけれども，彼女がたまたまアインシュタインの助手をしていました．この Kaufman のとりなしで思いがけなくアインシュタインと面会して，30 分ほど話をすることができました．あとで聞くと，このことが Oppenheimer の耳に入ってご機嫌を損ねたということです．

それから，これは私が大阪市大に移ったころ，プラズマの理論がでました．理論としては Langmuir という人が 1920 年代に最初の理論を立てたのですが，戦後になって，David Bohm とその学生の Gross, Pines たちが場の理論を使った現代版を発展させました．私はそれに感銘を受け，大阪市大で彼らの論文を同僚といっしょに勉強したのを覚えております．その影響で，私がプリンストンに行ってもそれを続けて追求していました．その頃，私は核力の問題で未解決なものとして，飽和性の問題とスピン軌道相互作用をどうやって出すかということに頭を悩ませていたので，その理論を使って説明をしようと，さんざん苦労したのですけれども，結局ものになりませんでした．それは実は，坂田流に実体論で一部は解決されるべきだったもので，プリンストンで一緒だった Robert Jastrow という人が，斥力の存在を仮定して飽和性を片付けました．後の私のベクトルメソン，すなわちオメガ・メソン，はその実体の一部だとい

えるでしょう．スピン軌道相互作用の問題はいまだに残っているようです．

　それから超流動，超伝導ですけれども，これも学生時代から興味をもちまして，アメリカに移ってからも follow していたのです．例えば Feynman が超流動の理論を立てましたが，これはお話みたいなものであまり感心しませんでした．

　M. R. Schafroth という人は，オーストラリア人ですが，シカゴで理論の長老格 Gregor Wentzel (WKB の「W」)の弟子なので，彼のボース気体の超流動の仕事を知りました．もちろん，ボソンに対する Bogoliubov 変換や，Landau の Fermi 流体，Ginzburg-Landau の理論などがあることは知っていましたけれども，残念ながらあまり勉強はしていませんでした．

　1957年だと思いますけれども，イリノイ大学でまだ Bardeen の学生だった Robert Schrieffer がわれわれのところで BCS 理論のセミナーをしたということがありました．いわゆる BCS 理論がまだ論文にはなっていなかったときで，Wentzel 先生が彼を招いたのです．私はそれが現象を非常によく説明するのに感心しました．でもすぐ気が付いたことですが，彼らが使っている固有関数は，異なった荷電をもった状態をたくさん重ね合わせたものです．そうするとゲージ不変性は当然破れている理論で，Meissner 効果のような電磁的問題を説明できるというのはおかしいと思い始めたわけです．関心はもともとあったとしても，超伝導を真剣にやろうというわけではなかったのだけども，気になり始めたのです．それでその問題をいろいろと考えて，解決に2年ぐらいかかりました．結局，ゼロ・モード，いわゆる南部-Goldstone (NG)モードが誘導されて，そのためにゲージ不変性，あるいは Ward-高橋の恒等式というものが救われるということに気が付いたわけです．

　N. N. Bogoliubov と J. G. Valatin が独立に発見したことですが，BCS 理論の中のフェルミオン準粒子は粒子と穴との線型結合の状態として記述され，それに対する Dirac 方程式に似た二成分の波動方程式ができます．そのかたちを見ていると，エネルギー・ギャップの項が，Dirac 方程式の質量の項に形式的に非常に似ているということに気が付きました．それならばいっそのこと，素粒子にも BCS 理論を使ったらどうかということを考えました．

　その前に，実は弱い相互作用に関する $V-A$ の理論が出ていましたが，そ

の中でカイラリティの問題というものがありました．カイラリティは，Dirac電子に質量があるために破れているわけです．しかしVやA型の相互作用ではカイラリティは保存され，しかもVとAのカップリングがほとんど同じです．それがなぜかという問題がありました．

そのころ，これも一種の現象論的な観察ですが，Goldberger–Treimanの関係というのがありました．パイオンが$\mu+\nu$に崩壊する過程の相互作用と，普通のベータ崩壊の相互作用のあいだの経験的関係式です．それが何から出ているかということは謎でありまして，GoldbergerとFeynmanがそれに対して摂動計算をしていますけれども，根本的な理由はわからなかったのです．ところがたまたま，BCSの理論を応用すれば，もともとカイラリティが保存されていても，それが自発的に破れうるという結論が出てきます．破れたためにパイオンに相当するNGボソンが誘導されます．パイオンがカイラリティ流の保存則のなかに自動的に入ってくるから，Goldberger–Treimanの関係も自然に説明できるということに気がつきました．ただ，そこで一つ問題になるのは，パイオンに質量があるということで，NGボソンの質量はゼロでないと困ります．それで私は，一つの大胆な飛躍だったと思いますけれども，核子の質量に比べればパイオンの質量は小さい．だからそれを無視してしまったら，よい関係が成り立つということに気がついたわけなのです．1959年にキエフで初めてロチェスター会議があったときに，B. Toushekのニュートリノのカイラリティーに関する講演の後でコメントとして発言しました．残念ながら，そのころソ連は，まだ戦後14年しか経っていませんでしたから，非常に社会的に惨めな状態で，そのプロシーディングが出るのに2年かかりました．いまでも持っていますけれども，開けるとすぐにばらばらとなってしまう状態です．そのあとに出た論文のほうが早かったわけなのです．

その次は，ハドロンの基本粒子として何をとるかという問題でした．もちろんそのころはまだクォークなんてなかったですから，核子をとるのが自然でした．それから相互作用は何をとるかという問題で，例えばゲージ場のような力が当然だと考えられるのですけれども，それではいわゆる高次の過程とか，繰り込みの問題とか，いろいろな問題がありまして，どうしても文句をつけられる可能性があります．それで思い切って，もっと簡単化して，つまりエッセン

シャルなところだけを示す数学的なモデルとして，BCS 理論と格好は同じですけれども，4-フェルミオンの相互作用をとりました．実は，Heisenberg が戦後に出した統一場の理論というのがありまして，これも同じような 4-フェルミオンの理論です．しかも自由度，すなわち素粒子の数，をできるだけ減らそうとして，普通の 4 成分の Dirac フェルミオンを 1 個しか使いません．それでは，いったいどうしてアイソスピンやストレンジネスのような内部自由度が出るかが問題なのですけれども，彼は一種の手品を使いました．真空にそういう自由度をもたせるのです．その正当化としては，彼の有名な強磁性理論のアナロジーを使っています．ですから対称性の自発的な破れという概念は，彼の頭の中にはあったようですが，それを explicit に数学的な定式化はしなかったのです．それから発散の問題がありますが，繰り込み不可能な発散ですから不定計量という手品を使ってます．それで，あまりにもアドホックな仮定が多く，基本概念がはっきりしないので誰もまじめに受け取りませんでした．

　結局，Heisenberg の動機とは，素粒子論の問題は対称性であり，対称性を与えれば問題は解けるという考えにあったようです．彼は 4-フェルミオンの相互作用をもっとも簡単なものとみなし，その中で最も対称性の多い軸性ベクトル型をとりました．そこから何でも出てくるべきだと思ったのでしょう．彼の親友 Pauli も初めは彼の理論に乗ってきて一緒に協力したのですけれども，すぐ幻滅を感じて手を切って，逆に今度は反対派になって，これはナンセンスだと言いだしました．1962 年頃に CERN でロチェスター会議があったときに，Heisenberg が進行状況の報告をして，微細構造定数を計算したら，値が何分の 1 とかになったとか，そういう話をしました．そうするとすぐ後で，Pauli が演台に立ち上がっていまのはナンセンスだと Heisenberg をこき下ろすわけです．Heisenberg がすぐ反論する．それが 2, 3 回繰り返されました．ちょうど政党の立会演説みたいで，非常に印象的でした．そのあと，私は Heisenberg の研究室を訪ねて，彼と会談をしたのですけれども，特別の印象は受けませんでした．

　ハドロン物理への応用は，一応，成果が見られたと思いました．それからそこで気がついたのは，いわゆる南部−Goldstone の定理というのは非常に一般的なものだということです．例えば音波がその一つの現れで，結晶では，並進

不変性がディスクリートなものになってしまいます．そのために，結晶のなかで音波が生ずるのだと解釈できます．それで，物性現象のなかで例を集めてから，それを一つの論文にしようと思っていたのです．

　なぜかというと，昔，朝永さんに，1つの論文にあらゆることをたくさん書くのはよくない，一つ一つにしなさいと言われたことがありまして，それが念頭にあったのです．私の仕事についてアメリカで初めて発表したのは，イタリアから来た若いポスドクの協力者，Jona-Lasinio が中西部の理論物理学会で報告したときです．そのプレプリントが出た2週間後に，Goldstone からプレプリントがきまして，われわれのプレプリントを引用したあと，例の Mexican hat 型のポテンシャルを例としてあげ，ゼロモードの存在を述べています．これはしまったと思いました．

　そのあと，私はハドロンの力学に努力を集中しました．そこでの南部-Goldstone モードの性質，すなわちソフト・パイオンという問題についてちょっとお話します．いかにして実験的にそれを検証するかということをいろいろ考えまして，ソフト・パイオンの定理というものをつくり，学生といっしょに追求しました．最後に今度は弱い相互作用への適用を考えました．そのころ原康夫さんがシカゴにポスドクとして来られたので，一緒に仕事をしました．続いて Adler という人が，これをもっと精密化し，いわゆるカイラル摂動という方法が発展したわけです．

　これはあと何分ですか．時間が過ぎましたね．一応それじゃあ，これで終わりまして，もし質問があったら，ふたたびまた，お答えしたいと思います．

討　　論

九後（汰一郎）　前に個人的には聞いたかもしれないのですが，1959年の超伝導におけるゲージ不変性という論文では，Goldstone の定理が出ると同時に，Meissner 効果でフォノンが質量をもつようになるということがちゃんと書いてあったと思うのです．Goldstone に Goldstone の定理をやられたのは，しまったと思われたといまおっしゃったのですけれども，それから Higgs の論文が出るまでに4年か5年かかりましたね．それまでにだから，Higgs の定理というか，Higgs-Kibble の定理というか，あそこらへんの定式化を，ひとこと

言っておこうというのは，どうしてされなかったのかということなのですが．

南部 まず質量の証明というと，Meissner 効果があるから，当然，ロンドンの方程式が出る必要があるわけです．質量がでるのは当然だと思っていたのですね．あとから言われると，なるほどと思いますが，私のゲージ不変性の論文にも，Meissner 効果を出すということを最後に書いたと思うのですけれども，読まれていなかったようですね．しかしそれ以上，特別に追求する考えはなかったわけです．

　実は私もあとから言われればそうなのですけれども，例えば桜井さんの，いわゆるベクトル中間子支配に私も非常に関心があったはずなのですけれども，むしろ私はハドロンのほうに，つまり私のカイラル対称性を完成させようと思って，そっちのほうに勢力を注いでいたのではないかと思っているのです．それで，Higgs と Brout-Englert の論文がでたとき，実は私がレフェリーだったのですが，それを見て非常に感心して，すぐ出せということで励ましたということは覚えています．

　それから，Higgs の大きな論文が出て，Oppenheimer がシカゴにやって来たとき，Higgs の論文を見て初めておまえの考えがわかったと言われたのを覚えています．

益川（敏英）　先生のお話をうかがっていると，当時のアメリカの雰囲気について，つまり先生は比較的ラグランジアンを書くことは，平気でやっていたと言いましたよね．だけどあの当時は，日本ではラグランジアンを書いて話をするということは，たいへん勇気のいることでした．

南部 湯川さんの論文を見ると，いまのような方式じゃないですけれども，ちゃんと書いてありますね．例えばベクトル・メソンをやるときも，普通のミニマル相互作用と Pauli 的な相互作用の 2 種類あるということを非常に気にしておられるのです．それで Pauli 相互作用のほうがいいとか何とか言われるのです．湯川理論を発展させながら場の理論も発展させていくという時代でしたから，いろいろな人が，例えば Kemmer がベクトル場について Duffin-Kemmer の一次方程式を書くとか，いろいろな試みがあります．両方を並行的にやっていたのです．

益川 そういう意味では，日本は懐が狭いのかな？　1960 年代にラグランジ

アンを書くというのはたいへん勇気がいったことでした．Gell-Mann–Oakes-Rennerが，1968年に論文を書いたときにカイラル摂動をやるものですから，ラグランジアンなしに書けないのです．そのときに，Chewといえどもエネルギー・運動量テンソルのゼロゼロ成分は認めるだろうといって，ラグランジアンの代わりにエネルギー・運動量テンソルを使うのです．ああいう雰囲気の中で先生は比較的気楽にラグランジアンを書いておられたのですね．

南部 どうでしょうね．もちろん私はそれだけじゃなくて，いろいろほかの試みもたくさんやりまして，例えばVenezianoの公式が出る前に，高林さんも同じですけれども，無限成分方程式というのを1年間か2年間ほどでやりました．結局，ハドロンというのは，無限にたくさん状態があるのだから，水素原子のスペクトルのようなもので，それをひとまとめにしたマスター方程式というものを探したわけです．それで，私は群論の表現論なんかの知識が足りないので，それを1年間ほど勉強したのです．その練習問題として，そういうものを取り上げてみたのです．そしてやってみたら，偶然ですけれども，Lorentz群のユニタリー表現を使い，無限個の質量スペクトルをもつ方程式が出てきたのです．あとで知ったのですが，これはMajoranaが既に1932年ごろに最初にやっています．なぜ，Majoranaがそれをやったかというと，1932年にDirac方程式が出ましたが，それには負のエネルギーの解がありました．それがMajoranaの気に入らなかった．それに成り代わるような負のエネルギーがないものを作ろうと探した結果，彼が見つけたのがその無限成分方程式なのです．ところがおかしいことには，スピンが大きくなると質量が下がってきて，ゼロに収斂するという非常に不自然な性質をもっています．実はその論文が出る前に，ポジトロンが発見されたので，彼の仕事は忘れられてしまいました．

私のはそれを少し拡張したものですから，ゼロには収斂はしないけれども，ちょうど水素原子の場合のようにある上限に収斂し，その上は連続スペクトルになります．実際，Schrödingerの水素原子の方程式をそのように書き直すことは，つまり形式的に書き直すことはできるわけで，それを1, 2年追求したけれども，結局，無限成分方程式の計画は潰れてしまいました．なぜかというと，場の理論としては，ノンローカルになったりCPTが破れたり，根本的な問題があったのです．例えば，正のエネルギーしかなく，負のエネルギーがな

ければCPTが潰れます．そういう問題がありまして，結局，おじゃんになったのです．その矢先にVenezianoの公式が出たわけです．それで，これはと思って改めて気を取り直して，そのVenezianoの公式の出るもとは何かということを調べ始めました．Venezianoの公式にも無限個の共鳴があるわけで，それらをBreit–Wignerの式の和に書いてみてどうなるか，一つの共鳴のところにどれだけの状態があるか，しかもそれらの留数が正でなければ物理的な意味がない，などということをまず調べたのです．ちょうどポスドクのP. Framptonという人がいましたので，彼と一緒に調べました．だいたい留数は正であり，それから縮退の傾向もわかってきました．そのあと木庭–Nielsenの有名なベータ関数の式が出ました．いわゆる多重周辺モデル(multiperipheral model)というものですが，いくつかの粒子が入ってきて，いくつかが出て行くというダイアグラムに対する木庭–Nielsenの表現をBreit–Wignerの和に分解する一般方式を見つけたのです．その式を見ていると，実はそのなかに無限個の調和振動子が入っていて，それがちょうど一次元の弦の振動のスペクトルと同じであるということに気がつきました．しかもその弦の端に粒子との相互作用があるという描像ができたわけです．そこで，その背後にある実体は何かと考えたら，紐であるということにすぐ気がつきました．外から入ってくる粒子は外場として取り扱われていますが，実はそれらも紐であって，紐と紐がぶつかって，そして一つに融合するという描像ができたわけなのです．

益川 謎が解けました．1969年のときに，突然5次元量を導入してストリングが出てきたのはびっくりしました．

南部 トラジェクトリの切片(trajectory intercept)を正しく出すためには5次元か6次元かが必要になるのです．しかし，私はもちろん，Kaluza–Kleinの理論というのは知っていましたけれども，まだ真剣に，そこにつながるとは考えていませんでした．なんだか不自然であって，しかも6次元でやっても，必ずうまくインターセプトが出るとは思わなかったのです．結局は，紐理論，いわゆるハドロンの紐模型はだめだということが結論されたのは1974年ごろだと思っているのです．1974年夏，アスペンのいわゆる合宿の研究会にそのころの研究家のほとんど全部が集まったのです．そのときの結論として，どうもこれはだめだろうということになったということを，吉川さんから聞きました．

私はそれを，はっきり覚えていないのですが．吉川圭二さんは，もちろんご存じでしょうけれども，Veneziano 振幅のユニタリー化，紐の場の理論，T 双対性などに大きな貢献をされました．

益川 どうも，座長の特権で，どうしても私の関心のあることに議論が飛びましたけれども，せっかくの機会ですから，どうしてもという方がおみえでしたら，お一人だけ．

佐藤（文隆） いまのハドロンの紐を，先生がある期間やっておられるときの，紐というもののイメージというかレベルというか，物性論的な何かイメージで考えておられたのですか．さっきのラグランジアンであるとか，何かその解であるというのは，どういう位置付けでやられておられたのですか．

南部 それは，単に数学的な，数式を見ただけの話なのです．

佐藤 論文からはそのように読み取れるのですが，先生のもうひとつ内面では．

南部 内面では，それは無意識にあったかもしれません．

佐藤 多体の能動的なイメージだったのですか．

南部 そういうイメージがあったとは必ずしも思えないですけれども．湯川さんがもともと非局所場を始めまして，それからその流れで高林さんがそれを取り上げて，この紐の理論のほうにもっていかれたわけです．ですからそういうイメージは，高林さんはもっておられたと思います．それから Susskind にも同じようなイメージがあったのではないかと思いますけれども，私自身としては，ただ式を眺めて，先入観なしに眺めて，それが紐だと．紐か，あるいは 1 次元のキャビティを考えたので，そのように論文の中に書きました．それから先は，今度はそれを真剣に取り上げて，紐だとすれば，紐の古典的な action というのは，膜のようなものであることに気が付いたのです．それは 1970 年，キエフでロチェスター会議がありましたが，その前にコペンハーゲンで木庭，Nielsen たちがシンポジウムを開いたのでそれに招かれたのです．講義を頼まれましたので，先に原稿を作って送っておきました．講義ですから，気軽に，憶測でも何でも自由に書いたわけです．World sheet のラグランジアンも書きました．Virasoro 代数の右辺の形をはっきり覚えていなかったので消してあります．送っておいたのはよかったのですけれども，実はそこに行く前に，アメリカ大陸を横断しているときに，車が壊れて 3 日間砂漠のなかに立ち往生し

たのです．それで結局，飛行機に乗り遅れて行かずじまいになりました．

　これに関してもう一つ話があります．これも sociology のようなものですけれども，1970年，今の NSF のような役割をしていた国防省が突然予算削減をしたので，たくさん首切りが出たのです．ポスドクがどんどん首を切られたので，非常に憂鬱な時代でした．A. Wightman と私が物理学会長の Marshak に頼まれて，失業状態のアンケートをとったということを覚えています．ポスドクがニューヨークでタクシーの運ちゃんをやっているという報告もありました．そういうわけで私も非常に憂鬱なときだったので，砂漠の事故のあと，がっかりして，講義の内容を本論文にする気になれなかった．あとで当然，議事録が出るだろうと思っていたところが，実は出なかった．コペンハーゲンに送った原稿を実際に見た人はほとんどいないでしょうけれども，あとで幸いにして，一般に引用してくれまして，ありがたいと思っております．この原稿は私の論文集と S. Wadia が編集したインドの冬の学校のプロシーディングに再生されています．余談ながら，原稿の中には，当時の話題だった深部非弾性散乱に対する応用も入っています．私は気にいっていたので，この部分を *Phys. Rev. Lett.* に送ったが，没になったと記憶しています．

益川　まだまだ質問等，せっかくの機会ですので，お聞きしたいこともあると思います．時間のこともありますし，今日は懇親会がありますので，そこでもおうかがいできると思います．一応，ここできりをつけたいと思います．拍手をしたいと思います．

III

日本の物理を創った人々

湯川博士と日本の物理学*

　湯川博士は過去四十数年にわたって日本の物理学を代表する象徴的存在であった．それは単に博士が中間子論の創始者であったばかりでなく，その仕事が日本から出た本当にオリジナルな最初の業績であったこと，博士が日本最初のノーベル賞受賞者となったことなどによるものであろう．そのうえ博士は純粋研究のみならず，政治的社会的問題にも積極的に関心を示され，また文筆的活動にもたずさわられたから，人間としての博士を評価するにはこれらをすべて考慮に入れねばならない．しかしここでは，私は物理学および物理学界に関する問題に限って湯川博士の貢献の意義を検討してみたい．

　今日素粒子物理学(particle physics)といわれているものは1930年代に生まれた．その生みの親は，実験ではE. O. Lawrence，理論では湯川秀樹だと私は考えている．Lawrenceの発明したサイクロトロンは現在では10^6倍のエネルギーをもつシンクロトロンなどの方式に進歩したが，加速器が実験方法のバックボーンであることにいぜん変わりはない．同じような意味で素粒子論は中間子論以後すばらしい発展をとげたが，湯川的思考法はこの発展をつらぬく基本的方法になっているのである．では湯川的思考法とは何か？

　中間子論は場の理論を重力，電磁力以外の現象に意識的に適用しようとした最初の試みである．結果からみて，この試みは二つの要素を含んでいる．一つは相対論と量子論とからの帰結である場の量子論の妥当性を疑わず，それを主要な理論的記述方法とすること．もう一つは安定な物質の構成要素のみが素粒子ではない，すなわち素粒子の世界はわれわれの日常経験から予期されるよりももっと広く，実験と自由なモデル設定が大きな役割を演ずることの自覚である．前者はいわば保守的な一面であり，後者は革新的な一面であるともいえる．私は科学史家的態度をとる気は毛頭ないが，これらの二つの要素がそれぞれ朝

＊ 科学，「湯川秀樹博士と日本の物理学」特集, **52**, no. 2 (1982), 65.

永博士と坂田博士によってひきつがれ,発展させられたと解釈できないだろうか. いずれにせよ現在の素粒子論が,朝永のくりこみ理論と坂田のモデル設定の方法という二つの柱の上に立っていることはまちがいない. また上の意味で湯川博士が素粒子論の草分けということにもなる.

　国内的な観点からみれば,このような純粋に学問的な貢献以外に,湯川博士の組織者としての功績も見逃せないであろう. たしかに博士はいわゆる学界ボスではなかったが,京都大学基礎物理学研究所の設立や雑誌 *Progress of Theoretical Physics* の発刊などに大いに尽力され,これによって後進の者が受けた恩恵は多大であった.

　最後に湯川博士の戦後の研究活動について一言すれば,残念ながらこれはあまり実りをもたらさなかった. 博士が素粒子を幾何学的に拡がったものとしてとらえようとされた執拗な努力そのものは別として,その内容や方法は素朴すぎたようである. 最近はゲージ場理論の発展につれて幾何学的な見方が非常に重要になり,内部量子数を幾何学に帰着させる可能性も出てきたが,博士の考えが種子になっているとはいえない. 博士が中間子論以後日本の後進学者に与えた影響はもっと間接的なものであった.

朝永先生の足跡*

　朝永先生の業績について語ろうとすると私の胸にまっさきに浮ぶのは,先生のなされた仕事自身よりも,私が学生時代以来いくつかの時期にわたって先生の数歩前まで接近する機会に恵まれたときに得た印象と,そのたびごとに学んだ教訓とでもいうべきものである. これは私の物理学に対する態度を形づくる上に大きな影響を与えたと信じているので,後学のためというのは僭越かもしれないが,まず私の個人的思い出から始めてだんだんと先生の客観的評価の方に移っていくことにしたい.

---

* 科学,「朝永振一郎博士と物理学」特集, **49**, no.12(1979), 754–756.

私は戦争の始まる前後の2年半ほど東京大学の物理学科に在学した．東大には遠い昔の長岡半太郎にさかのぼる原子核物理の伝統はあったが，長岡原子模型が象徴するような前衛的な物理は絶えていた．この方は仁科，湯川，朝永などに引きつがれて，その中心は京大と東京の理化学研究所にあった．われわれ学生有志の数名は学問的空腹をみたすためにたびたび理研や文理大を訪れて朝永さんや仁科さんの主催するセミナーを聞きかじりにいったものである．宇宙線に関する知識もそのとき得た．Order of magnitude の物理とでもいうべきものの意義も学んだ．10^{-13} になるか 10^{+13} になるかわからぬような白紙の問題では桁数が ±3 の程度で決っても進歩とみなければならない．物理的認識には定性的な面と定量的な面があって，どちらも重要な役割を果すものである．

　朝永さんのセミナーで記憶に残っている事件が二つある．うろ覚えで正確の度は保証できないが，どちらも坂田さんから朝永さんへの通信であったとおもう．一つは中性中間子（現在の π^0 メソン）の存在に関するもので，もし核力の charge independence を保つのに荷電 ±1, 0 の中間子の3つ組（アイソスピン1の3つ組）が必要ならば，中性のものはどうして実験にかかるかという問題である．中間子のスピンが0ならば二つの γ に崩壊できるが，スピン1（ベクトル）のときは禁止されて三つの γ にこわれねばならぬ．ここで Furry の定理なるものの名を覚えたが，背後の物理的理由は理解できなかった．しかし私が学んだのは，ある推論から一つの仮説をたてると，すぐそれを別の面からチェックしたり判別したりしようとする態度である．

　もう一つは谷川，坂田に発する二中間子論，つまり核力の湯川粒子（ π メソン）と宇宙線の中の中間子（ μ, ミューオン）を別の粒子とみなして，発生と崩壊の間の数値的矛盾を解決する提案である．この話も朝永さんがセミナーの席上で紹介され，議論がこれに続いたとおもうが，記憶はたしかでない．残念ながら二中間子論はその後注目をひかずに仮眠状態に入り，戦後実際に $\pi-\mu$ 崩壊が発見され，その直前のきわどいところで Marshak–Bethe の理論が出るという事件の後になってやっと再認識されたようである．

　現在では上の例で代表される素粒子論の方法は当然のことのように受け取られるだろうが，理論物理＝数理物理という観念を抱かされがちであった当時の私には非常に新鮮な衝撃だった．そして朝永さんのセミナーの席上で，昨日の

実験結果は今日理論家がとり上げ，新しいアイデアはすぐ公開され議論される雰囲気をはじめて私は物理学者のあり方として実地に体験した．

次に話は戦時中に移る．私は陸軍に召集され，最後は技術将校として多摩技術研究所の関西支所に配属され，宝塚の近くでレーダーの開発研究に従事した．私の任務が大学や産業界との間の研究連絡，情報蒐集などであったのは非常に幸いであった．軍服のゆえに阪大その他のえらい先生方とも近づきになれた．いろんな研究会にも出席した．朝永さんは専ら海軍関係だったので直接のかかわりはなかったが，あるとき朝永の立体回路の理論というものを耳にした．私は海軍のマル秘の判を押してある論文を何とか手に入れた．また宮島龍興さんが研究会上で報告されたのも聞いたような気がする．これが私のSマトリックス理論への入門のはじめであろう．そこではユニタリー性，チャネルの開閉など，今では耳なれた概念がみごとに展開されている．しかしよくわからなかった故に特に印象に残っているのは時間反転不変性からくるSマトリックスの対称性のことである．同じような事情の下にマグネトロンの理論にも接触するようになったが，このときは朝永さんと協力された小谷正雄先生自身の報告を伺ったとおもう．私はその物理的イメージのたしかさに感動させられた．例えばbunchingによる電子極の生成というようなことをはじめて学んだのである．

戦争のあと私は東大で嘱託，次いで助手という形で4，5年間研究を続けた．このとき私のまわりには中村誠太郎さん，木庭二郎さんのほか，朝永さんが東大で自ら手がけた新進気鋭の若手連がたくさん出てきた．朝永グループとの本当の接触が始まり，同時に例の超多時間理論－繰り込み理論の展開を間近で眺め，遂には同じバスに飛び乗ることができたのは大きな幸運であったといえる．

ここで私が強調したいのは，朝永さんの組織的な研究方法のことである．まず根本的な問題をはっきりとらえる．例えば場の反作用をどう取り扱うかとか，相対論的な定式化とか．次に関係論文を学生と共に系統的に読んでいく．これは自分の勉強にも学生の教育にもなる．次にテーマを着実に展開し，それを片っぱしから解決していく．これはもちろんいうべくして誰にでも実行できるものではない．またいつでも成功するものとも限らないであろう．1940年代の朝永さんは，最も脂が乗り切り，頭が冴えたと共に，自分に適した問題をうま

くとらえた時期といえよう．山口嘉夫さんの談（『自然』, 34, no. 10 (1979), 69）を引用すれば，朝永さんはもしLambシフトや異常磁気能率の実験があのとき出なかったとしても，最後まで計算を進めて予言をしておいただろうと述懐しておられる．これは朝永さんの奥に隠れた満々たる自信を表現した稀な発言だとおもう．

　朝永さんとSchwingerとの比較をちょっとしておこう．いろんな意味で両者は共通するところをもっている．昨年Schwingerの60歳記念シンポジウムで私は名前まで似ている（振＝schwingen）と友人から習った冗談をとばしたが，戦時中導波管の理論や強結合の理論をやったところもたしかに平行している．また朝永さんがSchwingerを尊敬しておられたこともまちがいない．しかし，ここでは両者の対照的な面を，些細な例ではあるが一つとり上げてみたい．朝永さんは例の繰り込み理論で，光子の自己エネルギーをどう処理するかについて散々頭を悩ませられたようだ．光子の質量を厳密に0にするのと，電子の質量を勝手な有限の値におくのとでは少し事情がちがう．最近の術語を借りれば前者は"自然"でない．これを自然的にするにはゲージ不変性という別の要請をおかねばならない．Schwingerは両刀使いをして巧みに答を出したが，朝永さんは原理の方にこだわっておられた．プラズマ現象や，対称性の破れが当り前のことになった現在では朝永さんの疑いを一層高く評価できよう（Schwingerも2次元の電磁力学など，光子に質量をもたせる興味深い模型を発明している．彼を軽視するつもりではないことを付け加えておく）．

　さて30年以上たった現時点で繰り込み理論の意義を考察してみたらどうだろうか．繰り込みという巧みな名前は朝永さんが広めたものであろう．英語のrenormalizationとは違ったニュアンスをもっている．この概念自身は1930年代に少しずつ芽生えていて，例えばDiracのなかにも見出される．この操作を実行するには無限大の量と有限の量を分離する処方が必要であり，そのためには相対論的摂動論を開発せねばならぬ．Diracが始めた多時間理論を，朝永さんは超多時間理論という完全な場の量子論に拡張することによってこれをなしとげた．湯川さんのマルの理論がその間刺激を与えたのも事実であろうが，朝永さんは場の反作用を追究するというはっきりした目的をもっておられたとおもう．

あのころ朝永さんは"繰り込み"の外に"放棄の原理"ということばをよく使われた．私にはよく意味がわからなかったので何となく耳障りであった．"箒の原理"かな，と半ば真面目に考えたこともある．自己エネルギーの無限大を解決することを一応放棄して，もっとやさしい問題に限定するというのは何か東洋的な哲学を連想させる．しかしはじめに立てた目標に向って勇往邁進するよりも，一歩ごとに環境を鋭く観察し，絶えず観点を変えて突破口をみつける近視的な立場によって意外な方向に事が進歩するのは研究者の常識であり，私もその後だんだんと実地の経験によって悟ってきた．

繰り込み理論が問題の最終的解決だとは現在でも一般に認められていない．しかしそこに一種の不快感がつきまとうのは東洋的あきらめに対する不満を表わすものだろうか．またある意味では量子力学の解釈をめぐる論争にも似ている．量子力学が理論として完全であるかどうかについてEinsteinをまつまでもなく未だに疑問をもつ人が多く，私も量子力学が理解されたとは思っていない．ただ繰り込み理論の場合は事情はもう少し単純で，非常に短い距離，例えばPlanckの長さ($\sim 10^{-33}$ cm)のあたりで破綻が現われるだろうというLandauの予想は最近のゲージ場の統一論における信条になってしまった．もしそうだとすれば繰り込み理論の寿命はとてつもなく長いことになる．Planck質量$\sim 10^{19}$ GeV/c$^2\sim 10^{-5}$gのエネルギーまで加速器が到達できるとはちょっと考えられないからである．しかしもしこんな質量をもつクォークか何かが見つかったとしたら話は別である．

ともかく，量子力学と同じように繰り込み理論の成功は圧倒的である．量子電磁力学(QED)における理論と実験の一致は驚嘆に値する．その上Weinberg－Salamの統一場理論によってQEDがどのように修正さるべきかもわかってきた．もしW－S理論の全体がWボソンの発生などによって裏書きされれば，繰り込み理論の信者にとっては当り前と受けとられるだろうが，万一予言が外れた場合には繰り込み理論の方にまで疑いがかかることになるかもしれない．

繰り込み概念自身の発展から考えれば，私は非Abel場の量子論の展開がQEDの成功の次におこった大事件だとおもう．古典的には長さのスケールをもたぬ場に長さが導入され，漸近的自由のような非古典的性質が導かれたのは繰り込みの論理を究極までおし進めた結果であるといってよかろう．色の量子

力学(Quantum Chromodynamics)こそ繰り込み理論の試金石である．残念ながら QCD にはゲージ場自身の特異な古典的性質も同時にからまっており，クォークやグルーオンの閉じ込めという新しい難問が発生してしまった．その上クォーク，レプトンの種(flavor)がふえてきた現在，質量の起源に関する謎は深くなるばかりで，今急に繰り込み以上に理論が進展する見込みはない．しかしこれは Planck の長さまで素粒子物理の砂漠地帯がつづくだろうということではない．現象の上では新しいことがその中間でも次から次へおこるだろうと私は予想している．

　朝永さんの仕事の中で他に触れておきたいのは強結合の理論と１次元の多体問題である．伊藤大介さんの記事(『自然』, **34**, no. 10(1979), 14.)によれば，朝永さんの強結合理論のアイデアは Wentzel のに先んじているらしい．それはともかく，コマの力学とのアナロジーがつけられて，こういう物理的おもちゃの好きな人には非常に興味ある問題である．最近流行の格子ゲージ理論もその延長と考えられる．しかし私としてはあの頃特に感心はしなかった．バリオンアイソバーの存在の予言は面白いが，近似ハミルトニアンを定量的に解こうとするのは単なる数理物理学の問題だと思ったからである．理論の動機となった本来の困難はすでに述べた坂田の二中間子論で実体論的に解決されてしまった．これは Heisenberg などの提出した核力の問題が湯川の考え方によって進歩したのと似ている．

　１次元フェルミオンの多体問題は朝永さんがプリンストン滞在中にされた仕事である．私も多体問題に興味をもっていて，Bohm, Pines などのプラズマ理論を勉強していたので，朝永さんが集団座標の近似のよさを厳密に検討されたのに大いに感銘を受けた．その後朝永さんは原子核の集団運動の方に進まれるが，ドイツ留学当時の振り出しに戻ったともいえる．

　この回顧談を書くにあたっては，最近たまたま中間子論史に関する USJC [*]

---

[*][編注] USA‐Japan Collaboration(for the study of the history of particle physics in Japan). 1978 年9月‐1979年7月，1984年7月‐1985年9月．成果は，*Progress of Theoretical Physics, Supplement*. no.105(1991)に発表されている．

のプロジェクトに参加したことが非常に幸いであった．おかげで昔の漠然とした記憶を反すうし，整理しなおすことができた．プロジェクトの諸メンバーに感謝したい．しかしもし誤りがあるとすればそれは一切私の責任である．

木庭二郎の生涯と業績*

　木庭二郎(1915-1973)は戦後50年史のなかで特異な存在である．それを示すためにまず彼の生涯を箇条書きに総括してみよう．
　1. 一生健康問題が彼を悩ませた．2. 学生時代には健康と，思想問題による官憲の迫害とのため進学が遅れ，30歳で旧制大学を卒業した．3. 朝永振一郎の片腕として朝永超多時間理論の展開に貢献した．4. パイオン物理，ハドロンの多重発生問題などに貢献した．5. 京大基礎物理学研究所創立初期の教授として制度の確立に貢献した．6. 日本と中国の学術交流，特に有山-周協定の実現に貢献した．7. 日本を離れてWarsaw，ついでCopenhagenに移住し，58歳で不慮の死を遂げた．8. しかしCopenhagen時代に彼の最も著名な業績として双対共鳴モデル(dual resonance model)に関する木庭-Nielsenの公式と多重発生に関する木庭-Nielsen-Olesen(KNO)のスケーリング則とを見いだした．

　上に見られるように木庭の活動は転々とその場を変え，業績は研究，事務，政治の多方面にわたっているので，彼の業績を辿ることは一人では難しい．彼に直接接触のあった当事者があまり残っていない現在ではなおさらであるが，現在の機会を逃したら将来はますます困難になると思われる．この木庭追憶集では朝永との協力時代からCopenhagen時代までにわたって四人の方々に主な業績と人柄を語っていただいた．木庭氏逝去の当時にも木庭追悼の記事がいくつか書かれており，木庭氏の全貌を知るには是非参照されることをお薦めする[1]-[5]．
　木庭は1941年に東大物理学科に入学したが，健康のため直ちに2年間休学

＊ 日本物理学会誌, 51, no.8(1996), 564. 小特集「回想の木庭二郎」の記事のひとつ．

せねばならなかった．しかしそれが彼の幸いであったかもしれない．東京文理科大学（筑波大学の前身）と理化学研究所に属していた朝永振一郎が1944年に東大の講師として招かれ量子論の講義をした．木庭と朝永との協力はこのときに始まる．朝永は1943年ごろから超多時間理論の発展を始め，文理大の伊藤大介，金沢捨男，田地隆夫など，東大の木庭二郎，早川幸男，福田博，宮本米二などの学生を協力者とされた．朝永は彼らを巧みに指導してプロジェクトの個々の問題を取上げたが，朝永は木庭を片腕として最も重要な問題に取組んだ．これらはアメリカで1947年のLamb-RetherfordによるLambシフトの発見，Schwinger, Feynman, Dysonたちの量子電磁力学（QED）の展開以前に始まったものであることは言うまでもない．この時代の木庭の仕事の内容については朝永グループの一人であった伊藤大介氏が詳しく紹介している．

　1949年に木庭は大阪大学の伏見康治研究室の助教授として赴任した．伏見教授は統計力学，その下の助教授内山龍雄は場の理論で有名であるが，木庭の参加によって湯川・朝永の素粒子論も強化されることになった．そのころは湯川の予言したパイオンはV粒子（ストレンジ粒子）の発見に続いて，加速器によるハドロン物理が始まっていた．木庭はさっそく朝永-Schwinger-Feynman-Dysonの相対論的場の理論をガンマによるパイオン生成の実験データの分析に適用した．この仕事は単なる計算ではなく，絶えず物理的な考察が加えられると同時に，Feynmanダイアグラムのゲージ不変な組，低エネルギー極限値など，非常に大事な一般的概念も導入されている．この時代の事情を当時木庭の最初の弟子たちの一人であった小谷恒之氏が語っている．

　1953年に木庭は湯川秀樹のNobel賞受賞を記念して創立後まだ間もない京大基礎物理学研究所に教授として招かれたが，またまた彼の健康状態が問題となり，初めは基研で始められた雑誌 *Progress of Theoretical Physics* の編集役という名目で着任した[3]．ここで彼の業績は三つある．第一は共同利用研究所という新しい組織の運営について原則の確立に貢献したことで，彼の生来の安易な妥協を許さぬ理想主義，説得力ある指導者としての性格，良心的な事務処理などが大きな役割を果たしたことと思われる．第二はハドロン多重発生の研究を始めたことで，主としてLandau, Heisenberg, Fermi, 高木などのモデルの比較検討をされた．これは木庭の将来の研究方向を決めることになったが，

既に朝永・仁科グループの下で宇宙線の研究に接していたことに鑑みれば自然だと頷ける．第三は中国との研究協力体制の実現に大きな役を果たしたことである．木庭はもともと中国に思想的親密感をもち，中国との交流は彼の大きな関心事であった．1957年に日本物理学会の学術交流団が訪中し，有山-周の覚書きが作られた際に，木庭はその準備工作を行なったり団の秘書役を務めたりした．これらの事情については研究協力者の高木修二氏が詳しい．

1959年，木庭はWarsawのポーランド科学アカデミー客員になった．この動機については今までいろいろ憶測されてきたが，直接の理由は5±2年という基研の任期制度を忠実に守るためであった．しかし国内の諸大学からの招待を退けて外国，しかもソ連圏のポーランドを選んだのは，彼の本来の理想と現実の可能性との妥協([本当は中国へ行きたかった]，(高木))，そこの宇宙線研究者Miesowiczと連絡があったこと，彼の健康問題([寒い国がよい][2])などが考えられる．しかしポーランドの実状は好ましいものではなかった．彼の健康には野菜不足など身近な問題もこたえた[5]．

やがて木庭には1966年にCopenhagenのNiels Bohr研究所の所員になる機会に恵まれた．ここでも健康問題は相変らず彼につきまとったが，この有名な研究所のメンバーとなって木庭ははじめて満足な環境を見いだしたようだ——たとえ理想的ではないにしても．彼はHolgar NielsenとPaul Olesenの二人の有能な学生を育成し，良い協力者とした．彼の研究はここで遂に開花し，その最大の研究業績として双対共鳴モデルに関する木庭-Nielsenの公式と多重発生に関するKNO(木庭-Nielsen-Olesen) scaling則の予言という発見を残したが，1973年コレラの予防注射がかえって災いして58歳で急逝してしまった．逝去の3日前に彼は病床から雑誌『素粒子論研究』創刊の頃の想い出を寄稿している[9]．

木庭-Nielsenの公式とは，ハドロンの2体散乱振幅の双対性(ハドロン共鳴状態はハドロン自身の交換に基づく力で支えられているという概念)を初めて数学的に実現したVeneziano modelを任意のn体振幅に拡張したものであり，複素関数の性質が巧みに使われている．この数学的考察はハドロンの弦模型発展の出発点となり，さらに超弦模型や2次元共形場の一般論にもつながるものである．

KNO scaling とは，ハドロンの多重発生の際にイベント毎のハドロンの多重度 n の分布が漸近的に重心エネルギーによらず $n/\langle n \rangle$ だけの関数であり，特にその揺れが

$$\left\langle \left(n/\langle n \rangle - 1 \right)^2 \right\rangle = \text{const.}$$

(すなわち Poisson 分布や Gauss 分布の $1/\langle n \rangle$ に比べてずっと大きいこと)を主張するもので，その導出には Feynman のパートン・モデルが使われている．この予言はまもなく実証された．(現在では 60 GeV 程度以上で破れることが知られている．) 木庭はこのように理論にも実験にも up-to-date で，常にその間の関係に留意していた．

木庭の Warsaw 時代を語れる人は見つからなかった．Copenhagen 時代を知っている人には並木美喜雄氏(早稲田大学)，崎田文二氏(New York 市立大学)などがおられるが，当事者の Nielsen 氏の回想文をぜひもらいたいと思い，後に彼と仕事をされた京大基研の二宮正夫氏にお骨折りを願った．

最後にこの序文の担当者たち(南部と西島)のそれぞれの個人的追憶をすこし述べさせて頂く．われわれ二人は木庭さんの東京時代と大阪時代にはその近辺に居てその薫陶を受け，またその日常生活にも触れた仲間に属する．南部は東大の大部屋で運良く木庭さんと机を向かい合わせることになって直々に朝永理論の発展を見学した．そのためか彼の謹直さにおじけることなくすぐ近寄ることができたが，伊藤氏や小谷氏も述べておられるように，木庭さんは実に丁寧，良心的，且つ徹底的であった．木庭さんの剃髪事件なども目撃したし，夜のベッドには木庭さんの机も借用したが，いつも朝真っ先に出勤されることにビクビクしていた．木庭さんが阪大に移ると同時に私も大阪市大に赴任し，早速中之島の理学部に木庭さんを訪ねた．新婚そうそうの木庭さんは助教授室の中で新婚生活を始められたのだが，彼が自慢そうに見せてくれた大きなダブルベッドには毛布代りに筵がかけてあった．私が Chicago 大学に移ってから木庭さんは二，三度 Chicago を通られた．一度私は彼を動物園に案内した．私の息子と一緒に豆列車に嬉しそうに乗っておられる姿は私のスライド集の中に残っているはずだ．

木庭さんのCopenhagen時代に私は一度その郊外に木庭さんご夫妻を訪ねたことがある．先ずあたりの住宅の異様なスタイルが私の目を引いた．「これはatriumというものですよ」と木庭さんは教えてくれた．私の住むChicago大学近辺にも同じような住宅があるが，要するに平屋で外側には窓がなく，部屋はみな小さい中庭に向かって開いている．

　私は内向的な木庭夫妻にふさわしい住まいだと思った．「でもこんな異境で暮らされてさびしいことはありませんか」と幸枝夫人に尋ねたら，「庭を眺めて一日中本を読んでいれば全然さびしいことなんかありません」という返事をされた．

　木庭さんはご夫人とともに一生妥協することなく自分の理想を実践してきた人である．彼のストイシズムの蔭には激しい情熱が潜んでいた．彼の山形高校以来の学友梅原千治氏は「道元的な生き方」と表現している[5]．しかし理想に忠実であるためには彼は結局外国に住まわねばならなかったのであろう．

　木庭さんの仕事の中で他の人が触れていないものをひとつ紹介しておきたい．それは彼の導入したT^*積（T star product——木庭はP^*と呼んだ）の概念[8]で，彼はS行列の摂動展開の際に，相互作用のハミルトニアン密度HのT積（time ordered product）とラグランジアン密度LのT^*積とが同等であることを示した．HとLの差は相互作用が時間微分を含むときに生ずるが，後者はスカラー量なので初めからS行列の相対論的不変性が明らかであるという利点をもっている．これは私に大きな影響を与え，私の学位論文の出発点となった．径路積分法によりGreen関数を計算すると，これは常に演算子のT^*積の真空期待値になっているという事実は，T^*積の普遍的で重要な性質を示している．

木庭二郎略歴

1915　誕生
1940　旧制東京高校尋常科，旧制山形高校を経て東大入学
1945　9月東大卒業，東大特別研究生，ついで助手
1949　阪大助教授
1954　京大基研教授
1956　アメリカ，ソ連，中国を訪問

1957　1-2月, 5月訪中学術交流団に参加
1959　ポーランド, ワルシャワ科学アカデミー客員教授
1964　デンマーク, Niels Bohr 研究所所員
1970　Niels Bohr 研究所のために万博協会資金を使うことについて朝永と協力[4]
1973　8-9月イタリア Pavia 多重発生シンポジウム参加
　　　9月28日逝去

引用文献

(1) 野上茂吉郎: 素粒子論研究, **48**, no. 3, 木庭二郎特集号(1973), 289.
(2) 早川幸男: 素粒子論研究, **48**, no. 3(1973), 293.
(3) 並木美喜雄: 素粒子論研究, **48**, no. 3(1973), 301.
(4) 朝永振一郎: 科学, **44**(1974), 381.
(5) 梅原千治: 医家芸術, **19**(1975), no. 5, 64; no. 6, 62.
(6) Z. Koba and H. Nielsen: *Nucl. Phys.*, **B10**(1969), 633: **12**(1969), 517.
(7) Z. Koba, H. Nielsen and P. Olesen: *Phys. Lett.*, **38B**(1972), 25; *Nucl. Phys.*, **B40**(1972), 317.
(8) Z. Koba: *Prog. Theor. Phys.*, **5**(1950), 139, 696.
(9) 木庭二郎: 素粒子論研究, **48**, no. 2(1973) 195.

桜井 純のこと*

　桜井 純は素粒子物理のよく知られた理論家であったが, 去る(1982年)10月に, ジュネーヴの CERN を訪問中に49歳で亡くなった. 桜井は1933年に東京に生まれ, 1949年に高等学校の学生としてアメリカに来た. 彼はハーヴァードを経てコーネルに進み1958年に Ph.D. を受け, シカゴ大学の助手となった. これが以後12年間の彼の活動の基地となった. 1970年にロスアンジェルスのカリフォルニア大学に移り, 死のときまで勤めた.
　桜井は, まだ大学院生のとき, 今日, 弱い相互作用の $V-A$ 理論として知

＊ Obituary of Jun John Sakurai, Physics *Today*, February (1983), 87. (訳注)1982年11月1日, アパートで死んでいるのが発見された. (編者訳)

られている理論を，Richard Feynman, Murray Gell-Mann, Robert Marshak, E. C. G. Sudarshan と独立に（そして同時に）提案した．1960 年には預言者的な，彼の最も重要な論文を発表した．それは可換あるいは非可換（Yang – Mills）のゲージ不変性を基礎とする強い相互作用の理論を構築する最初の真剣な試みであった．それは本質的に $SU(2) \times U(1) \times U(1)$（アイソスピン，ハイパーチャージ，バリオン・チャージ）ゲージ理論を強いフレーヴァー相互作用に適用したものであって，なんとハドロンの対称性としてフレーヴァー $SU(3)$ が知られる以前のことであった．

今日，われわれはフレーヴァーを強い相互作用を支配するゲージ化された対称性とはみなさない．しかし，当時，桜井の論文の衝撃は大きかった．理論家は，ゲージ（ベクトル）場が質量をもつメカニズムを理解する試みに駆り立てられた．ゲージ原理のもとに力の統一を実現する道をさがす刺激となったのである．この理論的な努力の最初の成果は弱い相互作用の分野で得られることになる．

現象論的な面では，桜井はハドロンの力学におけるベクトル中間子支配のモデルを強く提唱した．たとえば，彼は ω 中間子と ϕ 中間子の混合を最初に議論した．事実，彼は実験的な活動に常に心を寄せ，ずっと広い意味で素粒子物理の現象論に数多くの寄与をした．明晰な，誰にも分かりやすく語る解説者として，彼は講義，総合報告，著書によって物理社会に貢献した．

ここに彼の 1960 年の論文からの引用を加えるのがよかろう．"何故，だれもこの種の（ゲージ理論の）相互作用を試みなかったのだろう？　おそらく，もしも普通の湯川型の説明が低エネルギー現象でこれほど成功していなかったら，われわれの理論はずっと前に試みられていただろう．"

桜井の科学への寄与を永遠のものとするため桜井記念基金の設立の計画がUCLA（カリフォルニア大学ロスアンジェルス校）で進められている．

私の知っている久保亮五さん*

1. 久保亮五さんについての私の追憶は一高生時代に始まる．久保さんは私より一年上であったので彼と知り合いになることはなかったが，久保さんは音楽部に属していてバイオリンをやり，ときどきわれわれのための演奏会に現れた．不思議に久保さんの印象だけが残っているのは，後に彼と知り合いになったからばかりでなく，彼が音頭取りで，演奏曲の紹介などもする目立つ存在だったからだろう．私もあんなに何か演奏できればよいなあとひそかに思った．

次の記憶は私の東大物理学科在学時代だ．ここでも，もちろん久保さんは一年上だったが，誰でも彼が物理教室の寵児，とくに坂井卓三，小谷正雄先生から成る物性論グループのあと継ぎと見られていることを知っていた．久保さんは一目でよく出来ると分るばかりでなく，学生たちのリーダーのように振舞っていた．

そのころはもう太平洋戦争が始まっていた．こんな非常時には往々にして一年の差が決定的になるものだ．運命のいたずらと言うべきか，私の学年は軍隊に入るために卒業を半年繰上げられたが，久保さんは安全であった．もう助手になっていたし，その上，物理教室不可欠の人物と見なされていたから徴兵を免れた，と私は解釈していた．皮肉にもわれわれの卒業の翌年，特別研究員という制度が設けられ，優秀な学生は大学に留まることができるようになったのだが，私の場合は幸いにして卒業の際，東大の嘱託という一時職を貰い，復員すれば就職できると言われた．

戦争が終った翌年，1946年のはじめに私は関西から東京に着任し，物理教室1号館305号室(現在，国際素粒子研究センターの一部)に文字通り住み込むことになった．実験室用の大部屋で，大きなテーブルがぎっしり詰め込まれ，昼はそれを数人の卒業生，復員生たちが占領した．私は木庭二郎さんと向かい

---

* 日本物理学会誌，「追悼 久保亮五博士」特集，**50**, no. 11 (1995), 898-900.

合わせであったが，夜は講師の岩田義一さんと私だけが残った．ドア続きのとなりの大部屋は物性グループが専ら占領していて，久保さんの声が絶えず聞こえた．「中嶋君，碓井君，会津君」などと呼びかけ，「あの Onsager の問題はね…」と議論をもちかけているようだった．私と同室の岩田義一さんは非常に博識多才，趣味のひろい人で，「あれは戦時中に出た 2 次元 Ising モデルの厳密解のことだよ」と教えてくれた．岩田さん自身もこれに熱を上げていたので，私も勉強しはじめたあげく，たちまち同じはめに陥ってしまい，数カ月代数をいじくっている中に Onsager の解を簡単化することを見つけて[1]はじめて少し自信ができたが，私でできることは久保グループではとるに足らぬ問題であろうと思った．しかもその直後に Lamb シフトと π メソンの発見が続けて出現したので，Ising モデルは一応おあずけにしてしまった．

それ以来，私は久保さんが何をやっているかは知らなかったが，私にとってはいつも気になる存在であった．世の中には自分が無視しようと思っても無視できないといった種類の人が存在する．久保さんはそれに属するのであろう．物柔かな静かな態度の人だが，それでいていつでも主動的で，ふしぎに人をひきつけ，説得する力をもっていた．外部からの訪問客が殆ど毎日のように現れて，久保さんの教えを求めているようだった．ある日私は彼の書いた『ゴム弾性』[2]という本を見つけ，好奇心から読んでみた．ゴム弾性の根源をはじめて知ったときのおどろきと，久保さんへの畏敬の念をますます高めたことは今でも忘れない．

2. 舞台はシカゴに移る．私はプリンストン滞在のあと，1954 年にシカゴ大学に来たが，久保さんがその前年シカゴの Institute for the Study of Metals にいたことを知った．これは私の Institute for Nuclear Studies と同じ屋根の下で，現在はそれぞれ James Franck Institute (JFI), Enrico Fermi Institute (EFI) と呼ばれている．そのころはどちらも小さな世帯で，お互いどうしすぐ知り合いになり，全然気が張らず気軽に交際したが，ここでも久保さんが如何に皆に尊敬され人気があったかということを知った．最近同僚たちから聞いた回顧談によれば，JFI は 50-60 年代に久保, Feynman, Prigogine などの新進気鋭の学者が次々と招かれ，新しい空気をもたらしたようだ．

あれからあと久保さんはどんどんと世界的な学者になった．特に彼の名声を確立したのは，例の久保公式とか，統計力学の教科書の英訳版[3]などであろう．この後者は久保さんのお弟子さんたちとの共著で，自分のまわりの人を積極的に関与させるという久保さんの指導者としてのスタイルがよく現れている．千鶴子夫人との協力になるニュートンの伝記の翻訳[4]もその一例であろう．久保公式については，あれが現れたころには素粒子論の中で分散公式というものが流行し，私もそれに没頭していたので，両方の類似性にすぐ気がついた．数学的に同じものが有能な人の手にかかれば異なった分野でも独立に見出され，全然異なった物理的意義をもってくることを痛感した．もう一つ久保さんの著名な業蹟で私が大分あとで知ったのは，金属微粒子の統計力学である．これは久保さんが時代に先んじていたことの一例であると思う．

　1960年代の後半，久保さんはシカゴ大学に再び招へいされ，半年間滞在された．このときは千鶴子夫人と小さなお子さんたちも一緒で，われわれは一層近づきになった．あとの半年はペンシルバニヤ大学で過されたと覚えているが，さらに1970年代になってシカゴ大で統計力学の学会があったとき，久保さんは日本から20人近くの代表団を引連れて現れた．会議のあと久保さんの一行は私たちの家にやって来た．ささやかな長屋にこんなに人が溢れたのははじめてだったが，今でも日本にくると，あのときのパーティに居たと言う人に出くわすことがある．その後1978年には久保さんにシカゴ大学から名誉学位が贈られた．これは新学長の就任式の際のことである．

　こんなわけで，過去何十年間に久保さんと近づきになる機会は多かったのだが，物理の個々の問題について深く議論したことは不思議にもほとんどなかったようだ．多分われわれの分野と興味の対象が大分ちがったからだろう．

　われわれの会話は主に物理の全体的傾向や評価などについてであった．彼はいつもものを批判的な眼で見ていた．どんな問題についても何か意見をもち，また質問もした．素粒子物理の現状，人物評価などについて私はよく尋ねられた．ここでは私の記憶に残っているものを一つだけ述べておこう．

　まだ戦争の記憶が生々しかったころだと思うが，われわれ二人が一高時代を語ったことがある．あれは私にとっては青春の黄金時代でもあり，また陰鬱な時代でもあった．どうにもならぬ不快な社会に背を向けて学校という楽園

に立てこもり，われわれは「自分は何か」の質問の解答を見出すことに専心した，いわば目覚めの時期であったが，久保さんはこう言った．

「でもね，あの制度が日本を戦争，敗戦に導いたんではないでしょうかね……」

私ははっとして，一高，東大卒がたくさん官僚になっていることを思い浮べた．現在になっても同窓会報などを読むとき久保さんの言葉が想い出される．

3. 私と日本との関係が再びよみ返ったのは1970年代，特に文化勲章をもらってからだが，私がこういう栄誉を受けたのは全く久保さんのおかげであることに一分の疑いもない．授賞理由を述べた一文の中に，私のIsingモデルに関する仕事が入っている．久保さん以外にこれをこんなに評価している人は考えられなかった．いや，その存在を知っている人すら少なかったであろう．

久保さんはそれからもずっと研究活動を続けたが，教育研究行政や社会的任務の負担も当然重くなった．そして私は久保さんが国家の名士になっていくのを遠くから眺めていた．最後まで仁科財団の理事長をつとめられ，私に記念講演の招待をされたこともあったが，何よりもうれしいのは12月恒例の仁科賞授賞式に顔を出すことだった．久保さんをはじめ旧友に会い，受賞者と知り合いになるばかりでなく，あのすばらしい御馳走にありつけることを毎年待望するようになった．

数年前久保さんは何かの用事でアメリカに来られたときシカゴにも立寄り，しきりに旧友をなつかしそうに訪ねて廻られた．これは久保さんのsentimental journeyだなと私は感じたが，同時に彼の健康とエネルギーが衰えたように思った．昨年秋，久保さんの若いときからのスケッチが本になったのを受け取ったが，ここ何十年欠けたことのない久保さん自作の年賀状はついに来なかった．

いま私は空白を感じる．久保さんはこんなに早く亡くなるべきではなかったのに……．

文　献

(1) Y. Nambu: *Prog. Theor. Phys.*, **5**(1950), 1.

(2) 久保亮五：『ゴム弾性』，河出書房(1947)．増補改訂(1952)．初版復刻版，裳華房(1997)．

(3) R. Kubo, H. Ichimura, T. Usui and N. Hashitsume: *Statistical Mechanics* (North-Holland, 1965).

(4) E. N. da C. Andrade 著，久保亮五・久保千鶴子訳：『ニュートン――私は仮説をつくらない』河出書房新社(1968)．

研究者の養成についての雑感*

　私が日本を出たのは 28 年前で，それ以来アメリカに住みつくことになった．これはもうそろそろ私の生涯の半分に達する長さである．だから私が日本で実際に体験したものは戦前や戦争直後の教育組織，それも主に学生の目から見た印象で，その後の日本社会の著しい発展ぶりは，いわば第三者の立場で遠くからながめてきたにすぎない．しかしもちろん日本との縁が切れたわけではなく，若い日本の研究者たちにも絶えず私の研究室にきていただいたり，私自身も日本の学会などに出席したりしたが，特に最近は学術振興会のお世話にもなって訪問の機会が多くなった．

　私の専門は物理学のなかの素粒子論と呼ばれる分野で，湯川，朝永，坂田などの先生たちが開拓されたものだといっても過言ではない．1970 年代は素粒子論に新しい飛躍が起こった時期だが，その方法論的基礎は，一方では物質の構造が多くの層を成して逐次に現れるという湯川，坂田的な考え方を進め，他方ではそれらを記述するために朝永的な"繰り込み理論"に頼るものである．このことはアメリカの学界でも認識が深まり，中間子論の歴史的発展に関する日米共同の研究会などが最近開かれ，私もそれから学ぶところが多かった．

　けれども現在の日本の若い世代の研究者たちがこれらの先覚者と同じレベルで活躍しているかというと，残念ながらどうしてもそうはいいかねる．いまは

＊　学術月報, **33**, no. 9 (1980), 636-638.

素粒子物理学にだけ限って話をしているので，他の部門のことを同じように議論できないかもしれないが，私が2年ほど前に日本にしばらく滞在したとき受けた印象は，大学の教育研究施設や雰囲気が30年前と比べて特別に進歩したとは思えないのに対し，産業界や一般社会施設の進歩は正に圧倒的だということであった．象牙の塔が国力の発展に従わず取り残されている感じである．

　これは急激な成長の段階ではやむを得ないことでもあり，また日本が取った政策として賢明であったとも思われる．経済力を伸ばすことがまず必要で，科学などはその地盤の上に立たなければ健全に育たないし，育つのには時間もかかる．またこれまでは日本の官僚政府の力が民間の力に比べて強すぎたと私は思っていたので，そのアンバランスを破ったのはよかった．しかし私は母校である東大の構内を散歩したとき多少憂うつにならざるを得なかった．黒く汚れた昔のままの建物，どぶのような三四郎の池，目障りだが人も見向かぬ檄文の列の間を歩く学生や教授たちに，はつらつとした元気さがみられない．繁栄のただなかに残るインテリのゲットーという感じがした．

　表面だけで物事を判断してはいけないと反論した私の友人もいる．確かにそれはそうだし，事実東大出身の学生は優秀で，シカゴ大学の学生よりも一般に粒がそろっており，世界のどこに出しても恥ずかしくないかもしれない．また大学や研究所にしても地方の新しいのは環境や施設がずっとましである．

　しかし学生としての成績と，社会に出てからの成績，つまり研究者の場合にはその研究業績に基づく成功度とは別物である．私が好んで引き合いに出す例だが，シカゴの物理学科を出た人たちについて在学中の成績と卒業後の成功度との相関を調べた同僚がいた．彼の結果は相関係数がゼロと出たのである．それに対し，正の相関がみられたのは在学期間（短いほどよい），指導教授の違い，就職先などの項目で，別に驚くに当たらないことではあるが機械的な試験の結果よりも，目に見えない個人的要素が強く作用しているのに注意すべきであろう．ただし教育者としての教授の能力と，研究者としての教授の能力とが一致するとは限らない．創造性とはある程度排他的なものだからかもしれない．

　以上で私がいわんとしたところは，研究という創造的活動は機械的にはコントロールできない性質のものだということで，普通の意味での教育制度よりは上の段階の問題に属するであろう．一般の教育に関しては，日本人のレベルが

一様に高いことでは恐らく世界のトップに位する(例えばシカゴ大学教育学科のブルーム教授の調査では日本とイスラエルの学生の数学能力が最高であった). これが日本の産業力の発展の重要な因子になっていることは疑いない. 一方, アメリカのように個人的自由を極端に重んずる国では, 教育程度のむらが実にはなはだしい. 私の妻が教えている州立の短大では物差しの使い方を知らない学生がいるらしい. デトロイトがトヨタやダットサンの進出にたじたじとなっている原因の一つはこんなところにも存在するであろう.

　これはアメリカが克服すべき当面の大問題であるが, 日本の場合はその逆が当てはまると私は思う. 日本の教育制度では深い谷間もない代わりにヒマラヤのようなピークも生じにくい. しかし教育制度のみならず, 日本の社会機構がすべてそのような建て前なのだから, 解決は容易ではなかろう. 例えばアメリカと比較してみて, 日本の官僚機構の勢力には驚かされる. 官僚は何でも画一的に法規によって扱い, 自由裁量の余地をもたない. 大学の人事が一度教授会で決まった後は事務官の手に渡ってしまい, それ以上微妙な駆け引きの余地はなくなる. 研究費が一度許可されれば, 後は自動的にいつまでも続くと思ってよろしい. かような個々の問題はもちろんある程度是正できることであるが, 改革を推し進めていこうとするともっと根本的な困難にぶつかるのではないか.

　日本とアメリカとは社会的立地条件が違いすぎるから, 直接比較しても余りお互いの参考にならないことが多いかもしれない. むしろヨーロッパの諸国の面している問題と日本の問題とに親近性があり, ヨーロッパからも大いに学ぶべきではないかと思う. 少なくとも素粒子(高エネルギー)物理に関しては, ヨーロッパは全体として既にアメリカの倍以上の研究費を投じており, 将来アメリカから主導権を奪うことになるかもしれない. これは主に研究予算のうえでの優越さによるものだが, 他方イギリスなどの場合には国力の衰えにかかわらず研究の生産性が高いのも注目すべきである.

　ここで, これまでに展開した論議の締めくくりとして具体的な政策を提言してみることにする.

　1. 大学院のカリキュラムに柔軟性を与える. 在学年数を決めず, 卒業論文ができ次第ということにしたらよい.

　2. 政府, 民間などの支出による奨学金の種類やヴァラエティを増やす. 同

様にして各種の賞金，メダルそのほか業績による個人差を強調する制度をたくさん作る．

3. 産業界との連絡を強化する．官立大学が研究を独占する必要はない．自由企業的精神が官僚的統制のたがを緩める役に立つであろう．民間の支持による強力な研究所があっても日本の国力からみておかしくないはずである．

4. 同じような意味で大学間の横の流動性を増やすことが望ましい．昔と比べれば事情は良くなり，学閥の影も薄くなったようだが，まだ改善の余地がありそうである．例えば一つの大学を卒業すれば一応外に出なければならぬという習慣がアメリカに広まっているが，これは良いことだと思う．

5. 科学者と政府官僚，政治家との関係をもっと緊密にする．そのためには科学者が積極的に役人や政治家に啓蒙教育をするとともに，自ら政府機関のなかに入り込む努力をすべきである．研究費の分配が自動的でなく，なんらかの客観的テストを通すような組織はできないであろうか．例えばかつてのノーベル賞受賞者でも研究活動が衰えれば研究費を停止される，というのがむしろ自然のこととして認められるようになれば，これは大きな進歩であると私は思う．

最後に研究者の国際性の問題に触れてみたい．自然科学は本質的に普遍性を追求するから，その意味で真に国際的な学問である．また過去の知識の集積の上に築かれる一方，常に未知の領域を開拓しようとするからプライオリティの問題が絶えず生ずる．それが望ましいことかどうかは別として，プライオリティは世界的な規模で決めなければ意味をなさない．したがって研究者は初めから世界全体を意識して仕事をせねばならないのである．実際問題としては，日本が地理，言語，習慣などによるハンディキャップを被っていることは明らかであるが，それは歴史的事実でどうにもならない．しかも最近の日本の産業製品がいかに世界的に進出したかをみれば，もはやそれを口実に使う訳にはいかないであろう．

日本の研究者を人間として世界に出した場合，昔の made in Japan の感をいまだに抱かせるのは否定しがたい．これは研究者に限らず一般の日本人に一様に当てはまる非常に重大な問題であるが，いまいったように全然解決不可能のことではないはずだ．ただ日本の社会構造の根本的性質によるものだからカメラや自動車の改良のように簡単ではない．

日本人の人間としての欠陥を具体的に挙げれば，社会的センスが乏しいこと，個性がはっきりしないことなどがまず考えられる．ここで詳しく論じてもはじまらないと思うが，MacArthurが日本人を12歳の子供だと評したのは残念ながら至言である．研究活動においてはチームワークと個人的独自性の両方が必要なので，これは深刻な問題である．悪いことには現在の日本の教育組織は，この弊害をますます助長しているのではなかろうか．人間が余り一様化すると，コミュニケーションの必要も技能も低下する．新しい事態を処理し，創造的に問題を解決する能力がだんだん失われる．進歩には多様性と矛盾が必要なのである．

　人間としての日本人の国際的為替相場を改善する一つの方法は実地の経験であろう．もちろん海外を旅行する日本人の数は大変なもので，これは確かにプラスにはなるだろうが最も皮相的な教育としてしか役立たない．外国人と交際することを積極的に目的として相当の期間滞在しなければならない．商社がどんどん外国に進出している現在ではいやおうなしにこの事態が起こっているが，研究者の場合にはむしろ傾向が逆である．その一つの理由は日本の経済的地位が向上し，その反面アメリカなどの研究費が窮屈になって職を求めて海外に流出する人たちが減ったからであろう．しかしもともと戦後の事態が異常であったわけで，これからは海外研究の意味を本質的に定義し直さねばならない．私の知るところでは，日本の大学院卒業生の就職先がないから海外に研究員として外国の金で2,3年おいてもらう，すなわち失業救済のプールとして外国を使っている傾向がいまだにある．しかし，日本はもう余剰労働力を輸出する後進国ではないはずである．この点最近は日本政府の負担で若い研究者が海外出張できるようになったと聞いているが，これをもっと拡充すべきである．海外研究奨学金などというものを設けて，大学院生またはドクターを取り立ての人でも一時留学して武者修行できるようにしたらどうだろうか．

アメリカの大学と素粒子論*
——在米 10 年の研究生活から——

■ 11 年ぶりの里帰り

——今度のお里帰りは何年ぶりですか？　ずいぶん久しいことですので，この機会にアメリカの大学のことについていろいろお伺いしたいと思います．

南部　わたしがこちらを発ったのが 1952 年ですから，ちょうど 11 年ぶりです．昭和 27 年以来です．当時アメリカのプレジデントなんとかという船があり，それでアメリカへ行きました．最初の 2 年間はプリンストン高級研究所におり，それからシカゴ大学に移ったのです．その時分 Fermi がおりました．わたしがシカゴに行った理由がそこにあったのですが，行ったとたんに亡くなりました．それが 1954 年です．わたしがシカゴに出向いて，一回くらい彼の部屋でディスカッションの会があって，顔を合わせたのですが，それからあとすぐ姿が見えなくなったのです．それがどうしてなのか，秘密にしておったんですね．わたしはなにも知らなかったんです．そうして，3 カ月ほどして知らされました．

L. Szilard というのをご存じですか．『ヴォイス・オブ・ザ・ドルフィン』という本を最近出しましたね．あの人はシカゴの生物学研究所に，いまでも籍は残っているのですが，どこにいるかわからないのです(笑声)．わたしの研究グループの秘書はもと Szilard の秘書だったのです．そのほか，歴代の偉い人につかえた秘書でいい年の人です．それで，いまでも Szilard にくる手紙は，やはりその秘書が扱っています．

シカゴ大学の物理教室の構成は普通の大学と違って，いわゆるカレッジが別になっており，そこは全然別なスタッフなのです．兼任もいますけれどもね．それから物理学科があって，そのほかに二つの研究所をもっています．一つは

---

* 自然, **18**, no. 12 (1963), 49–53.

Fermi 原子核研究所，もう一つは金属研究所という名前をつけておりまして，物性論をやっています．そしてたいていの人は，いまいった物理学科と，それから二つの研究所のどちらかとの兼任になっているのです．総勢集めると，講師に相当するものから上が35人ぐらいいますかね．そして定員が毎年変わるのです．講義の方ですが，シカゴ大学は3学期制ですから，夏の3カ月を除いて残り9カ月を三つに割ってあり，そのなかの2学期を教えればいいことになっています．2学期を1講座ずつやればいい．週3時間です．そういうところはほかにどこもありません．普通は，週に6時間でも悪いほうじゃないですからね．

——先生はかなり古いほうですか？

南部 そう，新しいほうでもないけれども……．研究所ができたのは戦後まもなく，1946年か47年でしょう．そこで原子炉をやった人たちが残ったのですが，そのなかの大部分はいなくなり，残っていた人が中堅層になっているのです．理論の方は，その後入ってきた人です．一番古いのはWentzelという，もともとはスイス人です．それ以外には，わたしくらいのものでしょう．あとはみんな，それ以後きた人ばかりです．そしておもしろいのは，理論物理のほうは，ほんとうのアメリカ人は一人もいないんです(笑声)．あそこはアメリカの中央部ですから，気候もよくないし，あまり魅力的でないから，アメリカ人にとってはあまり好まれない．外国人ならくるということもあるかもしれませんね．それに大学の栄枯盛衰は激しいですからね．むかし名が通っていても，現在は必ずしもそうでない．われわれが聞いている名声というのは，10年以上もむかしの話を聞いているわけですからね……．

——学生を実際に教えたりするとき，いろいろ問題はありませんか？ たとえば，レベルが低いというような……．

南部 それはあるでしょう．わたしなんかも，学生を教えたり，大学院の学生を指導したりしますけれども，講義して困ることは，学生のレベルが同じクラスのなかでも違いすぎるのです．というのは，いろんな学校からきているし，また外国からきていますから，みんな教育のレベルが違うのです．それで，あまり高尚なことをやれば，下のほうのレベルのものはぜんぜんついてこれないし，あまりつまらないことをやると，上のレベルの人が退屈してしまって困る

のです．しかし，だいたいにいって，ハイスクールでの教育程度は低いような気がします．それで困るんです．大学にきてから，またやり直しです．準備のできてない人がいきなり大学に入ってくるから，非常に困るわけです．たとえば，解析函数なんか全然聴いたことのないような連中が，大学へ入ってきますからね．近頃は入学するときに，一応，試験するのです．それは入学試験ではなく，学力を調べて，どういう学科の力が不足だとか，どういうところをもう少し勉強しなければならないという指導を，個人的にやっています．

——それでも，大学を出て，大学院までいくとよくなるということは……？

南部 結局，大学院でうんときたえられることになるんですね．大学院に入って，いくつかコースをとって，それぞれ試験があるのですが，そのあとで全科目について総合的な試験がある．それは，筆記試験，口答試問ですが，それでうんとしぼられるのです．その試験が2回だめだったら追い出されます．それを通らないと Ph.D.(博士号)は貰えないのです．その点は，日本の大学よりきびしいです．シカゴは，とくにそういう点が伝統的にきびしいのです．その伝統を維持しようとしています．学生の実力が下がってきているのに伝統を維持しようとしているので，むずかしいのですが……．むかし，Fermi がいたときは，その試験がむずかしくて有名だったのです．筆記試験が何日かつづいて，また口答試問がつづき，非常にむずかしい問題が出されたようです．たとえば，サイクロトロンを設計しろとか，そういう問題が出るわけですよ(笑声)．わたしたちが時々試験委員になるのですが，そういうときにむかしの試験問題を調べてみると，そんな問題が出てきます．

——さっきのお話で，講義の時間が少なくてずいぶん楽だと承わったのですが，研究費なんか，日本に比べたらはるかにいいわけですね．

南部 それはずっといいです．個人的に政府のいろんなくちがありますからね．もちろん物性のほうですと，民間会社が補助するということもあります．われわれ理論のほうは全部まとめて，原子力委員会のほうから金をもらっています．理論全体がグループになりましてね．

——どの程度の額ですか？

南部 われわれ理論物理学の場合ですと，わたしの予算が20万ドルを超えていると思います．そして教授以下5人いますが，そのほかに研究員(Ph.

D. をとってまもない人）が5,6人，大学院学生が1ダースくらいいます．そういうのをサポートしているわけです．その金は大部分が人件費として使われます．これは，間接的に政府が大学を補助するという形になっているのです．

——先生方の場合，何年契約というようなことになっているのでしょうか？

南部 アメリカの習慣で，アソシエイト・プロフェッサー以上は永久です．その下のアシスタント・プロフェッサー，それからレクチャラーというのがありますが，それは3年契約．ところによっては，その頃から事実上永久契約というようにしているところもありますが，だいたいアソシエイト以上は永久というのが原則なのです．

——日本では最近物理の学生は，たとえば第二物理学科なんかつくって，少しずつ多くなってきたのですけれども，向うでは学生数はいかがですか？

南部 シカゴは私立ですから，金に限りがあるわけです．私立大学というのは，どこでも拡張しない方針です．精鋭主義です．そうでなければやっていけませんから．

——その点は，日本とはちょっと逆ですね．数が増せば，授業料がそれだけ入る（笑声）．

南部 しかし，アメリカでは授業料というのは，予算のほんの一部だと思うのです．私立大学ですと，そのときの科学技術者の養成とかで人員をふやすというような影響は少ないです．ですから，なにかにつけ私立大学は一番自由ですね．官僚的なことは全然ありませんし……教育なんかの面でも，勝手にやればいいのです．

■ 新しい理論へのプログラム

——それでは，次にご専門の素粒子論について伺いたいと思います．新しい理論の見通しはどうなんでしょうか？

南部 いま素粒子論の見通しについては，悲観的な人が多いですね．ながい目ではどうかわかりませんが，いまのところ行き詰っているのです．そうすると，いろんなスペキュレーションといいますか，哲学的とか，臆測とか，いろんな方法論がはびこるわけです．

わたしはこちらへくる前，イタリーの，ヨーロッパを主にした学会にちょっ

と寄ってきたのですが，理論物理の現状の報告がありました．そこでは理論物理の右派，左派，中間派と，それぞれの代表者が報告しました(笑声)．いろんな行き方があるという意味で，それぞれの派の近況報告のようなものです．Chew というのがおりますが，彼がいわば左派の代表です．どちらを右派，左派といっていいかわからないけれども，その反対のほうは"非常な公理主義"といいますか，数学的に公理論を打ち立てて，それから場の理論を調べる一派ですね．それはヨーロッパに多いのです．ドイツなどは，もともと，厳密な論理的な考え方の盛んな国ですね．もちろんアメリカにも，そういう派があります．日本人では荒木不二洋さんが非常に達者です．Chew の生き方というのは極端にアメリカ的です．そして，いままでの古い場の理論の枠は，ぜんぜん無意味だというのです．観測にかかるような量だけを取扱い，その奥にある根本的な場は必要でない，という考え方です．それを自分の意見として述べている．彼に従う若い人も相当多いです．しかし，それを彼が証明したわけでもなければ，そうだという証拠は何もないのです．必要以上に極端に走っている．公理主義というのは，あまりに極端に公理論を立てているけれども，それだけからは何も出ない．もう少し何かの要素を外から加えないとなにも出ない．

――右派も左派もあるけれども，そこからなにかが開花する前夜にあるのとは，またちょっと違うようですね．

南部 違うんですね．みんな勝手なことをやっているのです．

――先生は何派？(笑声)．

南部 ぼくは中間派だと思いますけれど(笑声)．

――なにか新しい理論へのプログラムをお立てになっておられますか？

南部 プログラムはもっておりますが，それも，いまのところは臆測とか仮説にすぎないのです．それをいかにして実証するか，が問題です．

――もし仮に新しい素粒子の理論ができたとしますと，これまでのある種の概念で，なんらかのものが否定されなければいけないと思うのですが……．

南部 そうですけれども，つごうの悪いのはいまの理論が完全に悪いといえないことなんです．曲がりなりにも何とか理解ができる，というところが一番いけないと思うのです．どこが悪いか，何を否定していいか，ということもわからないわけです．

――先生のご研究については，私どもは南部モデルあるいは超伝導モデルという名で，ときどき日本の物理学者から聞いておりますが，それについて簡単に説明していただけませんか．

　南部　実際の現象を記述するのは複雑すぎるものですから，われわれがよく使う，少し簡単化したモデルを作って，それの性質がどうかということを調べるのですが，そういうことはいろんな人がやっています．その中で新しい考え方は，次のようなものです．

　時間，空間，それから素粒子にいろんな対称性がある．対称性といってもわからないかもしれませんが，エネルギーが保存されるとか，運動量が保存される，それから電荷が保存される，というような根本原則があるわけですね．それに近いような保存則が，そのほかに素粒子の世界でいろいろ見つかっているのです．ところが，その保存則は厳密な保存則ではない．近似的な保存則として実際にわかっている．非常にふしぎなのは，なぜ近似的なのかということです．なぜか？　非常にふしぎな現象です．現実に成り立たない法則を，法則として認める価値があるか，ということです．そこでいろんなモデルを考えているのです．それから，厳密に成り立っているけれども，見かけ上は法則が成り立っていないように見える場合がありうる．それも素粒子の世界である程度それらしいことが見つかっているのです．そういうものをどうして説明するか，ということが私の一つの問題です．

　素粒子というのは，四次元的世界の媒質のなかの何かの現象と考える．そうしますと，それのアナロジーをとって考えると，ふつうの物質のなかの現象と非常に近い場合があるのです．アナロジーがつくれる場合がある．そういうアナロジーに着目して，われわれが日常知っているような物質の媒質のなかでも起っている現象に似たようなことが，素粒子のなかにも起っているのではないか，考えたわけです．つまり，エーテルを媒質と考えた場合です．超伝導体というのは，ふつうのこういう(目の前の膳を示して)物質ですね．これは，もう50～60年もむかし，今世紀の初め頃に見つかった．そしてそれに対して，1957年に，アメリカのBardeenが決定的な理論を出したのですね．その理論のなかに，いまいった理論が含まれている．つまり，対称性があるけれども，見かけは破られている．それが超伝導理論になっている．それに似たことが，

素粒子の世界にもないか，と考えたのが超伝導モデルです．

■ 英才教育と遅れた者の教育

——いまのお話ですと，素粒子の困難な状態は当分続きそうな見通しですし，突破口を見つけるにしても，理論のどこが悪いのかわからないわけですが，それは実験の方から何か出てくるというようなことは考えられないでしょうか？

南部 それが出ればいいのですがね．いままでの理論ではどうしてもだめだ，ということがはっきり出ればいいのですが……．それには，大きな加速器がどうしても必要です．いまのものよりもっとエネルギーの高いところをやってみることが必要なのです．やってみて，何も出ないかもしれないし，何か変ったことが出るかもしれない．もちろん高いところでなくて，現在可能なエネルギーの範囲でも，へんなものが出る可能性はありますが，しかし，いまのところ曲りなりにも，定性的にある程度理解できる．定量的には理解できないけれども……．それが困るところです．数学的には非常に扱いにくいところなのです．それは，われわれの人力では及ばないから答が合わないのか，本質的に合わないのか，その区別がつかないのです．

——アメリカやソヴィエトでは，加速器なんか非常に大きいものを作っているのですが，日本の場合は最近やっとパイ中間子ができるようになり，さらにこれからの 12 GeV 加速器を作る計画が進められているのです．その場合，他の研究とのかね合いから，例えばガンの研究に費したほうが有効だというような意見があります．アメリカではどうでしょうか？

南部 それは，やはり同じジレンマでしょう．どこにもありますね．スペース・サイエンスに費す費用とか，……．つまり政策を打ち立てる方の人になれば，そういうことを考えざるをえないわけです．特に大きな加速器でも作ろうとなると，どうしてもそういう政策に触れてきますからね．そういう政策を立てる人は，アメリカではいろんな大学から出て，政府方面に関係しているのです．しかし，加速器はだんだん大きくなりますけれども，やはり限度がありますからね．例えばいま作っているものの10倍以上の加速器を作るという話がもちあがっており，それがどれだけ意味があるかということが問題になっております．アメリカだけではできないから，全世界連合で作るのがいいか，悪い

かという問題もあります．

　かつて Fermi がニューヨークの物理学会で講演したことがあるのですが，加速器が現在までどれだけ大きくなってきたか，統計をとってみたというのです．そのカーヴをだんだん伸ばしていくとどうなるか．1984 年には，ちょうど地球の大きさになるというんですよ(笑声)．しかし，彼の予想は少し楽観的すぎたようです．1984 年にそんなものは作れそうにない．

　――そういうむずかしい状態に物理学はあるのですが，それがべつに学生の志望数なんかには反映していないのでしょうか？　例えば，物性のほうに優秀な学生がひっぱられてゆくというようなことは……．

　南部　そういうことも，ないことはないと思います．やさしいし，就職も確実ですからね．物性というのは非常に身近な学問ですし，一人でこつこつ楽しみながらやれる特徴がありますね．実験は，大きなチームの一員にすぎないことになる．そういう意味で，高エネルギーの物理学をやる学者の性格が，いままでとぜんぜん変ってきたと思います．大きな仕事をやっても，それが誰の手柄かわからないわけです．いままでのような一人芸とはちがった素質が物理学者に要求される．大部分は，ある意味ではエンジニアにすぎないことになるわけです．ほんとうに独創的な仕事をする数は決まっていて，あまり変らないが，頭になる人は単にアイディアがいいとかいうことではなくて，リーダーとしての資格が要求される．

　――そういうところからでしょうか，英才教育とか天才教育とかいわれているのは……．

　南部　ええ……．しかし話はかわりますが，わたしの上の子供が，いま中学 1 年でして，シカゴ大学付属小学校からあがってきているのです．だから，そういう初等教育も一応経験しているのですが，いわゆる英才教育は非常におもしろいのです．ふつうの人間でないものを集めて，例外的な子ども(exceptional children)と名づけています．そこには遅れた者も天才も入っているのです．とにかく，ふつうからそれたものを入れている．そういうものの教育をどうするかということが，一つの問題になっているのですね．exceptional というと英才教育のように思われますが，そうではないのです．だいたい英才教育よりも，むしろ遅れた者の教育のほうが問題なのです．その点が，日本では皮

相に受け取られている危険があると思うのです．

■ 学業成績と将来の業績の相関はゼロ

　南部　……いまちょっと思いだしましたが，こういうことはおもしろいと思うんです．——大学を出た学生が将来どれだけ伸びるかということを，いかにして判定するか．学業成績と将来の業績とどれだけ関係があるか，ということです．そういうことの好きな人がシカゴにおりましてね．シカゴ大学の卒業生1000人くらいを対象にして統計をとったのです．非常におもしろかったです．結論的にいいますと，学業成績と将来の業績とは，ぜんぜん何の関係もない（笑声）．相関係数ゼロ，ということになったのです．

　どういうものに相関係数があるかというと，例えばどういう先生についたか．ある先生につけば，その先生の仕事をしますからね．それから何年かかって大学院を出たか．これは早ければ早いほど将来の成功率が高い．それから，どこに就職したか．これは一流大学に就職すれば一番いい．その統計をとったのは，われわれの同僚の物理の教授です．学校の試験とか教育に非常に熱心な人です．各人の過去の成績をとり，シカゴ大学の論文をとり，それから個人個人について，実際にどれくらい評価されているかということをいろんな人にインタヴューして決め，それで成功率を決めたのです．これはある程度真実だと思います．ほかの大学でも，それに似たような統計を出している人がおります．

　——日本の勉強しない学生が喜ぶような話ですけれども……（笑声）．

　南部　ただ，額面通り受け取れるかどうか……．アメリカと日本とは違う．日本では，成績がいろんな意味で重要になってくるから，やはり勉強しなければならないということになるかもしれません．

　——まだまだ教育に矛盾がある，ということにもなりますか？

　南部　そうですね．つまり，能力を調べるのに何がいいか，ということがわからないのです．その統計をとった教授は，どういう試験問題が学生の能力を知るのに一番適しているか，ということに興味をもってやっているのです．それを調べる基準として，おなじ試験問題に対して，いろいろな学生の点数がどのくらい分布しているか調べ，一番分布の高いものが有効だ，と．つまり，誰もできないような試験問題を出しても意味がない．誰もできるものを出しても

意味がない．だからどういう問題がいいか調べているのですが，わからないようです．結果としてこの問題は適当だった，ということになるのであって，その判断の基準はないらしいです．

■ アメリカにいて感じること

——先生はソヴィエトの国際会議に出席されたと聞いておりますが，Landauに直接会うようなことはなかったのですか？

南部 ええ，彼の研究所で会いました．じつに才気煥発な，おもしろい人です．こんど交通事故で大変なことになったのは，非常に惜しいことです．ソ連の若い物理学者は，たいていLandauのいきのかかったものですからね．彼のところを卒業するためには，彼の厖大な物理学叢書をぜんぶ平らげないと，通らないそうです(笑声)．ですから，彼の弟子のなかには，いろいろなことを知っている間口の広い人が多いです．この頃はしかし，Landauのような人は，だんだん出にくくなったようですね．やはり各部門が専門化して，その専門の中でやることが多くなりすぎたのです．素粒子論を勉強している人も，物性論に関したことは，近頃よく知らない．われわれが東大にいたときは，物性論をやっていましたから，そういう影響を受けていると思います．それがわたしの考え方の傾向を決めていると思います．それに本職でなくても，物性論の問題を考えたりすることが非常に楽しいです，半分は趣味ですけれども．というのは，問題がはっきりしていて，理論を自分一人で考えられるのですね．高エネルギーのことになると非常に広くなりますから，それがとてもできない．

——超伝導なんかの問題に，素粒子の人が目をとめるというようなことは，日本ではあまりなかったですね．

南部 やはりそういう教育を受けてなかったと思うのです．

——それが，日本の素粒子をやっている人の一つの弱み，というと言葉が悪いのですが，一つの気風としてあるのでしょうか？

南部 そうですね．しかし日本だけではないのです．

——日本の研究の傾向とか，仕方とかについて，海のむこうにいてお感じになることはありませんか？

南部 日本は，哲学的，方法論的な色彩の強いことが特徴でもあり，それが

伝統になっているわけですね．しかし，ほかの国でもだんだんそういう傾向になってきておりますから，日本が先駆けているとも思います(笑声)．これはやはり，行き詰ってきたことの現われかもしれませんね．しかし，実験と直接つながってないのは，非常な欠点というか，不利な点ですね．実験と密接な連絡をとれるような，そして着実に細かいことを踏み固めていけるようになってないと，いけないと思うのです．そうでないと，大きな仮説をぶち立てて，一か八かというような傾向になってしまう．むこうですと，もちろん理論物理学にもいろいろな学派がありまして，例えば実験の分析に重きをおいて，その底にある原理的なことは特別問題にしない人もいる．そうすると，ほかの物理学者と理論物理学者のとりもちをする人もあるし，実験とはあまり関係なしに理論的にのみ発展させようという人もあるし，いろいろあります．日本では，その後者が多いわけですね．

　シカゴの大学では，だいたい実験屋は理論屋に統括されやすいです．例えば理論屋が，こういう理論を出したからそれをチェックするために実験してくれ，と．実験屋は，実験屋としてこういうことがおもしろいからやろう，というのではなくてね．

　——ヨーロッパとアメリカの交流は，日本とアメリカの交流に比べると非常に盛んでしょうね．

　南部　それは問題なく盛んです．あちらは，しょっちゅう交流しています．アメリカ人でも，ヨーロッパによく行きたがります．例えば，Ph.D.をとったばかりの若い人で，将来ヨーロッパに留学したいという人が多いです．その点，日本は非常に不利です．日本に行きたいという人もありますけれども，数からいうとずっと少ない．しかしそれでも，日本にもこの頃はアメリカの人が相当くるようになっていますね．先週も，東大に行ってみたら，シカゴ近辺にいたことのある人が，アメリカ人も含めて 4, 5 人，同時に同じ部屋でばったり顔をあわせました(笑声)．驚きましたよ．

解説に代えて——年表と注記

＊を付したものは本書に収録した南部の論文である．長年月にわたって書かれたものを集めたので，その間の素粒子物理の進展は著しい．年表と対照しながら読んでいただきたい．同一年のなかの順序は不同である．　　　　　編者

- 1921　Th. Kaluza　5次元統一場理論
- 1925　W. Heisenberg　行列力学
- 1926　E. Schrödinger　波動力学
- 1927　P. A. M. Dirac　変換理論
- 1928　P. A. M. Dirac　電子の相対論的波動方程式
- 1930　W. Heisenberg – W. Pauli　波動場の量子力学
- 1931　E. O. Lawrence – M. S. Livingston　サイクロトロン
  　　　P. A. M. Dirac　陽電子，磁気単極子
  　　　W. Pauli　ニュートリノ仮説
  　　　N. Bohr　原子核の内部では量子力学は成り立たない
- 1932　J. Chadwick　中性子の発見
  　　　W. Heisenberg　原子核の構造
- 1933　E. Fermi　ベータ崩壊の理論
  　　　C. D. Anderson　陽電子を発見
- 1934　W. Pauli – V. Weisskopf　スカラー場の量子化
- 1935　湯川秀樹　中間子論
- 1937　S. H. Neddermeyer, C. D. Anderson　宇宙線のなかに電子と陽子の中間の質量をもつ新粒子を発見
  　　　仁科芳雄 – 竹内柾 – 一宮虎雄　新粒子の質量を陽子の1/10と測定
  　　　湯川秀樹，E. C. G. Stückelberg　新粒子は中間子である
- 1938　W. Heisenberg　量子力学の適用限界
- 1939　S. M. Dancoff　電子の弾性散乱と輻射場の反作用
- 1940　W. Pauli　スピンと統計の関係
- 1941　南部陽一郎　東大理学部物理学科に入学
- 1942　朝永振一郎　中間子 – 核子散乱の中間結合理論

坂田昌一 - 谷川安孝　二中間子論

　当時，宇宙線の中間子の散乱断面積が生成断面積あるいは核力の強さから予想される値に比べて桁ちがいに小さいという困難があった．朝永は中間子論の近似法に問題があるとして中間結合の方法を試み，坂田らは模型の問題だとして，上空で生成される中間子が崩壊し別の中間子になって散乱が観測されるのだと考えた[1]．1947年に C. F. Powell らが中間子の連鎖崩壊を見つけ，坂田に軍配を上げた．2種の"中間子"は π と μ と名づけられた．

武谷三男　自然認識の三段階論

　「Newton 力学の形成について」[2]で武谷は，自然の認識は現象論的段階・実体論的段階・本質論的段階の三段階を経て進展し，それを循環的にくりかえすということを Newton 力学を例に主張した．これに「Galilei の動力学について」[3]が続いた．武谷は湯川・坂田の共同研究者である．当面する中間子論を，このような広い科学史的な視野において物理学の方法論として分析する人がいたのだ．彼は「中間子論は実体論から本質論への移行に当たってまず実体論的な整理を行ないながら本質論へ高まる路をさがしている状態にある」と規定した．

仁科芳雄ら　物理懇談会，原子爆弾と極超短電磁波の軍事利用の可能性を検討

　海軍技術研究所の発議により仁科芳雄を委員長に長岡半太郎，嵯峨根遼吉，菊池正士，水島三一郎らに海軍からの十数名を加え，原子爆弾は可能か，強力な電磁波の軍事的な効果如何を議した[4]．1942 年 7 月 8 日から翌年の 3 月 6 日まで．その結論は，米国といえども今次の戦争においては原子力活用は困難だろう，日本では強力電波の利用のほうが実現性が高い，であった[5]．海軍は，この会の始めに「陸軍では原子爆弾の研究をすでに理化学研究所と共同して推進していた」としていたが，仁科は 1943 年 4 月に陸軍造兵廠によばれて「ウランの実用化に対する意見」を訊かれている．ウラニウム 235 の分離のための熱拡散塔を理研に竹内柾が完成させたのは 1944 年 3 月である[6]．

1943　朝永　超多時間理論

W. Heisenberg　S 行列理論

　Heisenberg は，場の量子論の発散の困難を避けるため記述を観測可能な量の間の関係に限るべきだとして散乱行列（S 行列）を考えた．ドイツの潜水艦によって日本にもたらされたその論文を見て，朝永は海軍のために戦時研究をしていたレーダーの問題[7]に応用し極超短波回路の一般論[8]をつくった．陸軍のレーダー研究に

携わっていた陸軍中尉の南部は，その"秘密"を入手するように命令され，これが朝永を知る機会になった(本書，p.11)．陸軍と海軍の間に協力関係がなかったわけではないが，うまくいかなかった[4]．

 南部 修業年限短縮(1942年から)により9月に卒業．兵役に．紆余曲折の後、陸軍技術研究所へ

1944 朝永 3月から東大で量子力学の講義．隔週日曜日に5回．週日，学生は勤労動員

 1944年3月，大学の学生生活の半分である1年半を終わった早川幸男ら理学部の学生も勤労動員に駆り出されることになった[9]．勉学の中断は精神的に苦痛だった．大学側もこれを察し，隔週日曜日に講義を用意した．1科目で5回，その一つが朝永講師による量子力学であった．朝永振一郎の名は，量子力学の適用限界や超多時間理論等を通じて，学生もよく知っていたので，最先端の講義が聞けるものと期待して教室に入った．ところが，第1回の講義は古典統計力学の話で量子論にも入らなかった．初等的な話が続き，いつ本題の場の量子論が現れるかとやきもきしているうちに，Schrödingerの方程式を導いて終わりになってしまった[9]．この内容は後に朝永の『量子力学』[10]の第1巻に収められた．

 朝永 11月から東大でセミナー，W. Heitler『輻射の量子論』

 参加者は，木庭二郎，福田博，宮本米二と早川幸男で，Heitlerの『輻射の量子論』を読むことになった．朝永はセミナーで読む10節足らずを指定し，あとは自習するようにといった．第1回は，電磁場の縦波を消去してCoulomb場を導くこと．朝永は接触変換を用いて目に見えるように話した[11]．福田は12月に，宮本は翌年の5月に徴兵された．福田は除隊が遅れた．

 伏見康治 不変変分論

 J. Daudin 宇宙線の中にV粒子を発見，1947年にG. D. Rochesterらも．

1945 V. Veksler, E. M. MacMillan, 独立に シンクロトロンのアイディア

  A. Pais 自己エネルギーに混合場の理論

1946 朝永 4月，学生を召集．超多時間理論の研究会発足

 4月のある日，召集がかかった．東大の木庭，宮本，早川は，この日，初めて文理大の田地隆夫，金沢捨男らに会い，朝永のもと，3年余にわたる緊密な共同研究が発足したのである．朝永のプログラムは，こうであった．1943年に発表した超多時間理論は形式を整えたのに止まっている．その意義は具体的な問題に適用して

明らかになる．まず，これを電子と電磁場の相互作用に適用してみよう[12]．

1946　坂田　「湯川理論発展の背景」
　　　坂田　「素粒子論の方法」

坂田はいう[13]．従来の場の理論においては個々の場の相互作用が単独でとりだされ他と切り離して研究されてきた．しかし，一つの場と相互作用するすべての場の内的関連を探求することが現在の理論のもつ発散の困難を解決する有望な路である．まず混合場理論を検討しよう．しかし，単に相互作用定数の間に一定の関係を設ける混合場理論は，相互作用の相互関係についての外部的な偶然的な認識を含んだ現象論的・実体論的段階の理論であって，将来，相互作用のもっと内部的な必然的な関連を明らかにする本質論的段階へ止揚されねばならない．

　　　南部　東大の物理教室に帰る．

1947　朝永　極超短波回路の一般論(戦時研究のまとめ)
戦時研究[8]を戦後に英文にして発表したもの．「1943, Heisenberg」を参照．

　　　G. D. Rochester – C. C. Butler　宇宙線のなかに新粒子
　　　C. M. O. Lattes ら　π 中間子と μ 粒子の連鎖崩壊を観測
　　　坂田ら　C 中間子
　　　木庭二郎 – 朝永　電子の弾性散乱にくりこみ理論
　　　W. E. Lamb　Lamb シフトを発見

夏休みが明けた9月のある日，定例の金曜コロキュームが都内大久保の図書室で再開された．朝永はニューズウィークを1冊つまんで現われ，大発見の話があるとその1ページを日本語で読み始めた．水素原子の 2s と 2p 準位が Dirac 理論の予測に反して少しだけずれている(Lamb シフト)という実験の報告である．続いて，その解釈をめぐってシェルター島でアメリカの理論家たちが討論し，原因は輻射補正にあるということになったと報じられていた．

このニュースを読み終えた後，朝永は黒板にずらずらと式を書き始めた．それは輻射補正を相対論的共変性を保つ超多時間理論の枠で定式化するものであった．輻射補正は無限大だが，s 状態と p 状態で有限の差があり，これは共変性を保って計算すればあいまいさなしに得られる．こう説明して共変くりこみ理論を発展させるプログラムを述べた[12]．

　　　南部陽一郎 – 小野健一　Lamb シフトの直観的解釈，秋の物理学会で講演

1948　朝永　分割陽極磁電管の理論
　　　戦時研究[14]を戦後に英文にして発表したもの．

　　　J. Schwinger　量子電磁力学 I
　　　木庭 – 武田暁　*Prog. Theor. Phys.* **3** (1948) 205
　　　R. A. Alpher – H. A. Bethe, G. Gamow　ビッグ・バン宇宙論
　　　P. A. M. Dirac　磁気単極子
　　　E. Gardner – C. M. G. Lattes　π 中間子の人工創成
　　　湯川　プリンストン高級研究所に招聘され渡米
1949　朝永　『量子力学(I)』，現代物理学大系，東西出版社
　　　序文[10]にこうある：著者はこの書物に於いて出来上がった量子力学を読者に紹介するよりもむしろそれが如何にして作られたかを示そうと試みた．理論物理学者の仕事を大別して二つにわけることが出来る．一つは出来上がった理論を未だ理論的に解決されていない問題に適用して現象の由来を明らかにすることであり，今一つは新しい理論を作りあげることである．この後の仕事は，第一の仕事に劣らず重要であるが，その場合研究者を導くのに過去においてそういう仕事が如何にして行われたかという例が非常に役に立つであろう．

1949　F. J. Dyson　朝永 – Schwinger – Feynman 理論の同等性
　　　R. P. Feynman　陽電子の理論
　　　南部　Lamb シフトと電子の異常磁気の計算
　　　この仕事は，朝永が 1948 年に *Physical Review* 誌に報告した「場の量子論における無限大の場の反作用に関する日本の研究の現状」に，「未完成だが」として引用されている．福田博，宮本米二，朝永の Lamb シフトの計算には触れていない．この南部の仕事は *Prog. Theor. Phys.* **4** (1949) 82 に，福田らの仕事は同じ巻の 121 ページに発表された．

　　　福田博 – 宮本米二 – 朝永振一郎　Lamb シフトの理論
　　　N. Kroll – W. E. Lamb　Lamb シフトの理論
　　　E. Fermi – C. N. Yang　パイ中間子は核子と反核子の結合体
　　　早川幸男　大阪市大講師，翌年に助教授
　　　朝永　プリンストン高級研究所に招聘され渡米
1949　仁科　国際学術連合会議，コペンハーゲンへ

湯川　ノーベル物理学賞
　　　嵯峨根遼吉　カリフォルニア大学，Lawrence のもとへ
1950　菊池正士　コーネル大学へ
　　　南部　結晶の統計力学における固有値問題
　　　南部　量子電磁力学における固有時の利用
　　　木下東一郎-南部　中間子の電磁的な性質

　　　木下は書いている[15]：南部さんが東大の物理研究室に現れたのは1946年後半のように記憶している[1]．彼は1945年8月15日には陸軍中尉で，そのためか暫く復員が遅れたようである．…

　　　量子電気力学のくりこみ理論は電磁場とスピン1/2の電子との相互作用を扱う理論であるが，同じ方法によりスピンが0や1のボソンと電磁場の相互作用もくり込みが可能であるかどうかはまだ不明だったので，南部さんと共同でこの問題を研究することになった．始めのうちは朝永グループと同じ方法を使っていたが，Dyson のプレプリントが送られてきて，非常に見通しのよい論文であったので Feynman-Dyson の方法に方向転換した．この研究でわかったことは，スカラー場の場合にはくりこみ可能だがベクトル場では不可能なことである．この論文のプレプリントをプリンストンにおられた朝永先生に送ったところ，Pauli が高く評価したということであった．

　　　くりこみ可能性は世界の各地で調べられたようである．たとえば，ケンブリッジ[16]．日本では，坂田-梅澤博臣-亀淵迪(1952)の仕事がよく知られている．

　　　南部　場の量子論における力のポテンシャル
　　　南部　大阪市大へ

　　　大阪市大は1948年7月に設置準備委員会が発足，翌年に理学部長に任命された小竹無二雄は「一切まかせる．好きなようにやってくれ」といわれていた．小竹は阪大・物理の渡瀬譲を「市大の研究室については全部一任する．人も欲しいだけとってよろしい」といって誘った．渡瀬は宇宙線の研究を始めようときめたが「批判者としての理論家が必要だ，理論的雰囲気があることが大切だと考え，小竹さんに無心して素粒子の人をとってもらうことにした」．学会などで物色し，いろいろな人に相談して南部を教授に選んだ．南部は，まだ大学院の学生か学生あがりだったので，市大の評議会では特に文科系から「若すぎる」と反対されたが，「自然科学では能力は年齢に反比例するとか，いろいろ説明した」．1953年の『市大要覧』に

---

1)　南部自身は「1946年の正月ごろ」といっている．本書，第Ⅱ部「素粒子論研究」p.261

よると南部教授のもとには早川幸男助教授，山口嘉夫講師がいる．山口より1年後の1948年卒業になる西島和彦，中野董夫は助手だった．教授から助手まで6人で一講座という構成も小竹がかちとったものである．早川は1949年7月に講師になり，翌年に助教授になったのだが，その年の5月に渡米し1952年に帰国している．渡瀬はいう．「理論の人全体がそうですが，学校に出てこないとか，しょっちゅう外国へ行っている．よそから苦情が出るのですが，ぼくらを信用して任せてほしいと言ったわけです」．学校といっても，新設なので図書も雑誌もなかったのだ．高学年の学生もいなかったから講義の仕事もなかった[17]．

　　早川　渡米．MITに
　　V. L. Ginzburg - L. Landau　超伝導の理論
　　オーダー・パラメタ Ψ の概念を導入し，電子の波動関数になぞらえて超伝導の理論をたてた．

1951　J. Schwinger　量子場の理論I, PCT 定理
　　西島和彦 - 山口嘉夫 - 南部　V粒子の性質I, II
　　新粒子は宇宙線における生成率に比べて寿命の長いことが問題になった．それを説明するために新粒子の対発生理論が考えられた．

　　菊池正士　カリフォルニア大学へ
1952　坂田昌一 - 梅澤博臣 - 亀淵迪　くりこみ理論の適用限界
　　L. van Hove　量子化された場の，あるモデルにおける発散の困難
　　場の正準交換関係の非同値な表現という現象——対称性の破れもその一つ——の存在を示す例を，それとは言わずに提示．K. O. Friedrichs(1953)が非同値表現としてとらえ，L. Gårdingと A. S. Wightman(1954)が非同値表現を分類した．後の対称性の自発的破れ（南部，1961）の基礎となる．

　　京大に　基礎物理学研究所創設，湯川所長
　　南部　プリンストン高級研究所へ
　　南部　Lagrange 形式と Hamilton 形式
　　南部　素粒子の経験的質量スペクトル
　　南部　*新素粒子対話
　　南部　*素粒子論の話
1953　中野董夫 - 西島和彦　ストレンジネスを導入

M. Gell-Mann　ストレンジネスを導入

K. O. Friedrichs　場の量子論の数学的側面，正準交換関係の非同値表現

主として京大・基礎物理学研究所で　理論物理学国際会議

1954　L. Garding – A. S. Wightman　場の正準交換関係の分類

C. N. Yang – R. L. Mills　Yang – Mills ゲージ場理論

M. Gell-Mann – F. E. Low　くりこみ群

M. Gell-Mann – M. L. Goldberger – W. Thirring　分散公式

南部　S 行列の構造

南部　シカゴ大学へ

木下 – 南部　多粒子系の集団的記述，場の理論の形式での Hartree – Fock の方法

多粒子系に対する Hartree 近似の場の量子論．南部の超伝導の理論(1960)，対称性の破れの理論(1961)の構築に用いられた．

1955　H. Lehmann – K. Symanzik – W. Zimmermann　場の量子論の定式化

O. Chamberlain – E. Segrè et al.　反陽子の生成．バークレーの BEVATRON で

L. D. Landau　くりこみ理論の内部矛盾

M. L. Golberger – S. B. Treiman　Goldberger – Treiman の関係

1956　T. D. Lee – C. N. Yang　弱い相互作用におけるパリティ非保存

C. S. Wu　ベータ崩壊におけるパリティ非保存を実証

内山龍雄　一般ゲージ理論

重力場のゲージ理論を含む．

A. S. Wightman　場の量子論の公理系

坂田　素粒子の複合模型

G. F. Chew – M. L. Goldberger – F. E. Low – 南部　低エネルギー π – N 散乱への分散公式の応用

南部　*量子電磁力学と場の理論

シアトル国際理論物理学会議の報告である．

坂田　坂田モデル——(p, n, Λ)を基本粒子とする

F. Reines – C. Cowan　ν_e の発見

1957　R. Jost　PCT 定理

F. E. Low – G. F. Chew – M. L. Golberger – 南部陽一郎　$\pi - N$ 散乱の分散公式

J. Bardeen – L. N. Cooper – J. R. Schrieffer　超伝導の理論

　この理論は，電子の間にフォノンを媒介に引力がはたらき，スピン上向き・下向きの電子が対をなして凝縮することを基礎としている．南部は，この理論で電子対の数が確定でなく，ある分布をなし，したがって電子数の保存が破れているので疑念を抱いた．ゲージ対称性を破っていることになるからである．

　この理論では，系の基底状態を変分法できめているが，Schrieffer から直接に聞いたところでは，試行関数をいろいろ試してみたがうまくゆかず，困ったあげく，ふと思いついて朝永が中間結合の理論で用いた試行関数をまねたところ成功したということであった．朝永の理論は中間子に対するもので，中間子数には保存則がないのだった．

　ゲージ不変性は，系が質量ゼロのボソン励起（プラズモン）をもつことで回復される（Anderson, 1958, 南部, 1959 など）．

南部　中性ベクトル中間子 ω の存在を予言

　R. E. Marshak は，R. Hofstadter が第 6 回ロチェスター会議(1956)で「われわれは，外からの反響がないので真空の中で実験しているように感じた」と述べたことを引いて，実験の結果が思いもよらぬものだったので理論家は消化するのに時間がかかった．南部が最初に声を上げ ω メソンの存在を主張したといっている．そして，第 7 回のロチェスター会議(1957)で南部に R. E. Peierls がこう質問したと付け加えている．「あなたは，その粒子について崩壊の様式から寿命までたくさんのことを知っておられるようですが，その粒子を必要とする食い違いは，まだ確立していないように思われます．」

　南部の予言した粒子は 1961 年にバークレーの陽子－反陽子の衝突実験で発見された．それが ω と名づけられたのは，このときである．

南部　一般グリーン関数のパラメタ表示

1958　N. N. Bogoliubov　超伝導理論における新しい方法

　"危険なダイアグラム"を除去する条件で準粒子への正準変換を定めるという方法で BCS 理論を再現．

P. W. Anderson, M. R. Schafroth, G. Rickayzen　Meissner 効果とゲージ不変性

M. L. Goldberger‒S. B. Treimen　Goldberger‒Treiman の関係式

R. P. Feynman‒M. L. Goldberger‒E. C. G. Sudarshan‒R. E. Maeshak, 桜井純　V‒A 理論

南部　形状因子に対する分散関係

1959　山口嘉夫，池田峰夫‒小川修三‒大貫義郎　$SU(3)$ 対称性

T. Regge　Regge 極

N. N. Bogoliubov　超伝導理論における Hartree‒Fock の方法

南部　キエフ高エネルギー国際会議で素粒子物理は超伝導から学び得ると発言

J. Polkinghorne は，こう書いている：彼の特徴であるが，鋭敏な洞察力をもち，なかなか理解するのが難しい話し方で「超伝導の研究から素粒子物理学は何かを学び得るように思われる」と述べた[18]．

Y. Aharonov‒D. Bohm　Aharonov‒Bohm 効果の予言

1960　桜井純　強い相互作用のゲージ理論，中性ベクトル中間子の存在を予言

Yang‒Mills 場をゲージ場とする強い相互作用のゲージ理論を提唱した先駆的な仕事であるが，Yang‒Mills 場の質量が 0 という壁を越える術はなかった．

南部　超伝導理論における準粒子とゲージ不変性，Hartree‒Fock 法

場の理論の形での Hartree‒Fock の方法（木下‒南部，1954）を用いた超伝導理論．ゲージ不変な形で Meissner 効果を導き，集団励起としてプラズマ振動を導く．

南部　超伝導に示唆された素粒子の動力学，ロチェスター国際会議で

R. E. Marshak は，1985 年の「1950 年代の素粒子物理」の会議での講演を 1960 年のロチェスター高エネルギー物理国際会議における南部の報告を引用して結んでいる．南部は，次のように述べた．「フェルミオンの質量を相互作用による自己エネルギーだとするのは魅力的な考えである．これはカイラリティの保存を破るが，それはフェルミオン対が質量ゼロのメソンとして現れることで回復される」．このメソンは南部‒Goldstone 粒子とよばれるようになる[19]．Polkinghorne は書いている：しかし彼はしばらくの間，荒野の中で預言者として叫び続けることになる[18]．

南部　素粒子の超伝導模型 Midwest Conference

南部　弱い相互作用における軸性ベクトル流の保存

S. Weinbergはいう[22]．Goldberger-Treimanの関係(1958)は南部らによって最初に説明された．ベータ崩壊の軸性ベクトル流の部分的保存を用いたのだが，どんな理論で軸性ベクトル流がこの性質をもつのかと尋ねられたとき，彼が例にあげたのが対称性の自発的な破れであった．しかし，対称性は一般の関心の中心にはなかった．1961南部-Jona-Lasinioの項の末尾に続く．

1961　南部陽一郎-G. Jona-Lasinio　超伝導理論との類似による素粒子の力学的理論

南部-Jona-Lasinio(NJL)理論は，クォーク以前に出たのでバリオンを超伝導体の電子になぞらえたが，今日ではクォークやレプトンを電子の代わりにとる．そして問題にする対称性は，電子の数でなく，カイラリティに関わる．カイラリティとはスピンが粒子の進行方向に右回りなら+1，左回りなら-1という量子数である．

BCS理論との対比は，こうなる．この世界にはクォークと反クォークがカイラリティ0の対をなして沈殿している．対の数は確定でなく，ある分布をもつ(カイラル対称性の破れ)．一つの対を壊せば質量のあるクォークと反クォークが発生する．対の分布を少し変えれば，いわゆる南部-Goldstone(NG)の粒子が発生するが，これはπ中間子と同じスピン0，パリティ奇をもつ．ただし，質量は0である．実際のπ中間子の質量が他のバリオンに比べて特に小さいのは，これがNG粒子であることの証拠ではないか．

1981年に南部は書いた[20]：実際にはπ中間子は3種類あるし，もっと重いK中間子やη中間子もスピン0，パリティ奇で，これらを一緒に扱うにはカイラリティにクォークの香りも加えて考えなければならない．これらの質量が0でないことを理解するには，自発的な対称性の破れ以外の要素を考えねばならず，いささか不愉快だが，まだ完全には解決されていない．しかし，カイラル対称性の自発的な破れは，ハドロン物理の解釈としては成功しているばかりでなく，Weinberg-Salamの電弱統一理論(1967-1968)の重要な基本概念ともなっている．

J. Goldstone　超伝導解をもつ場の理論，Goldstone粒子の一般的な出現を予測

相対論的な場の理論でグローヴァルなゲージ対称性が自発的に破れると質量0の粒子が出現する例をあげ，一般にそうなるという予測を述べた．Goldstone-A. Salam-S. Weinberg(1962)など多くの証明が続いた．NG粒子は，強磁性体で各スピンが(たとえば上向きに)そろった状態(回転対称性が破れた状態)からスピンがわずかに揺れて，揺れがさざなみとなって伝わってゆく状態になぞらえられる(スピ

ン波).量子力学では波動は粒子として現れるのである.スピン波の場合,波長が長くなればエネルギーは0に近づくので,粒子の質量は0となる.

　南部は,また語っている[21]:たまたま,その頃,素粒子で一つの謎というかパズルがありまして,Goldberger-Treiman の関係(1958)といわれたものです.パイ中間子の性質を記述する理論で,Goldberger と Treiman が導き出した.導き出してはいるんだけれども,われわれにはいまひとつ納得いかないところがある(編注:しかし実験にはよく合った).そこへ,さっきの BCS 理論を使うと,そういう関係が自動的に出ることがわかって「自発的な破れ」のモデルの理論的な手がかりになった(南部,1960).当時は Chew のブーツストラップの理論の全盛期で,私の考えはそれとはまったく無関係なものだったものだから皆の関心をひかなかった.Gell-Mann も Goldberger-Treiman の関係を説明する理論を展開しましたが,彼の場合は形式的・抽象的な仮定をもとにしていた.私のほうは力学的です.「自発的な破れ」がおこり得るとして,どういう結果がでてくるかを示すための数学的「オモチャ」を作ったのが Jona-Lasinio との仕事です.

　「自発的な破れ」をテストする方法としてカレント代数とかソフト・パイオンの定理の理論展開に努めていたのですが,これが本当に数学的な成功をみるには66年,67年までかかりました.ちょうど66年でしたか,Adler と Weisberger がソフト・パイオンの定理をパイオンと陽子の散乱に適用してみごとな成功をおさめまして,それから皆がこういうことに関心をもつようになったのです.

　S. Weinberg は(「1960 南部,弱い相互作用における …」の注に続けて)書いている[22].大きな変化がおこったのは,1960年代の半ばで Adler-Weisberger の総和則が導かれたときである.3つの理論的な突破口が物理学の方向を変えた.Adler-Weisberger の総和則,Gross-Wilczek, Politzer の漸近的自由性,'t Hooft による対称性の自発的に破れたゲージ理論がくりこみ可能なことの証明である.Adler-Weisberger の総和則は,はじめカレント代数のスタイルで導かれたが,パイオンを破れた対称性の Goldstone ボソンと考えれば直ちに得られることが判明した.

　　　V. G. Vaks-A. I. Larkin　素粒子の質量問題への超伝導理論の応用

　　　B. C. Maglic-L. W. Alvarez-A. H. Rosenfeld-M. L. Stevenson　ω メソン発見——南部が予言していた(1957)

1962　南部-D. Lurie　カイラリティの保存とソフト π の生成

　　　南部-E. Schrauner　電磁的および弱い相互作用によるソフト π の放出

　　　Goldstone-A. Salam-S. Weinberg　Goldstone の予測(1961)を証明

Danby ら　電子ニュートリノと μ ニュートリノはちがう

T. Kuhn　『科学革命の構造』——科学革命はパラダイムの変化

J. Schwinger　ゲージ不変性は必ずしも粒子の質量 0 を意味しない

　ローカルなゲージ不変性をもつ Yang-Mills 場の量子は質量 0 とは限らないと注意．

1963　P. W. Anderson　プラズモン，ゲージ不変性，質量

　プラズマ振動を例に Schwinger の主張を支持．

　南部　*アメリカの大学と素粒子論

1964　M. Gell-Mann　クォーク

　　G. Zweig　エース（後にクォークとよばれる）

　　牧二郎，大貫義郎，原康夫，D. J. Bjorken，c クォークの存在を予想，4元模型

　クォークでいえば陽子は p=(u, u, d)，中性子は n=(u, d, d)，パイ中間子は $\pi^-=(\bar{u}d)$ などであるから，それぞれのベータ崩壊はクォークで書けば次の表のようになる．

	クォークで書いて	移項して
p → n+e$^+$+ν_e	u → d+e$^+$+ν_e	d+$\bar{u}$ → e$^-$+$\bar{\nu}_e$
n → p+e$^-$+$\bar{\nu}$	d → u+e$^-$+$\bar{\nu}_e$	d+$\bar{u}$ → e$^-$+$\bar{\nu}_e$
π^- → μ^-+$\bar{\nu}_\mu$	d+$\bar{u}$ → μ^-+$\bar{\nu}_\mu$	

これは (u, d) の組が (e, ν_e) あるいは (μ, ν_μ) の組と組んでおこす過程と考えられる．しかし，Λ=(u, d, s) のベータ崩壊もあって

$$\Lambda \to p+e^-+\bar{\nu}_e \quad | \quad s \to u+e^-+\bar{\nu}_e \quad | \quad s+\bar{u} \to e^-+\bar{\nu}_e$$

となり，(u, s) の組がおこす過程となる．しかし，u はすでに d と組んでいる．しかも，Λ のベータ崩壊は n の崩壊に比べて寿命が長い．そこで，N. Cabibbo は u と

$$d' = d\cos\theta_c + s\sin\theta_c \tag{1}$$

を組ませることを考えた．$\sin\theta_c=0.23$ にとると n との寿命の比も導かれる．

　原康夫，牧二郎らは $\begin{pmatrix} u \\ d' \end{pmatrix}$ の組があって s の組がないのを不満とし，未発見のクォーク c が存在して

$$s' = -d\sin\theta_c + s\cos\theta_c \tag{2}$$

と $\begin{pmatrix} c \\ s' \end{pmatrix}$ という組をつくっているはずだと主張した．これが4元クォーク・モデルである．$\begin{pmatrix} u \\ d \end{pmatrix}$, $\begin{pmatrix} e \\ \nu_e \end{pmatrix}$ と $\begin{pmatrix} c \\ s \end{pmatrix}$, $\begin{pmatrix} \mu \\ \nu_\mu \end{pmatrix}$ とを，それぞれ第1世代，第2世代という．

実は，4番目のクォークをc(チャーム)と呼んだのはS. L. Glashow, A. Iliopoulos, P. Maiani である．彼らは，K 中間子の崩壊 $K_L^0 \to \mu^+ + \mu^-$, $K^\pm \to \pi^\pm + e^+ + e^-$ の寿命が長いことを $\begin{pmatrix} c \\ s' \end{pmatrix}$ によって説明したのである(1970)．これを GIM 機構という．新しい粒子 c を導入すると，多くの新しい過程が可能になる．上記の人びとは，それが実験にかかる可能性を検討した．

1964 P. W. Higgs 破れた局所的対称性とゲージ・ボソンの質量

相対論的な場の理論において，場 ϕ のローカルなゲージ対称性が自発的に破れると，ゲージ場のボソンが質量をもつことがある．このとき場 ϕ を Higgs 場とよぶ．この現象は，超伝導の場合，電磁場がプラズモンに化けて質量をもつようになることから南部らは一般的に予想していた．

この Higgs メカニズムによりローカルなゲージ対称性をもつ理論でゲージ場が質量をもつことが，Weinberg-Salam の電弱統一理論の成立に重要な役割を果たした．

F. Englert-R. Brout 破れた対称性とゲージ・ベクトルボソンの質量

1965 南部, M. Y. Han クォークにカラー(色)の自由度

南部・原康夫 K 中間子の非レプトン崩壊

朝永-J. Schwinger-R. P. Feynman ノーベル物理学賞

S. L. Adler-W. Weisberger 総和則

1966 P. W. Higgs 質量0の粒子なしの，対称性の自発的な破れ

南部 基本粒子の物理学におけるハドロンの体系

量子色力学(QCD)の前駆．

南部-原-J. Schechter ハイペロンの非レプトン崩壊

南部 内部構造と質量スペクトルをもつ粒子の相対論的波動方程式

無限成分波動関数

1967 S. Weinberg 電弱統一理論

クォークとレプトンの系に Higgs 場を加え，ある群 G に関してローカルにゲージ不変な相互作用を導入する．すべての場の質量は，はじめ 0 とする．Higgs メカニズムによりゲージ場は大きな質量をもち弱い相互作用を媒介するベクトル・ボソン場 $W^{\pm}$ と質量 0 の電磁場となり，そのほかに中性カレントとよばれる新しい効果をおこす Z^0 場を生む．弱い相互作用は $W^{\pm}$ を介しておこることになるが，$W^{\pm}$ の質量が大きいので Fermi 型の接触相互作用と差がない．Z^0 の存在は，この理論の新しい予言であるが，その後の実験で実証されている[23]．この理論はくりこみ可能であると予想されたが，1972 年に証明された．

電弱統一理論に強い相互作用の量子色力学をくわえて素粒子の標準理論という．

   南部 水素型質量スペクトルをもつ無限成分波動方程式
1968 A. Salam 電弱統一理論
   G. Veneziano Veneziano 振幅
   南部 準古典近似における S 行列
   S. van der Meer ストカスティック・クーリング——W, Z の発見 (1983) の技術的基礎
1969 R. P. Feynman パートン模型
   桜井純 ベクトル中間子支配の模型
   南部陽一郎 弦モデル
1970 S. L. Glashow, I. Illiapoulos, L. Maiani c クォークの存在を予想
   南部 クォーク模型と Veneziano 振幅の因子分解
   弦モデルの出発点．

   南部 - 吉村太彦 閾値エネルギーの電子による π 生成から軸性ベクトル形状因子を決定
1971 CERN ISR(陽子衝突型)，重心系で 60 GeV，実験開始
1972 G. t'Hooft - M. Veltman Weinberg - Salam 理論のくりこみ可能を証明
   南部 双対共鳴モデルにおけるゲージ条件
   弦モデルの幾何学的解釈．

1973 D. J. Gross, F. Wilczek 非可換ゲージ場の漸近的自由性
   A. Salam and J. Pati 大統一理論
   小林誠 - 益川敏英 小林 - 益川行列，クォークの世代数は ≥ 3 と予想

小林‐益川は4元クォーク・モデル(1964)について次のことに注意した．その変換は，一般にユニタリー行列 U を用いて

$$\begin{pmatrix} d' \\ s' \end{pmatrix} = U \begin{pmatrix} d \\ s \end{pmatrix}$$

と書けるが，変換行列 U の要素は，d, …, s の位相が任意であるから，それらを適当にとって，すべて実数にすることができる．U は「1964 牧，大貫，…」の項に示した (1), (2) 式のようにできるわけである．ところが弱い相互作用が CP の破れを含むためには，要素がすべて実数であってはならない．複素数の要素を含むのは変換行列が少なくとも3行3列の場合である．これは，クォーク，レプトンが3世代より多くあることを意味する．

当時は，丹生潔が宇宙線の中に質量2 GeV で短寿命の粒子を発見(1971)，小川修三はこれを名古屋グループが予想していた第4のクォークを含む粒子と主張したが(1972)，一般には認められず，クォークはu, d, sの3種類と思われていた．そのときに小林‐益川は ≥6 種類のクォークを含むクォーク‐レプトンの ≥3 世代の存在を予言したのである．この予言は1989年以降および1994年の発見で実証された．小林らは，この予言に対して2008年のノーベル物理学賞を与えられた．

    J. Hasert et al. Gargamelle collaboration　中性カレントの存在実証．実験は続く

    南部　一般化したハミルトン力学

    南部　*素粒子物理学の展望

    南部　*対称性の破れと質量の小さいボソン

1974　M. Kaku‐吉川圭二　相対論的弦の場の理論

    米谷民明　双対モデルと電磁力学，重力力学との関係

    南部　弦，単極子およびゲージ場

    南部　弦，渦およびゲージ場

    Brookhaven, Stanford, Frascati　チャーム・クォーク発見

    K. Wilson　くりこみ理論の物理的基礎

1975　南部　*新粒子について

1976　C. Hom et al., Fermi Lab. Υ の発見，ボトム・クォーク b と $\overline{\text{b}}$ の結合状態

1977　南部　Weinberg‐Salam 理論における弦構造

　　　　南部　*素粒子

　　　　南部　*素粒子論研究

　　　　ボトム・クォーク発見

1978　九後太一郎, 小嶋泉　Yang‐Mills 場の共変的正準量子理論

　　　　吉村太彦　統一ゲージ理論と宇宙にあるバリオン数

　　　　南部　ゲージ理論におけるトポロジー的な問題

　　　　南部　高エネルギー物理国際会議(東京), 総括講演

1979　南部　*高エネルギー物理の現状と展望

　　　　南部　クォークの閉じ込め, おこる／おこらない

　　　　南部　*朝永先生の足跡

　　　　南部　QCD と弦モデル

1980　南部　弦に対する Hamilton‐Jacobi 形式

　　　　南部　*研究者の養成についての雑感

1981　佐藤勝彦　真空の1次相転移と宇宙の膨張

　　　　A. H. Guth　インフレーション宇宙

　　　　G. Parisi, H. Hamber　格子ゲージ理論, ハドロンの質量を算出

1982　南部　ソルヴェイ会議(テキサス大学)総括講演(→「1984 素粒子物理学, その現状と展望」)

1983　南部, 西島和彦　朝永グループの活動, シェルター島の会議(1947年)まで

　　　　南部　*桜井 純のこと

　　　　C. Rubbia et al. (CERN)　$p\text{-}\bar{p}$ 衝突により $W^{\pm}, Z^{0}$ を発見

1984　南部　*乱流するエーテル

　　　　南部　*素粒子物理学, その現状と展望

　　　　南部　*超伝導と素粒子物理

1985　南部　BCS 型の理論におけるフェルミオンとボソンの関係

　　　　南部　*東京グループに関する個人的回想

　　　　南部　*ゲージ原理, ベクトル中間子の支配, 対称性の自発的な破れ

　　　　南部　*素粒子物理学の方向

　　　　南部　*"素粒子"は粒子か？

1986　南部　超対称性と超伝導
1987　南部　ガロア場の理論
　　　南部　場の量子論における熱力学とのアナロジー
　　　Fermi Lab. TEVATRON(陽子・反陽子衝突型)，重心系で 0.98 TeV，実験開始
1988　南部　BCS メカニズム，準超対称性およびフェルミオンの質量
1989　M. Mukerjee, 南部　BCS と IBM
　　　外村 彰ほか　Aharonov-Bohm 効果の実証
　　　CERN　LEP(電子・陽電子衝突型)，重心系で 101 GeV，実験開始
　　　CERN, ADELPHI Collaboration　ニュートリノの種類は 3 (98% confidence)

　　　実験は以後も続けられ，精度が上がった．クォーク，レプトンの世代数は ≥ 3 と予言されていた(小林-益川, 1973).

1990　南部　*対称性の力学的な破れ
　　　南部　*アイディアの輪廻転生——素粒子論の歴史と展望
　　　南部　*戦後の素粒子論の発展と今後の展望
　　　南部　素粒子物理の理論的展望，高エネルギー物理国際会議(シンガポール)
　　　南部　さらにブーツストラップ的な対称性の破れについて，強結合ゲージ理論国際会議(名古屋)
　　　南部　*質量公式と対称性の力学的な破れ
　　　南部　*超伝導から Higgs ボソンまで

　　　1998 年に南部は書いた[24]：質量のスペクトルやその起源は標準モデルの中ばかりでなく，一般によく理解されていない．しかし超伝導の BCS 理論が一つのモデルになる．超伝導の Ginzburg-Landau の理論(1950)は超伝導体の中に沈殿した電子のクーパー対の集まりを一つの場とみなす記述方式で，Weinberg-Salam 理論 (1967-8)の Higgs 場と実質的に同じものである．それでは，Higgs 場も本来は何かフェルミオンのクーパー対なのではないか？　そこで理論家には二つの派ができる．一つは Higgs 場は複合体だという立場をとり，もう一つは基本粒子やゲージ場と同じ資格の独立した場だとする．前者の場合におこる対称性の破れを"力学的"ということがある．

1991　南部　シカゴ大学名誉教授
　　　　LEP　電子－陽電子の衝突実験でニュートリノは3種類と決定
1992　南部　＊湯川博士と日本の物理学
1994　Fermi 研, CDF Collaboration.　トップ・クォーク発見
　　　これでクォークの3世代もそろい，レプトンとともに3世代が完成した．

表　クォーク, レプトンの3世代

	スピン	電荷	第1世代	第2世代	第3世代
クォーク	1/2 1/2	+2/3 -1/3	u(アップ) d(ダウン)	c(チャーム) s(ストレンジ)	t(トップ) b(ボトム)
レプトン	1/2 1/2	-1 0	e ν_e	μ ν_μ	τ ν_τ

クォークはアイソスピン $I=1/2$ をもち，I_3 は各世代の上のメンバーが $1/2$, 下が $-1/2$ である．宇宙にある物質の99.9％は第1世代のみでできている．

1995　南部　＊私の知っている久保亮五さん
1996　南部　＊木庭二郎の生涯と業績
　　　南部　＊三つの段階，三つのモード，そしてその彼方
1999　南部・L. M. Brown　＊日本物理学の青春時代
　　　南部　＊［書評］スピンはめぐる
2001　南部　＊科学・二つの文化・戦後日本
2002　南部　＊素粒子物理の青春時代を回顧する
2006　南部　＊基礎物理学――過去と未来
2007　南部　＊湯川と朝永の遺産
　　　CERN　LHC(陽子・陽子衝突型), 重心系で 7.0 TeV, 実験開始
2008　南部－小林誠－益川敏英　ノーベル物理学賞
　　　南部　＊私のたどった道――対称性の自発的破れまで

文　献

(1) 坂田昌一『物理学と方法』岩波書店(1972年), 147-8.
(2) 科学, 1942年8月号. 武谷三男『弁証法の諸問題』理論社(1954年)に再録.
(3) 科学, 1946年3, 4月号. どちらも武谷の『弁証法の諸問題』前掲に再録.

(4) 伊藤庸二ほか編『機密兵器の全貌』, 興洋社(1952年), 160-8.
(5) 『機密兵器の全貌』前掲, 127, 129, 150.
(6) 中根良平ほか編『仁科芳雄往復書簡集 Ⅲ』, みすず書房(2007年), 1065-79, 1084-7.
(7) 『仁科芳雄往復書簡集 Ⅲ』前掲, 1087. 注cに1943年とあるのは1944年の誤り.
(8) 宮島龍興「極超短波回路と輻射系の一般論」, 科学, 1947年1月号.
(9) 早川幸男『素粒子から宇宙へ』名古屋大学出版会(1994年), 218-9.
(10) 朝永振一郎『量子力学(1)』. 現在は(2)とともに みすず書房刊.
(11) 早川『素粒子から宇宙へ』前掲, 220-223.
(12) 早川『素粒子から宇宙へ』前掲, 223-243.
(13) 1946年5月, 日本物理学会第1回年会講演, 日本物理学会誌1946年12月号に再録. 坂田の『物理学と方法・論集1』岩波書店(1972年)に収録.
(14) 朝永振一郎, 小谷正雄編『極超短波磁電管の研究』, みすず書房(1952年). 小谷正雄「電子振動による極超短波の発振」, 科学, 1946年11月号.
(15) 木下東一郎「南部さんとの出会い」, 科学, 2009年1月号.
(16) A. Salam, *Pions to Quarks*, ed. L. M. Brown, M. Dresden, L. Hodeson, Cambridge(1989), 530-532.
(17) 亀井理「創設期の大阪市大理工学部」, 自然, 1970年6月号;小田稔「ある物理学者の半世紀(1),(2)」, 自然, 1978年11, 12月号(渡瀬譲のこと);中野菫夫, 南部, 西島和彦, 川口正昭, 早川幸男「戦後素粒子論の出発——草創期の大阪市立大学理工学部」, 科学, 1990年3月号・早川幸男『素粒子から宇宙へ』前掲, 259-283. なお, 西島は中野とともに1950年3月末に市大の助手になった(中野菫夫, *Wandering in the Fields*, 西島和彦60歳記念, 河原林研・宇川彰編, World Scientific (1987), 18-21).
(18) ジョン・ポルキングホーン『紙と鉛筆と加速器と』, 大場一郎・木造芳樹訳, 丸善(1994年), 127-141.
(19) R. E. Marshak, *Pions to Quarks*, 前掲, 664.
(20) 南部陽一郎『クォーク——素粒子物理の最前線』講談社ブルーバックス, (1981年), 202-206.
(21) 南部陽一郎, H. D. Politzer『素粒子の宴』, 工作舎(1979, 2008), 166-168.
(22) S. Weinberg, *The Rise of the Standard Model*, ed. L. Hodeson, L. M. Brown, M. Riordan, and M. Dresden, Cambridge(1997), 39-40.
(23) 長島順清『素粒子標準理論と実験的基礎』, 朝倉書店(1999), 第4章.
(24) 南部陽一郎『クォーク 第2版——素粒子物理はどこまで進んできたか』講談社ブルーバックス(1998年), 269-270.

索　引

A

Abel ゲージ場　435
Abrikosov, A. A.　340, 342
　——の磁束　137
Adler, S.　248, 267
Adler-Weisberger 関係式　248
AGS　256
Aharonov, Y.　304
Aharonov–Bohm 効果　304, 322, 333
Allison, S.　45
Alvarez, L. W.　14
Anderson, C. D.　11, 66, 160, 175, 412
Anderson, H.　45, 46
Anderson, P. W.　106, 107, 245, 246, 266, 334, 384, 417
Archimedes　332
Arthur 王　347
Ashrafi, B.　401

B

Bacher, R.　175
Baker, W.　244, 252, 333, 358
Bardeen, J.　49, 266, 332
Bardeen, W.　53, 366, 379, 403
Bardeen–Cooper–Schrieffer 理論（BCS 理論）　52, 106, 107, 148, 152, 153, 245, 246, 266, 267, 283, 288, 322, 332, 333, 334, 343, 361, 385
　——電子の数を保存したい　266
　——における準粒子　246
　——における超対称性　152
　——におけるフェルミオンの質量の生成　107
Barut, A. O.　54
BCS 準粒子　321
BCS の関係式　73
BCS メカニズム　303, 361, **371**, 375, 376, 382, 385, 417
　——の例　375
　　フェルミオン的励起　371
　　ボソン的(π, σ)励起　371
BCS 理論 → Bardeen–Cooper–Schrieffer 理論

Becquerel, A. H.　168, 189
Belinfante, F. J.　408
β 崩壊 → ベータ崩壊
Bethe, H. A.　17, 19, 23, 55, 175, 262, 269, 403
　——–Salpeter の方程式　26, 55, 264
　——の仮定　177
　——の総合報告　403
Bjorken, J. D.　234
Bloch, F.　220
Bloch–Nordsieck 変換　235
BNL　256, 258
Bode, P.　203
　——の法則　203
Bogoliubov, N. N.　106, 221, 266, 333, 335, 371, 419
　——変換　419
　——Valatin の準粒子　50, 106, 385, 389
Bogoliubov–Valatin 方程式　333
Bohm, D.　27, 49, 177, 304, 418
Bohm–Pines　265
Bohm–Pines 理論　333
Bohr, N.　6, 10, 31, 60, 88, 106, 143
　——の原子模型　88, 106, 168
Bopp, F.　209, 213
　——Rosen の理論　213
Born, M.　212
　——Infeld の理論　211
Bose 粒子 → ボソン
Breit, G.　55, 263
　——Wigner の共鳴公式　55, 186, 227, 257, 425
Brout, R.　107, 250, 334, 423
Brown, L. M.　27, 271, 368
Brueckner, K.　46
BS 方程式 → Bethe–Salpeter 方程式

C

Cabibbo, N.　57, 66, 250
　——理論　66
　——混合角　250, 277, 324
Cabrera, B.　142
Callan, C. G.　249, 313
Cartan, E.　23, 408

485

Cartan, H.　23
Casimir 効果　316
Casimir 不変量　358
CERN（ヨーロッパ素粒子物理学研究所）　125, 159
Chandrasekhar, S.　45, 188
Chew, G.　46, 48, 55, 162, 230, 265, 267, 365, 378, 398, 415
Christy, R. F.　412
Clavelli, L.　268
Colemen, S.　251
Compton 波長　207
Cooper, L. N.　49, 332
　──ペア → Cooper 対
　──対　49, 284, 322, 333, 335, 337, 343, 361, 376, 386, 389
Coulomb 相互作用（法則）　121, 246
CP　61, 295
　──の非保存　61
　──の破れ　66, 295
CPT 定理　48, 54, 179, 308, 424
Cronin, J.　56, 268
Curie, M.　168, 189
Curie, P.　69, 358
C 中間子　16, 155, 161, 211

D

Dancoff, S. M.　220
Dashen, R.　250
de Broglie, L.　23, 212, 408
de Gennes, P.-G.　342
Δ (3, 3) 共鳴　46, 160
Demokritos　137
Descartes　200
Dimopoulos　392
Dirac, P. A. M.　7, 13, 35, 36, 37, 51, 54, 67, 88, 141, 145, 146, 147, 156, 157, 171, 173, 208, 246, 252, 296, 311, 349, 411
　電荷と磁荷の間の──の関係　311
　──ゲージ　252
　──電子　246
　──紐　317
　──方程式　320, 335, 411, 419, 424
　──モード　37, 67, 145, 147, 156, 157, 171, 173
　──粒子　266
D メソン　57
DRM → 双対共鳴模型
Dyson, F. J.　19, 44, 205, 213, 220, 296, 438

E

Eddington, A. S.　200
Einstein, A.　36, 37, 44, 66, 86, 105, 156, 157, 171, 172, 189, 262, 287, 301, 317, 347
　──の原理　113
　──モード　37, 66, 156, 157, 171, 172, 356
　──方程式　288, 317, 348
Englert, F.　107, 334, 423

F

Faraday の法則　142
Fermi, E.　3, 45, 46, 51, 145, 213, 264, 295, 438
　──結合定数　337
　──の多重発生の理論　264
　──面　389
　──粒子 → フェルミオン
　──流体　419
　──『原子核物理講義録』　264
Feynman, R. P.　18, 27, 35, 56, 95, 208, 213, 216, 225, 233, 263, 296, 438, 442, 445
　──の拡散方程式　27, 216
　──ダイヤグラム　438
Fowler, R. H.　176
　──『統計力学』　176
Frampton, P.　55
Freund, G. O.　188, 230
Froggatt, C. D.　74
Froissart, M.　240
Fronsdal, C.　54
Fubini, S.　248
Furlan, G.　248
Furry の定理　384, 432

G

Galois 体　159
Gamba, A.　278
Gatto, R.　250
Gell-Mann, M.　19, 46, 47, 53, 62, 90, 138, 156, 184, 224, 226, 247, 248, 249, 250, 260, 267, 294, 295, 336, 343, 373, 391, 424, 442
　中野 – 西島 – ──の法則　156
　──Lévy の理論　267
　──大久保の質量公式　249
　── – 中野 – 西島の法則　62
Gell-Mann – Lévy　387
Gell-Mann – 大久保の質量公式　250, 370,

376, 395
Georgi, H.　339
Giaever, I.　21
Gianetta, R. W.　374
Gibbs, W.　346
Ginzburg, V. L.　332, 373
Ginzburg–Landau–Higgs 理論　70
Ginzburg–Landau
　──ハミルトニアン　391
　──モード　385
　──理論　53, 70, 107, 148, 152, 178, 283, 303, 322, 333, 335, 342, 361, 387, 391, 419
Glashow, S. L.　98, 244, 269, 274, 333, 336, 358
　──–Salam–Weinberg の理論　157
　→Weinbaerg–Salamの理論
GL 理論→Ginzburg–Landau 理論
Goldberger, M. L.　27, 45, 46, 106, 246, 265, 414
　──Treiman の関係　51, 106, 246, 247, 266, 267, 335, 397, 420
Goldhaber, M.　257
Goldstone, J.　106, 107, 244, 245, 266, 267, 336, 422
　──の予想　267
　──ボソン　244
　──ボソンとしてのπ中間子　245
　──ボソンとしての光子　245
　──モード　106, 107, 266, 300, 321, 334, 360, 361, 386
Goldstone–Higgs モデル　387
Goldwasser, E. L.　284
Gotow, K.　400
Goudsmit, S.　209
Greenberg, O. W.　53, 226
Green 関数(函数)　46, 55, 213, 265, 441
　──のパラメタ表示　265
Gribov, V. N.　282
Gross, D. J.　135, 297
Gross, E. P.　27, 177, 418
Gürsey, F.　245, 247, 249, 250, 336, 346
GUT→大統一理論

H

Hagedorn, R.　231
Hamilton 構造　72
Han, M.-Y.　53, 226
Harari, H.　230
Heisenberg, W. K.　7, 10, 13, 17, 23, 35, 36,
37, 48, 51, 69, 86, 107, 178, 180, 200, 209, 212, 217, 245, 246, 247, 270, 296, 319, 334, 361, 403, 407, 408, 410, 417, 421, 438
　──と Pauli の討論　421
　──の非線型モデル　107, 246, 247, 288
　──モード　37
Heitler, W.　23, 160, 176
『輻射の量子論』　176
helicity　237
Higgs, P. W.　69, 107, 159, 163, 246, 334, 336, 373, 391, 423
　──はフェルミオン対の複合状態　163
　──粒子　159, 163
Higgs 機構　303, 320
Higgs 場　52, 69, 153, 283, 320, 324, 339, 341, 366
　超重──　339, 341
Higgs ボソン　69, 148, 163, 284, 343
　テクニ・フェルミオンの結合状態としての　　　343
　トップ・クォーク対の結合状態としての
　　　366
　──を複合場と解釈　69
Higgs モード　361, 386
Hill, C.　366
Hofstadter, R.　220
Hönl, H.　209

I

Iachello, F.　52, 151, 322, 343, 376, 395
IBM　395
IBM→相互作用するボソンのモデル
Iliopolos, J.　269
Infeld, L.　211, 212
Institute for Nuclear Studies　45
Institute for the Study of Metals　45
Interacting Boson Model→相互作用するボソンのモデル
Ising, E.　418, 445
　──モデル　177, 262, 418
　2次元──の厳密解　177, 418, 445

J

J/ψ　57
Jahn–Teller 効果　250, 300, 333, 358
Jastrow, R.　418
Johnson, K.　252, 267
Jona-Lasinio, G.　2, 50, 107, 267, 288, 335
Jost, R.　221

K

Kalb, M.　316
Källen, G.　44, 220, 265
Kaluza, T.　129, 301
　——-Kleinの理論　55, 85, 128, **129**, 132, 143, 146, 158, 301, 316, 317, 342, 425
Kaufman, B.　262, 418
Kemmer, N.　423
Kennedy, J. F.　48
　——兄弟の暗殺　48
Kepler, J.　201
King, M. L.　48
　——の暗殺　48
KK→Kalza-Klein理論
Klein, O.　6, 31, 129, 143, 316
　Kaluza-——の理論　**129**
KNO→木庭-Nielsen-Olesen
Kramers-Kronigの分散公式　221
K中間子　92, 106
Kuhn, T.　293, 332
K粒子→K中間子

L

Lamb, W. E.　17
Lambシフト　17, 25, 41, 176, 215, 220, 262, 418, 434, 438
Landau, L. D.　46, 52, 220, 286, 298, 332, 373, 438
　——Ginzburg-Higgs有効理論　52, 70, 148, 152, 178, 284, 303, 322, 333, 335, 342, 361, 387, 391, 419
Langmuir, I.　177, 418
Larkin, A. I.　50, 107, 246, 335
Lawrence, E. O.　31, 34, 36, 61, 104, 111, 144, 187, 292, 404, 430
Lee, T. D.　44, 265, 286, 302
Lehmann, H.　221
LEP(Large Electron-Positron Storage Ring)　159, 193
Lévy, M.　247, 250, 336, 343, 391
LGH理論→Landau-Ginzburg-Higgs有効理論
Lindner, M.　366
Livingston, M. S.　48, 175, 187
　——曲線　48, 187, 325
　——の法則　64, 75
London, F.　304, 332
　——方程式　245
　——理論　333
Lorentz, H. A.　208
　——共変性　246
　——不変性　252
　——変換　206
Lorentz群　55, 252, 424
　——の非線形な実現　252
　——の無限次元ユニタリー表現　54
　——のユニタリー表現　424
Lovelace, C.　251
Low, F.　46, 265
Lurie, D.　267

M

MacArthur, D.　15
Machの原理　245
Maiani, L.　269
Majorana, E.　54, 424
Mandelstam, S.　282
　——表示　265
Marshak, R. E.　22, 49, 107, 269, 278, 414, 427, 442
Marshall, L.　45
Maxwell, J. C.　188, 301, 347
　——の方程式　122
Mayer, J. E.　45
Mayer, M. G.　3, 4,45
Mehra, J.　252
Meissner効果　49, 99, 106, 138, 245, 266, 312, 333, 372, 419, 423
Miesowicz, M.　439
Mills, R. L.　104, 302→Yang-Mills
Miransky, V.　366, 379, 399
Mott散乱　234
Morrison, P.　14
MRI(磁気共鳴画像)　86
Mukerjee, M.　395
Mulliken, R.　45

N

Neddermeyer, S. H.　11, 66
Ne'eman, Y.　271
Newton, I.　188
　——の重力の法則　122
　——力学　188
NG粒子→南部-Goldstone粒子
NGボソン→南部-Goldstoneボソン
Niels Bohr　10
　——研究所　439

索　引 —— 489

Nielsen, H.-B.　74, 340, 425, 426, 439
NJL 理論 → 南部 – Jona-Lasinio 理論
Noether の定理　299, 356
Nordsieck, A.　220

O

Oakes, R. J.　249, 424
Oehme, R.　46
Olesen, P.　340, 439
Onsager, L.　25, 177, 262, 408, 418
Oppenheimer, J. R.　20, 21, 44, 160, 178, 412, 418
——の裁判　44
OZI の規則 → 大久保 – Zweig – 飯塚の規則

P

pair creation → 対生成
Pais, A.　16, 26, 35, 44, 161, 211, 265, 297
Papapetrou, A.　209
Pati, J. C.　281, 286
Pauli, W.　35, 44, 65, 88, 136, 160, 172, 178, 211, 245, 265, 295, 421, 423
　物性論の創始者　136
Pauli – Gürsey 変換　346
PCAC → 軸性ベクトル流の部分的な保存
Pines, D.　27, 49, 177, 266, 418
Planck, M.　64, 71, 208
——エネルギー　64, 148, 298, 309, 325, 331
——質量　126, 134, 139, 140, 151, 286, 367, 435
——スケール　71
——の定数(常数)　208
——の長さ　298, 325, 326, 342, 435
Politzer, H. D.　297
Polyakov, A.　316
Pomeranchuk, I.　229
——軌道　229, 230
Powell, C. F.　176, 384
Prigogine, I.　445
Progress of Theoretical Physics　17, 19, 431, 438
Prout, W.　203
——の法則　203
p 進数体　159

Q

QCD → 量子色力学
QED → 量子電磁力学

Quinn, H.　339

R

Raby, S.　392
Radicati, L. A.　358
Raman 効果　389
Ramond, P.　316, 350
Regge, T.　54, 62, 95, 101, 162, 415
——軌跡　162, 316
——軌道　54, 62, 95, 102, 224, **227**, 230, 231, 284, 316, 415
Regge 極　48, 180, 269
regulator の方法　211
Renner, B.　249, 424
renormalize → くりこみ
Retherford, R. C.　17, 262, 438
Richter, B.　257
Rickayzenn, G.　106
RT → くりこみ可能な理論
Rubbia, C.　112
Rutherford, E.　6, 31, 189

S

Sakurai, J. J. → 桜井純
Salam, A.　63, 64, 69, 243, 274, 281, 286, 339, 343
—— – Weinberg 理論 → Weinberg-Salam 理論
Scadron, M.　382
Schafroth, M. R.　419
Schechter, J.　268
Schein, M.　45
Schiff, L. T.　211
Schrieffer, J. R.　49, 106, 245, 266, 332, 419
Schrödinger, E.　35, 178, 209
——の方程式　136
Schwartz, J.　135
Schweber, S. S.　28
Schwinger, J. S.　17, 18, 19, 26, 35, 160, 208, 211, 212, 215, 220, 221, 246, 262, 274, 296, 334, 407, 434, 438
Seitz, F.　49
Serber, R.　14
S 行列　27, 48, 180, 209, 210, 264, 296, 407, 410, 413, 433
——の WKB 近似　264
——の解析性　414
——理論　25
Shrauner, E.　267

490 ── 索引

σモデル　152, 250, 322, 336, 387, 397
　非線形──　250
　──の例　387
σモード　389
σ粒子　376
Simpson, J.　45
Skyrmeの理論　66
SLAC(スタンフォード線型加速器施設)
　256
S-matrix→S行列
Snow, C. P.　78
soft pionの定理→ソフト・パイオンの定理
S.O.S→渦巻軌道スペクトロメーター
SSB→対称性の自発的な破れ
$SU(3)$対称性　47, 53, 224
Sudarshan, E. C. G.　252, 270, 443
Susskind, L.　101, 231, 284, 392, 426
Symanzik, K.　221, 265, 313

T

't Hooft, G.　282, 297, 339
T^*積　441
Tavkhelidze, A.　53, 226
TCP→CPT
Telegdi, V.　138
Ter Martirosyan, K.　221
TeV領域
　──の物理　149
Thirring, W.　44, 257, 265
Thomson, J. J.　189
Thomson, W.　351
Ting, S.　256
Tomonaga, S.→朝永振一郎
Toushek, B.　50, 420
Treiman, S. B.　249

U

Uhlenbeck, G. E.　209, 211
Urey, H.　4, 45

V

Vaks, V. G.　50, 107, 246, 335
Valatin, J. G.　333, 335, 371, 419
Van der Meer, S.　112
van Hove, L.　44, 265
Varma, C. M.　52
$V-A$理論　240, 417, 419, 442
Veltman, M.　367
Veneziano, G.　62, 230
　──振幅　230
　──の公式　55, 424, 425
　──モデル　62, 162, 186, 251
Villars, F.　211
Virasoro代数　426
V粒子　168, 171, 176, 198, 217, 256, 263,
　438
　──の発見　256
　──の理論　219

W

Wadia, S.　427
Ward-高橋の恒等式　50, 419
Weinberg, S.　251, 274, 339, 343
Weinberg-Salam
　──の統一場理論→Weinberg-Salamの理論
Weinberg-Salamの理論　57, 71, 99, 100,
　150, 157, 167, 178, 182, 269, 273, 296, 300,
　303, 335, 336, 339, 387, 399, 417, 435
　──のくりこみ可能　339
　──の3相互作用の合流　339
Weinbergの混合角　277, 286, 337
Weiss, P.　69
Weisskopf, V.　296
Weizsäcker-Williamsの方法　235
Welton, T. A.　26, 263
Wentzel, G.　3, 45, 49, 106, 160, 161, 178,
　213, 215, 266, 419, 454
Wess, J.　151
Weyl, H.　301, 349
Wheatley, J. C.　374
Wheeler, J. A.　208
Whittaker, E. T.　351
Wickmann, C. H.　220
Wick, G. C.　44
Wiedemann効果　69
Wightman, A.　427
Wigner, E.　302, 319, 356
　── -Yangの振動子　320
Wilczek, F.　297
Willey, R.　252
Wilson, K.　35, 162, 236, 297, 341
WKB近似　27, 264
W中間子→Wボソン
Wボソン　100, 120, 121, 151, 269, 284
　──の質量　151

索　引——491

Y

Yang, C. N.　　44, 104, 265, 286, 295, 302
Yang‑Mills
　　——のゲージ理論　　47, 67, 417
　　——の場　　99
Yennie, D.　　220

Z

Zachariasen, W.　　45
Zeldovich, Ya. B.　　351
　　——の電束線・磁束線　　351
Zitterbewegung　　209
Zumino, B.　　151
Zweig, G.　　90, 224, 226, 294, 295
Z ボソン　　121, 284

ア 行

アイソスピン　　24, 93, 105, 178, 224, 245, 416
　　——対称性　　416
　　——対称性の破れ　　245
アイソトピックスピン→アイソスピン
アイソバー　　160
会津晃　　408
アイデア
　　新しい——はすぐ公開され議論される　　433
あきらめ　　183
アナロジー　　38, 47
荒木源太郎　　409
荒船次郎　　288
有馬朗人　　52, 376, 395
　　——Iachello の理論　　395
アイシプトーピア　　270
イェール大学　　346
石川啄木　　44
異常しきい値　　265
異常磁気能率→異常磁気モーメント
異常磁気モーメント　　26, 220, 263, 434
石原純　　167
位相シフト解析　　44
位相モード　　**342**, 386
一元論　　270
1 次元運動の理論　　20
一般相対性理論　　157, 168, 232, 301
一般論主義者　　48
伊藤憲二　　400
伊藤大介　　407, 436, 438

井上健　　18, 269
イプシロン粒子　　167
色　　54, 260, 338, 403
　　——の $SU(3)$ のゲージ場　　157, 338
　　——の概念の導入　　403
　　——の励起状態　　260
　　——荷 (color charge)　　341
岩田義一　　25, 261, 408, 418, 445
因果律　　54
インスタントン　　282, 304, 315, 320, 354
渦　　316, 317, 320, 350, 351
　　天文学的な大きさの——　　351
　　——の相対論的流体力学　　316
　　——輪　　351
渦巻軌道スペクトロメーター　　25
内山龍雄　　25, 105, 172, 302, 406, 409, 415, 438
宇宙　　37, 71, 82, 113, 139, 141, 151, 325, 351
　　物理法則と——の歴史　　82
　　——の大きさ　　71
　　——の初期条件　　325
　　——の進化　　351
　　——の年令　　141
　　——の波動関数　　139
　　——の膨張　　113, 151
宇宙項　　317
宇宙線　　31, 43, 141, 174, 175, 355, 383, 409, 412
　　——研究グループ　　31
　　——中間子　　355
　　——強度　　355
宇宙物理　　58
宇宙論　　68, 113, 168, 278, 293, 317, 339, 351
　　——と素粒子論　　113
梅沢博臣　　413
梅原千治　　271
ウラン 235 分離装置　　14
運動方程式　　213
影響　　268, 270
　　インド哲学的思考の——　　270
　　方法論の——　　268
　　湯川・坂田の思考の——　　270
　　湯川・朝永・坂田・武谷の——　　268
エキゾチック・バリオン　　277
エキゾチック・メソン　　277
江崎玲於奈　　21
エーテル　　347

492──索　　引

エネルギー　113, 187
　　加速器の──の増大　187
　　──と質量の同等性　113
　　──・ギャップ　49, 266, 321, 333, 359, 385, 419
　　──保存　65
　　──の放棄　65
エマルジョン（emulsion）　384
遠隔作用　209, 210
エンゲルス　Engels, F.　417
エントロピー　312
応答関数　246
大久保－Zweig－飯塚の規則　370
大久保進　249, 278
　　Gell-Mann－──の質量公式　249
大阪市立大学　26, 41, 49, 190, **263**, 409, 418
大阪大学　263
大貫義郎　269
大根田定雄　26, 264
岡武史　86, 89
岡部金次郎　13, 406
岡村浩　85
小川修三　269
尾崎正治　409
オーダー・オブ・マグニチュードの物理　432
オーダー・パラメタ　334, 335, 341, 359, 371, 385
　　ベクトル型の──　341
オタマジャクシ（tadpole）　367, 379
　　──・ポテンシャル　366
　　──の発散の相殺　367, 379
小田稔　409
落合僊一郎　22, 403, 406
小野健一　25, 263, 404
Ω^-の発見　256
ωメソン　46, 416, 418

カ　行

回折幅のちぢみ　**229**, 239
階層　270, 306, 331, 357, 368
階層構造　72
カイラリティ　23, 50, 314
カイラル
　　──異常　306, 314, 357, 363
　　──カレント　314
　　──摂動　422
　　──対称性　107, 163, 184, 243, 251, 267,

285, 324, 335, 346, 424
　　──・──と Veneziano モデルの関係　251
　　──・──対称性の自発的破れ　107, 163, 324, 340
　　──ダイナミクス　264, 268, 375
　　──不変性　314
　　──ラグランジアン　346
　　──力学　363
香り　54, 92, 286, 299, 300
　　──と左右の非対称　285
　　──の対称性　299
　　──の物理　400
　　──の力学　300
科学者　78, 83
　　──の社会的意識　83
　　──の特徴　78, 83
可換ゲージ理論　338
角運動量　320
拡散方程式　264
　　朝永・福田の──　264
核子　202, 221, 237, 335, 362, 376, 393, 394
　　裸の──　335
　　──対の形成　393
　　──・──のエネルギー　394
　　──対の生成　362
　　──ニュートリノの包括反応　237
　　──の構造　237
　　──の電荷分布　221
　　──の励起準位　202
核戦争　83
学徒動員　13
核物質　265
　　──の状態方程式　265
核物理　151
　　──における超対称性　151
確率振幅　214
核力　65, 114, 156, 211, 265, 410, 413
　　──の飽和性　44, 211, 265
　　──ポテンシャル　413
加速器　34, 43, 48, 64, 90, 111, 125, 140, 147, 159, 187, 198, 223, 272, 279, 280, 284, 325, 415, 459
　　次世代の──　280
　　将来の──　284
　　──エネルギーの増大　90, 187, 223, 272
　　──は地球の大きさになる　460
大きさに限界　293

κ 粒子　198, 204
荷電の保存　280
加藤敏夫　22
金沢捨男　438
神岡鉱山　141
亀井理　190
カラー→色
殻模型　376, 388, 393
カリフォルニア工科大学　44, 134
カレント質量　363, 388
カレント代数　180, 248, 267
韓→Han　226
還元公式　247
還元主義者　47
官憲の迫害
　　思想問題による――　437
完全性　307
観測の理論　139, 307
　　――と宇宙　139
観点
　　絶えず――を変えて突破口をみつける　435
ガンマ線　56, 120
　　宇宙の――　56
幾何学的断面積　229
幾何学の原理　172
菊池正士　81
基礎物理学研究所　21
喜多秀次　26, 264
擬超対称性　372
基底状態　70, 300
　　対称でない――　333
　　非対称な――　300
　　――の縮退　70, 266
木下東一郎　27, 41, 43, 49, 264, 408
基本構成子→基本粒子
基本的な力　119
基本的な長さ→普遍的長さ
基本粒子　117, 139, 159, 238, 280, 294, 420
　　ひもの理論における――　139
　　――間の相互作用　280
　　――の種類　238
奇妙な粒子→ストレンジ粒子
逆遮蔽　297
逆二乗の法則　121
ギャップ方程式　107, 362, 380
究極的統一　306
究極的統一理論　158, 285
境界条件　245

強結合の理論　66, 160, 176, 178, 384, 434, 436
強磁性　69, 300, 360, 417
　　――の Heisenberg の理論　69
　　――の Weiss の理論　69
　　――体　333
　　――理論　421
凝集力の場　209, 211
凝縮体　49
京都　31, 81
　　――学派　383
京都大学　174, 403, 432
　　――基礎物理学研究所　431, 437, 438
共同体の雰囲気　28
共変性　212, 316
共鳴状態　256
強粒子→ハドロン
局所場　315
巨大科学　31
ギリシャ　201
　　――時代　90
キンク　320
金属微粒子　445
　　――の統計力学　446
空孔理論　207
クォーク　53, 58, 69, 73, 90, 92, 97, 98, 100, 116, 117, 118, 124, 125, 126, 135, 138, 140, 145, 157, 159, 162, 163, 167, 184, 185, 192, 224, **226**, 260, 268, 269, 270, 274, 275, 276, 278, 281, 295, 297, 298, 326, 337, 340, 366, 370, 375, 379, 380, 388, 398, 436
　　アップ(u)――　117
　　三色――　238, 268
　　ストレンジ(s)――　118
　　整数荷電の――　162
　　ダウン(d)――　117
　　チャーム(c)――　98, 118, 167, 260, 269, 295
　　トップ(t)――　53, 73, 118, 159, 192, 366, 379
　　――・――の質量　380, 398
　　――とキジ肉の料理　138
　　――のカラー(色)　53, 97, 185
　　――のカレント質量　388
　　――の構成子質量　69, 363, 388
　　――の質量　73, 125, 126, 337, 375
　　――の質量スペクトル　370
　　――の質量生成　340
　　――の種類の数　269, 275, 278

494 ── 索　引

──の閉じ込め　57, 98, 116, **124**, 162, 185, 275, 281, 297, 312, 340, 436
──は完全に形式的なもの，数学的記号　53, 184
──・パートン模型　274
ボトム(b)──　118, 167
──・モデル　19, 53
──・レプトンの対称性　100
──を構成する粒子　140
遊離して存在しない　270
クォーク模型　267, 268, 295
日下周一　412
くつひも → ブーツストラップ
久保亮五　15, 22, 45, 262, 408, 418, 444, 445
グラヴィティーノ(重力微子)　288
くりこみ　35, 41, 47, 73, 127, 162, 216, 220, 293, 296, 311
──可能　162, 191, 280, 283, 286, 289, 301, 304, 314, 339
──可能の条件　47
──のできない発散　216
──理論　16, 26, 146, 161, 176, 182, 263, 298, 326, 403, 413, 431, 433, 434, 448
──・──の限界　298, 326
グルーオン　100, 237, 298
──は弦　237
グルー・ボール　350, 351
群　358
──の表現　358
軍国主義　11
群の表現　424
群論　69
ケイオン → K中間子
軽粒子 → レプトン
径路積分　441
ゲージ　316
　Kalb-Ramond の──原理　316
　──群　283
　──原理　35, 47, 67, 104, 294, 349
　──対称性　47
　──自由度　282
　──のエントロピー　282
ゲージ場　52, 54, 99, 100, 102, 122, 124, 139, 142, 146, 178, 269, 280, 282, 304, 315, 316, 317, 338, 436
　色──　146
　香り──　146
　非可換──・──　282

──のトポロジー的に自明でない配位　304
──に質量をもたせる　178
──の原理　157
──の量子論　173
ゲージ不変性　49, 50, 106, 245, 266, 324, 332, 333, 361, 419, 434
ゲージ変換　245
　第1種の──　245
ゲージボソン　106, 163
──の質量　106
ゲージ理論　37, 167, 168, 171, 281, 282, 284, 286, 287, 301, 312, 348, 349, 415
　Yang-Mills の──　415
　内山龍雄の──　415
結合定数　286
　エネルギーとともに変わる　286
結晶　69, 333, 360
──の対称性　69
弦　133, 137, 139, 231, 283, 284, 316, 341, 349, 350, 352, 354, 425, 426
　宇宙──　341
　閉じた──　133, 350
　──の Hamilton-Jacobi 方程式　352
　──と可換なゲージ場　353
　──の運動状態　139
　──の古典的作用　426
　──の古典力学　354
　──の振動のスペクトル　425
　──の相互作用　136
　──のモデル　101, 317
　──理論　316
　切れたり，つながったり　137, 231
　制御不可能なゆらぎ　316
原子核　115, 279, 298, 343, 376, 377, 388
　──の結合エネルギー　298
　──の合成　278
　──の集団励起　377
　──の励起における超対称性　343
　──の発見　6
原子爆弾　14, 19
原子　31
　──の土星モデル　31
現象論　62, 144, 170, 223
現象論的　104
原子論　201
原爆　48
弦模型　162
弦理論　37, 145, 148, 168

高エネルギー物理　60, 193, 224
　　21 世紀中葉の──　193
　　──の砂漠　325, 436
高エネルギー物理学研究所　118, 166
高エネルギー物理学国際会議(東京)　272
光学定理　229
光学的模型　230
交叉チャネル　227
光子　91, 114, 215, 245, 334
　　Goldstone 粒子としての──　334
　　──の自己エネルギー　215, 434
格子ゲージ理論　298, 340, 341, 354, 436
格子理論　161, 309, 310
　　──における円筒　310
構成子質量　69, 363, 388
合成粒子→複合粒子
光量子→光子
公理論
　　──的構成　48
公理論的な場の理論　179
国際理論物理学会議　21
小柴昌俊　22, 141
コスモロジー→宇宙論
小谷正雄　12, 15, 25, 404, 406, 407, 433
古典電磁力学　208
木庭二郎　15, 22, 26, 41, 55, 176, 261, 271, 408, 409, 425, 426, 433, 437, 438, 444
　　──Nielsen‐Olesen のスケーリング則　437, 439
　　──Nielsen の公式　425, 437, 439
　　──Nielsen の表示　55
　　妥協を許さぬ理想主義　438
小林誠　57, 66, 149, 186, 278, 399
　　──益川の質量行列　149
小林稔　409
コペルニクス　201
コペンハーゲン精神　7, 31
『ゴム弾性』　445
固有場　206

サ 行

サイクロトロン　15, 31, 34, 81, 111, 144, 179, 292, 404, 430
　　シカゴ大学の──　179
　　──の海中投棄　15
坂井卓三　404
坂田昌一　11, 16, 18, 23, 24, 33, 43, 46, 51, 57, 61, 62, 64, 81, 84, 104, 114, 154, 161, 168, 170, 175, 191, 199, 268, 269, 270, 294, 297, 355, 383, 384, 409, 411, 413, 431, 432
　　──学派　269
　　──・武谷哲学　43, 408, 416
　　──・武谷の三段階論　170
　　──の実証　175
　　──の哲学　51, 104
　　──モデル　184, 224, 269
　　──湯川哲学　46
　　考え方が異質　268
　　12 年革命説　191
　　二中間子論　175
嵯峨根遼吉　15, 25, 404
崎田文二　269
桜井純　47, 105, 269, 284, 417
鎖国　5
作用積分　232
三色クォーク　56, 268, 269
三段階論　12, 19, 43, 56, 61, 155, 170, 185
散乱断面積　242
　　──の Froissart の上限　242
散乱長　249
ジェット　275
ジェネラリスト　48
シカゴ大学　142, 45
時間反転　25, 413
時間反転不変　407, 433
磁気単極子　67, 141, 146, 148, 158, 159, 269, 282, 284, 304, 314, 320, 326, 341, 349
　　't Hooft-Polyakov の──　341
磁気能率→磁気モーメント
磁気モノポール→磁気単極子
時空
　　電磁気学における──の破れ　251
　　──の幾何学　157
　　──の対称性　47, 251
軸性ベクトル流　335
　　──の部分的保存　248, 249, 250, 335
シグマ中間子　53, 336, 343
シグマ・メソン→シグマ中間子
シグマ・モデル→σ モデル
次元解析　100
自己エネルギー　13, 15, 208, 210, 215, 296, 324
　　光子の──　215
　　電子の──　215
　　──の困難　208
自然　37, 71
　　──の階層構造　71
　　──は理解し得るか　38

496──索　引

──は理解できる　37
『自然弁証法』　417
思想問題　437
磁束　340
　　──の量子化　340
磁束管　315, 317, 321, 340, 342
　　──の中の電子　342
磁束線　349
実験　273, 433
　　昨日の──結果は今日理論家が取り上げる　433
　　──と理論の定量的一致　273
実験屋はずっと後ろに置き去り　187
実体　270
実体論　63, 416
質量　52, 130
　　クォークの──　337, 370
　　クォークのカレント──　363, 388
　　クォークの構成子──　69, 363, 388
　　レプトンの──　337
　　レプトンの──スペクトル　370
　　対称性の自発的破れと──　69
　　動力学的な──生成　153
　　──公式　70, 249
　　──スペクトル　149, 200, 222, 289, 297, 305, 316, 320, 324, 338, 370, 424
　　──生成　153, 240, 287, 300, 303, 360
　　──ゼロの励起状態　267
　　──とエネルギーの同等性　113
　　──の階層　364
　　──の起源　50, 323
　　──の反転　244
　　──の微細構造　203
　　──のメカニズム　270
　　──問題への3つのアプローチ　72
質量行列　324, 368, 380, 399
　　クォークとレプトンの──　149
視点　155
　　より大きな──で認識すること　155
磁電管の理論　25
シナリオ　273
　　理論家の予想　273
自発的な分極　244
自発的な破れ　184, 266, 378
　　有限系における対称性の──　378
指標定理　320
思弁　200
弱カレント　337
遮蔽　124

自由　43
19世紀
　　──の化学・物理学の発展　90
10次元　132, 134, 138
集団座標　436
集団モード　247
集団励起　245, 331, 377, 436
周転円　283
12年革命説　191
重力　75, 157, 280, 289, 298
　　素粒子物理の重要な材料　289
重力子　91, 148, 289
重力場　122, 127, 139, 146, 157, 270
　　ゲージ場としての──　122
　　──の方程式　157
　　──の量子論　127, 134, 139, 146
　　──の理論　67, 304, 415
重力微子(グラヴィティーノ)　288
重力方程式　317
16次元　133
縮退　245, 357
　　──した真空　245
準古典近似　27
準超対称性　53, 362, 387, 399
準粒子　331
昇降演算子　319
庄司一郎　262, 418
情報理論　23
真空　51, 107, 122, 245, 247, 269, 283, 315, 331, 332, 340, 361
　　θ──　315
　　縮退した──　50, 245, 247, 361
　　──間の相転移　283
　　──と物質的媒質との類似　269
　　──の相転移　332, 340
　　──のソリトン的構造　283
　　──のトポロジカルな構造　283
　　──の偏極　107, 208, 211, 296
　　──は空ではない　331
真空状態　245, 247, 300, 321
　　Fermi的──　321
　　アイソスピンをもつ──　245
　　非対称な──　300
　　──の縮退　51, 245, 247, 361
シンクロサイクロトロン→シンクロトロン
シンクロトロン　46, 111, 198, 256, 430
　　ブルックヘーブン国立研究所の──　256
人工中間子工場　198

審美の感覚　356
振幅モード　**342**, 386
深部非弾性散乱　427
新粒子　272
水星の近日点移動　67
数学　67, 75, 145, 157, 158, 173, 188
　　経験から離れると　75
　　——的な美しさ　67, 145, 157, 158, 173
　　——は終わりにきた（フォン・ノイマン）　188
須浦寛　22
数を対角化する基底　378
　　——に射影　378
スカラー・メソン　161
　　——の核子による散乱　161
菅原寛孝　180, 268
　　——の構成法　180
スキルミオン模型　161, 178
スケーリング則　71, 74, 96, 236
　　クォークの質量の——　74
　　早熟な——　236
スケール則→スケーリング則
鈴木眞彦　268
スタンフォード大学線形加速器施設（SLAC）　256
スタンフォード大学　142
ストレンジネス　18, 93
ストレンジ・パーティクル→ストレンジ粒子
ストレンジ粒子　43, 176
　　——の対発生　183
頭脳流出　20
スーパーストリング→超弦
スピノル　245
スピノル理論　23, 408
スピン　54, 86, 88, 95, 132, 148, 178, 224
　　——オービタル　178
　　——軌道力　44, 376, 388, 393
　　——と統計　88, 308
　　——と統計の関係　54
　　——の相互作用　88
　　——波　334
『スピンはめぐる』　86
スペース・サイエンス　459
正準形式　306
正準交換関係　319
整数荷電　54
生成消滅　206
世界大戦　355
世界文化　12

世界膜　231
　　——の作用　56
赤外発散　237
赤外幽閉　281
世代　66, **117**, 118, 150, 151, 160, 296, 305, 324, 397
　　——の数は3　66, 398
　　——は進化するか　150
　　3世代　296
摂動級数は漸近展開　205
摂動論　208, 219
ゼロ点揺動　366
ゼロ・モード　312, 315, 320, 321, 326, 342, 419
漸近級数　205, 219
漸近的自由　101, **124**, 162, 167, 275, 281, 297, 298, 303, 311, 338, 339, 435
線形加速器　225
『戦後日本の精神史——その再検討』　78
戦後の暮らし　15, 27, 41, 261
戦争　21, 199
戦争反対　19
選択規則　356
占領軍図書館　262
象牙の塔　448
　　——が国力の発展に従わず取り残されている　449
相互作用　35, 216, 304
　　第1種——　216
　　第2種——　216
　　——の強さ，高エネルギーで一致　304
相互作用するボソンのモデル　53, 376, 395
　　——の物理的な起源　377
相互作用表示　213
相対論　86, 189, 212, 294
　　——的共変　212
　　——的流体力学　316
　　——的量子力学　123
双対　145
　　——共鳴モデル　145, 231, 439
　　——ダイヤグラム　233
　　——変換　177
双対性　62, 162, 231, 232
　　——の原理　67, 365
相補性原理　143
総和則　235
束縛状態　216
ソフト・パイオンの定理　248, 250, 267,

335, 422
ソリトン　67, 161, 284, 331
　トポロジカル・——　67, 284
素粒子　34, 35, 47, 90, 91, 102, **115**, 199, 200, 202, 204, 206, 207, 209, 212, 216, 221, 222, 269, 270, 297, 331, 411
　新しい——　199
　着物を着た——　212, 216
　最終的——　270
　——統一的解釈の試み　221
　——とは何か　206
　——の着物　207
　——の構造　209
　——の質量スペクトル　200, 202, 204, 222
　——の種類　411
　——の内部運動　209
　——の分類　91
　——のモデル　35, 297
　理論的要請から発明　269
素粒子物理　34, 47, 58, 60, 61, 64, 104, 111, 114, 128, 136, 144, 146, 147, 155, 168, 171, 188, 224, 268, 269, 270, 293, 318, 331, 383, 400, 430, 436
　日本の——　268
　——と固体物理の類似性　269
　——に将来がある　136
　——の終わり　136
　——の開祖　104, 114
　——の概念　270
　——の革命　171
　——の基本原理　34
　——の砂漠　325, 436
　——の性格一変　57
　——の発展に大変化　64
　——のバロックの時代　188
　——の方法論　61, 114, 144, 268, 383
　——のルネッサンスの時代　188
　——理論の革命　146
　原理的な要素　270
　実験による直接検証の断念　128
　実体的な要素　270
　理論と実験の能力の不釣り合い　147
　理論の性格に変化　293
素粒子論　174, 200
『素粒子論研究』　20, 26, 27, 43, 262, 264, 438
ソルベイ会議　166
ソ連圏　49

タ 行

第一次世界大戦　168
大学の進歩　190
対称性　2, 35, 47, 50, 54, 64, 69, 105, 106, 157, 158, 163, 183, 224, 243, 244, 249, 251, 280, 293, 298, 299, 300, 301, 303, 315, 332, 333, 334, 336, 356, 357, 359, 379, 386, 398, 416, 458
　大域的な——　357
　$SU(3)$——　224
　アイソスピン——　416
　運動方程式の——　299
　カイラル——　69, 243
　カイラル——の破れ　163
　香りの——　299
　近似的——　47
　ゲージ——　47
　結晶の——　69
　時空の——　47
　時空の——の破れ　251
　自発的に破れた——　458
　状態の——　299
　電場と磁場との——　158
　内部——　47
　——の局所ゲージ化　357
　——の原理　157, 172, 280, 284
　——の自発的な破れ　2, 4, 35, 49, 52, 53, 69, 244, 249, 300, 303, 317, 332, 333, 336, 386, 421
　——の衝突　357
　——のブーツストラップ的な破れ　379, 398
　——の破れ　107, 283, 293, 434
　——の破れの機構が内在　301
　——の力学的な破れ　336
　——を回復する励起　334
　——ブーツストラップ的な破れ　**379**
　物理法則を不変にする合同変換の群　356
　破れた——　243
　ラグランジアンの——　299
　力学的な——　54
　力学的な——の破れの本質　359
　離散的——　244
　理想化としての——　299
　連続的な変換に関する——　359
対称相
　——非対称相との相転移　300

索　引―― 499

大統一理論 (GUT's)　67, 72, **127**, 141, 145, 148, 157, 187, 280, 283, 285, 294, 298, 303, 304, 306, 309, 324, 325, 331, 339, 346, 348
太平洋戦争　41
太陽電波　409
τ中間子　118, 198
高木修二　438
高橋秀俊　407
高橋康　419
高橋嘉右　400
高林武彦　22, 54, 189, 426
多体問題　436
　　1次元フェルミオンの――　436
タキオン　316
竹内柾　14
武田暁　22, 408
武谷三男　11, 14, 26, 43, 56, 61, 81, 155, 170, 207, 262, 408, 409
　　坂田・――哲学　43
　　――の三段階論　56, 61, 155, 170
多時間理論　13
多重項　300, 357
多重度　239
　　――の分布　239
多重発生　239, 264, 438, 439
　　――のパートン理論　239
　　――非弾性度　239
田地隆夫　53, 407, 438
立場
　　大きな――から見ると　166
多値論理　408
棚橋誠治　366
谷川安孝　211, 409, 412, 432
谷純男　22
単一場→統一場
段階　155, 185
　　自分が今どの――にいるか　155, 185
単極子→磁気単極子
短距離力　349
単磁極→磁気単極子
弾性散乱　234
タンブリング　70, 364, **376**, **392**
チャネル　433
チャーム・クォーク　167, 260, 269, 295
中間子　115, 116, 240
　　弱い――　240
　　――討論会　12
　　生成と散乱の矛盾　384
中間子論　104, 114, 144, 166, 297, 430

――50 周年記念　166
中間表示の方法　216
中国　437
　　日本と――の学術交流　437
中性π中間子　384
　　――の崩壊　263
　　どうすれば検出できるか　384
中性子　114, 116
中性中間子　432
中性微子→ニュートリノ
超荷電→ハイパーチャージ
長距離力　349
超ゲージ理論　288
超弦　36, 37, 48, 59, 60, 67 68, 75, 133, 158, 162, 173
超重力　306, 342
超選択則　359
超対称性　36, 37, 52, 60, 67, 68, 70, 75, 129, 146, 148, 151, 158, 173, 288, 297, 301, 306, 315, 318, 320, 322, 342, 343, 348, 387, 396, 397, 398
　　――の非相対論版　318
準――　52
　　――ハミルトニアン　319
超対称的弦理論　85
超対称(性)理論　72, 348
超代数　362
　　質量を生成する――　362
超大統一　285
超多時間理論　13, 41, 176, 433, 437
超伝導　99, 106, 265, 269, 282, 283, 288, 300, 303, 322, 332, 334, 343, 360, 361, 371, 385, 387, 394, 419, 458
　　磁気的――　282
　　――の BCS 理論　265
　　――における振幅モード励起　343
　　――の理論　178, 245
　　――フィルム　372
　　――媒質　281
超伝導体　50, 137, 386
　　――の基底状態，電荷の固有状態ではない　386
超伝導体の薄膜　389
徴兵　13
超流動　152, 269, 362
　　ヘリウムの――　343, 362, 372
調和振動子　55, 231, 318, 319
直接チャネル　227
対形成　322

原子核内での——　322
対消滅　294
対生成　207, 294
　　核子の——　207
強い相互作用　92, 179, 207, 248, 275, 297
強い力→強い相互作用
テクニカラーの理論　153, 363, **398**
テクニカラー・モデル　73, 343
テクニ・フェルミオンの結合状態　343
鉄のカーテン　199
デュアリティ→双対性
　——ダイヤグラム　233
電荷　326
　——と磁荷との双対的関係　326
電荷分布　221
　　核子の——　221
電子　91, 114, 215, 220, 236, 238, 252, 257, 266, 273
　——中性子散乱　236
　——の異常磁気モーメント　220
　——の数の非保存　266
　——の自己エネルギー　215
　——の質量　252
　——陽子散乱　236
　——陽子散乱, パリティ非保存　273
　——陽電子・衝突　238, 257
電磁気学　301, 348
　——と弱い相互作用の統一→Weinberg-Salamの理論
電磁気的な力　120
電子シャワー　297
電子シンクロトロン　44
電子ニュートリノ　117
電子ボルト　**112**
電弱ゲージ原理　280
電弱相互作用　163, 274, 336, 367
電弱理論→Weinberg-Salamの理論
電子-陽電子環　257
　　スタンフォードの——　257
電磁力　188, 208
　　古典——　208
転送行列　177
電束管　341
　　有効——　341
天体物理学　293
天文学　68, 170, 339
　　中国の——　170
統一
　　すべての力の——　75

統一場の理論　122, 269, 293, 301, 348, 421
　——の夢　269
等価原理　67, 172
東京大学　22, 41, 174, 262, 355, 403, 432
東京文理科大学（文理大）　41, 176, 262, 268, 383, 432, 438
統計　206
統計物理学　151
導波管　13, 25, 130, 180, 406, 434
徳川時代　79
ドグマ　155
閉じ込め　57
土星型原子模型　6
トップ・クォーク　53, 73, 159, 192, 366, 379, 380, 398
　——凝縮のモデル　73
　——の質量　380, 398
トポロジー　139, 146, 311, 312, 317, 320, 326, 357
　古典論的——解　320
　非自明な——　333
　——的ソリトン　311
　——的な泡　326
　——的不変量　317
　——的励起　312, 320, 326
友澤幸男　249
朝永-Schwinger理論　216
　——の限界　216
朝永振一郎　3, 8, 11, 12, 13, 15, 20, 21, 23, 25, 26, 27, 29, 31, 33, 34, 36, 37, 40, 41, 43, 61, 62, 81, 85, 86, 160, 161, 168, 174, 176, 178, 182, 199, 208, 211, 212, 220, 262, 268, 271, 296, 403, 406, 407, 409, 412, 413, 422, 431, 432, 433, 437, 438
　——素粒子物理に占める位置　34
　——仁科セミナー　23, 33, 268, 413, 432

ナ 行

内部スピン　321
内部対称性　146
長岡半太郎　5, 8, 30, 79, 167, 174, 268, 404, 432
　——の原子モデル　167
長崎　14, 19
長島順清　401
中野董夫　19, 26, 41, 62, 156, 263, 409
　——-西島-Gell-Mannの法則　62, 156, 264
永宮健夫　24, 406

中村誠太郎　22, 26, 43, 262, 408, 409, 433
なぜ，どういう考えで　181
南部 – Goldstone の定理　421
南部 – Jona-Lasinio モデル　99, 389
南部 – 後藤の作用　56
南部 – Goldstone 波　3
南部 – Goldstone ボソン　50
南部 – Goldstone 粒子　70
南部陽一郎　101, 226, 231, 270, 335
　　なぜ重力場を研究しないのか　270
二元論　270
西島和彦　19, 22, 26, 41, 62, 156, 250, 263, 264, 346, 408, 409
　　中野 –――― – Gell-Mann の法則　62, 156, 171, 264
仁科芳雄　6, 14, 30, 33, 61, 81, 86, 143, 168, 174, 268, 355, 383, 403, 404, 432
　　――朝永セミナー　33, 174, 355, 383
二重性→双対性
二重性図形　233
二重性模型→双対性共鳴モデル
26 次元　132, 133, 138
二中間子論　24, 33, 66, 155, 160, 175, 295, 355, 384, 411, 432, 436
　　――の実証　175
日本　29, 30, 31, 79, 81, 88, 268, 460
　　――とアメリカの高等教育　79
　　――の科学の伝統　79
　　――の戦後教育　82
　　――の素粒子物理　268
　　――の特性　30
　　――の物理学の伝統　31, 87
　　――の文化　29
　　――は哲学的，方法論的色彩の強いことが特徴であり伝統　462
ニュートリノ　65, 66, 68, 91, 114, 116, 117, 118, 141, 172, 237, 274, 295, 349, 400, 415
　　3 種の――　66, 296, 398
　　2 種の――　66
　　――核子の包括反応　237
　　τ――　118
　　電子――　117
　　――の質量　68, 349
　　――は何種類あってもよい（武谷）　415
　　――物理，成年に達した　274
　　μ――　118
ねじれ度→ヘリシティ
熱力学　47, 308
　　――的原理　308
　　――との対応　308
　　――の第 2 法則　23, 47
　　――的極限　70
　　――的模型　231
　　――的類推　282
野上茂吉郎　271
ノーベル賞　86, 430, 438, 451
ノーベル物理学賞　2, 3, 18, 21
場　91, 211
　　負エネルギーの――　211

ハ 行

パイオン→パイ中間子
媒質　122, 334
　　対称性が自発的に破れた――　334
パイ中間子　12, 18, 41, 46, 179, 198, 201, 238, 239, 246, 248, 249, 257, 263, 267, 325, 336, 355, 363, 375, 376, 386, 387, 388, 418, 438
　　ガンマ線による――の生成　438
　　Goldstone 粒子としての――　267
　　――・――の質量　363
　　ソフト――の定理　248, 267
　　中性――　257
　　中性――の崩壊　238, 263
　　電子による――の創成　248
　　――核子の散乱　249
　　――多重発生における横運動量　239
　　――と核子の散乱　179
　　――のクォーク模型　238
　　――の質量　246
　　――の崩壊定数　375, 386, 388
ハイパーチャージ　105
パイ・ミュー崩壊の連鎖　12, 33, 175
パイメソン→パイ中間子
パウリの原理→排他律
梯子近似　264
走る結合定数　353
バッグ模型　276
ハドロン　46, 47, 52, 53, 55, 56, 58, 91, 94, 96, 162, 171, 181, 224, 225, 268, 269, 277, 278, 315, 317, 324, 350, 351, 388, 424
　　――共鳴状態　46
　　――と原子核の類似　225
　　――の化学式　94
　　――の現象論的模型　277
　　――の弦モデル　55, 56, 268, 269
　　――の多重項　94
　　――の物理　181, 415

502 ──索　引

──の力学　388
──の励起状態　181
──ハドロン反応　225
──は複合粒子　181
自己無矛盾な系をなす　162
パートン　96, 225, **234**, 235, 236, 237, 275
　理想──・ガス模型　235, 237
　──の分布関数　235, 237, 275
　──はクォーク　96, 236
パートン多重発生の
　──の理論　239
パートン・モデル　56, 95, 145, 440
場の反作用　433, 434
場の量子論　35, 47, 144, 205, 293, 294, 308, 409, 430
　──の公理論的な構造　308
　──の妥当性　430
　──の適用限界　309
場の理論　206, 210, 220, 227, 246, 309
早川幸男　13, 22, 26, 41, 263, 406, 408, 409, 438
林忠四郎　264, 22, 26, 404, 406
パラダイム　293
パラFermi統計　53
原康夫　52, 268
バリオン　92, 93, 94, 232, 237, 286, 287
　宇宙の全──数　286
　──の化学式　232
　──の構造　237
　──の多重項　94
バリオン数　92, 93, 105, 302, 321
　──異常　321
　──の非保存　286
　──の保存則に随伴する可換ゲージ理論　302
バリオン・チャージ→バリオン数
パリティ　61, 256, 265, 273
　電子-陽子散乱における非保存　273
　──演算子　319
　──非保存　61, 265
　──非保存の発見　256
汎関数積分　306, 313
反遮蔽　124, 338
坂東昌子　400, 417
万物の理論　51
万物の理論→究極的統一理論
万有引力　119
非アーベルゲージ場の量子力学　168
非アーベルゲージ理論　167

非アーベル的　47
非アーベル的ゲージ場　101
非アーベル場　54
非可換　282
　──ゲージ場　282
非可換ゲージ　67
非可換ゲージ群　341
非可換ゲージ場　146, 320, 336, 338
　──の量子論　146
非可換ゲージ理論　105, 146, 148, 297, 302, 303, 311
光　212
　──のニュートリノ説　212
光円錐の代数　236
非局所的　317
非局所場　37, 210
微細構造定数　277, 325, 337, 421
微視的因果律　221
微視的な理論　69
非線形場　210
ビッグバーン　113, 350
ひも　133, 137, 139, 231, 283, 284
ひも→弦
　切れたり，つながったり　137, 231
　閉じた──　133
　──の運動状態　139
ひもの理論　128, 136, 140, 185
　相互作用　136
　──における世代の数　140
ひも模型　101, **130**, 276, 281
紐模型　317
紐理論　316
標準模型　52, 57
標準モデル　19, 34, 63, 70, 73, 365, 367, 388
　──の彼方　70
標準理論　48, 57, 60, 63
　──のテスト　57
ヒルベルト空間　359
　有効──　359
広島　14, 19, 21
ファイバー束　158, 304, **309**
不安定粒子　256
負エネルギー　211
　──の場　211
フェルミオン　68, 204, 206, 380
　──とボソンの統一　68
　──の階層性　380
フォノン　70, 386

深い非弾性散乱→深部非弾性散乱
不確定性原理　90, 125, 207
福井謙一　81
複合粒子　181
複合(粒子)模型　155, 295
福田信之　27
福田博　22, 263, 408, 438
袋　354
武士　5, 8, 31
ψ　258
藤井忠男　45
伏見康治　24, 177, 262
伏見康治　406, 418, 438, 409
藤本陽一　22, 217, 408
二つの文化　78, 83
物質の安定性　136, 302
ブーツストラップ　48, 55, 230, 269, 365, 366, 367, 415
物性物理　2, 3, 331, 332
　　素粒子論との相互作用　332
物性論　49, 174, 265, 266, 403
物理学　39, 86, 135
　　——革命　86
　　——の終わり　135
　　——は迷路　39
物理法則　38, 67, 79, 128, 142, 150
　　——の美しさ　67, 79, 128, 142
　　——の進化　150
　　——のHamilton的構造　38
　　——は宇宙の進化と結びついているか　150
不定計量　247
不変計量　51
普遍的長さ　298
普遍的な直接相互作用　217
普遍的な長さ　209, 216
フラスカチ国立研究所　256
プラズマ　99, 303, 333, 418, 434
プラズマ振動　178
プラズマ振動数　240, 337
プラズマ理論　177, 265
プラズモン　99, 124, 336
プラズモンの現象　107
プラズモン・モード　334
ブラックホール　67, 327
プリンストン高級研究所　16, 18, 20, 27, 43, 262, 264, 418, 445
プリンストン大学　134
ブルックヘーブン国立研究所(BNL)　256

フレーバー　47, 105, 298
フレーバー→香り
　　——の$SU(3)$　157
フレーバー対称性　299
分散関係　308
分散公式　248
分散式　221
　　Kramers–Kronigの——　221
　　質量をもつ粒子の，任意の解の散乱に対する　221
　　中間子・核子の前方散乱に対する——　221
　　中間子・核子の任意角の散乱に対する——　221
分散理論　46, 48, 179, 265, 413
分数荷電　54
ベクトル支配　251
ベクトル中間子　105
　　——支配のモデル　105
ベクトル中間子支配　303, 417
ベクトル中間子支配のモデル　443
ベクトル・メソン支配のモデル　47
ヘーゲル哲学　162
ベータトロン　198
ベータ崩壊　50, 65, 91, 115, 151, 217, 295, 388
　　——の相互作用定数　388
　　連続スペクトルの謎　65
ベトナム戦争　56
ヘリウム3　152
　　超流動——　152
ヘリシティ　317
偏見　185, 186
弁証法　170
弁証法的方法論　43
弁証法哲学　155
防衛研究　24
包括的過程　225
放棄の原理　297, 435
放射能　168
膨張宇宙　67
『方法序説』　200
方法論　47, 114, 208, 268, 269, 295, 298, 356, 448
　　——としての抽象化　298
ホーキの原理　41
ポストモダニズム　82
ポストモダン物理学　159, 189
ボソン　68, 204, 206

フェルミオンと——の統一　68
保存則　183, 327, 356
　　——の最後の砦　327
ボソン場　152
　　——の4乗相互作用　152
ボトム・クォーク　167

マ 行

マイクロウエーブ　176
牧二郎　98, 269, 400
マグネティック・モノポール→磁気単極子
マグネトロン　12, 17, 406, 407, 433
益川敏英　57, 66, 149, 173, 186, 278, 399
　　小林——の質量行列　149
マルクス主義　12
マンハッタン計画　14, 45
ミスマッチ
　　理論と実験の——　75, 147, 187
宮本米二　22, 53
宮沢弘成　22, 26, 45, 46, 229, 265, 414
宮島龍興　22, 409, 433
宮本梧楼　25
宮本米二　41, 54, 263, 408, 438
ミューオン　116
ミューオン→ミュー粒子
ミュー中間子　18
ミュー粒子　25, 66
　　——の謎　66
ミュー中間子→ミュー粒子
μ粒子　198, 201, 325, 355
民主化　43
無縁度→ストレンジネス
無限系　300
無限成分波動方程式　270
無限成分方程式　54, 56, 424
無限大の困難　410
無限大の困難→発散の困難
無限成分方程式　55, 57
宗像康雄　26, 264
明治時代　167
メソン　94, 232
　　——の化学式　232
　　——の多重項　94
メソン・クラブ→中間子討論会
メロン　282
モチベーション　181
モデストな立場　183
モデル　430
　　自由な——の設定　430

モデル構築　293, 318
モデルをつくる　170
モード　37
　　湯川——　65, 145, 171, 356
　　湯川・坂田——　46
　　Dirac——　37
　　Einstein——　37
　　Heisenberg——　37
ものの見方　181
モノポール→磁気単極子

ヤ 行

八木アンテナ　13
破れた対称性　243
山口嘉夫　22, 26, 41, 263, 408, 409, 434
山崎和夫　51
山脇幸一　366, 399
有人ロケットの月着陸　48
ゆうれい　232
湯川相互作用　70, 152, 303, 367, 387
　　——は2次的　303
湯川秀樹　3, 8, 10, 16, 18, 20, 29, 31, 34, 35,
　　37, 39, 43, 46, 48, 61, 62, 65, 81, 84, 86, 88,
　　104, 114, 144, 145, 156, 168, 169, 171, 210,
　　268, 270, 292, 294, 296, 355, 383, 384, 402,
　　403, 405, 409, 426, 430, 432, 438
　　——学派　169, 385
　　——記念館→京都大学基礎物理学研究所
　　——坂田哲学　46
　　——坂田モード　156, 171
　　——素粒子物理に占める位置　34
　　——の革新性　144
　　——のパラダイム　35
　　——の方法　18
　　——モード　65, 145, 171, 356
　　考え方が異質　268
　　中間子の存在を予言　156
　　中間子論　402
ユニタリー性　25, 307, 407, 413, 433
陽子　114, 116, 141, 147, 225
　　——の寿命　141
　　——の崩壊　71, 141, 147, 159, 326, 339
　　——の励起関数　225
陽電子　214, 424
予言　149
　　この世界は——可能か　149
横運動量　239
四つの力　120, 122, 127
　　——の統一　127

弱いカレント　250
弱い相互作用　147, 149, 157, 240, 274, 280,
　　294, 303, 324, 419, 422, 442
　　　エネルギーとともに強くなる　279
　　　——における対称性の欠如　324
弱い力→弱い相互作用
弱い中間子　121, 125, 240
4-フェルミオン・モデル　107

ラ 行

ランニングチャージ　107
乱流　354
理化学研究所（理研）　6, 31, 41, 61, 168,
　　174, 176, 268, 355, 383, 403, 432, 438
力学　72
　　　——の Hamilton 構造　72
陸軍技術研究所　24, 406
理研→理化学研究所
立体回路の理論　433
流管　317
粒子デモクラシー　48
量子異常　357
量子色力学　38, 67, 148, 157, 162, 171, 275,
　　280, 281, 297, 315, 338, 341, 353, 370, 349,
　　435
　　　——のゲージ理論　171
量子重力　68, 326, 327
量子数　317
量子論的ゆらぎ　312, 314
　　　Fermi 場の——　314
量子電磁力学　5, 13, 18, 19, 41, 47, 52, 146,
　　161, 169, 176, 216, 220, 296, 297, 298, 338,
　　435, 438
量子場の理論　47
　　　——のパラダイム　47
量子力学　60, 65, 86, 89, 168, 292, 294, 296,
　　315, 402, 435
　　　——の適用限界　296, 435
　　　——の歴史　89
　　　拡がった対象の——　315
　　　理解されたとは思っていない　435
量子力学の解釈　139
量子力学の適用限界　410
理論　147, 187, 217
　　　——と実験の能力の不釣合い　75, 147,
　　　187
　　　——屋の失業調査　56
　　　実験に追い越される　217
　　　天文学と宇宙線に導きと検証を求める
　　　147
臨界次元　315
ルネッサンス　29, 188
励起　334
　　　質量ゼロの——　334
　　　——関数　225
冷戦　48
歴史的な意味　185
レーダー　17, 409
レダクショニスト　47
レプトン　47, 91, 100, 117, 125, 135, 147,
　　159, 163, 224, 269, 275, 278, 337, 370
　　　——の質量　125, 337
　　　——の質量スペクトル　370
　　　——の種類の数　269, 275, 278
6 フッ化ウラン　14
ロチェスター会議　46, 49, 50, 179, 414,
　　420
ロチェスター大学　22

ワ 行

渡瀬譲　263, 409
渡辺慧　23, 26, 262, 408

南部陽一郎　素粒子論の発展
2009年3月26日　第1刷発行

著　者　南部陽一郎
編　者　江沢　洋
発行者　山口昭男
発行所　株式会社　岩波書店
〒101-8002 東京都千代田区一ツ橋2-5-5
電話案内　03-5210-4000
http://www.iwanami.co.jp/

印刷・理想社　カバー・半七印刷　製本・松岳社

© Yoichiro Nambu and Hiroshi Ezawa 2009
ISBN 978-4-00-005615-1　Printed in Japan

書名	著者	判型	頁数	定価
湯川秀樹とアインシュタイン ——戦争と科学の世紀を生きた科学者の平和思想——	田中 正	四六判	414頁	3,780円
アインシュタイン ——物理学・哲学・政治への影響——	P.C.アイヘルブルク, R.U.ゼクスル編 江沢洋,亀井理,林憲二訳	四六判	414頁	3,150円
《岩波講座物理の世界》素粒子の超弦理論	江口徹,今村洋介	四六判	98頁	1,365円
《岩波講座物理の世界》素粒子を探る粒子検出器	政池 明	四六判	126頁	1,575円
《岩波科学ライブラリー》現代の物質観とアインシュタインの夢	益川敏英	B6判	124頁	1,260円
《岩波現代文庫》物理法則はいかにして発見されたか	R.P.ファインマン 江沢洋訳	A6判	354頁	1,155円
湯川秀樹著作集 全10巻・別巻1		A5判上製函入		セット定価 59,850円

――― 岩波書店刊 ―――
定価は消費税5%です
2009年3月現在